Tomas Herzberger

Branding mit LinkedIn

Wie du für dich und dein Unternehmen
eine erfolgreiche Marke aufbaust

Liebe Leserin, lieber Leser,

dieses Buch ist Ihr Dresscode für die größte Businessparty der Welt – online auf LinkedIn. Die Chance: Kontakte über Kontakte. Ob neue Geschäftspartnerinnen, Kunden, Arbeitgeberinnen oder nur ein lockerer beruflicher Austausch, das Netzwerk strotzt nur so vor lohnenden Verbindungen.

Die Etikette kennt Tomas Herzberger. Der Trainer und Speaker zeigt Ihnen die praktischen Tipps, für die es sonst jahrelanger Praxis bedarf. Machen Sie aus sich oder Ihrem Unternehmen auf LinkedIn eine echte »Marke«. Dazu braucht es einen professionellen wie authentischen Auftritt, den richtigen Content für Ihr Netzwerk und gelebte Werte. Ob der Einsatz von (Corporate) Influencern, die Formatauswahl für Ihre Postings oder spezielle Tools fürs Networking, in diesem Buch finden Sie die Maßnahmen, die am meisten Erfolg versprechen.

Dieses Buch wurde mit größter Sorgfalt geschrieben und hergestellt. Sollten Sie dennoch Fragen, Kritik oder inhaltliche Anregungen haben, freue ich mich, wenn Sie mit mir in Kontakt treten.

Nun wünsche ich Ihnen viel Freude und Erfolg mit LinkedIn!

Ihr Stephan Mattescheck
Lektorat Rheinwerk Computing

stephan.mattescheck@rheinwerk-verlag.de
www.rheinwerk-verlag.de
Rheinwerk Verlag · Rheinwerkallee 4 · 53227 Bonn

Auf einen Blick

Wir hoffen, dass Sie Freude an diesem Buch haben und sich Ihre Erwartungen erfüllen. Ihre Anregungen und Kommentare sind uns jederzeit willkommen. Bitte bewerten Sie doch das Buch auf unserer Website unter **www.rheinwerk-verlag.de/feedback**.

An diesem Buch haben viele mitgewirkt, insbesondere:

Lektorat Stephan Mattescheck, Fynn Koretz
Korrektorat Petra Bromand, Düsseldorf
Herstellung Nadine Preyl
Typografie und Layout Vera Brauner, Maxi Beithe
Einbandgestaltung Bastian Illerhaus
Coverbild unsplash © Michal Grosicki
Satz III-Satz, Husby
Druck und Bindung mediaprint solutions, Paderborn

Dieses Buch wurde gesetzt aus der Linotype Syntax (9,25/13,25 pt) in FrameMaker.
Gedruckt wurde es auf chlorfrei gebleichtem Offsetpapier (90 g/m²).
Hergestellt in Deutschland.

Bibliografische Information der Deutschen Nationalbibliothek:
Die Deutsche Nationalbibliothek verzeichnet diese Publikation in der Deutschen Nationalbibliografie; detaillierte bibliografische Daten sind im Internet über *http://dnb.dnb.de* abrufbar.

ISBN 978-3-8362-8564-3

1. Auflage 2022
© Rheinwerk Verlag, Bonn 2022

Informationen zu unserem Verlag und Kontaktmöglichkeiten finden Sie auf unserer Verlagswebsite **www.rheinwerk-verlag.de**. Dort können Sie sich auch umfassend über unser aktuelles Programm informieren und unsere Bücher und E-Books bestellen.

Inhalt

Kapitel 1

Einleitung

Ich gebe es zu: Was LinkedIn angeht, bin ich nicht objektiv. Seitdem ich LinkedIn im Rahmen meines Auslandsstudiums 2005 kennengelernt habe, bin ich nicht nur Mitglied, sondern ein Fan.

Zunächst war LinkedIn – ebenso wie Facebook – hilfreich, um mit Kolleg*innen und Alumni in Kontakt zu bleiben. Als ich kurz danach ins Berufsleben gestartet bin, war ich ernüchtert, dass LinkedIn hier in Deutschland ein Nischendasein fristet, denn jeder meiner Kontakte war beim Platzhirsch XING. Mein Profil verwaiste.

Das hat sich mittlerweile geändert. Spätestens seit der Corona-Krise (und dem damit einhergehenden Mangel an Messen und Konferenzen) verstehen auch viel mehr deutsche Unternehmen und Unternehmer*innen, welches Potenzial in LinkedIn schlummert. Nicht nur die Anzahl der Mitglieder wächst im DACH-Raum, die Menschen sind auch immer aktiver. Mittlerweile hat LinkedIn deswegen nicht mehr den Charakter eines kleinen, elitären Clubs, sondern einer lebendigen, vielfältigen Business-Party. So wie es sein soll.

Was ich sehr an LinkedIn schätze? Den Umgangston. Im Gegensatz zu Facebook und Twitter ist das Feedback in aller Regel positiv, unterstützend und hilfreich. Gerade in Krisenzeiten erfüllt LinkedIn damit einen wichtigen Zweck: Es bringt Menschen (virtuell) näher aneinander.

Nicht nur das: Natürlich kann Social Media im Allgemeinen und LinkedIn im Besonderen dabei helfen, neue Kunden, Mitarbeiterinnen und Partner zu finden. Den Co-Autor meines Buches »Growth Hacking«, Sandro Jenny, habe ich auf Twitter kennengelernt. Die Idee zur Seminarreihe »LinkedIn Like A Boss« ist im Austausch auf LinkedIn entstanden. Das sind nur zwei Beispiele von positiven Dingen, die dir widerfahren können, wenn du auf Social Media aktiv bist. *Dass* dir so etwas passiert, ist natürlich nicht garantiert. Aber wenn du auf Social Media nicht aktiv bist (ob als Person oder Unternehmen), sind die Chancen wesentlich geringer.

Dieses Buch soll dich dazu ermutigen, auf LinkedIn aktiv zu werden oder – wenn du schon länger dabei bist – deine Aktivitäten zu verstärken und die Effizienz zu erhöhen. Denn in vielen, vielen Gesprächen mit Kund*innen habe ich festgestellt, dass der wichtigste Hebel zum Erfolg mit Digital Marketing die richtige Einstellung ist. Das Know-how kannst du lernen (beispielsweise in diesem Buch). Aber die Lust auf den Austausch mit anderen Menschen im digitalen Raum, die Neugier auf aktuelle Themen und der Mut, Neues auszuprobieren, muss von dir selbst kommen. Dieses Buch soll dir die Angst vor LinkedIn nehmen. Es soll dir dabei helfen, mehr Spaß und Erfolg zu haben, um souverän und authentisch auf LinkedIn zu agieren.

Alles, was von dir und deinem Unternehmen kommuniziert wird, trägt zur Markenbildung bei – sowohl der Marke des Unternehmens als auch deiner eigenen. Jeder LinkedIn-Beitrag ist ein kleines Puzzleteil für euer Image. Und das Image ist mitentscheidend für den geschäftlichen Erfolg. Deswegen beginnt dieses Buch nach einem Kapitel darüber, was LinkedIn leisten kann, mit dem Thema Markenbildung. Wir schauen uns zunächst an, was eine Marke eigentlich ist und was eine erfolgreiche Marke ausmacht, bevor wir uns anschließend auf die Rolle von Social Media im Allgemeinen und LinkedIn im Besonderen fokussieren. Denn Social Media ermöglicht etwas, was es vorher in dieser Form noch nicht im gleichen Ausmaß gegeben hat: Es gibt den Mitarbeiter*innen eine Stimme. Richtig genutzt, können sie mit ihren Beiträgen, Kommentaren und dem Austausch in ihrem Netzwerk dazu beitragen, dass das Unternehmen erfolgreicher ist. Dieser Umstand wurde vielen Unternehmen durch die Corona-Krise und den damit verbundenen Wegfall von Messen und Konferenzen deutlich vor Augen geführt. Sie haben erkannt, dass sie alternative Kommunikationswege finden müssen, um am Markt präsent zu sein. Und LinkedIn ist dabei ein sehr wichtiger und wachsender Kanal.

Deswegen ein Hinweis zum Aufbau dieses Buches: Mein Anspruch ist es, dass du nicht nur alles Wichtige darüber erfährst, *wie* LinkedIn funktioniert, sondern auch *warum*. Deswegen schreibe ich in Kapitel 3 und Kapitel 4 darüber, was Branding eigentlich ist und welche Rolle LinkedIn im Social-Media-Orchester spielt.

Ein wichtiger Hinweis: Ich habe dieses Buch im Sommer 2021 geschrieben. Bereits während des Schreibens musste ich regelmäßig Anpassungen vornehmen, was die Funktionen und Preise von LinkedIn angeht, denn die Plattform wird ständig weiterentwickelt. Ergo: Leider kann ich dir keine Garantie geben, dass jede Funktion und jede Preisindikation noch aktuell ist, wenn du dieses Buch in den Händen hast.

Abschließend ein großer Dank an alle Menschen, ohne die dieses Buch nicht entstanden wäre: zuallererst an meine Frau Tanja Herzberger, die mir für jede verrückte Unternehmung den Rücken freihält. Meine Geschäftspartnerin Marina Zayats, mit der ich im gleichen Zeitraum Schaffensgeist, die erste Beratung für digitale Souveränität, gegründet habe und die ein steter Quell von Inspiration und Fachwissen ist. Außerdem meine »Co-Worker« Cornelia Andriof, Maxine Schiffmann, Nina Ruemmele und Patrick Meier sowie Business-Partner*innen Britta Behrens und Ritchie Pettauer. Die beiden Letztgenannten haben sehr großzügig ihr Fachwissen geteilt, das an vielen, vielen Stellen in dieses Buch eingeflossen ist.

Mein Dank geht außerdem an alle Expert*innen, die mich (und jetzt auch dich) im Rahmen eines Interviews an ihrem Wissen und ihren Erfahrungen haben teilhaben lassen: Dr. Kerstin Hoffmann, Maria Kessing, Ben Harmanus, Felix Beilharz, Pedro Ferreira, Johannes Ceh, Uwe von Grafenstein, Nils Grammerstorf, Robert Heineke, Dr. Cornelia Andriof und Jens Polomski. Und natürlich dem Team des Rheinwerk-Verlags.

Viel Spaß bei der Lektüre – wir sehen uns auf LinkedIn!

Tomas Herzberger

www.linkedin.com/in/herzberger

Kapitel 2

Was kann LinkedIn leisten?

Im Vergleich zu den Platzhirschen auf Social Media wie Facebook oder Instagram hat LinkedIn deutlich weniger Mitglieder – ist aber die mit Abstand relevanteste Business-Plattform und oft der kürzeste Weg für beruflichen Austausch.

Aktuell hat LinkedIn in etwa genauso viele Mitglieder wie XING, bietet aber eine ungleich größere Anzahl von technischen Funktionen, die Branding und Sales unterstützen. Diese Möglichkeiten entdecken gerade jetzt viele neue Menschen.

In diesem Kapitel geht es darum, wie relevant LinkedIn mittlerweile ist. Du wirst erfahren, wie viele Menschen auf LinkedIn unterwegs sind, und mehr darüber lernen, in welchen Branchen sie arbeiten und auf welchen Karrierestufen sie sind. Aber du wirst auch die Erfahrungen kennenlernen, die zwei Neueinsteigerinnen in komplett unterschiedlichen Lebensphasen auf LinkedIn machen. Außerdem lernst du, welche Profilvarianten es gibt und welche für dich die richtige ist.

2.1 Wie damals auf Facebook? Aktuelle Nutzungsdaten von LinkedIn

Im Herbst 2021 vermeldete LinkedIn knapp 800 Millionen Mitglieder in 200 Ländern und Regionen weltweit (siehe Abbildung 2.1). Allerdings beinhalten diese Daten über 55 Millionen Mitglieder in China, ein Land, aus dem sich LinkedIn im Oktober 2021 zurückgezogen hat.[1] laut der Analyseplattform Similarweb verzeichnet LinkedIn 1,14 Milliarden Seitenbesucher pro Monat weltweit und landet damit auf Rang 25 der reichweitenstärksten Seiten, knapp vor CNN.com und kurz hinter Pinterest.

---

1   Quelle: *https://blog.linkedin.com/2021/october/14/china-sunset-of-localized-version-of-linkedin-and-launch-of-new-injobs-app*

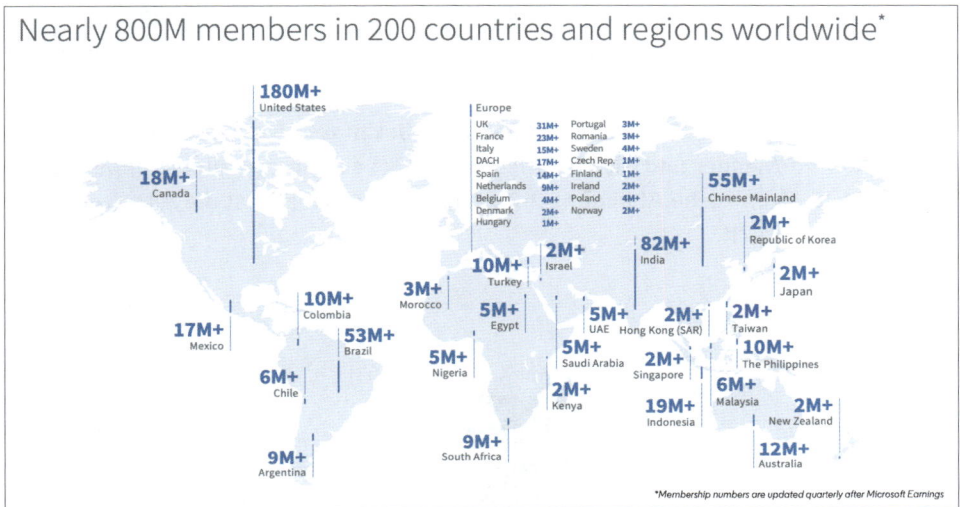

Abbildung 2.1 LinkedIn ist die weltweit führende Business-Plattform.
(Quelle: *https://news.linkedin.com/about-us#Statistics*)

Europa hat mit ca. 206 Millionen Mitgliedern in etwa so viele wie Nordamerika
(202 Mio.) und mehr als Asia-Pacific (165 Mio. ohne die Mitglieder in China).

Die fünf Länder mit den meisten Mitglieder in Europa sind:

1. Vereinigtes Königreich: 31 Mio.

2. Frankreich: 23 Mio.

3. Deutschland, Österreich, Schweiz (DACH): 17 Mio.

4. Italien: 15 Mio.

5. Spanien: 14 Mio.

Damit hat LinkedIn hierzulande in etwa genauso viele Mitglieder wie XING. Mitglieder sind aber nicht gleichzusetzen mit »aktive Nutzer«, also Menschen, die
LinkedIn in den letzten 30 Tagen mindestens einmal genutzt haben. Diese Zahl ist
bei LinkedIn – wie bei allen Social-Media-Netzwerken – deutlich geringer als die
Anzahl der registrierten Mitglieder, weil sich viele Menschen »irgendwann mal«
einen Account angelegt haben, ohne diesen regelmäßig zu nutzen.

Bei LinkedIn sind ca. 310 Millionen Menschen jeden Monat aktiv. Im Vergleich zu
den Platzhirschen wie Facebook (2,7 Milliarden), Instagram (1,1 Milliarden) oder
TikTok (689 Millionen) relativ wenig[2] – aber man darf nicht vergessen, dass sich
LinkedIn nicht wie Instagram & Co an »jeden« richtet, sondern nur an Menschen,

---

2   Quelle: *www.searchenginejournal.com/social-media/biggest-social-media-sites/#close*

die sich beruflich vernetzen. So gesehen sind 310 Millionen Menschen, die alle nur wenige Mausklicks bzw. Fingertipps entfernt sind, doch eine noch nie dagewesene Chance in der Geschichte der modernen Wirtschaft.

Was ist noch über die LinkedIn-Mitglieder bekannt? Etwas über die Hälfte (ca. 57 %) sind Männer und die Mehrheit (ca. 60 %) sind in der Altersgruppe der 25- bis 34-Jährigen (siehe Abbildung 2.2). Auch in Deutschland ist die Altersverteilung nahezu identisch.

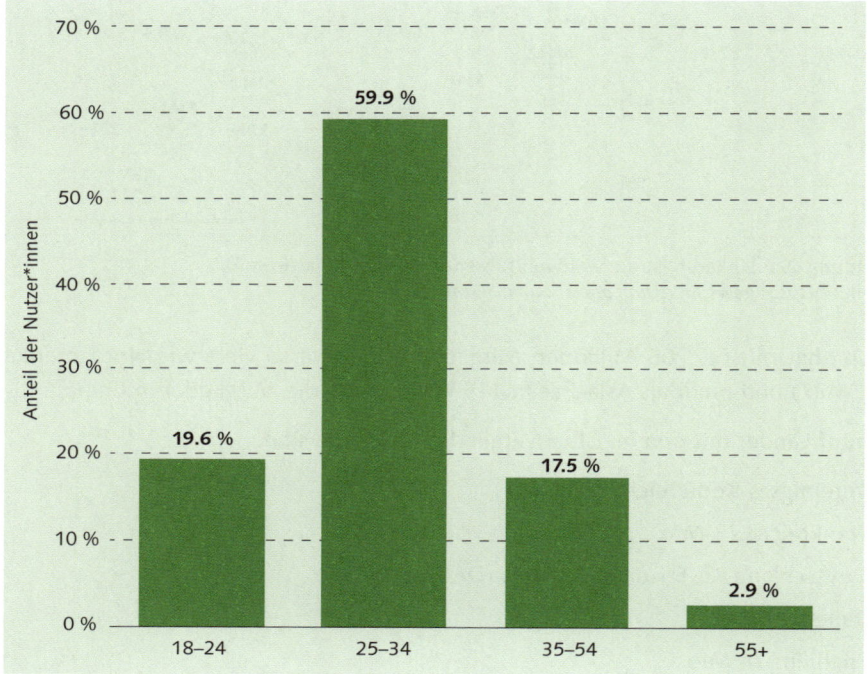

Abbildung 2.2 Verteilung der LinkedIn-Benutzer*innen nach Altersgruppen im Juli 2021: Die meisten sind zwischen 25 und 34 Jahre alt.[3]

Das ist überraschend jung. Und ein Anzeichen dafür, dass immer mehr Berufsanfänger*innen sich der Bedeutung von Personal Branding und aktivem Networking bewusst werden. Das unterstützt auch eine Analyse der Karrierestufen: Auf LinkedIn finden sich ebenso viele Berufsanfänger*innen wie Berufserfahrene (siehe Abbildung 2.3). Wenn man so will, befinden wir uns am späten Anfang eines Trends: Viele der Menschen, die dank Facebook und Instagram Social-Media-Erfahrung gesammelt haben, wenden diese jetzt auch auf LinkedIn an. Das bedeutet auch, dass in den kommenden Jahren viele Menschen zu Entscheider*innen und

---

3   Quelle: *www.statista.com/statistics/273505/global-linkedin-age-group/*

Führungskräften aufsteigen, für die Social Media absolut normaler Bestandteil des alltäglichen Lebens ist.

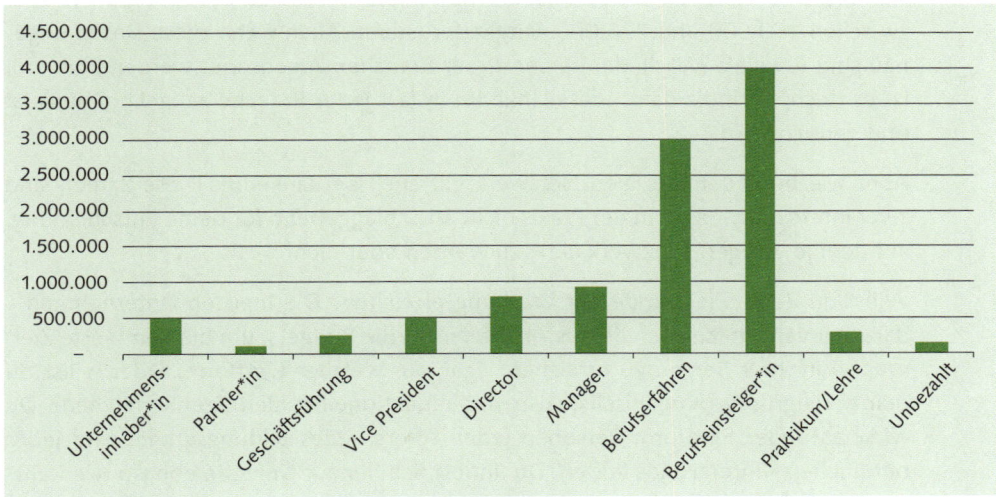

Abbildung 2.3 Karrierestufen der LinkedIn-Mitglieder: Auffällig viele Unternehmens-inhaber*innen sind auf LinkedIn. (Quelle: LinkedIn Sales Navigator, Juli 2021)

Sieht man sich die Branchen der LinkedIn-Mitglieder in der DACH-Region mithilfe des LinkedIn Sales Navigator an, wird ein starkes Ungleichgewicht deutlich: Über 28 % sind entweder in der Automobil- oder IT-Branche tätig (siehe Abbildung 2.4).

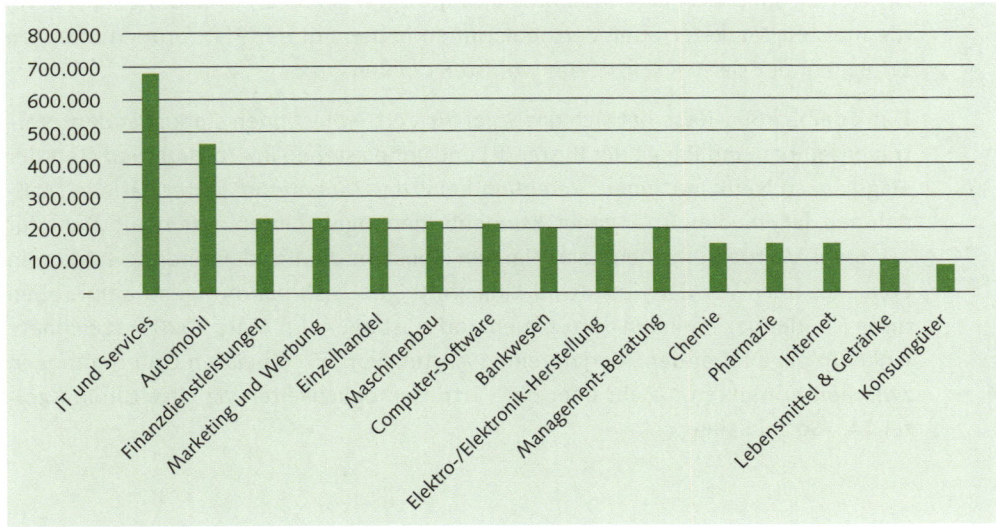

Abbildung 2.4 Die Branchen der LinkedIn-Mitglieder (Quelle: LinkedIn Sales Navigator, Juli 2021)

Das ist natürlich durch die großen deutschen Konzerne wie Volkswagen oder SAP begründet, von denen viele Mitarbeiter*innen auch auf LinkedIn vertreten sind. Auffällig ist darüber hinaus die Gleichverteilung aller anderen Branchen, die jeweils zwischen 150.000 und 220.000 Mitglieder haben. Auch wenn diese Daten ungenau sind (da viele Mitglieder keiner dieser Branchen zugeordnet werden können), ist es doch ein Indiz dafür, dass LinkedIn in fast jeder Branche »angekommen« ist und genutzt wird.

Aber wie bei jedem sozialen Netzwerk gilt auch bei LinkedIn: Diese Zahlen sind zwar interessant – aber in der Praxis nicht ausschlaggebend für deine Entscheidung, auf dem jeweiligen Netzwerk aktiv zu werden oder nicht.

Willst du deine Zielgruppe per Werbung erreichen? Die meisten Unternehmen – darunter vermutlich auch deines – haben nicht die Budgets, um die komplette Zielgruppe in ihrer Region zu erreichen. Egal, auf welcher Plattform. Oder willst du deine Zielgruppe »organisch«, also mit redaktionellen Beiträgen erreichen? Du wirst auf jeder Plattform Personen jeden Alters, jedes Bildungsgrades und jedes beruflichen Hintergrunds finden. Du findest Schüler auf LinkedIn ebenso wie Rentner auf TikTok.

Du solltest dir nicht die Frage stellen, wo mehr Menschen deiner Zielgruppe aktiv sind, sondern wo die Wahrscheinlichkeit am höchsten ist, dass du sie erreichen und deine Unternehmensziele damit unterstützen kannst. Für welche Plattform fällt es dir am leichtesten, Content zu erstellen und dich mit den Menschen auszutauschen? Wo suchen sie nach Lösungen für das Problem, das dein Produkt löst? Die Antworten auf diese Fragen sollten die Grundlagen deiner Entscheidung sein. Denn die meisten Marketer oder Vertrieblerinnen haben auf der Plattform am meisten Erfolg, auf der sie sich selbst »am wohlsten« fühlen.

Dank der Corona-Krise hat sich das Spiel für Vertriebler*innen stark geändert: Vertrauensaufbau und Pflege der Bestandskund*innen stehen im Vordergrund statt der »Jagd« nach Neukund*innen. *Retention* heißt das Zauberwort, unter das alle Maßnahmen fallen, die zu längeren Kundenbeziehungen führen. Weltweit steht für 70 % der Vertriebler*innen nach eigenen Angaben die Kundenbindung stärker im Fokus als noch vor der Krise. Und LinkedIn eignet sich hervorragend dafür, eben diese Kundenbeziehungen aufzubauen und zu stärken: Im März 2020 verzeichnete LinkedIn gegenüber dem Vorjahr einen Anstieg von 55 % bei den Unterhaltungen zwischen Kontakten.[4] Mehr über die Vertriebsmöglichkeiten via LinkedIn in Kapitel 14, »Social Selling«.

---

4   Quelle: *https://business.linkedin.com/sales-solutions/state-of-sales-global-hub-2020*

2.2   Chancen und Möglichkeiten auf LinkedIn

Wer zielgerichtet aktiv auf Social Media ist, erhöht die Chancen, dass ihm etwas Gutes widerfährt. Dieses Prinzip nennen wir *Serendipity*. Je mehr Menschen von unserer Reise erfahren, desto höher die Wahrscheinlichkeit, Weggefährten und Unterstützerinnen zu finden. Je mehr Menschen wir um Hilfe bitten, desto höher die Wahrscheinlichkeit, dass unser Problem gelöst wird. Und je mehr Menschen wissen, was wir tun und verkaufen, desto höher die Wahrscheinlichkeit, dass wir Fans und Kund*innen unter ihnen finden. Ritchie Pettauer, LinkedIn-Experte der ersten Stunde, bezeichnet das Social-Media-Netz gerne als »Businesskontaktanbahnungsplattform«. Denn sie ist wie gemacht dafür, den ersten Kontakt mit einem potenziellen Geschäftspartner zu finden und zu vertiefen.

Kann man all das auch erreichen, wenn man nicht auf LinkedIn aktiv ist? Sicherlich. Aber es dauert entschieden länger.

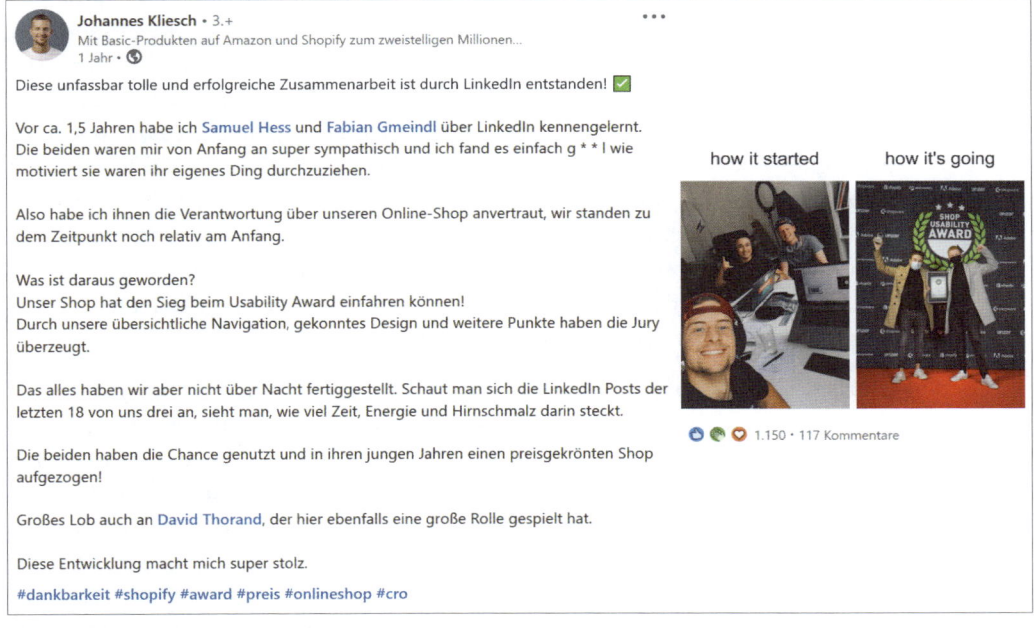

Abbildung 2.5 Johannes Kliesch fand seine Co-Founder auf LinkedIn.

Insbesondere wenn wir alle uns dank Corona nicht mehr auf Messen, Konferenzen oder Events »im echten Leben« miteinander austauschen können.

Du kannst LinkedIn nutzen, um

- die Marke zu stärken – sei es deine eigene oder die deines Unternehmens. Was sich hinter *Branding* verbirgt, erfährst du in Kapitel 3, »Markenbildung«.

- mehr Aufmerksamkeit für dein Unternehmen, deine Produkte und Services zu erreichen. Dabei können die *Markenbotschafter* helfen, über die du mehr in Kapitel 12, »Corporate Influencer: Die Botschafter*innen deiner Marke«, lesen kannst.

- mehr Leads und Kund*innen zu gewinnen. Mehr zu *Social Selling* in Kapitel 14.

- ein attraktives Bild deines Unternehmens für Bewerber*innen zu zeichnen. Durch *Employer-Branding-Maßnahmen* soll außerdem das Image des Unternehmens für die bestehenden Mitarbeiter*innen verbessert werden. Wie du dein Unternehmensprofil dafür einsetzen kannst, erfährt du in Kapitel 13.

Was LinkedIn von nationalen Plattformen und Foren unterscheidet, ist die Internationalität: Du kannst ganz einfach Menschen in beinahe jeder anderen Region dieser Welt erreichen. Und du kannst dich mit Menschen vernetzen und austauschen, die normalerweise außerhalb deines persönlichen Einflussbereichs wären. Dazu zählen beispielsweise Vorstände und Führungskräfte, Autorinnen, (ehemalige) Spitzensportler oder auch Politikerinnen. Gerade aktuell ist LinkedIn zwar reichweitenstark, aber noch nicht »überlaufen«. Die Wahrscheinlichkeit, dass beispielsweise eine Autorin sich für ein Lob zu ihrem neuesten Buch in deinem Beitrag bedankt, ist auf LinkedIn deutlich höher als z. B. auf Twitter oder Facebook. Oder es gibt einen Austausch mit einem (mitunter sogar dem eigenen) CEO über die neuesten Branchentrends. Denn auf LinkedIn gibt es kein »Vorzimmer« und keinen Assistenten, der wie ein Türsteher den Zugang regelt.

Natürlich solltest du von LinkedIn keine Wunderdinge und schon gar keinen schnellen Erfolg erwarten – aber durch regelmäßige Aktivität erhöhst du die Wahrscheinlichkeit, dass du deinen Zielen näher kommst. Oftmals passiert es nicht von einem Tag auf den anderen bzw. durch einen einzelnen Beitrag (wobei das auch schon vorgekommen ist), sondern durch stetige, zielgerichtete Aktivität. Und mit Aktivität ist nicht nur die Veröffentlichung eigener geistiger Ergüsse per Beitrag gemeint, sondern auch das Kennenlernen und Austauschen mit anderen. LinkedIn ist wie eine Business-Party. »Und auf einer Party würdest du dich auch nicht selbstdarstellerisch in die Mitte der Tanzbühne stellen und so laut herumschreien, bis jeder auf dich aufmerksam wird«, mahnt Maxine Schiffmann, Autorin und Business Coach für Selbstständige. »Stattdessen würdest du schauen, wer noch alles auf der Party ist und zu welchen Gesprächen du etwas Sinnvolles beitragen kannst und möchtest.«

2.3   Wie dein Beitrag (nicht) viral geht

Apropos Wunderdinge: Auch auf LinkedIn besteht die Chance, dass deine Beiträge »viral gehen« können, also von Menschen gesehen werden, die sich außerhalb deines direkten Netzwerks befinden und sogar außerhalb der Netzwerke deiner direkten Kontakte. Wir sprechen dann von Kontakten 3. Grades. Der Autor Scott Stratten nennt es das Konzept des »Dritten Kreises« (siehe Abbildung 2.6).

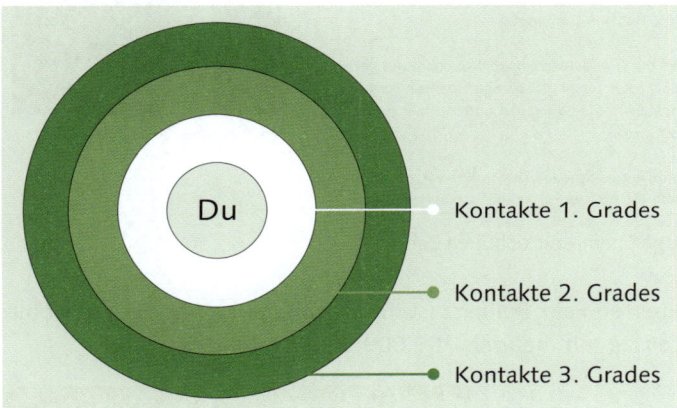

Abbildung 2.6 Unterschiedliche Kontaktgrade auf Social Media[5]

Erst wenn du Menschen in diesem dritten Kreis erreichst, kann dein Content viral gehen, und dein eigenes Netzwerk wird sprungartig anwachsen. Was sind die Voraussetzungen dafür? Der Beitrag muss gut sein: Die Kombination aus einem großartigen Bild oder Video und einer starken (aber nicht irreführenden) Headline sorgen für Neugier, Neugier sorgt für Interaktion mit dem Beitrag, und das sorgt dafür, dass dein Beitrag von immer mehr Menschen gesehen wird. Und wo wir gerade davon sprechen: Klassische Unternehmensnews und Fachbeiträge werden weder viral gehen noch lösen sie in der Regel einen Shitstorm aus – dafür sind sie einfach zu langweilig. Es sei denn, du teilst als Erster oder Erste eine weltverändernde Nachricht über deine Branche oder vertrittst eine provokante Meinung zu einem Thema, über das gerade jeder in deiner Bubble spricht, wie z. B. die DSGVO im Jahr 2019. Willst du Viralität erreichen, musst du ein Thema finden, das die Menschen »triggert«, das sofort eine Reaktion auslöst – insbesondere, wenn es aktuell ist! So wie der Beitrag von Lauren Griffiths (siehe Abbildung 2.7), die über Authentizität in Zeiten von Corona schreibt.

---

5   Scott Stratten (2017). UnBranding: 100 Branding Lessons for the Age of Disruption (1. Aufl.). Wiley.

Lauren Griffiths • 2.
HR Consultant for CX at Cisco
5 Monate •

Why I Changed my LinkedIn Profile Pic

Recently, I took a long hard look at my LinkedIn profile photo – the woman staring back at me had newly highlighted hair and a fresh cut, a pressed blazer, a hint of a smile that showed just the right amount of teeth to let you know she was serious but could be lighthearted when needed. I remember standing in my power pose as my husband snapped the photos. We poured through about 80 shots before we found the one that looked perfectly polished. But the person I was exuding then is not always who I am, and certainly, not who I am right now.

Today's remote world has blurred the lines between my professional and personal selves, so I've chosen to represent that in my photo. Barely dried hair, comfy pullover, ripped jeans - slightly frazzled from having just gotten 3 kids ready for "school" - but smiling and ready for work.

887.340 • 30.500 Kommentare

I've witnessed and read enough on authentic leadership to know that being genuine and vulnerable will get you a lot farther in your career than a glossy headshot.

Abbildung 2.7 Das richtige Thema zur richtigen Zeit

Dem Social-Media-Experten Felix Beilharz ist mit dem humorvollen Post in Abbildung 2.8 ein viraler Beitrag mit mehr als 100.000 Views gelungen.

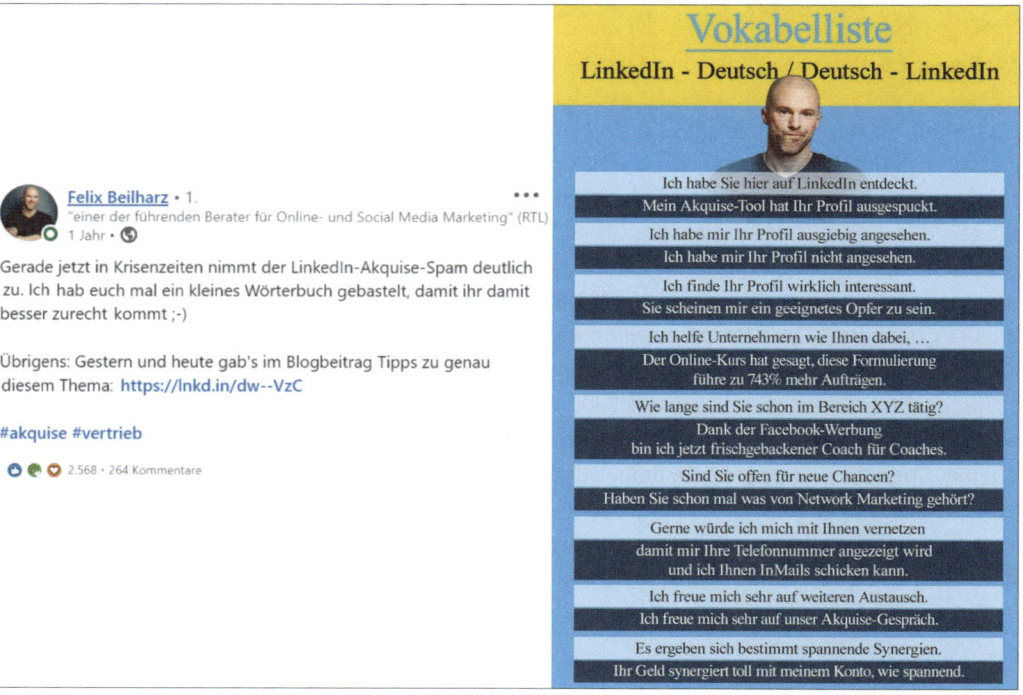

Abbildung 2.8 Humor geht auch auf LinkedIn.

Relevantes Thema für die Zielgruppe, ein großartiges und auffälliges Bild, ein Schuss Humor und eine kleine Prise Glück bezüglich des Timings haben hier zum Erfolg geführt. Ähnlich wie bei meinem eigenen Beitrag über Mobilität in Abbildung 2.9, den ich im Zuge (kleines Wortspiel) einer Diskussion über Fahrten mit der Deutschen Bahn gepostet hatte.

Tomas Herzberger • 2.
Co-Founder bei Schaffensgeist - Beratu...
2 Jahre • Bearbeitet • 🌐   • • •

Traveling in overcrowded trains through Germany... is part of my job at this point in my life.

Be it a #growthhacking Workshop in Munich, a keynote in Zurich or a meeting with a client in Hamburg.

One of the many advantages of living in Frankfurt is that it does not take longer than 4hours to travel to any other major city.

Generally I enjoy traveling by train. Yes, it's far from being perfect. But it's faster, safer and much more produktive than using airplane or car.

Also, it's much more eco friendly.

And to everyone hating on Greta or other leaders of this movement: what have you done to change the world for the better?

I know I am doing not enough, but I am constantly searching for new possibilities to reduce my footprint.

Any ideas?

#mobilität #climatechange #personaldevelopment

👍 🌐 ❤️ 950 • 114 Kommentare

Abbildung 2.9 The day I newsjacked

Hintergrund: Am Tag zuvor war die Klimaaktivistin Greta Thunberg mit der Deutschen Bahn durch Deutschland unterwegs gewesen, hatte ein Bild von sich (im Gang sitzend) gepostet, woraufhin die Pressestelle der Deutschen Bahn in ihrer ganzen Weisheit sie (öffentlich via Twitter) gebeten hatte, ihren Service zu loben und sich auf ihren gebuchten Platz in der 1. Klasse zu begeben. Was dazu geführt hatte, dass jedes deutsche Medium am Tag darauf über den Tweet berichtete und ein kleiner, feiner Shitstorm über die Deutsche Bahn hereinbrach. Zufällig war ich auf der exakt gleichen Strecke wie Greta unterwegs, hatte etwas Zeit und schwupps …

Darüber hinaus gibt es noch einige »todsichere«, aber moralisch sehr zweifelhafte Methoden, wie dein Content viral gehen kann: Erotik, politische bzw. populistische Themen oder das Leid anderer, wie in dem Beispiel in Abbildung 2.10.

His name is Simon Kjaer. He is an international Danish footballer and Milan player.

He is not a global star, he does not have gold shoes and huge personal following, nor is he one of the most expensive players in the world.

But today he went into the history of the sport, as a modern super hero. First he saved his teammate, Chris Eriksen, who fell unconscious on the field, giving him first aid in critical first seconds..

He then asked his teammates to form a " shield " of protection around his fallen co-worker to protect him from flash cameras and shocking highlights trending across social media.

As a captain and friend he took the time to go to the stand and give courage to the wife of the unfortunate Eriksen, who was shocked to see the husband and father of her two children, fighting for his life, As captured in the photo below.

Dear parent, starting today, don't beg God for your son or daughter a young Messi or Ronaldo. Please become a Simon Kjaer !

#respectkjaer #behuman #bebrave #uefaeuro2020 #Kudus #Hero #Leader #inspiration #family #hope

302.734 · 4.916 Kommentare

Abbildung 2.10 Viralität ist nicht immer positiv.

Viele dieser knapp 5.000 Kommentare kritisieren auch die Verwendung dieses Bilds bzw. den ganzen Beitrag. Reichweite bringt dir also nicht immer einen positiven Effekt für dein Brand-Image!

Erzähle stattdessen lieber eine coole Anekdote aus deinem eigenen Leben und nutze *Storytells*, wie z. B. mündliche Rede, um sie spannend zu erzählen (wie im Beispiel in Abbildung 2.11). Was Storytells sind, erfährst du in Kapitel 9, »Storytelling«. Wenn es dann auch noch einen Twist gibt, der sie für deine Zielgruppe relevant macht – perfekt!

Aber sollte Viralität eigentlich dein Ziel sein? Was würde es dir bringen, wenn dein Beitrag über 100.000 Impressions generiert?

- einen ordentlichen Dopamin-Stoß
- mehr oder weniger lustige Kommentare deiner Freundinnen und Kollegen, die dich als »Influencer« bezeichnen
- anerkennendes Nicken deines Chefs verbunden mit der Aufforderung, diesen Stunt noch einmal zu wiederholen – aber dieses Mal mit Werbung für die eigenen Produkte!

Wenn du viel Glück hast, sind unter den 100.000 Impressions auch einige von potenziellen Kundinnen, Arbeitgebern, Investorinnen oder Partnern. Das ist aber die Ausnahme, wie Felix Beilharz bestätigt: »Durch virale Posts gewinnt man Aufmerksamkeit und Follower – aber keine Kunden.« Ein viraler Post wird dein Leben nicht verändern. Er wird dein Unternehmen auch nicht auf das nächste Level befördern. Er wird nur dafür sorgen, dass dein Netzwerk auf einen Schlag etwas schneller angewachsen ist. Aber du wirst nicht mehrere Felder auf dem Spielbrett überspringen.

Abbildung 2.11 Großartige Geschichte, anschaulich erzählt

Denn: Ein einziger viraler Post macht noch keinen Branding-Effekt und wird nicht dafür sorgen, dass man dir bzw. deinem Unternehmen vertraut. Was auf LinkedIn (und generell im Marketing) zählt, ist Beständigkeit. Die Chancen auf 100.000 oder mehr Impressions mit einem einzigen Beitrag sind ziemlich gering. Aber die Chancen auf 100.000 Impressions mit 25 Beiträgen sind absolut realistisch! Zumal du in dieser Zeit dein Netzwerk beständig aufbauen wirst, sich der Branding-Effekt verstärkt und die Menschen dich mit deinen Themen und Botschaften verbinden werden.

> *»Viral Content by nature is viral and uncontrollable. Planning for viral is against the definition of viral. Make good content and then have your moments in time. Everybody wants viral – but what actually works is consistent content.« –*
> *Gary Vaynerchuk, Social-Media-Experte und Unternehmer[6]*

---

6   Quelle: *www.youtube.com/watch?v=TmWLmZ1NIWg*

2.4   Was LinkedIn von XING (und anderen Netzwerken) unterscheidet

XING ist *das* deutsche B2B-Netzwerk. Eine gern genutzte Plattform, um sich mit Kollegen und Geschäftspartnerinnen zu vernetzen. Kritische Stimmen beklagen die schwindende Interaktion, und manche sehen sie nur noch als aktuelle Adressdatenbank an. Wobei gegen ein gut gepflegtes Adressbuch nichts einzuwenden ist.[7]

Ein Vergleich von XING und LinkedIn ist zum einen notwendig, da sich beide Plattformen als soziale Business-Netzwerke verstehen, zum anderen aber auch sehr unfair: LinkedIn gehört zu Microsoft, einem der größten IT-Unternehmen weltweit, und beschäftigt mit 16.000 Mitarbeiter*innen[8] fast zehnmal so viele wie XING bzw. der Mutterkonzern New Work SE (1.900 Angestellte[9]). XING gehört zu 50 % dem deutschen Burda Verlag und richtet sich ausschließlich an Menschen im deutschsprachigen Markt. LinkedIn ist also deutlich größer sowohl hinsichtlich der Mitglieder als auch der Angestellten.

LinkedIn spielt definitiv in der ersten Riege der Social-Media-Netzwerke weltweit: Millionen von Menschen auf der ganzen Welt sind aktive Mitglieder, und technisch spielt die Plattform ebenfalls ganz vorne mit. Neue Features wie z. B. der Creator-Modus, Newsletter-Versand oder Sprachnachrichten werden regelmäßig getestet und ausgerollt. Und damit kommen wir auch schon zu einem wesentlichen Unterschied zu XING: LinkedIn ist technisch ausgereifter und erlaubt dir mehr Möglichkeiten, deine Ideen und Gedanken mit anderen zu teilen. Der klassische Use Case von XING sind Mitglieder, die ihr Profil als Visitenkarte bzw. Online-Lebenslauf verstehen, um von Recruitern gefunden zu werden oder sich mit anderen Mitgliedern auszutauschen. Der Fokus liegt deutlich auf einem 1:1-Austausch als auf 1:n, also der Veröffentlichung von reichweitenstarken Beiträgen: Profil über die Suche (mithilfe der Filter) finden, Kontakt aufnehmen bzw. vernetzen und Nachrichten hin- und herschicken. Oftmals wird XING auch als digitales Adressbuch verwendet, um stets die aktuellen E-Mail-Adressen und Telefonnummern der wichtigen Kontakte zu haben.

Im Gegensatz zu XING erlaubt LinkedIn deutlich mehr kreativen Spielraum in den eigenen Beiträgen. So kannst du auf XING (Stand Juli 2021) nicht:

- Video in einem Beitrag teilen (nur via Link)
- PDF-Slider integrieren

---

7 Vgl. Corina Pahrmann & Katja Kupka (2019). Social Media Marketing – Praxishandbuch für Twitter, Facebook, Instagram & Co. (5., komplett aktualisierte Aufl.). O'Reilly.

8 Quelle: *https://de.statista.com/statistik/daten/studie/449996/umfrage/anzahl-der-mitarbeiter-von-linkedin-weltweit/*

9 Quelle: *www.new-work.se/de/unternehmen/daten-und-fakten*

- andere Mitglieder markieren
- Umfragen erstellen

Vorteil XING: Du bist nicht an das (bereits sehr großzügige) Limit von 3.000 Zeichen pro Beitrag gebunden und kannst sogar noch längere Beiträge teilen. Aber dafür kannst du leider nicht einsehen, wie viele Menschen deine Beiträge gesehen haben, nur die Likes und Kommentare. Und wo wir gerade über Technik sprechen: Du kannst deinen LinkedIn-Account mit einer Vielzahl von sogenannten *Third-Party-Tools*, also Programmen von außenstehenden Entwicklern, verbinden und dadurch LinkedIn noch effizienter nutzen (z. B. Outlook, Phantombuster oder Inlytics). Mehr dazu in Kapitel 18, »Tools«. Auf XING ist das leider nicht möglich.

Auf beiden Plattformen kannst du Events erstellen und verwalten. Hier hat sogar XING die Nase vorne, denn du kannst sogar die Einnahmen für Tickets direkt über XING abwickeln (kostet leider extra, sogar für Premium-Mitglieder).

Auf beiden Plattformen kannst du Gruppen nutzen, die meiner Erfahrung nach eher schlecht als recht funktionieren – aber das liegt allein in der Verantwortung der Administrator*innen. Technisch braucht sich XING hier keinesfalls zu verstecken. Im Gegenteil: Bei XING stehen den Gruppen-Admins eine Vielzahl von hilfreichen Tools zum Erreichen ihrer Mitglieder zur Verfügung. Der Newsfeed gehört jedoch nicht dazu, denn sowohl bei XING als auch bei LinkedIn finden Gruppenbeiträge nur selten ihren Weg in den Newsfeed bzw. die Mitteilungen (das Glocken-Symbol). Deswegen ist die Interaktivität lang nicht so hoch wie in den Gruppen auf Facebook.

Beide Plattformen bieten kostenlose Profile mit eingeschränktem Funktionsumfang sowie kostenpflichtige Premium-Profile sowie zusätzliche Angebote für Vertrieb bzw. HR an, um beispielsweise Jobsuchende besser zu finden. Ebenfalls kannst du mit einem Self-Service-Tool auf beiden Plattformen eigenständig Werbung schalten. Darüber hinaus bietet XING aber auch zusätzlich Werbeformate (beispielsweise im Newsletter oder auf der Startseite), die nur über den Vertrieb gebucht werden können.

Insgesamt ist XING für die 1:1-Kommunikation zwischen den Mitgliedern ausgelegt. Durch seinen Fokus auf Content-Sharing und Sichtbarkeit steht bei LinkedIn die 1:n-Kommunikation im Vordergrund.

Was beide Plattformen eint? Ein im Großen und Ganzen freundlicher, höflicher und respektvoller Umgangston unter den Mitgliedern. Das Manager-Magazin spricht sogar von einer »Schleimspur« und befürchtet eine Verweichlichung der Kommunikation.[10] Dabei ist diese positive Tonalität keinesfalls eine Schwäche, sondern eine Stärke des Netzwerks: Der Unterschied ist im Vergleich zu Twitter oder Facebook frappierend. Das macht den Einstieg, insbesondere für Social-Media-Anfänger, leichter. Je mehr Menschen auf LinkedIn aktiv werden und je größer die Themenvielfalt abseits von Business-Neuigkeiten wird, desto schwieriger wird es werden, diese positive Diskussionskultur aufrechtzuerhalten. Wie du in Abschnitt 10.7 und Abschnitt 10.8 über Trolle und Hatespeech lesen kannst, ist jedes Mitglied dabei in der Verantwortung.

2.5   LinkedIn-Start mit 50+ – ein Erfahrungsbericht von Dr. Cornelia Andriof

In den letzten Jahren ist LinkedIn älter geworden. Auch, weil jeder einzelne Nutzer älter wird. Vor allem aber, weil ältere Zielgruppen auf LinkedIn aktiv werden. Ich bin einer von diesen; nur knapp vor der 50 habe ich mein Engagement bei LinkedIn gestartet. Gerne nehme ich dich auf die Reise mit – wie es dazu kam, was ich so erlebt habe und was mir geholfen hat.

Über Dr. Cornelia Andriof

Cornelia Andriof unterstützt als Coach, Beraterin und Moderatorin Unternehmen und Manager*innen in Veränderungsprozessen. Der Fokus dabei: Führung und Kommunikation. Sie kombiniert Ansätze der strategischen Unternehmensberatung – erworben in 15 Jahren bei Hering Schuppener – mit Haltung, Methoden und Achtsamkeit des NLP und systemischen Coaches. Ihr LinkedIn-Profil findest du unter *www.linkedin.com/in/cornelia-andriof/*.

2.5.1   Motivation

Warum sollte ich überhaupt Zeit aufwenden für LinkedIn? Ich suche keinen Job. Und ich glaube auch nicht, dass ich meine komplexe Dienstleistung als Berater und Coach über LinkedIn »verkaufen« kann. Erster Anstoß war wohl, dass ich ein professionelles LinkedIn-Profil für ein Must-have halte. Wir alle googeln neue Kontakte. Und beruflich ist es mir lieber, wenn Menschen dann bei meinem LinkedIn-Profil landen als bei meinem ehrenamtlichen Engagement.

Kleine Anekdote am Rande: Ich wurde von einem Professor für einen Gastvortrag angefragt. Wie bei jedem neuen Kontakt schaute ich mir als Erstes sein LinkedIn-Profil an, das – sagen wir mal – rudimentär war. Mein spontaner Gedanke: »Ja, ist

---

10 Quelle: *https://open.spotify.com/episode/5nboYp0XQa8CwsVeVPLPIq*

denn der so oldschool?!« Es gibt sicherlich viele Gründe, nicht auf LinkedIn aktiv zu sein. Du hast aber keinen Einfluss darauf, was sich jemand denkt, der dich nicht findet – wie das interpretiert wird. Siehe Watzlawicks »Man kann nicht nicht kommunizieren«[11].

Neben der Einsicht in die Notwendigkeit stand bei mir am Anfang Neugier, schließlich gibt es in meinem Umfeld viele Menschen, die mir wichtig sind und denen LinkedIn wichtig ist. Außerdem mag ich ja Netzwerken, ich finde den Austausch mit klugen Menschen spannend.

Inzwischen hat sich als Motivation für mein LinkedIn-Engagement noch ein weiterer Aspekt ergeben: Ich schätze die Plattform für meine Themen. Ich schreibe gerne über Führung, Kommunikation und Veränderung. Ich mag es, mein Wissen, meine Erfahrungen, meine Gedanken weiterzugeben. Und ich profitiere von inspirierenden Reaktionen.

2.5.2 Start

Ich hatte schon so meine Bedenken vor dem Start: Das kostet viel Zeit – bringt das was? Ist »meine Zielgruppe« auf LinkedIn überhaupt präsent? Auch: Wie würde ich mit null oder negativer Resonanz umgehen? Und: Werde ich den richtigen Ton treffen?

Dagegen hilft starke Unterstützung. Meine ersten Artikel hat ein LinkedIn-Profi gelesen, bevor ich sie gepostet habe. Das gibt Sicherheit. Sehr hilfreich ist es auch, LinkedIn-Experten zu folgen, denn sie teilen ihr Wissen gern. Auch der SSI – Social Selling Index – hat mich unterstützt: Selbst wenn einmal ein einzelner Artikel oder Beitrag nicht läuft, zeigt er mir doch, dass mein Engagement insgesamt Früchte trägt.

2.5.3 Erfahrungen

Was ist aus den Bedenken geworden? Nach einem Jahr habe ich meine Erfahrungen für dich in den folgenden sechs Punkten zusammengefasst:

1. **Content!**

   Meinen News-Feed finde ich inzwischen meist spannender als meine Tageszeitung. Es gibt so viele Menschen, die mit ihrem Know-how, mit Inspirationen, Klarheit, Humor und mit ihren Fragen meinen Tag bereichern. Klar ist, je aktiver ich bin, je mehr ich durch Liken, Kommentieren und Teilen zeige, was mich interessiert, umso anregender wird mein Feed. Gut investierte Zeit also.

2. **Menschen!**

   Die allermeisten neuen Kontakte sind ganz wunderbar. Manchmal findet man Menschen wieder, manchmal neu. Ja, viele Menschen »meiner Zielgruppe« sind

---

11 Paul Watzlawick (2015). Man kann nicht nicht kommunizieren. Hans Huber.

hier, und es werden immer mehr. Und: Eine Visitenkarte kann ich verlegen, wenn wir uns aber auf einer Konferenz direkt verbunden haben, zum Beispiel mittels QR-Code, bleiben wir in Kontakt. (Nicht verschwiegen werden darf: Manche Menschen nerven. Zum Beispiel der, der mir vorschlug, doch mal einen TEDx Talk zu versuchen. Mit seiner Hilfe natürlich. Wenige Wochen *nach* meinem TEDx Talk.)

3. **Reichweite.**

    Ganz klar ist: Ich verstehe meine Leser*innen bzw. den Algorithmus nicht. Mein meistgelesener Artikel zu »Lispeln, Rotwerden und Äähm« war aus meiner (natürlich sehr subjektiven) Sicht gar nicht mein bester. Der handelte nämlich von »Perspektivwechseln oder was ich beim begleiteten Fahren gelernt habe«.

    Ist es das Umfeld, die Uhrzeit, tatsächlich der Content, das Bild oder die externen Verlinkungen – ich weiß es nicht. Klar ist, manche Beiträge oder Artikel laufen. Andere wiederum nicht. Negative Rückmeldungen habe ich noch nicht bekommen, aber Schweigen ist auch nicht schön. Mir hilft es, dieses hinzunehmen wie das Wetter.

4. **Kontinuität?**

    Das Höhenprofil meiner Aktivitäten, Ansichten etc. eignet sich definitiv als Bauplan einer Achterbahn. Immer wieder mal denke ich über mehr Kontinuität nach. Das kollidiert allerdings mit anderen Prioritäten. LinkedIn ist mir wichtig. Aber nicht so wichtig.

5. **Social Selling?**

    Was ist mit Social Selling, ist LinkedIn für mich ein Vertriebskanal? Zu Beginn hätte ich das nicht geglaubt, aber es gab tatsächlich konkrete Anfragen als Reaktion auf Beiträge. Ich könnte mir da mehr vorstellen. Das muss aber nicht sein. Denn auch ohne das ist LinkedIn für mich wertvoll.

    Im Januar 2021 erschien mein »Praxisbuch für wirksame Veränderung – mit der Theorie U arbeiten«. Tatsächlich: Jetzt ist LinkedIn für mich vertriebsorientierter denn je. Denn hier lernen Menschen mein Buch kennen, durch meine Beiträge, aber auch durch zahlreiche Interviews, Podcasts etc., zu denen ich aus meinem LinkedIn-Netzwerk eingeladen wurde.

6. **Und nun?**

    Die Reise geht weiter. Ich möchte weiterhin profitieren von dem geistigen Reichtum des Netzwerks. Und selbst beitragen durch Content und Feedback. Und dabei hoffe ich, dass die Plattform sich »gut« entwickelt. Also wenig Selbstdarstellung und Kaltakquise-Überfälle. Stattdessen viel Austausch mit Mehrwert.

Tipps

Bist du so alt wie ich und denkst über verstärktes Engagement auf LinkedIn nach? Hier sind meine Tipps für dich:

1. **Es ist eh alternativlos.**
   Überleg mal, was Menschen über dich denken, wenn sie dich nicht auf LinkedIn finden.

2. **Schaffe Klarheit für dich, warum du LinkedIn nutzen willst.**
   Was motiviert dich? Nur wenn es für dich sinnvoll, wertvoll und spannend ist, wirst du Zeit für LinkedIn haben (dann aber auch ganz bestimmt).

3. **Lerne von Expert*innen.**
   Und lerne immer weiter. So wird dein Profil und auch Ihre Beiträge immer besser. Du bekommst ganz viel zurück!

4. **Humor!**
   Ich denke, es hilft, so manches seltsame Phänomen auf LinkedIn mit Humor zu nehmen. Ob ungefragtes Duzen (wenn man es nicht mag) oder absurde Angebote. Es gibt ja immer die Möglichkeit, einen Kontakt auch wieder zu löschen.

5. **Wann hast du zum letzten Mal etwas zum ersten Mal gemacht?**
   LinkedIn ist ein zusätzliches Erfahrungsfeld in deinem Leben. Für gute, schlechte, auf jeden Fall wertvolle Erfahrungen.

2.6   LinkedIn als Berufseinsteigerin – ein Erfahrungsbericht von Maria Kessing

Networking ist insbesondere für junge Leute schon fast ein magisches Wort. Oft hört man von Älteren: »Networking ist das A und O!« – aber wie netzwerkt man eigentlich? Die Antwort auf diese Frage hat mir persönlich im Uni-Alltag gefehlt. Gut, dass die jüngeren Generationen sowieso Social-Media-affin sind und deshalb auch automatisch Business-Plattformen, wie zum Beispiel LinkedIn, kennen und nutzen.

Über Maria Kessing

Maria Kessing ist nach einem Studium des Medienmanagements an der KTH Stockholm und Hochschule der Medien in Stuttgart gerade in ihren ersten Job als Business Analyst Customer & Growth bei der Beratung Bearing Point gestartet. Ihr LinkedIn-Profil findest du unter *www.linkedin.com/in/maria-kessing/*.

2.6.1   Motivation

Dass man auf LinkedIn präsent sein soll, hat sich wohl heutzutage schon in den Vorlesungssälen herumgesprochen. Trotzdem sind die meisten Studierenden eher stille

Zuhörer. So lief das bei mir auch lange Zeit. In meinem Praxissemester während des Bachelorstudiums entschied ich mich, einen LinkedIn-Account anzulegen, immerhin konnte ich zu diesem Zeitpunkt die erste richtige Berufserfahrung direkt dort eintragen. Viel mehr ist dann auch über Jahre nicht passiert. Trotzdem hat es mich gereizt, mehr auf LinkedIn zu machen. Schließlich gibt es so viele Leute, die interessante, hilfreiche und auch humorvolle Beiträge schreiben. Kann ich das nicht auch? Auf der Zielgeraden meines Masterstudiums und quasi als Neujahrsvorsatz für 2021 habe ich mich entschieden, dass es an der Zeit ist, selbst auf LinkedIn aktiv zu werden.

Seitdem ist es mein Ziel, stark vernetzt in die Arbeitswelt zu starten. Dabei geht es mir nicht unbedingt darum, einen Job über LinkedIn zu finden. Vielmehr möchte ich mein Netzwerk aufbauen und ausweiten, Inspirationen sammeln und meine Möglichkeiten erkunden. Mit anderen ins Gespräch kommen und von ihnen lernen.

Aber das ist nicht mein einziges Ziel. Nach fast fünf Jahren Studium stellt man sich schon mal die Frage: »Was interessiert mich eigentlich?« Ich habe einiges gelernt und natürlich eine grobe Richtung gefunden, aber trotzdem habe ich mich vorher nie gefragt, für welche Themen ich eigentlich stehen will. Oder was findet jemand (wie z. B. ein Recruiter), der nach meinem Namen sucht? Mit welchen Themen soll mein Name eventuell assoziiert werden? Wo möchte ich mein Wissen erweitern und Neues dazulernen?

2.6.2   Start

Als stille Zuhörerin hatte ich jahrelang eigentlich kaum Bedenken. Jemand, der mich auf LinkedIn sucht, findet meinen gut angelegten Lebenslauf – und das war's auch schon. Ein CV, der permanent online steht.

Die ersten Bedenken kamen auf, als ich mich entschied, aktiver auf LinkedIn zu werden und selbst zu posten. Plötzlich hatte ich viele Fragen im Kopf: Was, wenn ich was Falsches sage? Was denken meine Kommilitoninnen und Kommilitonen? Und vor allem: Habe ich als Studentin überhaupt was zu sagen?

Da ich das große Glück hatte und für ein LinkedIn-Coaching ausgewählt wurde, wurden meine Zweifel ziemlich schnell aus dem Weg geräumt. Hier wurde mir gezeigt, wie ich meine Ziele definiere, Themen finde, Postings erstelle und einen eigenen Stil entwickle. Ich habe festgestellt, dass es immer hilfreich ist, sich mit Leuten auszutauschen, Posting-Ideen oder Texte durchzusprechen und sich Feedback einzuholen. Dazu eignen sich am besten enge Freunde, die vielleicht sogar ein ähnliches Interesse oder Ziel beim Netzwerken verfolgen wie du selbst.

2.6.3   Erfahrungen

Seitdem ich angefangen habe, mich mit Leuten zu connecten und mehrere Posts pro Woche zu schreiben, habe ich viel positives Feedback bekommen. Vor allem der Kontakt mit Professionals hat mich oft positiv überrascht – so viele Menschen, die sich über die Kontaktaufnahme freuen, mir viel Erfolg wünschen oder sogar nach meinen beruflichen Interessen fragen.

Außerdem ist mein News-Feed viel interessanter geworden. Da ich vorher fast ausschließlich mit Kommilitoninnen und Kommilitonen aus der Uni vernetzt war, hatte mein Feed keine große Relevanz. Das hat sich mittlerweile stark geändert, und neben interessanten Themen sehe ich auch immer häufiger die ein oder andere Jobanzeige.

Aber auch Rückschläge aller Art gehören dazu. Man kann nicht jeden Tag gleich kreativ sein, nicht jeder Post kommt gut an, und dann gibt es auch noch den unberechenbaren LinkedIn-Algorithmus, der über die Reichweite der Beiträge entscheidet. Ich finde es superhilfreich, mir einmal die Woche Gedanken über Postings zu machen und möglichst viel dafür vorzubereiten, sodass ich am Ende nur noch auf »Veröffentlichen« klicken muss. Aber auch hier habe ich die Erfahrung gemacht, dass man manchmal auch einfach spontan sein muss und nicht jedes Wort mehrmals umdrehen sollte. So kann man auch viel schneller auf tagesaktuelle Themen reagieren und seine Meinung zu derzeitigen Trends beitragen.

Beim Networking kann man auf LinkedIn-Nutzer*innen stoßen, die kein Verständnis dafür haben, dass man sich mit ihnen vernetzen will, obwohl man sich nicht persönlich kennt. Auch das ist mir schon passiert. Nach zahlreichen erfolgreichen Kontaktanfragen und Vernetzungen bekam ich eine Nachricht von einem LinkedIn-Mitglied mit der Frage, was ich denn genau wolle und – wenn ich kein konkretes Anliegen hätte – wieso ich mich überhaupt vernetzen will. Auch wenn dies eine negative Erfahrung zwischen unzähligen positiven war, hat sie doch schwer gewogen, und meine anfänglichen Bedenken kamen wieder zum Vorschein: Was mache ich hier eigentlich? Ich bin schließlich nur eine Studentin, bin ich überhaupt relevant genug für andere?

Der wichtigste Tipp ist, dass man sich das Ganze nicht zu sehr zu Herzen nimmt. Und nach den nächsten positiven Rückmeldungen hat man die eine negative Nachricht auch schon wieder vergessen.

Tipps

Hier meine Tipps, die du unbedingt beachten solltest:

- **Einfach anfangen!**
  Manchmal ist es gut, wenn man einfach loslegt und schaut, wie das Netzwerk darauf reagiert. Aus diesen Reaktionen lernt man am meisten! Es hilft nichts, alles zu zerdenken und die Wörter vor jedem Post zehnmal umzudrehen und zu hinterfragen.

- **Themen überlegen!**
  Als Studentin stehen mir unendlich viele Themen offen. Damit das nicht zu Chaos führt, ist es superhilfreich, sich zu überlegen, für welche Themen man stehen will. Mit welchen Keywords soll der eigene Name assoziiert werden? Für welche Werte möchte man stehen?

- **Best Practices anschauen!**
  In den letzten Jahren haben schon einige Menschen vorgemacht, was es heißt, eine Personal Brand auf LinkedIn aufzubauen. Es ist superlehrreich, sich einfach mal Beispiele anzuschauen. Am besten aus einer ähnlichen Branche oder einem ähnlichen Themengebiet. Man kann sich so einiges von diesen Best Practices abgucken!

Trotz einiger Ups and Downs kann ich jedem jungen Menschen nur empfehlen, sich mit dem Thema Networking intensiv zu beschäftigen. Durch die heutigen sozialen Plattformen ist es viel einfacher geworden, Leute kennenzulernen und mit ihnen in Kontakt zu kommen. Und Kontakte werden früher oder später ein wichtiger Bestandteil des Berufsalltags sein!

2.7   Die verschiedenen Profilvarianten: kostenlos vs. Premium vs. Sales Navigator

LinkedIn bietet neben dem *Basic Account* noch weitere Premium-Bezahlmodelle an. Weil die jeweiligen Features und Kosten etwas unübersichtlich sein können, findest du in Tabelle 2.1 eine Übersicht.

Tarif	Standard	Premium Essentials	Premium Career	Premium Business	Sales Navigator	Recruiter Lite
Zweck	Ausbau des persönlichen Netzwerks	mehr Schwung für die Karriere	einen Job finden und Karriere machen	detaillierte Brancheneinblicke erhalten	Leads generieren, Kundenstamm ausbauen	Kandidaten finden und einstellen
vollständiges Profil	✓	✓	✓	✓	✓	✓

Tabelle 2.1 Features und Kosten der unterschiedlichen Bezahlmodelle von LinkedIn

Tarif	Standard	Premium Essentials	Premium Career	Premium Business	Sales Navigator	Recruiter Lite
Suche und Kontaktaufnahme	✓	✓	✓	✓	✓	✓
Empfehlungen	✓	✓	✓	✓	✓	✓
Standard-Suche	✓	✓	✓	✓	✓	✓
Empfang von InMail-Nachrichten	✓	✓	✓	✓	✓	✓
Speichern von bis zu drei Suchen	✓	✓	✓	✓	✓	✓
Surfen im Privatmodus		✓	✓	✓	✓	✓
Bewerber-einblicke		✓	✓	✓	✓	✓
direkte Nachrichten		✓	✓	✓	✓	✓
Wer hat sich Ihr Profil angesehen?	letzte 5	✓	✓	✓	✓	✓
uneingeschränkter Zugriff auf LinkedIn Learning			✓	✓	✓	✓
uneingeschränkte Personensuche		✓	✓	✓	✓	✓
Business Insights				✓	✓	✓
erweiterte Suche		✓	✓		✓	✓
Einblicke in den Bewerberkreis		✓	✓			
Bevorzugung bei Bewerbungen		✓	✓			
unabhängige Sales-Oberfläche					✓	

Tabelle 2.1 Features und Kosten der unterschiedlichen Bezahlmodelle von LinkedIn (Forts.)

Tarif	Standard	Premium Essentials	Premium Career	Premium Business	Sales Navigator	Recruiter Lite
eigene Lead- und Account-Listen					✓	
empfohlene und gespeicherte Leads					✓	
Echtzeit-Updates und Benachrichtigungen					✓	
Recruiting-spezifisches Design						✓
automatisches Tracking						✓
integrierter Einstellungs-prozess						✓
intelligente Vorschläge						✓
InMail-Gutschriften		5	5	15	20	30
Kosten pro Monat bei jährlicher Zahlung	- €	8,25 €	19,99 €	44,99 €	59,99 €	89,99 €
Kosten pro Monat bei monatlicher Zahlung	- €	10,00 €	29,98 €	54,99 €	74,98 €	109,99 €

Tabelle 2.1 Features und Kosten der unterschiedlichen Bezahlmodelle von LinkedIn (Forts.)

Wie du in dieser Tabelle sehen kannst, ist das Standard-Profil kostenlos. Damit kannst du bereits alle wichtigen Funktionen nutzen. Ein weiterer Punkt, in dem LinkedIn Xing überlegen ist. Denn beim deutschen Vertreter ist die ein kostenloses Xing-Profil nicht viel mehr als eine digitale Visitenkarte und die Funktionen sind sehr stark eingeschränkt.

Neben den kostenloses Standard-Profil Stehen dir kostenpflichtige Profile mit weiteren Funktionen zur Verfügung:

Premium Essentials sollte bereits den Anforderungen der meisten Nutzer*innen genügen, denn die die wichtigsten Funktionen für erfolgreiches Networking (InMails, mehr Filter in der Suche, Sichtbarkeit der Profilbesucher).

Premium Career bietet einige Vorteile für Menschen, die sich für einen neuen Job bewerben wollen (Einblicke in den Bewerberkreis und eine Bevorzugung bei der Bewerbung über LinkedIn) sowie Zugriff auf die E-Learning-Plattform LinkedIn Learning.

Premium Business ist der Tarif für Networking-Profis, die 15 InMails pro Monat benötigen, um Nachrichten an Menschen außerhalb ihres direkten Netzwerks zu erreichen und weitere Infos über Unternehmen suchen (z. B. Wachstum der Belegschaft).

Für Vertriebsprofils eignet sich eine *Sales Navigator* Lizenz. Dieser Tarif erlaubt Zugriff auf ein gänzlich neues Interface, sondern auch mehr Suchfilter, die Speicherung von potenziellen neuen Kunden (»Leads«) und deren Unternehmen (»Accounts«) sowie die Möglichkeit, die Beiträge dieser Menschen zu sehen, ohne ihnen zu folgen oder sich mit ihnen zu vernetzen.

Wenn du LinkedIn nutzt, um neue Mitarbeiter zu finden, hast du mit dem *Recruiter Lite Tarif* gänzlich neue Funktionen, um passende Kandidaten zu identifizieren, anzusprechen und direkt in deinen Recruiting-Prozess aufzunehmen.

Die Tarife Sales Navigator und Recruiter Lite gibt es nicht nur für Einzelpersonen, sondern auch für Teams. Die Kosten dafür sind individuell über den LinkedIn-Vertrieb anzufragen.

Und was kostet ein Unternehmensprofil? Über 50 Millionen Marken sind bereits in dem Netzwerk aktiv. Eine Unternehmensseite auf LinkedIn ist dabei die beste Möglichkeit, Reichweite zu erzielen. Für das die Erstellung und den Betrieb einer Unternehmensseite fallen keine Kosten an. Lediglich, wenn du Paid-Advertising-Kampagnen schaltest (siehe Kapitel 16) werden Kosten fällig.

2.8 Zusammenfassung

LinkedIn ist das führende Business-Netzwerk auf der Welt. Für jedes Unternehmen, das international Kundinnen, Partner oder Mitarbeitende gewinnen möchte, ist ein professioneller Auftritt ein Muss. Denn was für einen Eindruck würde es machen, wenn der Wettbewerb auf LinkedIn vertreten ist – aber dein Unternehmen nicht? Aber auch für Einzelpersonen, unabhängig von Alter, Beruf oder Lebensabschnitt, lohnt es sich, auf LinkedIn aktiv zu sein, um das Netzwerk auszubauen und um von anderen Menschen zu lernen. Denn der Fokus auf LinkedIn liegt im persönlichen

Austausch der Mitglieder. Dafür stellt LinkedIn eine Vielzahl von Funktionen zur Verfügung, die auch von anderen Social-Media-Netzwerken verwendet werden. Deswegen gehören zu einer erfolgversprechenden LinkedIn-Strategie nicht nur das Unternehmensprofil, sondern vor allem auch die persönlichen Profile der Mitarbeitenden, deren Beiträge schneller mehr Reichweite bekommen als die Beiträge der Geschäftsleitung. Dabei sollte nicht Viralität dein Ziel sein, sondern Beständigkeit. Um allen Ansprüchen gerecht zu werden, gibt es mehrere Profilvarianten (z. B. Basic, Premium und Sales Navigator).

Was du jetzt tun kannst

Falls du noch keinen LinkedIn-Account hast: Ändere das! Du kannst erstmal dein Profil mit den Basisinformationen ausfüllen, um zu starten. Wichtig ist, dass du einfach mal »reinschnupperst«, dich mit einigen (ehemaligen) Kollegen, Partnern und Branchenexpertinnen verknüpfst und dir ihre Beiträge ansiehst, um ein Gefühl für die Plattform zu bekommen.

Falls du schon einen LinkedIn-Account hast, aber noch nicht so richtig in die Gänge gekommen bist: Bringe dein Profil auf den aktuellen Stand, und setze dir selbst eine 30-Tages-Challenge, um herauszufinden, ob sich die Nutzung für dich lohnt. Investiere jeden Tag mindestens 15 Minuten darin, gezielt neue Kontakte zu knüpfen und die Beiträge der anderen zu kommentieren. Einmal pro Woche solltest du auch einen eigenen Beitrag veröffentlichen.

Kapitel 3

Markenbildung

Was haben Apple, Mercedes, Coca-Cola und Disney gemeinsam? Sie gehören zu den wertvollsten Marken der Welt. Warum? Weil sie hervorragendes Branding machen. LinkedIn kann dir dabei helfen, eine Marke aufzubauen und bekannter zu machen, sei es die deines Unternehmens oder deine eigene (Personal Branding).

Auch deutsche Unternehmen außerhalb der Automobilbranche, die traditionell produktorientiert gesteuert sind, erkennen (langsam, aber zunehmend) den Wert aktiver, bewusster Markenbildung. Denn eine gute Marke sorgt nicht nur dafür, dass du höhere Preise verlangen kannst, sie sorgt auch für einen nicht kopierbaren Wettbewerbsvorteil. Ohne ein stabiles Fundament in Form einer gut definierten Marke solltest du gar nicht erst anfangen, auf LinkedIn (oder einem anderen Kanal) zu kommunizieren.

Die Krux dabei? Eine Marke zu konzipieren ist einfach. Aber sie zum Leben zu erwecken ist ein Prozess, der erstens sehr komplex ist und zweitens nie endet. Denn eine Marke wird erst durch die Mitarbeiter*innen zum Leben erweckt.

Wer ist für die Marke zuständig? Die Marketing-Abteilung, richtig? In vielen Unternehmen haftet Marketing leider der Ruf an, ein reines Cost-Center zu sein, dessen Lebenszweck einzig die Unterstützung des Vertriebs mit einer funktionalen Website und schicken Katalogen ist. Marketer*innen sind »die mit den Fähnchen«, die für die ganzen bunten Bilder zuständig sind und teure Agenturen mit schickem Schnickschnack beauftragen. In Wahrheit ist Marketing und eine gute Marke absolut entscheidend für den Erfolg des Unternehmens.

In diesem Kapitel wirst du lernen, was eine Marke eigentlich ist und was sie ausmacht, wie man den Wert einer Marke bewerten kann, wie man eine Marke von innen nach außen aufbaut und mit welchen Maßnahmen du für eine gesunde Unternehmenskultur und damit den Grundstein einer kraftvollen Marke sorgen kannst. Kurzum: Dich erwartet ein Crashkurs in Sachen Branding. Social Media – insbesondere LinkedIn – spielen dabei eine immer wichtigere Rolle. Und Marketing ist einer der Mitspieler dabei, aber nicht der einzige.

3.1   Was ist eine Marke eigentlich?

Gehen wir zunächst einen Schritt zurück und fangen am Anfang an: Was ist eine Marke bzw. eine Brand? Was bedeutet der Begriff? Ist es das Logo? Die Value-Proposition? Wie unterscheidet sie sich von einem Image? Spoiler: Es gibt nicht »die eine wahre« Definition für *Marke*. Je nachdem, wen man fragt, bekommt man sehr unterschiedliche Antworten.

Der Begriff »to brand« wurde zuallererst für den Vorgang genutzt, das eigene Vieh mit einem Brandeisen zu kennzeichnen und es so von anderen Rindern unterscheiden zu können. Deswegen kann man eine Marke wie folgt definieren:

> **Definition: Was ist eine Marke?**
>
> »Ein Name, Begriff, Design oder Symbol, welches das Unternehmen, die Produkte oder Dienstleistungen eines Anbieters von denen eines anderen Anbieters unterscheidet.«[1]

Also recht simpel: Zum Branding gehören alle Elemente, die dazu beitragen, A von B zu unterscheiden. Und diese Elemente kann jedes Unternehmen direkt beeinflussen:

- Name
- Logo
- Farben
- Produkt bzw. Dienstleistungen
- Claim/Slogan
- Äußerungen in der Öffentlichkeit, z. B. über Pressemitteilungen

Auf LinkedIn ist eine Marke also vor allen Dingen durch das Unternehmensprofil vertreten. Dort steht der Name des Unternehmens, das Logo als Profilbild, die Farben im Header und eine Beschreibung der Produkte oder Dienstleistungen im Info-Feld und der Slogan im – na ja, im »Slogan«-Feld natürlich. Aber ist es damit getan? Reicht ein gut gepflegtes Unternehmensprofil schon, um gutes Branding zu machen? Spoiler: Nein.

Zuerst zurück zur Theorie: »Man kann nicht nicht kommunizieren«, sagte Paul Watzlawick richtigerweise. Das gilt nicht nur für Menschen, die sich gegenüberstehen, sondern auch für Unternehmenskommunikation. Alles, was ein Unternehmen sagt und tut, trägt zum Branding bei. Also auch alle Aktivitäten und damit natürlich auch auf LinkedIn. Veröffentlicht ein Unternehmen einen neuen Beitrag auf LinkedIn, ist das Branding. Kommentiert eine Mitarbeiterin einen Beitrag über ein

---

1   Quelle: *www.ama.org/topics/branding/*

Branchenthema, ist das Branding. Hat ein Unternehmen gar kein oder ein vernachlässigtes Unternehmensprofil, ist das auch Branding – auch wenn die Nachricht weder positiv noch zielführend ist.

Aber: Eine Marke existiert nicht in einem Vakuum, sondern gibt immer Antworten auf gesellschaftlich relevante Fragen. Die Menschen verlangen heutzutage so stark wie nie nach Werten. Sie wollen Marken mit »Rückgrat«, mit Charakter, mit denen sie sich identifizieren können.

Deswegen muss sich jede Institution auch zu aktuell gesellschaftlich relevanten Themen wie Diversity oder Klimaschutz positionieren – und ihre Taten müssen diesen Aussagen entsprechen, wie z. B. Patagonia immer wieder aufs Neue belegt und Events für Nachhaltigkeit organisiert.

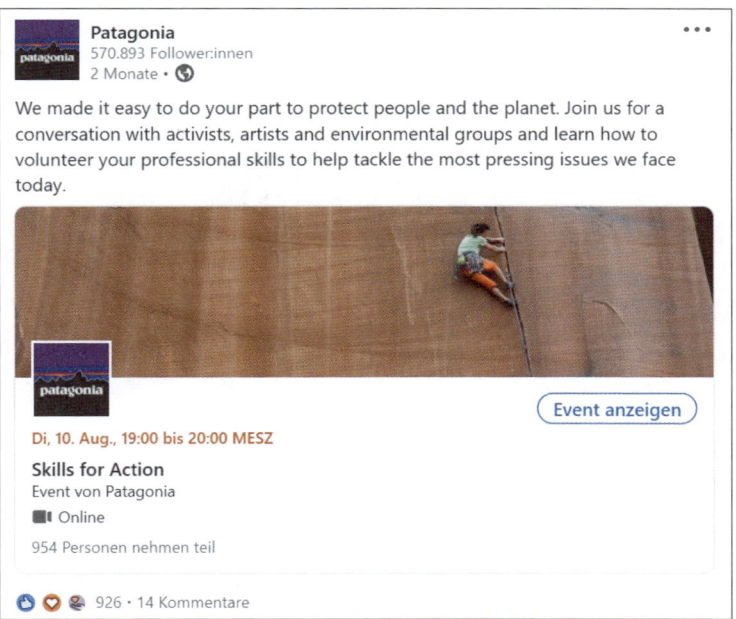

Abbildung 3.1 Patagonia organisiert und bewirbt (passend zur Unternehmens-Mission) Events rund um Nachhaltigkeit und Klimaschutz

3.2   Warum sind Marken wichtig?

Warum brauchen wir eigentlich Marken? Zeigen uns erfolgreiche Discounter wie Aldi und Lidl oder temporäre Sonderangebote wie Cyber Monday und Black Friday nicht, dass für den Kunden der Preis das ausschlaggebende Kriterium für den Kauf ist?

Ja und nein. Ein günstiger Preis kann eine Kaufentscheidung definitiv beeinflussen. Insbesondere, wenn noch eine gehörige Portion psychologischer Druck in der Form von »Fear of Missing out« dazukommt. Aber was macht ein Schnäppchen aus? Der reduzierte Preis liegt deutlich unter dem regulären Preis. Und wie hoch der reguläre Preis ist, ist letztendlich auch eine Komponente der Marke.

Schauen wir uns mal das Beispiel Rolex an. Was verbindest du mit diesem Namen? Wahrscheinlich weißt du, dass wir jetzt über Armbanduhren sprechen. Du siehst vielleicht einen Promi wie Roger Federer oder Tiger Woods vor dir, die seit Jahren Werbeträger für diese Marke sind. Welche Bilder fallen dir spontan ein? Schweiz, Golf, Tennis, Champagner, Flugzeuge, Sportwagen? All diese Assoziationen sind Teil des Marken-Images. Rolex steht für Exklusivität, für Luxus.

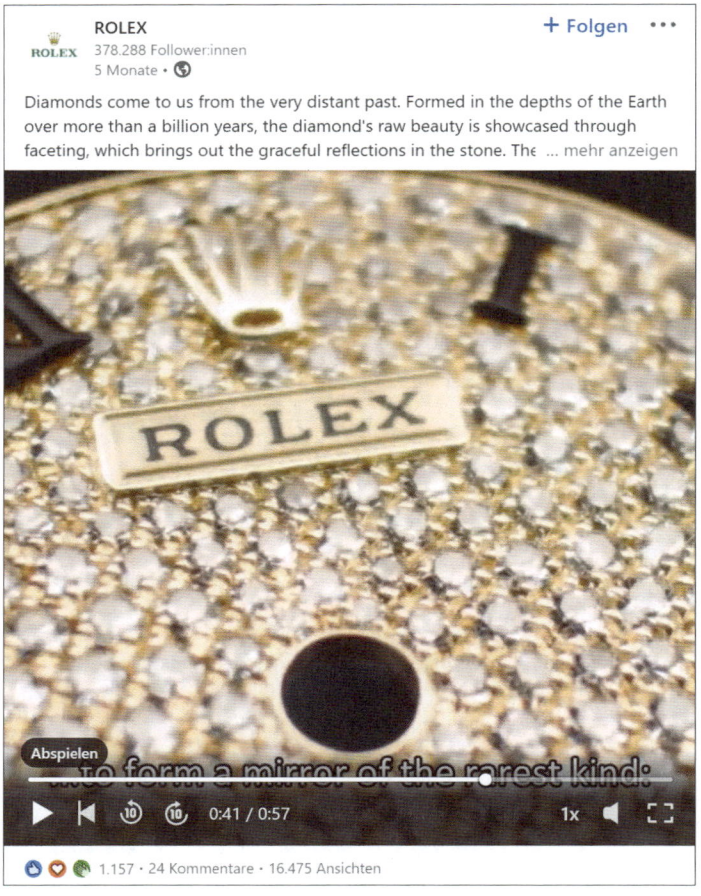

Abbildung 3.2 Rolex zeigt auf LinkedIn die neuesten Uhrkollektionen – aber auch ihr Engagement für den Umweltschutz.

Die regulären Preise für eine Rolex beginnen bei 4.500 €. Wenn dir jemand eine Rolex für 200 € anbieten würde, dann ist das kein Schnäppchen, sondern eine Fälschung. Natürlich bekommt man auch sehr ordentliche Uhren für 200 €. Ein schneller Blick auf Amazon verrät: Uhren mit zahlreichen guten Bewertungen fangen bei 12 € an. Zeigt eine Rolex die Zeit besser an? Sicherlich nicht. Wenn einzig der Preis oder das Preis-Leistungs-Verhältnis ausschlaggebend für die Kaufentscheidung wären, müsste Rolex Insolvenz beantragen. Aber es gibt viele Menschen, die bereit sind, 4.500 € und mehr für eine Armbanduhr auszugeben – dank des Images der Marke. Denn eine Luxusmarke wie Rolex weckt Begehrlichkeit und Verlangen. Nicht so sehr nach dieser spezifischen Uhr, aber nach dem Lebensstil, in dem diese Uhr getragen wird. Sie ist ein Statussymbol, denn nicht nur du weißt, wie teuer die Uhr ist, sondern auch die meisten anderen Menschen. Wir haben alle eine gemeinsame Wahrnehmung der Marke. Die Marke hat ein Image bei uns. Und dieses Image trägt zum Wert bei. Das gilt nicht nur für sündhaft teure Uhren, sondern für alle Markenartikel, egal, ob Sneaker von Nike, Computer von Apple oder Vergnügungsparks von Disney. Für Produkte von Marken sind wir bereit, mehr Geld zu bezahlen – auch wenn diese nicht vergünstigt sind.

Mehr noch: Gute Marken sorgen nicht für eine höhere Preisbereitschaft, sondern auch für eine höhere Attraktivität: Die Kunden sind nicht nur bereit, mehr Geld auf den Tisch zu legen, sondern tun das auch noch bereitwilliger und häufiger. Bei Markenunternehmen führt das zu niedrigeren *Customer Acquistion Costs (CAC)*, d. h., sie müssen weniger investieren, um neue Kunden anzulocken. Gleichzeitig kann eine Marke zu höherer Loyalität als ein No-Name-Produkt führen, was dafür sorgt, dass die Menschen der Marke treu bleiben, anstatt sich für den Wettbewerb zu entscheiden. Bei Software würde man von einer höheren *Retention-Rate* sprechen. Beides, die geringeren Customer Acquistion Costs sowie die höhere Retetion-Rate, sorgt für eine besseren Effizienz der Marketingmaßnahmen (*Return on Advertising Spent*, ROAS). Durch Investition in markenbildende Maßnahmen kann man also langfristig Geld sparen.

Der Preis ist demnach nicht das ausschlaggebende Element bei der Kaufentscheidung. Marken haben einen Wert. Im B2C ebenso wie im B2B (Grüße an Unternehmen wie Oracle, SAP oder McKinsey). Und diesen Wert gilt es, langfristig aufzubauen. Markenbildung ist also keine Taktik, sondern eine Strategie, die zum Unternehmenserfolg beitragen kann. Die Marke hat somit einen Wert.

Diese Idee, dass Marken einen Wert haben, reifte in den späten 1980er Jahren, nachdem Marketer*innen endgültig herausgefunden hatten, dass Preis und Funktionalität zwar zu einem kurzfristigen Anstieg der Verkaufszahlen, aber keinesfalls zu treuen Kundinnen und Kunden führen. Die Marke wurde fortan als elementarer Bestandteil des Unternehmenserfolgs angesehen. Und zwar nicht nur von zuvor oftmals belächelten Marketer*innen, sondern auch von CEOs und CFOs. Wie wir noch sehen werden, spielen diese Führungskräfte eine entscheidende Rolle bei der Markenbildung, und zwar sowohl nach außen in den Markt als auch nach innen in das Unternehmen selbst. Man denke an Phil Knight (Nike), Elon Musk (Tesla), Bill Gates (Microsoft), Dieter Zetsche (Daimler), Jeff Bezos (Amazon) oder Mark Zuckerberg (Facebook): alles Namen, die untrennbar mit ihrem Unternehmen verbunden sind. Diese Menschen haben die Kraft von »Personal Branding« verstanden und sie sich zunutze gemacht. Sie stehen stellvertretend für ihr Unternehmen und haben es geschafft, sich selbst als Marke zu etablieren. Als Business-Plattform ist LinkedIn dafür hervorragend geeignet.

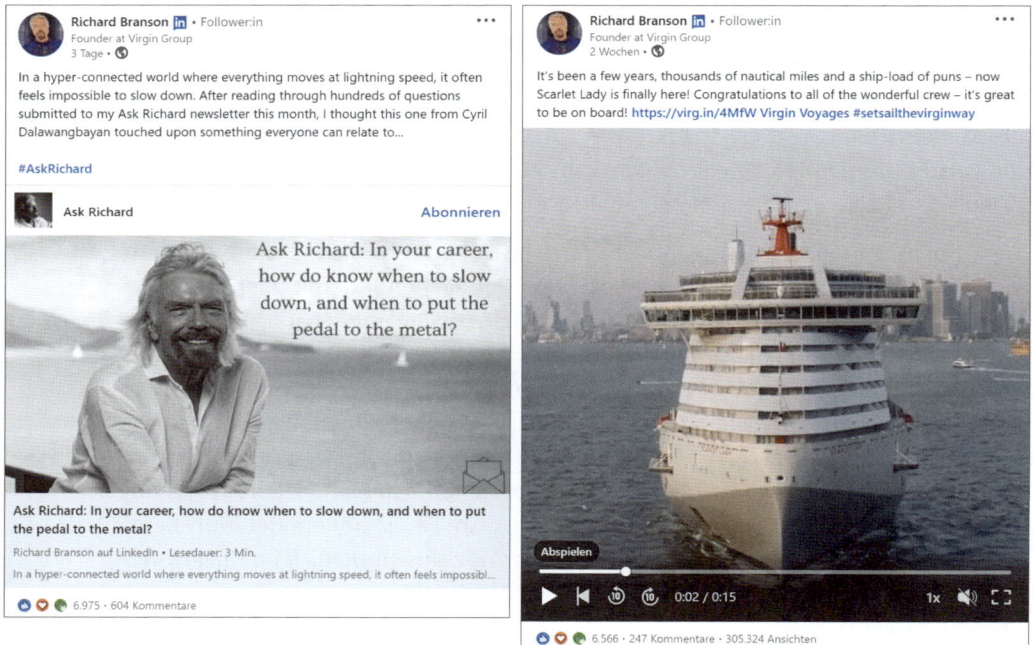

Abbildung 3.3 Richard Branson nutzt seine Personal Brand auf LinkedIn erfolgreich, um für sich und seine Unternehmen zu werben.

3.3 Kannst du eine Marke allein auf LinkedIn aufbauen?

Nein. Die oben genannten Promis sind primär durch andere Dinge bekannt als ihre schicken LinkedIn-Beiträge. Sie sind Vordenker, Unternehmer und Führungskräfte und stehen wegen ihrer Taten und Ideen im Licht der Öffentlichkeit. LinkedIn ist für sie ein Kanal neben vielen, die zum Aufbau und zur Stärkung der Marke beitragen.

Warum also Zeit und Energie auf LinkedIn investieren, wenn das doch nicht ausreicht? Weil keine starke Marke in nur einem einzigen Kanal gewachsen ist. Das gilt für LinkedIn wie auch alle anderen Kanäle. Sicherlich gibt es Marken, die einen effizienten Kanal gefunden haben, um ihre Zielgruppe zu erreichen, und dort Vollgas geben. Carglass oder Seitenbacher sind zwei Unternehmen, die seit Jahren sehr aktiv und mutmaßlich erfolgreich auf Radiowerbung setzen. Ebenso gibt es Start-ups, die ihre Zielgruppe auf Instagram finden und dort ihre Produkte erfolgreich vermarkten. Aber in diesen Fällen handelt es sich immer nur um einen Werbe- oder Verkaufskanal. Eine starke Marke steht immer auf mehreren Säulen. Abhängigkeit von einem einzigen Kanal ist sehr gefährlich. Selbst erfolgreiche YouTuber haben noch einen Kanal auf Instagram oder machen einen Podcast. Reichweitenstarke Podcaster*innen haben noch einen Blog und geben Vorträge. Hochdotierte Speaker*innen veranstalten Seminare oder geben Trainings. Selbst LinkedIn-Expert*innen wie die in diesem Buch oft zitierten Marina Zayats, Britta Behrens oder Ritchie Pettauer sind zusätzlich auf Facebook oder Instagram aktiv, geben Interviews, halten Vorträge und sind auf Events unterwegs. Denn sie wissen, dass ein Kanal nicht ausreicht, um eine starke Marke aufzubauen. Es ist immer eine Orchestrierung vieler Maßnahmen, die ineinandergreifen müssen.

>>Any damn fool can put on a deal, but it takes a genius, faith, and perseverance to create a brand.<< – David Ogilvy

LinkedIn kann also nicht der einzige Kanal sein, um eine Marke aufzubauen. Aber es geht auch nicht ohne – zumindest, wenn ein wichtiger Teil deiner Zielgruppe auf LinkedIn aktiv ist oder die Plattform nutzt, um mehr über dein Unternehmen zu erfahren (z. B. Bewerber*innen).

Roman Gaida ist kein Promi, kein Unternehmer und kein Profisportler. Roman ist >>einer von uns<< und arbeitet als Bereichsleiter bei einem Elektronik-Unternehmen. Außerdem ist er Vater von Zwillingen. Er hat es geschafft, eine eigene Personal Brand rund um die Themen Karriere, Führung und Vereinbarkeit von Beruf und Familie aufzubauen. 28.000 Menschen folgen seinen Beiträgen auf LinkedIn, in denen er Einblicke in seine Arbeits- und Familienwelt gibt (siehe Abbildung 3.4).

LinkedIn ist Gaidas primäre Plattform, aber parallel ist er Podcast-Host, gibt Interviews und Vorträge. Jede Maßnahme trägt dazu bei, seine Marke zu verstärken.

>>Man kann nicht nicht kommunizieren<< ist oftmals die erste Lektion in einem Kommunikationsseminar. Das ist sicherlich wahr für Personen, aber gilt das auch für Unternehmen? Kann eine Marke kein Branding machen? Nein, selbst die für den Geschäftsbetrieb absolut notwendigen Aktivitäten sind bereits Branding. Du brauchst einen Namen, du brauchst eine Schnittstelle zum Kunden (Interface), entweder digital oder in Form einer für den Verkauf zuständigen Person, und du hast immer

»Geschäftsgebaren« in der Form, wie du die Probleme deiner Kundinnen und Kunden löst. Auch der Hähnchengrill an der Tanke macht Branding.

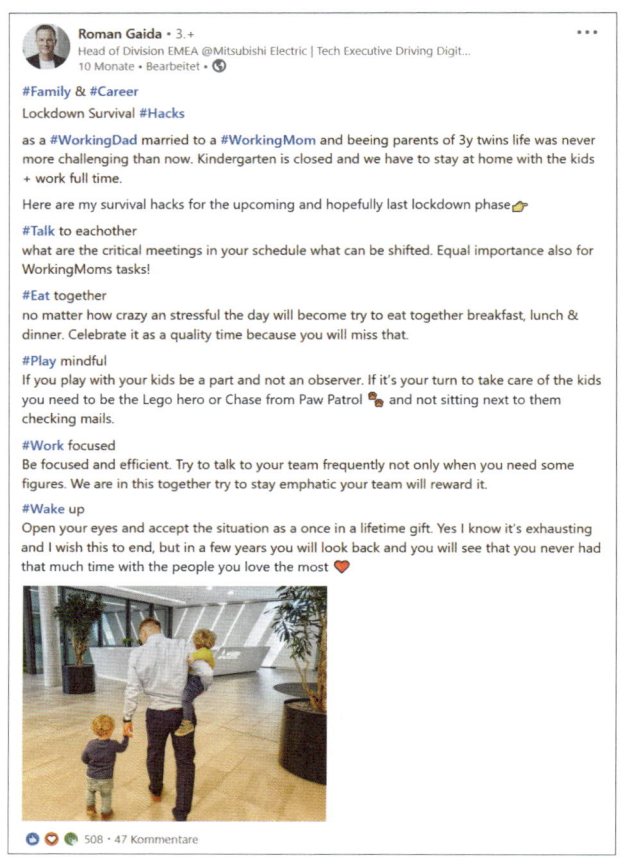

Abbildung 3.4 Wie man Familie und Beruf miteinander kombiniert

Selbst wenn dein Unternehmen *nicht* auf LinkedIn aktiv sein sollte, dann sendest du damit eine Botschaft: Wir wollen dir keinen Einblick in unsere Unternehmenskultur gewähren, lieber Bewerber. Wir zeigen dir keine Produktneuheiten, liebe Kundin. Und niemand aus unserer Belegschaft ist an einem fachlichen Austausch interessiert, lieber Marktbegleiter.

Wenn eine Marke also so eminent wichtig ist – warum tun sich dann so viele Unternehmen schwer damit, überhaupt zu versuchen, eine Marke zu etablieren? Die drei wichtigsten Gründe[2] sind:

---

2   Vgl. David Aaker (2014). Aaker on Branding: 20 Principles That Drive Success (Illustrated Aufl.). Morgan James Publishing.

1. Kurzfristige finanzielle Ziele stehen oft im Vordergrund, insbesondere bei Jahreszielen von Manager*innen. Der Aufbau einer Marke kostet Zeit, Geld und hängt von vielen »weichen« Faktoren ab, deren Korrelation mit Marketingaktivitäten man nur schwer messen kann. Geschweige denn, dass sie die eigene Karriere befördern.

2. Der Aufbau einer guten Marke ist alles andere als einfach, hängt von vielen internen und externen Faktoren ab und lässt sich nicht 1:1 reproduzieren: Selbst wenn ein Unternehmen exakt das Gleiche tun würde wie der erfolgreiche Wettbewerber, wird das Ergebnis wahrscheinlich gänzlich anders sein.

3. Meistens fehlt es an internen Ressourcen: Fachwissen, Erfahrung, Prozesse, Kultur und Verständnis dafür, dass Marken einen strategischen und monetären Wert haben.

3.4   Wie viel ist eine Marke wert?

Wie wertvoll Branding für ein Unternehmen sein kann, wurde mir im Rahmen eines Interims-Mandats vor Augen geführt. Ich beriet und unterstützte paydirekt (heute Giropay) in Sachen Digital Marketing. paydirekt ist ein Joint Venture von über einem dutzend deutschen Banken und Sparkassen. Es sollte das deutsche PayPal werden. Uns blies vom Start weg der Wind hart ins Gesicht, insbesondere durch die Fachpresse. Anstatt die konkurrenzfähigen Funktionen zu bewerten, fokussierte sich die Aufmerksamkeit der Journalistinnen und Journalisten auf den schlechten Ruf der deutschen Bankenbranche. Diesem Image konnte paydirekt nichts entgegenhalten, denn die Marke wurde nicht »aufgeladen« und mit Leben gefüllt. Es war ein Logo, ein Claim und ein (sehr gutes) Produkt, aber es war eine leere Hülle ohne Emotionen. Es gab keine TV-Spots, keine Plakate oder ein Testimonial. Nichts, womit die Kundinnen und Kunden uns verbunden hätten. Und außer einem Twitter-Kanal gab es auch kein eigenes Sprachrohr, über das paydirekt direkt mit Kunden und Partnern hätte kommunizieren können.

Eine starke Marke trägt also einen wichtigen Teil zum Unternehmenserfolg bei. Aber wie wichtig ist dieser Teil? Wie viel ist eine Marke wert? Das lässt sich nicht unmittelbar sagen, denn die Marke gehört zu den immateriellen Vermögenswerten, ebenso wie die Innovations- und Tatkraft der Mitarbeiter*innen. Deswegen muss der Markenwert berechnet werden. Leider gibt es dafür keine einheitliche Formel. Stattdessen gibt es Rankings von Beratungen wie Interbrand oder Kantar BrandZ oder die bekannte Zeitschrift Forbes. In Tabelle 3.1 siehst du die jeweiligen Top 10 der wertvollsten Unternehmensmarken der Welt.

Interbrand		Kantar		Forbes	
Marke	**Wert in Mrd. $**	**Marke**	**Wert in Mrd. $**	**Marke**	**Wert in Mrd. $**
Apple	322	Amazon	683	Apple	241
Amazon	200	Apple	611	Google	207
Microsoft	166	Google	457	Microsoft	162
Google	165	Microsoft	410	Amazon	135
Samsung	62	Tencent	240	Facebook	70
Coca-Cola	56	Facebook	226	Coca-Cola	64
Toyota	51	Alibaba	196	Disney	61
Mercedes	49	Vis	191	Samsung	50

Tabelle 3.1 Markenwerte laut Interbrand, Kantar BrandZ und Forbes: Es gibt keine einheitliche Formel für die Berechnung.[3]

Wie sind sie auf diese Werte gekommen? Forbes macht es sich am einfachsten und nimmt lediglich finanzielle Aspekte in die Berechnung auf, wie den Umsatz und den Gewinn vor Zinsen und Steuern.

Anstatt sich wie Forbes nur auf finanzielle Daten zu verlassen, zieht Kantar auch den subjektiven Wert einer Marke in Betracht. Dafür wurden nach eigener Aussage über 4 Millionen Kundeninterviews in 51 Märkten durchgeführt. Die Ergebnisse dieser Studie werden mit einer »Brand Contribution« versehen und mit dem »Financial Value« multipliziert.

Interbrand, einer der Pioniere in Sachen Markenbewertung, lässt sich am wenigsten in die Karten schauen. Aber ihre Methodologie basiert auf einem weiteren Aspekt: Neben finanziellen Daten und Kundenmeinungen wird auch das Image bei Investor*innen und – ganz wichtig – Mitarbeiter*innen berücksichtigt.

Fangen wir mit der wichtigsten Gruppe an: den **Kunden**. Welchen Wert hat eine Marke für sie? Warum ist ihre Perspektive die wichtigste? Eine gut definierte und gelebte Marke erlaubt es uns, sie »in eine Schublade« zu stecken. Nicht umsonst sagen wir Dinge wie »der Mercedes unter den E-Bikes« oder »iPhone-Killer«, denn jeder Mensch weiß, wofür Mercedes oder iPhone stehen. Wir Menschen lieben Schubladendenken. Es vereinfacht uns die Welt. Denn unser Gehirn ist evolutionsbedingt faul. Denken verbraucht nur Kalorien, die wir besser für das nächste Wett-

---

3   Quellen: *www.interbrand.com/best-brands/*, *https://www.kantar.com/campaigns/brandz/global*, *www.forbes.com/the-worlds-most-valuable-brands/*

rennen mit einem Säbelzahntiger aufsparen. Dass das letzte Rennen schon über 12.000 Jahre her ist und wir gewonnen haben, ist bei unseren Genen noch nicht angekommen. Nicht nur unser Gehirn, auch unsere Emotionen und Hormone, ja unser gesamter Stoffwechsel ist seit Jahrtausenden unverändert. Deswegen triggert uns auch die Angst davor, etwas zu verpassen (*Fear of Missing out*), zum Kauf, und deswegen speichert unser Körper Fett so hervorragend und kann von Zucker und Kalorien gar nicht genug bekommen.

Gut definierte Marken steckt unser Gehirn nur allzu gerne in eine Schublade. Das erleichtert uns als Konsumentinnen und Konsumenten die Entscheidungsfindung erheblich, denn wir schließen schnell alle Marken, die nicht in unserem »Relevant Set« sind, von vornherein aus. So gibt es Menschen, die nichts anderes als einen BMW fahren, mit einem iPhone telefonieren oder mit Lego bauen. Natürlich gibt es günstigere Produkte, die diese Funktionen ebenso gut erfüllen. Aber je nachdem, wie stark unsere Markenloyalität ist, würde es nicht zu unserem Selbstbild passen, weil wir kein Mercedes-Fahrer, keine Android-Nutzerin und kein Was-auch-immer-der-Wettbewerber-von-Lego-ist-Bastler sind.

LinkedIn kann sich sehr gut dafür eignen, neue Kund*innen zu gewinnen. Entweder direkt durch aktiven Vertrieb und bezahlte Werbung auf der Plattform oder indirekt, weil dich die Beiträge der Geschäftsführerin auf ihr Unternehmen aufmerksam gemacht haben oder dein Kollege ein Produkt in einem Beitrag lobend erwähnt.

Betrachten wir nun die eigenen **Mitarbeiter**: Attraktive Marken locken auch mehr und bessere Mitarbeitende an, die dann auch länger dem Unternehmen treu bleiben. Bessere Mitarbeitende führen zu besseren Produkten, bessere Produkte führen zu mehr Kundschaft, mehr Kundschaft führt zu höherer Unternehmensbewertung und deswegen zu höherem Interesse seitens der Investor*innen, was dazu führt, dass das Unternehmen höhere Gehälter für bessere Mitarbeitende zahlen kann usw.

Eine starke Marke hat noch weitere Vorteile gegenüber den eigenen Mitarbeiterinnen und Mitarbeitern:

- Eine Marke mit einer starken Vision und Mission gibt den Mitarbeiter*innen eine klare Richtung, warum und wie sie arbeiten. Sie werden instinktiv wissen, ob eine Maßnahme zur Marke passt oder nicht. Das gilt für Marketingmaßnahmen ebenso wie für neue Produkte oder die Auswahl neuer Mitarbeiter*innen.

- Eine starke Marke ist die Ausgangsbasis einer gesunden Unternehmenskultur, denn sie definiert auch die Werte, wie die Menschen in diesem Unternehmen zusammenarbeiten wollen.

- Eine starke Marke kann zu deutlich höherem Commitment führen: Die Menschen arbeiten für das Unternehmen nicht (nur) aufgrund des Gehalts oder des

Jobtitels, sondern weil sie an die Mission des Unternehmens glauben und vollends dahinterstehen. Wenn sie wissen, dass ihre Arbeit das Leben vieler Menschen verbessert, das Klima schützt, das Leben ihrer Nachbarn und Freunde sicherer macht, dann werden sie ihre Arbeit als zutiefst befriedigend wahrnehmen. Weil die Mission des Unternehmens auch ihre Mission ist.

- Eine starke Marke wird unweigerlich dazu führen, dass die eigenen Mitarbeiter*innen häufig über sie sprechen. Entweder aus eigener Motivation heraus (man ist ja stolz auf seinen Arbeitgeber) oder weil sie von ihren Freundinnen und Freunden danach gefragt werden.

LinkedIn spielt hier eine eminent wichtige Rolle: Über ihr persönliches Profil haben die Mitarbeiter*innen deines Unternehmens ein eigenes Sprachrohr, eine eigene Bühne. Hier können sie Einblicke in ihre Arbeitswelt geben, von spannenden Projekten und großartigen Kunden berichten oder neue Kolleginnen willkommen heißen. Weil der Algorithmus von LinkedIn die Beiträge persönlicher Profile im Vergleich zu Beiträgen von Unternehmensseiten bevorzugt, werden diese Stimmen der Mitarbeiter*innen viel deutlicher und authentischer im Markt wahrgenommen werden. Aber nicht nur in den öffentlichen Beiträgen, auch in der 1:1-Kommunikation via Direktnachricht mit Bekannten und Freunden können du und deine Mitarbeiter*innen für ein positives Image eurer Marke sorgen und z. B. eine potenzielle Bewerberin an den richtigen Ansprechpartner verweisen oder eine neue Kollegin begrüßen. Weil alle Mitarbeiter*innen den gleichen Arbeitgeber in ihrem Profil ausweisen (sollten), kann LinkedIn enorm zu einer höheren Transparenz innerhalb des Unternehmens beitragen. Das gilt insbesondere in Zeiten von Remote Work, in denen sich die Menschen nicht mal eben im Büro auf einen Kaffee treffen können. Oder wenn sie in unterschiedlichen Niederlassungen in mehreren Ländern arbeiten.

Und auch auf das *Management* hat eine starke Marke positive Auswirkungen. Eine der wichtigsten Aufgaben jeder Führungskraft ist es, Menschen zu stimulieren, zu motivieren und zu inspirieren. Es ist unmöglich, Menschen in die richtige Richtung zu lenken, wenn man nicht genau weiß, welche Richtung das ist. Oder, im schlimmsten Fall, ist das Management selbst nicht überzeugt von den Unternehmenswerten, der Mission und Vision.

In dem Moment, in dem die Belegschaft das Gefühl hat, dass ihre Vorgesetzten Zweifel an dem Hauptziel haben, das alle verfolgen sollten, fangen die Dinge an, schiefzulaufen. Anweisungen werden nur halb oder gar nicht ausgeführt, oder – schlimmer noch – die Mitarbeiter*innen beginnen, ihre eigenen Wege zu finden, um die Dinge zu erledigen. Das ist nichts, was eine Führungskraft erleben möchte. Auf LinkedIn kann jede Führungskraft dem entgegenwirken und z. B. durch eigene Beiträge ihren Führungsstil öffentlich veranschaulichen.

Warum profitieren **Investoren** von einer starken Marke? Weil jede Marke ein Versprechen ist. Für die Kundschaft ist es ein Versprechen, dass die Produkte das Problem wie angepriesen lösen. Und für Investor*innen ein Versprechen, dies auch morgen und übermorgen noch zu tun ... und zwar für immer mehr Menschen. Nur wenn Kundinnen und Kunden an eine Marke glauben, kann das Unternehmen wachsen. Nur wenn ein Unternehmen wächst, ist es interessant für Investor*innen. Deswegen muss das Unternehmen (unter anderem) auch in LinkedIn immer wieder an das Versprechen erinnern und regelmäßig über die neuesten Geschäftszahlen, innovative Produkte und erfolgreiche Projekte berichten.

Kunden, Mitarbeiterinnen, Investoren ... sind das alle relevanten Gruppen, die du mit deinem Branding erreichen kannst? Nicht ganz.

Was keine dieser Studien berücksichtigt, ist der Effekt einer Marke auf die **Konkurrenz**. Wenn ein bekanntes Unternehmen ein neues Marktsegment erobern möchte, dann kann die Marke nicht nur bei der Kundschaft, sondern auch bei den bestehenden Marktteilnehmer*innen einen deutlichen Effekt haben. Amazon kam aus der Buchnische, bevor es zum »Allesverkäufer« wurde und damit Versandhändler wie Neckermann oder Quelle in die Insolvenz bzw. in den Verkauf trieb. Mit Lebensmittellieferungen greifen sie nun andere Unternehmen wie REWE oder Aldi an (in den USA haben sie sogar den direkten Konkurrenten »Whole Foods« gleich selbst gekauft). Man stelle sich vor, was in den Firmenzentralen von Volkswagen, Daimler und BMW passieren würde, wenn Apple sein lang erwartetes Auto ankündigt.

Neben dem Wettbewerb spielen auch die **Partner und Dienstleister** eine wichtige Rolle. Die Zusammenarbeit mit ihnen entscheidet über den Erfolg deiner Unternehmung. Und auch hier spielt die Marke eine wichtige Rolle: Je attraktiver und wertvoller die Marke, desto eher sind Dienstleister geneigt, Kompromisse bei den Verhandlungen einzugehen. Denn die gute Zusammenarbeit mit einer starken Marke kann einen Hebeleffekt auf das zukünftige Geschäft haben. Wird ein Beratungsunternehmen beispielsweise von der Lufthansa gebucht, wird es damit auch für andere Unternehmen attraktiver, da die Zusammenarbeit eine Art Gütesiegel darstellt. Nicht umsonst präsentieren die meisten Unternehmen auf ihrer Website die Logos ausgewählter Kunden. Nicht zwingend die Kunden, mit denen sie den größten Umsatz machen oder die langlebigste Beziehung haben. Sondern die Kunden mit der stärksten Marke. Mit der größten Signalwirkung an andere. Auf LinkedIn sollte daher jedes Unternehmen über prestigeträchtige Kundenprojekte berichten, beispielsweise in Form von Uses Cases oder Testimonials.

Neben den Mitarbeitern, Kunden, Investoren, der Konkurrenz und den Dienstleistern gibt es noch eine sechste Gruppe, auf die Branding eine Wirkung hat: **Behörden und Presse**. Diese werden in der Regel von der Public-Relations- oder Corporate-Communications-Abteilung als primäre Empfängerinnen wahrgenommen.

In der Zusammenarbeit mit öffentlichen Behörden ist eine Marke beispielsweise dann wichtig, wenn es um Baugrund oder die Anbindung für neue Niederlassungen geht. Natürlich spielt die schiere Größe und die Anzahl der Mitarbeiter*innen eine wichtige Rolle. Aber »große« Marken haben einen positiven Effekt auf den gesamten Standort und werden weitere Unternehmen anlocken, wovon wiederum die Gemeinde langfristig profitiert.

Zunehmend entdecken nicht nur Politiker*innen LinkedIn als weiteren Kanal für sich, sondern auch **öffentliche Behörden und Institutionen** – und mit ihnen ihre Mitarbeitenden. Natürlich nehmen Behörden keine Vorreiterrolle in Sachen Social Media ein, aber auch hier findet zunehmend ein Umdenken statt. Aus eigener Erfahrung weiß ich, dass sich sogar vergleichsweise konservative Institutionen wie z. B. die Agentur für Arbeit zunehmend damit beschäftigen, wie sie LinkedIn als Kommunikationskanal nutzen können. Die Mitarbeitenden lernen, dass LinkedIn nicht nur ein reiner Push-Kanal ist, um vermeintlich wichtige Nachrichten »rauszublasen«, sondern auch eine Möglichkeit, in Interaktion mit den Stakeholdern zu treten.

Abschließend ist die **Presse** ein starker Multiplikator für jedes Unternehmen. Journalistinnen und Journalisten sollen möglichst objektiv sein, aber haben natürlich auch das Image einer Marke im Kopf und werden dementsprechend berichten. Der Anspruch an einen Škoda ist für einen noch so objektiven Autotester ein gänzlich anderer als an einen BMW. Auch Journalist*innen sind zunehmend auf LinkedIn, um eigene Beiträge zu veröffentlichen, sich mit Expert*innen zu vernetzen und auf neue Themen zu stoßen. »In der PR-Branche findet derzeit ein großer Wandel statt«, sagt PR-Expertin Silke Berg. »Viele Journalisten und Redakteure sind über klassische Kanäle wie Telefon und sogar E-Mail gar nicht mehr oder nur noch schlecht erreichbar. Stattdessen wird der Austausch über Social Media, insbesondere Twitter oder LinkedIn, zunehmend wichtiger.«

Unabhängig davon, wie man ihren Wert berechnet, lässt sich festhalten: Marken leisten einen Beitrag zum Unternehmenserfolg. Und LinkedIn ist ein zunehmend wichtiger Bestandteil in der Unternehmenskommunikation.

3.5   Wie funktioniert Branding?

Du weißt jetzt, warum wir Marken brauchen und dass eine gute Marke sehr wertvoll sein kann. Wie kannst du eine starke Marke aufbauen? Die kurze Antwort: mit Branding.

Die lange Antwort kommt jetzt. Lass uns zunächst einen Begriff definieren.

Definition: Branding

Branding ist ein Sammelbegriff für Entscheidungen. Und zwar strategische und taktische Entscheidungen, die dazu beitragen, wie die Marke wahrgenommen wird. Branding ist also die Antwort auf die Frage, wie die Lücke zwischen Brand-Concept und Brand-Image geschlossen werden soll. Oder stark vereinfacht gesagt: Was kann das Unternehmen tun, damit die Menschen denken und sagen, dass das Unternehmen cool ist?[4]

Schauen wir uns ein klassisches Beispiel an: Der Motorrad-Hersteller Harley-Davidson ist ein gutes Beispiel dafür, dass man nicht unbedingt – *hüstel* – ein erstklassiges Produkt braucht, um eine erfolgreiche Marke aufzubauen. Die meisten Motorradfahrer werden der Behauptung zustimmen, dass Harleys objektiv betrachtet definitiv nicht die besten Motorräder sind, egal welchen technischen Aspekt man betrachtet. Das Zauberwort ist »objektiv«. Denn ein Marken-Image ist immer subjektiv. Technische Features und sogar der Preis spielen eine untergeordnete Rolle. Und subjektiv sind Harleys für ihre Fans (»Fahrer« wäre in diesem Zusammenhang eine Untertreibung) die besten Motorräder. Weil sie das lieben, was die Marke verkörpert: Freiheit und Unabhängigkeit. Wofür stehen Suzuki, BMW oder Honda? Vielleicht für gute Technik. Aber nur wegen guter Technik wird sich niemand das Suzuki-Logo auf den Oberarm tätowieren lassen.

Trägt LinkedIn dazu bei, dass Harley-Davidson mehr Motorräder verkauft? Vermutlich nicht, zumindest nicht direkt. Zum einen macht Harley-Davidson keinen besonders guten Job auf LinkedIn: Die Unternehmensseite hat zwar 225.000 Follower, veröffentlicht aber nur selten eigene Beiträge. Es gibt kaum spannende Einblicke in die Unternehmenskultur oder die Herausforderungen bezüglich der Umstellung auf Elektroantriebe.

Eine starke Marke hat immer einen harten Kern. Deswegen sprechen wir im Marketing auch so gerne vom »Markenkern«. Darin befinden sich die unumstößlichen Fundamente und Werte, auf denen die Marke gebaut ist. Dieser Kern kann nicht von außen ersonnen werden (z. B. durch eine externe Agentur), sondern kommt immer von innen, idealerweise von den Gründern selbst.

Jedes Unternehmen muss sich vier Fragen stellen. Und zwar egal, wie groß das Unternehmen ist und ob es in einem B2B- oder B2C-Markt agiert. Diese Fragen sind:

1. **Wer** sind wir?
2. **Was** wollen wir erreichen?
3. **Warum** wollen wir das erreichen?
4. **Wie** wollen wir unser Ziel erreichen?

---

4 Vgl. Debbie MacInnis (2004). Marketing Guide: Branding and Brand Equity. MarketingProofs. *www.marketingprofs.com/4/macpark1.asp*

Oft zitiert und einfach zu verstehen ist Simon Sineks Ansatz »Always start with why«.[5] Für ihn ist der Kern einer Marke das *Wofür*.

Simon Sinek ist bekannt als Autor von spannenden wie erfolgreichen Büchern und TED-Talks. Darin fragt er: »Warum ist Apple so viel innovativer als die Konkurrenz? Sie haben dieselben Voraussetzungen wie alle andern. Sie sind nur eine Computerfirma. Sie haben denselben Zugang zu Talenten und zu denselben Agenturen.«

Sinek entwickelte als Antwort darauf den goldenen Kreis, der belegen sollte, dass Unternehmen wie Apple auf eine besondere Art handeln und denken (siehe Abbildung 3.5). Er sagt, dass Menschen kein Produkt einfach so kaufen oder weiterempfehlen würden. Vielmehr würden sie dabei von bestimmten Wertvorstellungen geleitet, die sich mit ihren eigenen decken.

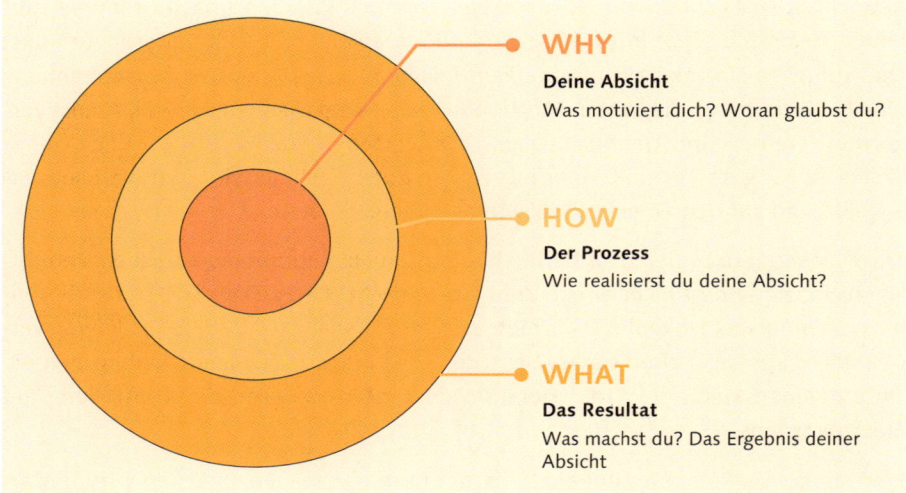

WHY
Deine Absicht
Was motiviert dich? Woran glaubst du?

HOW
Der Prozess
Wie realisierst du deine Absicht?

WHAT
Das Resultat
Was machst du? Das Ergebnis deiner Absicht

Abbildung 3.5 Simon Sineks Golden Circle[6]

Doch beginnen wir beim *Was* und *Wie*. Sinek betont, dass 100 % der Firmen wissen, *was* sie tun. Einige wüssten auch, *wie* sie es tun, also welches Alleinstellungsmerkmal ihre Firma auszeichnet. Aber nur sehr wenige Unternehmen wüssten, *wofür* sie das tun, was sie tun. Sinek glaubt also, dass der Grundstein jeder Marke das Wofür sein muss. Im TED Talk unter *www.youtube.com/watch?v=_-fdJzvpX60* sagt er: »Menschen kaufen nicht, *was* du machst, sondern *wofür* du es machst.«

---

5   Simon Sinek (2011). Start with Why: How Great Leaders Inspire Everyone to Take Action (Reprint Aufl.). Portfolio.

6   Eigene Darstellung nach Simon Sinek (2011). Start with Why: How Great Leaders Inspire Everyone to Take Action (Reprint Aufl.). Portfolio.

Nach seiner Aussage ist die emotionale Verbindung zwischen einem Unternehmen bzw. einer Marke und dem Kunden wichtiger und nachhaltiger als das eigentliche Produkt.

Viele Unternehmen haben den Blick für das große Ganze verloren und nehmen sich einfach nur als eine gut geölte Maschine wahr. Eine Maschine, die keinem anderen Zweck dient, als zu funktionieren und dabei Profite abzuwerfen. Diese Unternehmen würden die Fragen nach ihrer Marke wie folgt beantworten:

1. **Wer wir sind?**

   Der aktuelle Vorstand, unterstützt von langjährigen Mitarbeiter*innen und einem festen Netzwerk aus Kund*innen und Dienstleister*innen.

2. **Was wir erreichen wollen?**

   Ein gesundes, nachhaltiges Wachstum. So wie bisher auch.

3. **Warum wir das erreichen wollen?**

   Damit wir die Arbeitsplätze unserer Mitarbeiter*innen sichern und uns selbst ein gutes Einkommen sichern können.

4. **Wie wir dieses Ziel erreichen wollen?**

   Idealerweise so wie bisher auch. Hat ja lange so funktioniert.

Motiviert dich das, dort zu kaufen oder zu arbeiten? Eher nicht. Wie sieht das bei einem Unternehmen mit einer starken, ausgeprägten Marke aus? Beispielsweise so:

1. **Wer wir sind**?

   Unsere Werte spiegeln die Werte eines Unternehmens wider, das von einer Gruppe von Bergsteigern und Surfern gegründet wurde, und den minimalistischen Stil, den sie propagierten. Der Ansatz, den wir bei der Produktgestaltung verfolgen, zeigt eine Vorliebe für Einfachheit und Nützlichkeit.

2. **Was wir erreichen wollen?**

   Unser Geschäft ist es, unseren Planeten zu retten.

3. **Wofür wir das erreichen wollen?**

   Damit wir unseren Kindern eine saubere Natur hinterlassen können.

4. **Wie wir dieses Ziel erreichen wollen?**

   Wir wissen, dass unsere Geschäftstätigkeit – von der Beleuchtung von Geschäften bis zum Färben von Hemden – Teil des Problems ist. Wir arbeiten ständig daran, unsere Geschäftspraktiken zu ändern und unsere Erkenntnisse weiterzugeben. Aber wir wissen, dass dies nicht ausreicht. Wir wollen nicht nur weniger Schaden anrichten, sondern auch mehr Gutes tun. Wir spenden 1 % unseres

Umsatzes an Organisationen zur Erhaltung der Umwelt. Wir reparieren gebrauchte Klamotten oder kaufen sie zurück.

Dieses Beispiel ist von Patagonia, einem amerikanischen Hersteller von Outdoor-Klamotten und Sportzubehör. Hier ist der eindeutige Fokus auf das große Ganze gelegt, auf die Rettung des Planeten – und wer würde sich dieser Mission nicht gerne anschließen? Wenn ich die Wahl habe, mit dem Kauf einer Jacke oder sogar der Wahl meines Jobs einen Teil dazu beizutragen, dass der Planet gerettet wird, warum sollte ich dann woanders kaufen oder arbeiten?

Die Unternehmensseite von Patagonia auf LinkedIn erfreut sich gerade wegen dieses starken Markenkerns außerordentlicher Popularität und hat über 570.000 Follower*innen (siehe Abbildung 3.6).

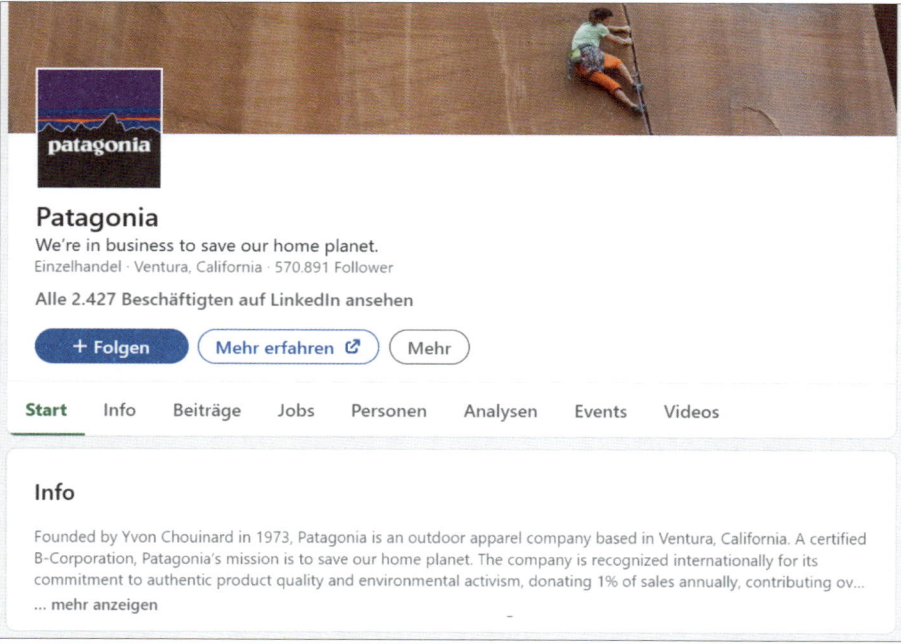

Abbildung 3.6   Die Unternehmensseite von Patagonia (Quelle: *www.linkedin.com/company/patagonia_2/*)

Regelmäßig und oft werden hier Beiträge über gesellschaftlich wichtige Themen veröffentlicht, die dem Markenkern entsprechen: Nachhaltigkeit, Klimaschutz und andere gesellschaftlich relevante Themen. Werbung für wasserfeste Jacken? Fehlanzeige. Das Beispiel Patagonia zeigt, dass sogar B2C-Unternehmen erfolgreiches Branding auf LinkedIn betreiben können.

3.6   Was macht eine gute Marke aus?

Eine gute Marke zeichnen drei Dinge aus:

1. Das Marketingversprechen wird eingehalten.
2. Das Problem des Kunden wird gelöst.
3. Die Marke ist einzigartig.

Nur wenn diese Versprechen immer wieder auf den Prüfstand gestellt und immer aufs Neuste bewiesen werden, ist eine Marke glaubhaft. Vertrauen wird aufgebaut, und zwar gegenüber allen beteiligten Stakeholdern (Kundinnen, Mitarbeitern, Investorinnen etc.). Dieses Vertrauen ist die Basis für geschäftliche Beziehungen. Wir machen nur Geschäfte mit Menschen oder Unternehmen, denen wir vertrauen. Diesen Gedanken solltest du dir für später bewahren, denn er ist auch die Grundlage für alles, was wir auf LinkedIn tun sollten.

Aber was wird eigentlich versprochen bzw. was ist das Marketingversprechen? Hier spielen die Aspekte Vision, Brand Purpose und Mission eine wichtige Rolle.

Deine *Vision* ist dein »Moonshot«, dein (fast) unerreichbares Ziel, auf das du dein Tun ausrichtest. Eine Vision basiert darauf, woran du glaubst, wofür du eintrittst und wogegen du dich stellst. Deine Vision ist der Grund dafür, warum man dir glauben (und deine Produkte kaufen) sollte, deswegen wirkt deine Vision sowohl nach innen (als Motivation für deine Mitarbeiter*innen) als auch nach außen (als Motivation für deine Kunden, Partnerinnen und die Presse). Es geht nicht darum, dass du deine Vision erreichst, sondern um dein unablässiges Streben danach.

> *»You will never achieve your vision – but you will die trying.«* – Simon Sinek

Wenn die Markenvision stimmt, wird sie eure Geschäftsstrategie widerspiegeln und unterstützen, euch von der Konkurrenz abheben, bei den Kunden Anklang finden, die Mitarbeiterinnen und Partner anregen und inspirieren und eine Fülle von Ideen für Marketingprogramme hervorrufen. Fehlt sie oder ist sie oberflächlich, treibt die Marke ziellos umher, und die Marketingaktivitäten sind inkonsistent und unwirksam. Denk daran: Eine Marke bietet auch immer eine Antwort auf die Fragen unserer Zeit. Und deine Vision sollte das widerspiegeln.

Oftmals tritt an die Stelle auch der *Brand Purpose*: Die Marke dient einem höheren Ziel, wie beispielsweise dem Klimaschutz (Ecosia), dem freien Zugang zu Informationen (Google) oder dem Austausch mit Professionals (LinkedIn). Sind diese Werte authentisch und werden durch das Unternehmen mit Taten belegt, können sie ein sehr starker Motivationsfaktor für die Belegschaft sein und ihnen zu mehr Befriedigung durch ihre Arbeit verhelfen. Dabei darf eine gute Marke auch gerne anecken. »Das macht eine starke Marke aus«, sagt Felix Beilharz, einer der führenden Social-

Media-Berater. »Man soll klare Kante zeigen und nicht *everyone's darling* sein.« Dann muss man aber auch bereit sein, die Werte konsequent und dauerhaft zu vertreten. Mit einer Regenbogenfärbung des Unternehmenslogos während des Pride-Months ist es nicht getan.

Deine *Mission* ist dagegen deutlich pragmatischer und beschreibt den Weg, den du einschlägst. Die Mission beantwortet die Frage, *wie* du nach dem Erreichen deiner Vision strebst.

Dazu einige Beispiele:

- Die Vision von *Bruce Wayne* ist ein Gotham City ohne Verbrechen. Das ist der Grund, warum er all das tut, was er tut. Warum? Weil seine Eltern Opfer eines Verbrechens wurden. Seine Mission ist daher, jede Nacht als Batman über die Stadt zu wachen. Aufgrund seiner Vision folgen ihm seine Anhänger (Robin, Batgirl etc.).

- Die Vision von *SpaceX* ist die menschliche Besiedlung anderer Planeten. Warum? Weil Elon Musk an den unablässigen Forscherdrang der Menschheit glaubt. Seine Mission ist es, Raumfahrt günstiger und praktischer zu gestalten. Deswegen baut er Raketen, die landen und wiederverwendet werden können.

- *LinkedIn* möchte ökonomische Chancen für alle Mitglieder des globalen Arbeitsmarktes schaffen. Das ist die Vision. Die Mission lässt sich leicht auf den Punkt bringen: Mitglieder rund um den Globus miteinander vernetzen, um sie produktiver und erfolgreicher zu machen. (Mehr dazu unter *https://about.linkedin.com*)

Eine gute Mission ist sofort glaubwürdig und zieht schnell Fans an: Mitarbeiter, Aktionärinnen und Kunden. Viele sogenannte Mission Statements schaffen es nie weiter als auf die erste Seite des Jahresberichts und zu einer schwer auffindbaren Stelle irgendwo auf der Unternehmenswebsite. Das allein ist schon eine Absage an den Wert eines Leitbilds. Ein gutes, ehrliches, tief empfundenes, relevantes und inspirierendes Leitbild wird jede Mitarbeiterin und jeden Mitarbeiter motivieren und (fast) alle Kund*innen zu Fans machen.

Beispiel: Der Culture Code von HubSpot

»Die HubSpot-Kultur wird von einer gemeinsamen Leidenschaft für unsere Mission und unsere Kennzahlen getragen. Es ist eine Kultur erstaunlicher, wachstumsorientierter Menschen, zu deren Werten es gehört, gutes Urteilsvermögen einzusetzen und Lösungen für den Kunden zu finden. Mitarbeiter, die bei HubSpot arbeiten, haben HEART: Humble, Empathetic, Adaptable, Remarkable, Transparent.«[7] Dieser einfache, leicht zu

---

7   Dharmesh Shah (2021). The HubSpot Culture Code: Creating a Company We Love.
    https://blog.HubSpot.com/blog/tabid/6307/bid/34234/the-HubSpot-culture-code-creating-a-company-we-love.aspx

merkende Kodex bildet gleichzeitig die Leitlinien für die Social-Media-Aktivitäten der Mitarbeiter*innen. Mit den eigenen Leistungen in einem Beitrag anzugeben, würde beispielsweise gegen die avisierte Bescheidenheit verstoßen. Statt der eigenen Person sollte man besser die Kolleginnen, Partner oder Kundinnen in den Vordergrund stellen.

Gerade heute, in unserer Gesellschaft voller Informationen und Meinungen, interessieren sich die Menschen mehr und mehr für Unternehmen und Marken, die es wagen, ein Ziel im Leben zu haben und zu zeigen, dass sie zu ihrem Wort stehen. Was die Menschen bei Unternehmen und Marken suchen, sind Authentizität, Integrität und sinnvolle Produkte und Versprechen. Das ist ohne eine starke Mission nicht zu erreichen.

In der Praxis wird dieser Markenkern immer wieder auf den Prüfstand gestellt: Gerade auf Social-Media-Plattformen wie LinkedIn muss das Unternehmen tagtäglich beweisen und belegen, dass es seine Vision im Blick hat und seine Aktivitäten mit seinen Werten übereinstimmen. Deswegen berichtet Patagonia so oft davon, mit welchen Aktionen sie den Klimaschutz unterstützen und wie sie das Thema Nachhaltigkeit in der Textilindustrie fördern. Bei Patagonia hat man verstanden, dass eine Marke nicht von heute auf morgen entsteht. Sondern dass es Zeit braucht, bis sich das gewünschte Image bei den Empfänger*innen aufgebaut hat.

Zusammenfassung

Eine gute Marke hat einen festen Markenkern, ein klares Fundament aus Werten. Nur auf diesem stabilen Fundament kann erfolgreiches Branding gestaltet werden. LinkedIn kann dafür ein wichtiger Kanal sein, insbesondere (aber nicht nur) für internationale B2B-Unternehmen.

3.7   Zwischen Plan und Realität: Brand-Concept vs. Brand-Image

Dein Unternehmen hat seine Hausaufgabe gemacht und den Markenkern definiert:

1. Was soll erreicht werden? → Vision
2. Warum soll das Ziel erreicht werden? → Werte & Motivation
3. Wie soll das Ziel erreicht werden? → Mission

Wenn ihr dazu noch ein einprägsames Logo und einen passen Claim bzw. Slogan erdacht habt, seid ihr auf einem guten Weg – aber noch nicht am Ziel. Denn allein mit der Konzeption einer Marke ist noch nichts gewonnen. Sie muss noch vom Reißbrett (bzw. in eurem Fall vermutlich PowerPoint oder Keynote) in die Realität umgesetzt und mit Leben gefüllt werden.

Wie geht das? Indem ihr ins Handeln kommt. Der nächste Schritt ist das sogenannte *Brand-Concept* oder die *Markenidentität*.[8] Es beschreibt, wie das Unternehmen von euren Stakeholdern wahrgenommen werden soll. Wie könnt ihr es schaffen, dass eure Vision, eure Mission und eure Werte sichtbar sind? An welchen
Stellen solltet ihr sie öffentlich machen? Und noch wichtiger: Wie könnt ihr euren
Versprechen Taten folgen lassen?

Euer Ziel ist der Aufbau des *Brand-Images* (siehe Abbildung 3.7). Das Brand-Image
beschreibt, wie das Unternehmen tatsächlich wahrgenommen wird. Das Image ist
das, was die Menschen sagen und denken, wenn du den Raum verlassen hast.

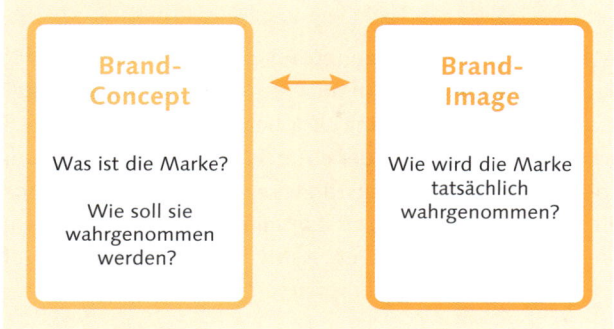

Abbildung 3.7 Brand-Concept und Brand-Image

Das Concept ist die Idee der Marke, quasi der Soll-Wert. Das Image ist der Ist-
Wert. In der Persönlichkeitsentwicklung würde man von Selbstbild und von Fremd-
bild sprechen: Wie nehme ich mich selbst wahr? Wie werde ich von meinen Mitmenschen wahrgenommen? Idealerweise liegen Anspruch und Wirklichkeit, also
Concept und Image einer Marke, möglichst eng beieinander.

Das wird in der Praxis aber nie der Fall sein, weil ... nun ja, weil wir es mit Menschen zu tun haben. Und die haben naturgemäß eine subjektive Sichtweise auf ihre
Welt, die abhängig von ihren Erfahrungen und Lebenswelten ist. Auch wenn zwei
verschiedene Menschen die gleichen Videospots, Werbeplakate oder LinkedIn-
Beiträge sehen, kann sich das Brand-Image voneinander unterscheiden. Person 1
nimmt einen Beitrag als arrogant und herablassend wahr, Person 2 wiederum als
motivierend und inspirierend. Deswegen sollte man seine Zielgruppe gut genug
kennen, um die Wirkung der eigenen Botschaften gut abschätzen zu können. Mehr
über Zielgruppen findest du in Kapitel 5, »Die eigene Positionierung: Deine Personal Brand«.

---

8   Vgl. Erik Saelens. Brandhome method (lite edition): 6 small steps to become a big brand.
    www.brandhome.com/books

Wie kann ein Brand-Concept aussehen? Ein wichtiger Aspekt ist die Rolle, die dein Unternehmen im Markt einnimmt. Hier sind vier mögliche Positionen für dein Unternehmen:

3.7.1 (Wahrgenommene) Marktführer

Es zeugt von großem Ehrgeiz, zu versuchen, deine Marke oder dein Unternehmen als die Autorität auf dem Markt zu etablieren, das Unternehmen mit dem größten Marktanteil, das den gesamten Markt beeinflusst. Denke an McDonald's für Fast Food oder Amazon für E-Commerce. Diese Rolle ist nicht der einfachste Weg, aber er kann sehr sinnvoll sein, wenn deine Marke oder dein Unternehmen in der Lage ist, eine solche Position zu untermauern. Wenn du deine Führungsposition mit Inhalten und Verhalten untermauern kannst, dann bist du in der besten Position, den Standard in deinem Markt zu setzen. Eine führende Position ist ein großer Vorteil. Sie geht einher mit Vertrauen, Wissen und Stabilität. Die Kommunikation muss dieser Haltung entsprechen. Ein gutes Beispiel ist das Unternehmen Apple oder – in diesem Fall – Netflix (siehe Abbildung 3.8).

Abbildung 3.8 Netflix positioniert sich mittlerweile gekonnt als Marktführer.

Netflix ist der weltweit führende Streaming-Anbieter und mittlerweile auch Film- und Serienproduzent. Der Begriff »Netflix and Chill« hat sogar einen festen Platz im Wortschatz gefunden. Aber bevor die Inhalte via Stream ins heimische Wohnzimmer kamen, verschickte Netflix DVDs – per Post. Heute ist das kaum noch vorstellbar. LinkedIn trägt mit zum Erfolg der Marke bei – insbesondere zum Erfolg als Arbeitgeber:

- Netflix hat 9.400 Vollzeitbeschäftigte.[9] Auf LinkedIn identifizieren sich aber über 14.000 Menschen als Mitarbeiter*innen, weil die Strahlkraft der Marke (der sogenannte *Halo-Effekt*) so stark ist, dass auch externe und temporärer Kräfte sich gerne als Mitarbeiter*innen outen.

- Netflix gibt (im wahrsten Sinne des Wortes) Einblicke hinter die Kulissen. Sowohl von Filmen und Serien wie auch von Netflix als Arbeitgeber. Im Tab UNTERNEHMENSKULTUR steht Inklusion ganz oben, und auch in den Beiträgen wird die Philosophie anhand der Geschichten Einzelner veranschaulicht.

Abbildung 3.9 Netflix gibt's jetzt auch in Berlin.

---

9   Quelle: *https://de.statista.com/statistik/daten/studie/553249/*

- Netflix fokussiert die gesamte Kommunikation auf eine einzige Unternehmensseite, anstatt die »Markenpower« auf mehrere verbundene Seiten aufzuteilen (z. B. Niederlassungen in anderen Regionen oder Genre wie Anime). Stattdessen wird alles auf einer einzigen Seite gebündelt. Über 7,5 Millionen Follower*innen sind ein Ergebnis davon.

3.7.2 Challenger

Diese kreative Richtung ist ideal für Marken, die kurz davorstehen, in den Markt einzutreten. Wir sehen gerne eine Marke, die bestehende Dinge in Frage stellt. Wir mögen es, wenn die neue Marke die großen Unternehmen, die zu mächtig und arrogant geworden sind, herausfordert. Das verleiht einer Marke eine gewisse Frechheit, eine Außenseiterposition, die im Allgemeinen von den Verbraucher*innen angenommen wird, die immer eine Schwäche für »den kleinen Mann« haben werden. In diesem Sinne ist die Entscheidung für den Herausforderer ebenso eine strategische Entscheidung wie eine kreative Richtung. Wenn man diese kreative Richtung einschlägt, muss man in der Regel zu einem frecheren Tonfall greifen und eine Art der Kommunikation entwickeln, die sich gegen das Establishment richtet und aggressiv den Marktführer herausfordert. Ein gutes Beispiel dafür? Ebenfalls Apple. Nicht Apple von heute, die wertvollste Marke der Welt. Sondern Apple Anfang der 80er Jahre, als Platzhirsche wie IBM mit frecher Werbung wie den Clips »1984« oder »Here's to the crazy ones« als Teil der »Think different«-Kampagne herausgefordert wurden.

3.7.3 Innovationstreiber

Als Markeninhaber muss man sich sehr sicher sein, dass die technischen Unterschiede langfristig für die Marke vorteilhaft sind, und darf sich nicht vom Wettbewerb überholen lassen. Wenn man einmal auf das Pferd »technischer Innovationsführer« gesetzt hat, sollte man auch dauerhaft dabei bleiben (können).

Eines der besten Beispiele in der heutigen Zeit ist Dyson, das eine revolutionäre neue Art des Staubsaugens erfunden hat und den technologischen Unterschied für die Marke nutzbar macht. Auch Tesla ist sowohl in der Rolle des Herausforderers (gegenüber den klassischen Autoherstellern) als auch in der Rolle des Innovationstreibers hinsichtlich On-Air-Updates der Software, Schnell-Ladestationen oder des Autopiloten.

3.7.4 Emotional Leader

Emotionen sind eine der stärksten Waffen in der Kommunikation und Markenbildung. Wir glauben, dass wir die Entscheidungen, die wir treffen, rational treffen. Wenn es darum geht, Marken oder Produkte zu kaufen, haben wir tief im Inneren etwas gefühlt, was uns veranlasst hat, dieses statt jenes zu kaufen. Als Markeninhaber*in solltest du dich wohlfühlen mit Emotionen als dem Faktor, der auf dem Markt den Unterschied ausmacht. Bei der emotionalen Kommunikation willst du ein warmes Gefühl für deine Marke erzeugen, um Interessierte anzuziehen.

Die meisten Getränkemarken nutzen Emotionen als ihren Kurs, denk an Coca-Cola oder die meisten Biersorten. Budweiser ist berühmt für seine sehr emotionalen Superbowl-Spots, bei denen kleine Hunde und große Pferde die Hauptrollen spielen (und das Produkt so gut wie gar nicht gezeigt wird).

Du hast dein Ziel identifiziert und weißt, wie du dich positionieren willst? Sehr gut! Wie kannst du das Brand-Image so nah wie möglich an das Brand-Concept bringen? Welche Werkzeuge stehen dir zur Verfügung? Du brauchst einen kreativen Ansatz, *wie* du dein Ziel erreichen willst. Dafür stehen dir diese zehn Ansätze zur Verfügung:

1. *Antwort auf eine wichtige Frage unserer Zeit*, wie Nikes »Believe in Something«, Gilettes »The Best Men Can Be« oder die jährlichen »Year in Search«-Spots von Google

2. *Humor*, wie Apples »I'm a Mac«-Videoreihe, Volkswagens berühmter »Darth Vader«-Spot oder Old Spices »The Man Your Man Could Smell Like«-Kampagne

3. *Etablierung eines Testimonials* wie von Roger Federer für Rolex oder Jürgen Klopp für die Deutsche Vermögensberatung

4. *Produktvorführung* bzw. *Darstellung einer Alltagssituation* (»Slice of Life«), bekannt geworden durch das Teleshopping

5. *Das Produkt wird als Held dargestellt*: Auf Apples Produktseiten wird es dir schwerfallen, ein menschliches Gesicht zu finden. Dafür werden die Produkte in allen Details gezeigt.

6. *Symbolik/Kommunikationsanker*: Man denke an das Segelschiff in der alten Beck's-Werbung oder die prominente Darstellung der Semperoper bei Radeberger.

7. *Überspitzung des Konsummoments*: Denk an die unrealistisch perfekt aufeinanderfallenden Zutaten eines Burgers, der anschließend genussvoll (und unfallfrei) in Zeitlupe gegessen wird. Oder das klassische »Ah...« nach einem Schluck kalten Biers.

8. *Retro, Vintage, Tradition*: Werbung ist immer eine Antwort auf den Zeitgeist, deswegen werden Retro-Elemente selten verwendet. Aber Brauereien oder Destillerien wie Jim Beam verweisen gerne auf ihre lange Unternehmenstradition.

9. *Erotik und Sinnlichkeit*. Es heißt zwar »Sex sells«, aber in Zeiten von #MeToo und Diversity löst gefühlt jede Kommunikation, die mit Erotik spielt, einen Shitstorm aus. Cola Light war mit ihren Spots über einen attraktiven Getränkelieferanten in den 90er Jahren sehr erfolgreich. Geschmackvolle Erotik ist heute meist nur noch in der Werbung für Parfums zu finden. Also viel Glück damit.

10. *Übertreibung*: Kann eine Marke mehr übertreiben als Red Bull es bei der Stratos-Kampagne getan hat? Extremsportler Felix Baumgartner sprang aus einem Ballon in 40 km Höhe zurück zur Erde. Nicht in einem Spot – in echt.

Abbildung 3.10 Stellenanzeigen, Rabattaktionen oder Infos zum Führungsteam? Nicht bei Red Bull!

In der Praxis solltest du dir also Gedanken darüber machen, welche Position (Marktführer, Innovationsführer, Herausforderer oder Emotional Leader) du anstreben möchtest. Anschließend kannst du einen der zehn kreativen Ansätze nutzen, um deinen Anspruch zu verdeutlichen. Deine Kommunikation sollte also ausdrücken, wie du z. B. ein Testimonial einsetzen kannst, um deine Marktführerschaft zu zementieren. Oder wie eine humorvolle Kampagne deine Rolle als Herausforderer in einem bestehenden Markt veranschaulicht.

> **Tipp**
>
> Es kann enorm helfen, sich eine »Brand-Persona« aufzubauen: einen beispielhaften Charakter, der veranschaulicht, wie deine Marke wahrgenommen werden soll. Am leichtesten ist es, wenn ihr eine bekannte Filmfigur auswählt, die euch und die Beziehung zu euren Kund*innen symbolisiert. Eure Marke könnte beispielsweise positiv-verrückt sein wie Captain Jack Sparrow (würde zu Skittles passen), abenteuerlustig wie Indiana Jones (Globetrotter) oder elegant wie James Bond (Jaguar). Vorteil dieser Methode: Alle Mitarbeiter*innen verstehen die Idee sofort.

Jetzt weißt du, welches Image du aufbauen willst und wie du dahinkommst. Du hast ein Konzept, wie du deine Botschaft gestalten kannst. Alles, was du jetzt noch brauchst, ist der Kanal, auf dem du deine Botschaft mit deiner Zielgruppe teilen kannst. Also hast du das Was und das Wie. Bleibt noch die Frage: Wo?

Schauen wir uns einmal an, wo du deine Marke unter die Augen deiner Stakeholder bringen kannst, d. h., welche möglichen Touchpoints es überhaupt gibt. Hier eine Auswahl ohne Anspruch auf Vollständigkeit:

1. **Mitarbeiter*innen**

   Website, Intranet, Apps und Software, Social Media, Aushänge, Flyer, Bildschirmschoner und Sperrbildschirme (ja, die gibt es noch), Mitarbeitermagazine, Direct Mail, Newsletter, Mitarbeiter-Events, Mitarbeiter-Podcasts

2. **Kund*innen**

   Website, Social Media, Apps und Software, Point of Sale, Verpackungen und Beilagen, Direct Mail und Kataloge, Newsletter, Events, Werbung (z. B. Out-of-Home, Print, Radio, TV, Guerilla), Influencer-Marketing, Content-Marketing, Quiz und Tools, Gastbeiträge, Mitarbeiter*innen im Vertrieb, Communitys, E-Mail-Signaturen

3. **Investor*innen**

   Website, Finanzberichte und Bilanzen, Direct Mail, Newsletter, Social Media, Vorträge

4. **Presse**

   Website, Pressemitteilungen, Social Media, direkter Kontakt, Events, Gastbeiträge und Interviews, Vorträge

5. **Partner*innen und Dienstleister*innen**

   Website, Social Media, Direct Mail und Kataloge, Newsletter, Events

6. **Produkte**

   Verpackungen (Stichwort Unboxing), Produktübergaben (z. B. bei Abholung eines neuen Autos), Produktdemonstrationen, Messeauftritte

Diese Kanäle sind dein Werkzeugkasten, aus dem ihr euch bedienen könnt. Vielleicht ist dir bei dieser Liste schon etwas aufgefallen? Die Website und Social Media sind für alle Stakeholder relevante Touchpoints. Wenn du diese Kanäle einmal aufgebaut hast, kannst du sie nutzen, um mit allen relevanten Menschen zu kommunizieren. Und insbesondere Social Media und dort insbesondere LinkedIn sind dafür geeignet, um euer Werteversprechen zu beweisen und eure Marke mit Leben zu füllen.

Darunter fallen zweierlei Maßnahmen:

1. **Corporate Social Responsibility**

   CSR ist die Verantwortung von Unternehmen für ihre Auswirkungen auf die Gesellschaft. Dies umfasst soziale, ökologische und ökonomische Aspekte. Euer Unternehmen kann beispielsweise Kulturschaffende fördern, lokale Sportvereine sponsern, die Dächer der Niederlassungen begrünen, Bienenkörbe aufstellen oder Bäume pflanzen wie die Suchmaschine Ecosia (siehe Abbildung 3.11).

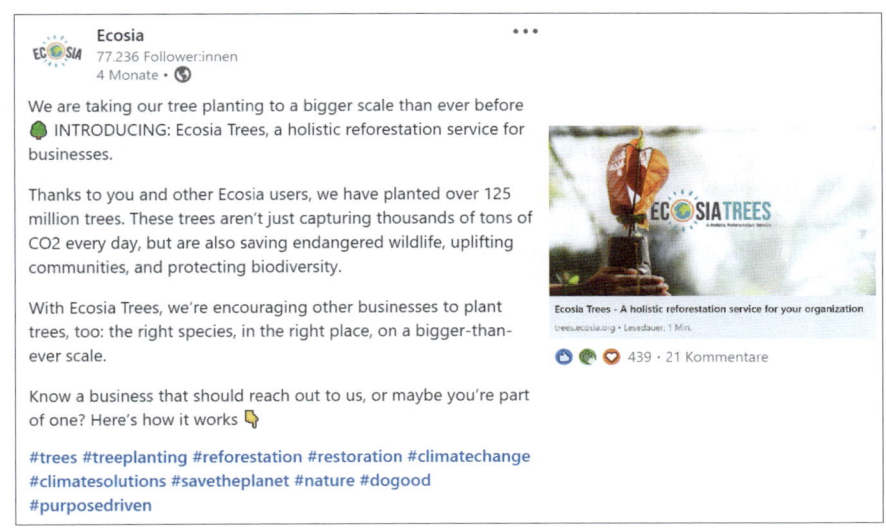

Abbildung 3.11 Sinn und Zweck der Suchmaschine Ecosia ist das Pflanzen von Bäumen.

2. **Mitarbeitermaßnahmen**[10]

   Das umfasst alle Maßnahmen, die das Unternehmen für das physische und psychische Wohlergehen der Mitarbeiter*innen umsetzt, mit dem Ziel, sie mittel- und langfristig an das Unternehmen zu binden (Retention).

---

10 Quelle: *https://karrierebibel.de/mitarbeiterbindung/*

Diese Maßnahmen kann man in sechs Kategorien einteilen:

1. **Arbeitsumfeld und Organisation**
   technisches Equipment, kostenlose Verpflegung, flexible Arbeitszeiten, Kinderbetreuung etc.

2. **Entwicklung und Aufstieg**
   Weiterbildung, Mentoring-Programme, Feedback-Kultur, Zielvereinbarungen etc.

3. **Gesundheit und Freizeit**
   Gesundheitskurse und -beratung, Sportangebote, Vermeidung von Überstunden, Impfaktionen etc.

4. **Vorteile und Benefits**
   Bonuszahlungen, Urlaubs- und Weihnachtsgeld, betriebliche Altersvorsorge

5. **Employer Branding**
   Onboarding-Maßnahmen für neue Mitarbeitende, Mitarbeiter-werben-Mitarbeiter-Programme, Markenbotschafter, Stellenanzeigen etc.

6. **Kultur und Kommunikation**
   Work-Life-Balance, interne Kommunikation, klares Commitment zu den Werten etc.

Die CSR und die ersten fünf Kategorien der Mitarbeitermaßnahmen sind »harte Faktoren« und leicht belegbar: Entweder hat man eine Betriebskita oder nicht. Entweder unterstützt man lokale Vereine oder nicht. Die Techniker Krankenkasse zählt beispielsweise die Faktoren in Abbildung 3.12 auf.

Abbildung 3.12 Die Techniker Krankenkasse macht auf die Arbeitnehmervorteile aufmerksam.

Wir fokussieren uns auf die letzte, die »weiche« Kategorie: Kultur und Kommunikation. Diese Faktoren lassen sich nicht messen, tragen aber am stärksten zum Branding bei. Warum?

3.8   Erst durch die Mitarbeiter*innen wird eine Marke lebendig

Weil Kultur und Kommunikation die mit Abstand wichtigsten Faktoren für eine gesunde, starke Marke sind. Sie spiegeln die Gesundheit eines Unternehmens wider. In fast allen Unternehmen ist Kommunikation und der Umgang miteinander essenziell. Nicht nur für das Betriebsklima, sondern auch für den wirtschaftlichen Erfolg. Denn ob die Menschen in einem Unternehmen glücklich sind, wirkt nicht nur nach innen, sondern in jedem Gespräch mit einer Kundin, einem Bewerber, einem Partner oder einer Pressevertreterin nach außen.

Wie bei Individuen gilt auch für Gruppen: Ohne Gesundheit ist alles doof. Wenn das Betriebsklima vergiftet ist, helfen auch die besten Bürostühle, Weiterbildungsangebote oder Obstkörbe nicht mehr.

Wenn Mitarbeiter*innen auf LinkedIn aktiv sind, können auch eure Kunden, Geschäftspartnerinnen oder potenzielle Mitarbeitende – sowohl unmittelbar als auch zwischen den Zeilen – wahrnehmen, welche Stimmung euer Unternehmen ausstrahlt. Das Klima in deinem Unternehmen – die Art und Weise, wie die Mitarbeiter*innen miteinander reden, wie zufrieden sie sind und wie ernst genommen sie sich fühlen – lässt sich in den sozialen Medien ablesen.[11]

> »Culture eats strategy for breakfast.« – Peter Drucker

In seinem Buch »Joy Inc.«[12] beschreibt Richard Sheridan, wie er eine Unternehmenskultur geschaffen hat, in der sich jeder wohlfühlt. Jeder? Ja, denn der Fit zwischen den Unternehmenswerten und den Werten ist ausschlaggebend dafür, ob jemand eingestellt wird. In Sheridans Unternehmen Menlo (einer Software-Schmiede) entscheidet darüber nicht nur jemand aus der Personalabteilung, sondern immer das Team der zukünftigen Kolleg*innen. Neue Mitarbeitende bekommen sogar eine Abfindung, wenn sie innerhalb der ersten Monate kündigen! Auf diese Weise sollen nur die Menschen im Unternehmen bleiben, die sich mit den Unternehmenswerten identifizieren und denen die Aussicht auf langfristige Arbeit

---

11 Vgl. Corina Pahrmann & Katja Kupka (2019). Social Media Marketing – Praxishandbuch für Twitter, Facebook, Instagram & Co. (5., komplett aktualisierte Aufl.). O'Reilly.
12 Richard Sheridan (2015). Joy, Inc.: How We Built a Workplace People Love (Reprint Aufl.). Portfolio.

bei Menlo wichtiger ist als die einmalige Zahlung. Der wohl wichtigste Bestandteil dieser Unternehmenskultur ist offene, transparente Kommunikation. Das Ergebnis? Zufriedene Mitarbeiter*innen loben die Unternehmenskultur in aller Öffentlichkeit auf LinkedIn und machen somit Werbung für ihren Arbeitgeber (siehe Abbildung 3.13).

Das sagen unsere Mitarbeiterinnen und Mitarbeiter

 **Douglas Hatten** · 3.
Help Desk Lead at k12itc

"At Menlo, I learned more in my first 6 months than I had in the previous 15 years combined with other companies. There is tremendous opportunity here. Ultimately, I stay because I love our vision, we are growing, and we are rapidly evolving to not only meet, but anticipate the needs of our customers."

 Brian Nelson, MBA
· 3.
Sales Manager at Menlo

"Menlo truly focuses on people first and profit second. The leadership cares about the employees; In-turn, our employees care about our customers and deliver the highest level of service. There is no better environment to in which to sell than the environment of absolutely knowing you are delivering the best service that exists for your customers."

Abbildung 3.13 Mitarbeiter von Menlo loben die Unternehmenskultur.

Genauso, wie man nicht nicht kommunizieren kann, kann man auch nicht für alle perfekt kommunizieren. Jede Empfängerin und jeder Empfänger deiner Botschaft hat andere Vorerfahrungen, andere Erwartungen, andere Motive. Eine Reduktion der Wochenarbeitsstunden bedeutet für einen jungen Vater eine große Erleichterung, für seine ambitionierte Kollegin weniger Aufstiegschancen. Ein Großraumbüro bedeutet für manche eine offene Kommunikation, anderen fehlt ein Ort, um konzentriert zu arbeiten.

Du denkst, Werbung sei der größte Hebel für deine Marke? Stell dir vor, ihr seid auf der Suche nach neuen Mitarbeiter*innen, beispielsweise für die Software-Entwicklung (denn wer sucht nicht fortwährend nach guten Entwickler*innen?). Ihr gebt richtig Gas, schaltet Stellenanzeigen, klebt Plakate in der Stadt und trefft euch mit Kandidat*innen bei Tech-Meetups. Ihr macht einen prima Job und trefft tatsächlich einige vielversprechende Kandidat*innen. Und was machen die dann? Sie gehen auf Social-Media-Plattformen wie kununu, Glassdoor oder LinkedIn und schauen sich an, wie aktuelle und ehemalige Mitarbeiter*innen über dein Unternehmen sprechen. Und wenn dort regelmäßig von einem vergifteten Arbeitsklima die Rede ist und die Menschen es nur wenige Jahre bei dir aushalten, dann ist das der Todesstoß für deine Recruiting-Kampagne.

Ja, (gute und kreative) Werbung kann die Tür aufmachen – aber die Menschen müssen noch hindurchgehen. Und dabei vertrauen sie auf das Urteil der Menschen, die schon drin waren. Das gilt für Bewerber*innen ebenso wie für potenzielle Kundschaft. Die Verbraucher*innen sind mündig und nutzen den leichten Zugang zu Informationen, den ihnen das Netz bietet. Unsere Welt ist transparenter geworden. Wie geht man damit um?

> *»A brand or a company can be the brainchild of one man, but it can never stay a one man's property for long.«* – Erik Saelens

Für Unternehmen bedeutet dieser Umstand einen Paradigmenwechsel: Anstatt dass nur die Vorstandsmitglieder und Pressesprecher*innen für das Unternehmen sprechen, sind es nun zahlreiche Mitarbeiter*innen. Durch Social Media wird Branding demokratisiert. Während der Corona-Krise mussten viele Unternehmen lernen, die Zügel lockerer zu lassen, und ihren Mitarbeitenden vertrauen, dass sie auch im Homeoffice – fernab jeglicher Anwesenheitskontrolle – gute Arbeit machen würden. Genauso müssen sie ihnen zunehmend vertrauen, dass sie auch auf Social Media einen guten Job machen und das Unternehmen adäquat repräsentieren und zur Stärkung der Marke beitragen.

Das kann nur funktionieren, wenn alle Mitarbeiter*innen den Markenkern kennen und das Brand-Concept verinnerlicht haben. Deswegen sind Marken immer von innen nach außen aufgebaut (siehe Abbildung 3.14):

1. Die Gründer*innen bzw. der Vorstand definieren den Markenkern, das Brand-Concept. Ihre Aussagen und Taten müssen einvernehmlich mit den Unternehmenswerten sein. Sie gehen mit gutem Beispiel voran.

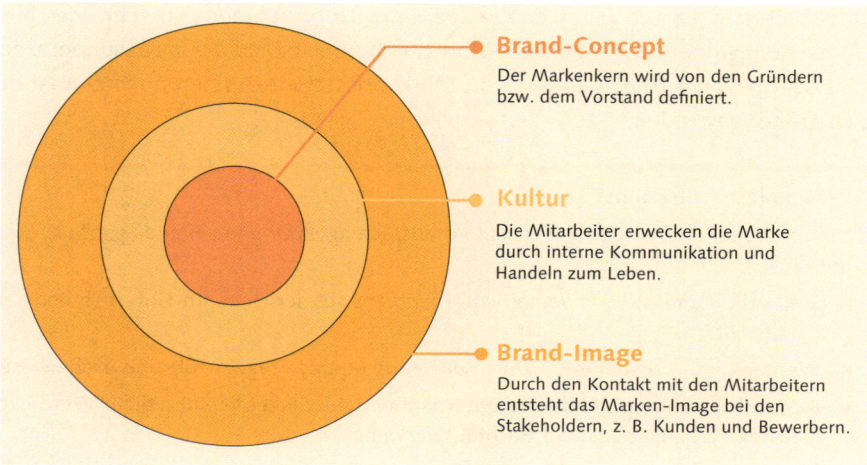

Brand-Concept
Der Markenkern wird von den Gründern bzw. dem Vorstand definiert.

Kultur
Die Mitarbeiter erwecken die Marke durch interne Kommunikation und Handeln zum Leben.

Brand-Image
Durch den Kontakt mit den Mitarbeitern entsteht das Marken-Image bei den Stakeholdern, z. B. Kunden und Bewerbern.

Abbildung 3.14 Zusammenhang zwischen Marke und Unternehmenskultur

2. Die Mitarbeiter*innen durchlaufen drei Phasen: Sie lernen die Marke (z. B. durch Vorträge und Workshops, interne Markenbotschafter*innen, CI-Guidelines, Image-Videos und ein Manifest) kennen (*learning*), verstehen und glauben an die Marke (*believing*) und erwecken sie durch ihre Kommunikation zum Leben (*living*). Das Resultat ist die Unternehmenskultur und das interne Marken-Image.

3. In täglichem Austausch (auch auf Social Media) mit Investoren, Partnerinnen, Dienstleistern, Bewerberinnen und Kunden prägen die Mitarbeiter*innen die Marke bei diesen externen Stakeholdern. Durch die Summe der Botschaften entsteht auch bei ihnen ein Marken-Image.

3.9 Zusammenfassung

Die Marke ist das Gesicht der Unternehmensstrategie – und notwendig zum Erfolg! Sie dient primär dazu, dein Unternehmen von anderen zu unterscheiden, hat aber noch viel größere Effekte bei allen wichtigen Stakeholdern eines Unternehmens: Mitarbeitern, Kundinnen, Investoren, Dienstleisterinnen und Partnern, der Presse und sogar bei der Konkurrenz. Grundlage für eine Marke sind deine Vision, deine Werte und Motivation sowie deine Mission. Diese Elemente bilden den Markenkern, der durch die Gründer bzw. den Vorstand definiert und möglichst vorgelebt wird. Nur wenn den Aussagen auch Taten folgen, können die Mitarbeiter*innen die Werte adaptieren, und die Unternehmenskultur wird Ausdruck der Marke. Als Resultat wird die Marke Teil der Kommunikation zwischen den Mitarbeiter*innen und den Stakeholdern. Daher sind die Mitarbeitenden deine wichtigsten Markenbotschafter! Niemand prägt das Image eines Unternehmens so sehr wie du und deine Kolleginnen und Kollegen. Und durch Social Media – insbesondere durch LinkedIn – ist die Hebelwirkung von Markenbotschafter*innen noch einmal deutlich größer geworden.

Was du jetzt tun kannst

Überprüfe, ob dein Unternehmen alle Voraussetzungen für gutes Branding erfüllt. Starte mit dir selbst und frage dich:

- Sind Vision und Mission deines Unternehmens auf der LinkedIn-Unternehmensseite dargestellt?
- Werden diese Vorstellungen durch passende Beiträge regelmäßig und oft bewiesen?
- Ist das Erscheinungsbild deines Unternehmens auf LinkedIn einheitlich? Werden die gleichen Farben, Logos und Hashtags verwendet?
- Tragen die Beiträge der Mitarbeiter*innen dazu bei, das angestrebte Marken-Image zu erreichen?

Kapitel 4

Social Media im Unternehmen

Dieses Kapitel richtet sich an alle, die nicht nur LinkedIn im Besonderen, sondern Social Media im Allgemeinen besser verstehen wollen. Richtig eingesetzt, kann Social Media einen wichtigen Beitrag zum Unternehmenserfolg leisten, aber zu oft werden die Möglichkeiten nicht ausgeschöpft oder Social Media nur zum Selbstzweck betrieben.

Eine der Kernfunktionen des Internets war und ist der Austausch von Ideen und Gedanken. Nicht umsonst gibt es schon seit den 70er Jahren Foren und E-Mail – das sind immerhin über 50 Jahre! Umso erstaunlicher, dass Digital Marketing bei vielen Unternehmen nach wie vor ein Nischendasein fristet. Und dabei ist Social Media ist *der* ultimative Schlüssel, um deine Zielgruppen zu erreichen.

LinkedIn ist einer der neueren Pfeile in deinem Köcher, aber Social Media ist nicht neu: Facebook wurde 2004 gegründet und ist seit 2008 in Deutschland verfügbar. Zuvor hatten bereits MySpace und Second Life jeweils seit 2003 mit hohen Mitgliedszahlen für Furore gesorgt und Marketer darüber nachdenken lassen, wie man sich diese Reichweite zunutze machen kann. Die Antwort war meist die gleiche: mit Werbeanzeigen. Für viele Unternehmen war es schlicht und einfach eine neue Werbeplattform, auf der man die eigene Botschaft mit altbekannten Formaten verkündete, nicht viel anders als in Zeitschriften. Interaktion? Ein Klick auf den Banner war schon genug.

Bei vielen Unternehmen im DACH-Raum hat sich daran nicht viel geändert: Nach wie vor wird »dieses Internet« im Allgemeinen und Social Media im Besonderen mit einer Mischung aus Argwohn und Neugier beobachtet. Natürlich hat man eine repräsentative Website (die alle zehn Jahre einen Relaunch bekommt). Und natürlich tauscht man sich privat auf WhatsApp und Facebook aus und hat seit Jahren auch einen XING-Account. Aber sich als Unternehmen aktiv auf Social Media beteiligen? Geschweige denn die Zügel aus der Hand geben und die Mitarbeiter*innen für das Unternehmen aktiv werden lassen? Viel zu unsicher! Da könnte ja Gott weiß was passieren!

Wir alle müssen uns an die Nase fassen und uns kritisch hinterfragen. Sind wir KPI-gesteuerte Werbe-Fuzzis, die nur *Werbung* machen wollen? Umsatzgetriebene Verkäufer*innen, denen der eigene Bonus wichtiger ist als der Erfolg der Kundschaft? Oder sind wir innovative Botschafter*innen neuer Ideen, die den Austausch mit anderen nicht scheuen? Die mutig vorangehen, wenn es um die Nutzung neuer Technologien geht? Die das Rückgrat haben, unsere Produkte und Dienstleistungen mit Stolz im Scheinwerferlicht zu präsentieren? Die sowohl im Markt als auch im eigenen Unternehmen einen positiven Wandel vorantreiben wollen?

In diesem Kapitel will ich die Möglichkeiten zeigen, die sich viele Unternehmen entgehen lassen, wenn sie nicht auf Social Media aktiv sind oder diese Plattformen als reine Push- oder Outbound-Kanäle nutzen, anstatt auf Austausch zu setzen.

Social Media in einem Unternehmen ist wie die Weihnachtsfeier: Alle wollen mit dabei sein. Oder besser gesagt: Alle sollten mit dabei sein. Es gibt nur wenige Unternehmensbereiche, die für eine Vielzahl von Abteilungen so relevant sein können. Denn Marketing, PR, Corporate Communications, Customer Support, Vertrieb, HR und der Vorstand selbst haben jeweils ihre eigenen Interessen und Vorstellungen, wie man Social Media am besten einsetzen sollte. In diesem Kapitel erfährst du, wie universell anwendbar Social Media sein kann, wie man diese unterschiedlichen Interessen unter einen Hut bekommt und welche enorm wichtige Rolle Corporate Influencer dabei spielen.

Im Fokus dieses Buches steht natürlich LinkedIn, denn alles deutet darauf hin, dass die Bedeutung dieser Plattform in den nächsten Jahren enorm steigen wird. Und dann? Aktuell zeigt sich anhand der steigenden Kritik an Facebook: Plattformen kommen und gehen (siehe Abbildung 4.1).

Abbildung 4.1 Das Time Magazine sieht die Zukunft von Facebook angesichts des gesellschaftlichen Einflusses kritisch. (Quelle: Time Magazine)

Jugendliche verbringen nicht nur mehr Zeit mit Onlinevideos statt mit linearem TV, sondern auch mehr Zeit auf TikTok statt auf YouTube.[1] LinkedIn ist ein soziales Netzwerk wie andere auch. Ein Blick »über den Tellerrand« kann uns dabei helfen zu verstehen, wie diese Plattformen funktionieren und wie du sie für dich nutzen kannst.

Die Rolle von Social Media im Unternehmen kann sehr vielfältig sein. Denn es gibt oft mehrere Abteilungen und Stakeholder, die ein Interesse an einem guten Auftritt haben:

- Der *Vertrieb* möchte neue Leads und Kund*innen gewinnen.

- *Marketing* will mehr Aufmerksamkeit für das Unternehmen und die Produkte und Services erreichen.

- Die *Personalabteilung* möchte ein möglichst attraktives Bild des Unternehmens für Bewerber*innen zeichnen. Durch Employer-Branding-Maßnahmen soll außerdem das Image des Unternehmens für die bestehenden Mitarbeiter*innen verbessert werden.

- Das *Produktmanagement* möchte gerne Feedback zu (neuen) Produkten einholen und die Bedürfnisse der Kund*innen besser verstehen.

- *Ambitionierte Managerinnen und Experten* wollen in einem möglichst guten Licht erscheinen, um ihren »Marktpreis« nach oben zu treiben und ihre Karriere voranzutreiben. Entweder im gleichen oder in einem anderen Unternehmen.

Wie bekommt man diese unterschiedlichen Ziele unter einen Hut? Es gibt zwei Methoden, die sich ergänzen: Die zentralen Unternehmenskanäle und die individuellen Kanäle der Mitarbeitenden.

4.1 Die zentralen Unternehmenskanäle

Hinsichtlich der Unternehmenskanäle (Profile auf Social-Media-Plattformen, Blogs, Newsletter, Podcasts etc.) sollte die Zusammenarbeit vertieft werden. Du brauchst einen Abstimmungsprozess darüber, wann und in welcher Form welche Themen auf den Kanälen gespielt werden. In der Praxis empfiehlt sich die Verwendung eines Redaktionskalenders und regelmäßiger Redaktionssitzungen, an denen die Stakeholder teilnehmen und ihre Themen vortragen können. Dort sollten die Themen vorgetragen und anschließend priorisiert werden. Ich empfehle dazu eine einfache *Impact/Effort-Matrix*, in der die Themen in Relation gesetzt werden, je nachdem,

---

1 Quelle: *www.heise.de/news/TikTok-ueberholt-Youtube-Amerikaner-und-Briten-verbringen-mehr-Zeit-bei-TikTok-6184172.html*

wie viel Aufwand mit der Umsetzung verbunden ist und wie hoch der mögliche Ertrag ist (siehe Abbildung 4.2).

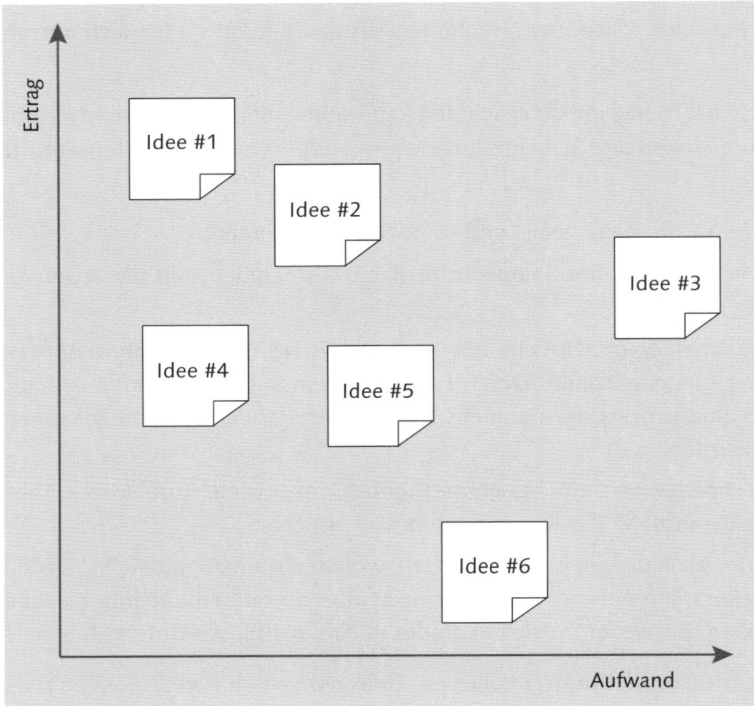

Abbildung 4.2 Die Impact/Effort-Matrix kann dabei helfen, mehrere Ideen zu priorisieren.

Da der Ertrag abhängig von der jeweiligen Abteilung ist (20 neue Bewerber*innen sind für den Vertrieb nicht relevant, für HR aber sehr wohl), sollte man vorab eine *North Star Metric* definieren.

Definition: North Star Metric

Eine North Star Metric ist eine globale Leistungskennzahl für ein Unternehmen oder ein Produkt. Sie verbindet die Kundenbedürfnisse mit dem Umsatzziel des Unternehmens. Sie bringt den Mehrwert für die Nutzer und die Businessziele zusammen und gibt den Mitarbeitenden ein gemeinsames Ziel. Für Spotify wäre eine geeignete NSM die Zeit, die ein Nutzer mit Musikhören pro Woche verbringt.

Eine Nachricht in die Welt hineinzutragen, ist aber nur die halbe Miete, denn der Charme bei Social Media liegt in der Interaktion: Die Nutzer*innen reagieren nicht nur auf eure Beiträge, sondern gehen auch proaktiv auf euch zu. Es ist kein Megafon, über das ihr eure Nachrichten in die Welt ruft. Es ist ein Marktplatz der Ideen, ein Raum der Begegnungen. Du kannst dir sicher sein, dass gute Ideen Gehör finden werden. Ebenso wie du schnell kritisches Feedback für weniger gute Ideen bekommen wirst. Oder – im schlimmsten Fall – deine Botschaft einfach ignoriert wird, weil sie irrelevant für die Zielgruppe ist.

Und ihr seid nicht diejenigen, die über den Kanal bestimmen: Auch wenn ihr über euren Twitter-Account nur presserelevante Nachrichten verkündet, werden eure Kund*innen diesen Kanal nutzen, um euch Fragen zu stellen oder Kritik zu äußern. Und das Schlimme: Sie erwarten auch noch eine Antwort! Und zwar möglichst zeitnah und möglichst aussagekräftig.

Um ein gutes Marken-Image aufzubauen, ist es daher unerlässlich, gut geölte Prozesse zu etablieren, um auf solche Anfragen schnell reagieren zu können. Ihr müsst also noch vor dem Start eurer Aktivitäten definieren:

- Wer achtet auf die Reaktionen unter den eigenen Beiträgen? Das sollte der Originalautor oder die Originalautorin sein, denn sie können am schnellsten das beste Feedback geben.

- Wer hat den Posteingang im Auge und sieht sofort eingehende Direktnachrichten? Wie sieht eure erste Reaktion aus (»Danke für Ihre Nachricht, wir melden uns zeitnah«) und wie kann man von der jeweiligen Fachabteilung schnellstmöglich eine hilfreiche Antwort bekommen?

- Wer beobachtet das Netz hinsichtlich der Erwähnung des Unternehmens oder seiner Produkte? Social Monitoring Tools wie *Talkwalker* scannen für euch das öffentliche Netz (inklusive Social Media und Foren) und zeigen euch, wie und wo über euch geschrieben wird. Aber auch das kostenlose Tool *Google Alert* kann schon hilfreich sein. Es bedarf eines Frühwarnsystems, das anschlägt, wenn es brennt. Und es bedarf einer Expertin oder eines Experten, der einschätzen kann, ob er selber löschen kann oder die Feuerwehr holen muss. Deswegen die nächste Frage:

- Wie sieht der Eskalationsprozess aus? Bei welchen Themen muss eine Führungskraft eingeschaltet werden? Wann muss PR, Legal oder die Geschäftsführung involviert werden? Ja, es ist Arbeit, diese Dinge zu besprechen. Aber im Notfall ist eine schnelle Reaktion absolut wichtig (schau dir für mehr Details Abschnitt 10.7 und Abschnitt 10.8 über Kritiker, Trolle und Hatespeech an).

So weit zu den Unternehmenskanälen. Die zweite Möglichkeit, die Interessen mehrerer Stakeholder und Abteilungen unter einen Hut zu bekommen, ist eine Verteilung der Last auf mehrere Schultern: die Nutzung der persönlichen Profile zusätzlich zu den Unternehmensprofilen.

4.2   Die individuellen Kanäle der Mitarbeitenden

Bei dieser Methode teilen zusätzlich ausgewählte Mitarbeiter*innen die Beiträge des Unternehmens – sofern sie das wollen und es zu ihrer Personal Brand passt. Denn natürlich kann man niemanden verpflichten, das eigene Social-Media-Profil in den Dienst des Unternehmens zu stellen.

Einfache Beiträge wie beispielsweise eine Stellenanzeige oder ein neues Produktvideo können von vielen Menschen problemlos geteilt werden – insbesondere, wenn es ihren eigenen Bereich betrifft. Sucht man z. B. eine neue Fachkraft für Marketing, sollte die dazugehörige Stellenanzeige auch von möglichst vielen Mitarbeiter*innen im Marketing geteilt werden. Denn in ihrem persönlichen Netzwerk wird man wohl schnell geeignete Expertinnen und Experten finden können. Launcht man ein neues Produkt, sollte das Video vom Vertrieb und Produktmanagement geteilt werden. Auch die Bildung von internen »Engagement-Gruppen«, die neue Beiträge auf der Unternehmensseite oder von der Geschäftsführerin kurz nach der Veröffentlichung liken und teilen, kann sinnvoll sein, um einen Beitrag »anzuschieben« und ihm durch die Interaktion schnell zu mehr Reichweite zu verhelfen.

Sollte man die Beiträge des Arbeitgebers teilen?

Es gibt auf LinkedIn eine Besonderheit, die es zu beachten gilt: Im Gegensatz zu Facebook werden »geteilte Beiträge«, also die über den SHARE- bzw. TEILEN-Button im eigenen Netzwerk geteilt werden, vom LinkedIn-Algorithmus hinsichtlich der Reichweite diskriminiert. Geteilte Beiträge werden immer weniger Reichweite erhalten als Originalbeiträge. LinkedIn bevorzugt frische Ideen und Content Creator und wird diese mit mehr Reichweite belohnen. In der Praxis bedeutet das, dass nicht etwa Mitarbeiter*innen die Beiträge ihres Unternehmens teilen sollten, sondern umgekehrt: Das Unternehmen sollte die Beiträge der Mitarbeiter*innen teilen. Deswegen auch ein gemeinsamer Redaktionsplan, in dem die Schwerpunktthemen festgehalten werden: Die Themen sollten identisch sein, aber die Beiträge individuell. Damit ein geteilter Beitrag eine nennenswerte Reichweite bekommt, sollte die Autorin oder der Autor

- mindestens 150 Wörter zu dem geteilten Beitrag hinzufügen,

- den Originalautor bzw. die Originalautorin markieren und sicherstellen, dass er oder sie den Beitrag kommentiert und

- auf Kommentare innerhalb der ersten Stunde antworten.[2]

---

2   Vgl. Richard Van Der Blom. (2021). LinkedIn Algorithm Report 2021 – 30 Tips to Boost your Content on LinkedIn. LinkedIn. *www.linkedin.com/pulse/newsletter-15-linkedin-algorithm-report-2021-30-van-der-blom/*

Kapitel 5

Die eigene Positionierung: Deine Personal Brand

Schnell ein Profil auf LinkedIn anlegen und einfach loslegen? Klar, kannst du machen – ist aber weder sinnvoll noch wird dich bei deinen beruflichen Zielen weiterbringen. Stattdessen navigierst du plan- und ziellos durch die digitalen Welten. Nimm dir deswegen die Zeit, dieses Kapitel zu lesen und deine Positionierung festzulegen.

In diesem Kapitel gießen wir das Fundament für einen erfolgreichen Auftritt auf LinkedIn: Du wirst lernen, wie du deine Ziele und Zielgruppen definierst. Und du wirst erfahren, welche Themen und Botschaften sowohl deinen Interessen und deiner Expertise entsprechen als auch für die Menschen in deiner Zielgruppe relevant sind. In Kombination mit deinen Stärken – deinen »Superkräften« – ist das die Ausgangslage für deinen Personal Branding Pitch, die beste Antwort auf die Frage: »Was machst du eigentlich beruflich?«

5.1   Eigene Themen und Botschaften

Hast du dir schon einmal Gedanken über die Themen und Botschaften gemacht, über die du sprechen möchtest? Wenn du noch nicht in den Genuss eines Coachings gekommen bist, vermutlich nicht, oder?

Auch den meisten unserer Kund*innen fällt es zu Beginn schwer, die eigenen Themen und Botschaften zu identifizieren. Aber sobald man sich die Zeit nimmt und die richtigen Fragen stellt, sprudelt es aus den meisten Menschen nur so heraus! Denn sie entfachen die Leidenschaft für ihre Aufgabe.

Meiner Erfahrung nach sind die eigenen Themen und Botschaften immer auch die Antwort auf das »Wofür«. Und Simon Sinek sagte nicht zu Unrecht: »Always start with why!« Also lass uns das tun!

Wie findest du deine Themen? Schnapp dir einen Stapel von Post-its (virtuell oder physisch) und notiere dir:

- Welche Bücher liest du besonders gerne?

- Welche Newsletter hast du abonniert?

- Welche Fachartikel kannst du nicht ignorieren (siehe Abbildung 5.1)?

- Welche Hobbys hast du? Was reizt dich daran?

- Welche TED-Talks haben dich am meisten inspiriert?

- Worüber sprichst du mit deinen Kolleginnen, Kunden und Partnerinnen leidenschaftlich gerne?

- Wurdest du schon einmal interviewt? Wenn ja, zu welchem Thema?

- Bei welchen Artikeln oder LinkedIn-Beiträgen musst du unbedingt auch kommentieren und dich an der Diskussion beteiligen?

- Welchen Twitter-Threads bist du zuletzt stundenlang gefolgt?

- Worüber holen sich deine Mitmenschen Rat bei dir? Wofür loben sie dich?

Lass deinen Gedanken freien Lauf! Das Ziel ist es zunächst, so viele Themen und Botschaften wie möglich zu sammeln. Nur nichts überdenken!

Abbildung 5.1 Fachartikel können eine hervorragende Themenquelle sein.

Erst, wenn du mindestens zehn Themen gefunden hast, für die du »brennst«, solltest du darangehen und sie priorisieren. Von all diesen Themen kannst du die nach unten priorisieren, die

- bei deiner Zielgruppe Missgunst auslösen könnten. Du willst ja Freunde finden und dir keine Feinde machen. Schon Dale Carnegie, Autor des Bestsellers *How to win friends and influence people*, sagte treffened: »Always talk in terms of the other person's interests«.

- absolut privat sind und mit denen du nur mit engen Freunden oder Familienmitgliedern sprechen würdest.

Schaue dir jetzt die verbleibenden Post-its an: Über welche dieser Themen unterhältst du dich regelmäßig mit Personen aus deiner Zielgruppe? Das können potenzielle Kundinnen ebenso sein wie die eigenen Kollegen. Finde die Schnittmenge zwischen den Themen, die euch beide verbindet. Idealerweise hast du fünf Themen, bei denen du dich wohlfühlst, über sie zu sprechen. Darunter sollten drei professionelle bzw. berufliche Themen und zwei »semi-private« Themen sein. Letztgenannte sind beispielsweise Hobbys oder Interessensgebiete, die zwar nichts direkt mit deinem Job zu tun haben, dich aber dennoch beeinflussen (siehe Abbildung 5.2). Beispielsweise könntest du darüber schreiben, wie das Training einer Fußballmannschaft deinen Führungsstil beeinflusst hat. Oder wie dein berufliches Reiseverhalten von deinen Ideen über Klimaschutz beeinflusst worden ist.

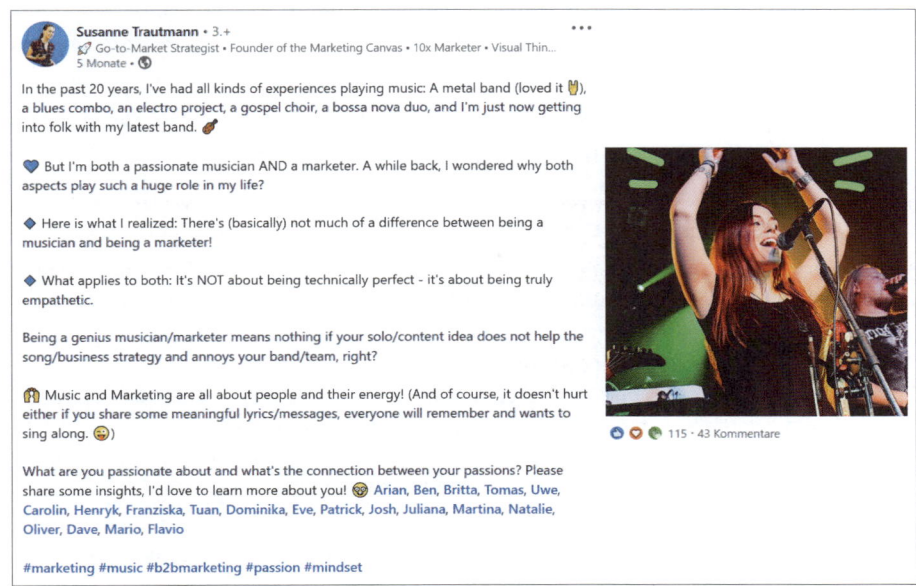

Abbildung 5.2 Kannst du einen beruflichen Bezug zu deinem Privatleben herstellen?

Wie komme ich von Themen zu Botschaften? Ein Thema ist das, *worüber* du sprichst (bzw. im Fall von LinkedIn: schreibst). Deine Botschaft ist das, *was* du sagst. Deine Meinung. Deine Expertise. Deine einzigartige Perspektive. Basierend auf den Erfahrungen, die nur du erlebt hast.

Je mehr du dich als Meinungsführer*in oder Thought Leader in deinem Fachgebiet positionieren möchtest, desto deutlicher solltest du deine Positionen definieren.

Wenn es dir aus dem Stand schwerfällt, deine Botschaften zu definieren, kannst du diesen vier Schritten folgen:

1. Schritt: Vergegenwärtige dir für jedes deiner Themen die gängigsten Meinungen in deiner Branche.

2. Schritt: Recherchiere dafür die wichtigsten Meinungsführer für dein Thema. Speaker, Journalisten, Expertinnen, Buchautoren, Politikerinnen, Führer von Branchenverbänden, Wissenschaftlerinnen, Künstler und Unternehmerinnen können dazugehören. Tipp: Diese Personen müssen nicht zwingend noch am Leben sein, um die Sichtweise vieler Menschen zu beeinflussen. Stephen Covey lebt leider nicht mehr, aber sein Bild, »die Säge zu schärfen«, ist nach wie vor eine großartige Metapher für Effektivität.

3. Schritt: Suche nach den wichtigsten Zitaten dieser Person zu deinem Thema. Bei berühmten Persönlichkeiten hilft schon eine schnelle Google-Suche. Bei Menschen in Nischenthemen solltest du dir ihre Bücher, Artikel und Vorträge anschauen und nach hervorgehobenen Stellen suchen.

4. Schritt: Jetzt finde deine Position auf dieser Meinungskarte. Wo würdest du dich einsortieren? Wem stimmst du zu, wem widersprichst du?

Tipp: Der Value Proposition Canvas

Hierbei handelt es sich um ein populäres Modell zur Beschreibung deiner Kundschaft, ihrer Probleme sowie der Lösungen, die du anbietest (siehe Abbildung 5.3). Dabei definierst du:

1. **Die Aufgaben des Kunden** (Customer Jobs)
   Diese Aufgaben muss dein typischer Kunde/User im Job oder im täglichen Leben meistern. Hierbei soll ihm dein Produkt oder deine Dienstleistung helfen. Damit sind nicht nur rein funktionale Aufgaben gemeint, sondern du solltest auch die emotionalen und sozialen Positionen dabei in den Blick nehmen.

2. **Die Vorteile des Kunden** (Gains)
   Welchen Gewinn hat eine Kundin, wenn sie dein Produkt oder deine Dienstleistung nutzt?

3. **Die Probleme des Kunden** (Pains)
   Diese bezeichnen die Hindernisse, die deine Kund*innen bei der Erfüllung ihrer Aufgaben meistern müssen oder die sie daran hindern, diese zu erledigen. Was für eine Aufgabe muss dein Kunde meistern? Welche Probleme stellen sich ihm dabei in den Weg? Was hindert deinen Kunden daran, seine Aufgabe gut zu erfüllen?

4. **Produkte und Leistungen** (Products and Services)
   Was ist dein ganz konkretes Produkt oder deine Dienstleistung?

5. **Erfüllung der Erwartungen** (Gain Creators)
   Mit diesen Eigenschaften deiner Produkte erfüllst du die Wünsche deiner Kundschaft und sorgst dafür, dass diese ihre Aufgaben gut lösen kann. Hier listest du die konkreten Merkmale auf, über die dein Produkt oder deine Dienstleistung verfügt, und notierst, welche Vorteile deine Kund*innen durch die Nutzung der Produkte haben.

6. **Problemlöser** (Pain Relievers)
   Die Kundin möchte ein Problem lösen, und dein Produkt soll ihr dabei helfen. Kann es die Hindernisse deiner Kundin bei dieser Problemlösung reduzieren oder gar ganz ausschalten?

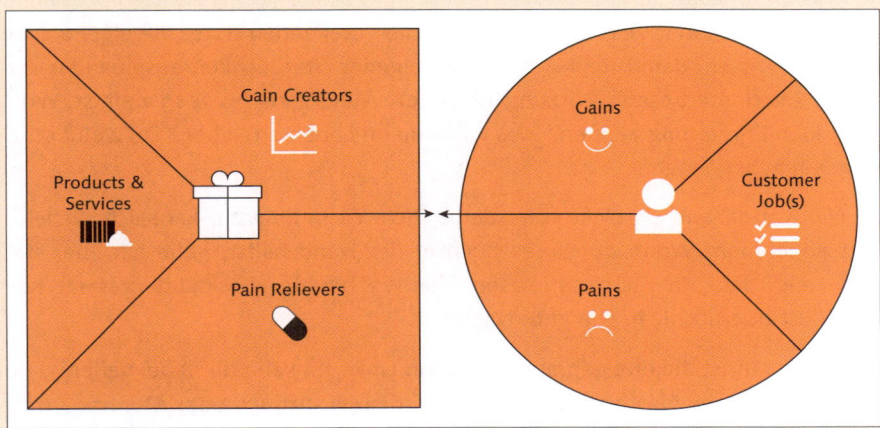

Abbildung 5.3 Value Proposition Canvas (Quelle: *www.strategyzer.com/canvas/ value-proposition-canvas*)

5.2   Eigene Ziele

Ah, Silvester! Nie fühlen wir uns mehr genötigt, an einem bestimmten Abend im Jahr etwas vermeintlich Außergewöhnliches zu tun. Sei es die Zukunft zu lesen, indem wir versuchen, in erkaltetem Blei irgendwelche Formen zu entdecken, oder indem wir Geld in Form von Raketen einfach spektakulär in die Luft jagen. Über den ganzen Globus verteilt gibt es eine Vielzahl unterschiedlicher Bräuche, um das neue Jahr zu begrüßen. Aber ein Brauch wird beinahe überall begangen: einen guten Vorsatz für das neue Jahr zu definieren.

Viele wollen mehr Zeit mit der Familie verbringen oder gesünder leben. Deswegen ist Anfang Januar auch Hochsaison für die Fitnessstudios. Manche haben auch ein konkretes Projekt vor Augen, das sie im kommenden Jahr erreichen wollen. Das meiste davon hat sich spätestens im März erledigt ... denn viele Menschen sind es nicht gewohnt, sich Ziele zu setzen. Geschweige denn, das Notwendige zu tun, um sie zu erreichen. Und das, obwohl uns eine wachsende Vielzahl von Büchern, Videos und Ratgebern zur Verfügung steht, die uns bei der Definition und dem Erreichen unserer Ziele unterstützen können. In meinem Freundes- und Bekanntenkreis sind beispielsweise »High Performance Habits« von Brendon Burchard und »Atomic Habits« von James Clear sehr en vogue. Ersteres kann dir dabei helfen, deine Ziele zu definieren, und Letzteres, sie zu erreichen.

Der erste Schritt bei diesen Ratgebern ist immer der gleiche: Klarheit. Um im Leben von A nach B zu kommen, musst du für dich bestimmt haben, wo B eigentlich ist, also was du im Leben erreichen willst. In seinem Bestseller »The 7 Habits of highly effective people« motiviert Stephen Covey die Leser*innen dazu, die eigene Grabrede zu verfassen, damit man sich mit der eigenen Sterblichkeit auseinandersetzt. Oder vielmehr mit unserer Wirkung auf andere Menschen, bis es so weit ist. Wofür willst du in Erinnerung bleiben? Was willst du im Leben erreichen? Du weißt schon ... die einfachen Fragen.

Die Motivation und die Methode, deine Ziele zu definieren, kann ich dir leider nicht abnehmen. Wenn du dieses Buch in der Hand hältst, gehe ich aber stark davon aus, dass du dich mit diesen Themen bereits auseinandergesetzt hast. Zumindest oberflächlich. Die gute Nachricht?

Genau das kannst du jetzt gebrauchen! Denn LinkedIn kann dir dabei helfen, deine Ziele zu erreichen! Also hole deinen Planer, dein Notizbuch oder Moodboard heraus, und wirf einen Blick auf deine beruflichen Ziele!

Bist du so weit? Prima! Dann schau dir diese Ziele noch einmal genauer an: Gibt es eines, das wichtiger ist als alle anderen? Das die anderen überstrahlt? Das, wenn du es erreichst, vielleicht nicht auf deinem Grabstein, aber zumindest in deiner Trauerrede vorkommen würde? Lass uns darauf fokussieren!

Ein Ziel auserkoren? Sehr gut! Wenn du möchtest, kannst du dieses Ziel anhand der folgenden Checkliste (angelehnt an Dr. Cornelia Andriof) überprüfen. Im Prinzip wackelst du damit an der Leiter, um festzustellen, dass sie einen festen Stand hat, bevor du sie nach oben steigst.

1. Ist das Ziel positiv formuliert? Als ob du es schon erreicht hättest, wie beispielsweise: »Als Bundestagsabgeordnete kämpfe ich jeden Tag für besseren Klimaschutz.« Vermeide Verneinungen (»nicht« oder »keine«), Modalverben (»will«, »kann«, »muss«, »soll«) und Vergleiche (»mehr X«)

2. Ist dein Ziel konkret formuliert? Kannst du es riechen, hören, schmecken? Je besser du dir das Ziel vorstellen kannst, desto besser wird es in deinem Gehirn verankert werden.

3. Ist das Ziel aus eigener Kraft erreichbar oder brauchst du dafür die Unterstüt-zung anderer Menschen? Wenn du es nicht alleine schaffen kannst – was bei den meisten und bei allen richtig großen Zielen der Fall sein wird –, dann gehe einen Schritt zurück: Was sollte dein Ziel sein, um dein großes Ziel erreichen zu können? Wer muss dich wählen, befördern, loben, kennen? Wer ist »der Kö-nigsmacher«? Oder, um es mit den Worten von Autor Gary Keller zu sagen: »What's the one thing I can do such that by doing it everything will be easier or unnecessary?«

4. Ist das Ziel wirklich das Ziel? Überdenke dein Ziel kritisch. Was musst du tun, um das Ziel zu erreichen? Was musst du dafür aufgeben? Welche Opfer musst du bringen? Sei ehrlich zu dir selbst, andernfalls läufst du Gefahr, dich selbst zu manipulieren.

5. Woran merkst du, dass du auf dem richtigen Weg bist? Was sind die Meilen-steine zu deinem Ziel?

Du siehst: Es gibt zwar ein Ziel deiner Reise – aber gleichzeitig formulierst du die Etappen. Wenn du das getan hast: Glückwunsch! Das war bereits der erste Schritt.

Sollte dein Ziel nicht durch eigene Kraft erreichbar sein und du die Unterstützung anderer Menschen brauchen, dann kann dir LinkedIn dabei helfen – immerhin ist es das weltgrößte soziale Netzwerk im Business-Umfeld. LinkedIn ist womöglich der kürzeste Weg zwischen dir und den Menschen, die dir auf deiner nächsten Etappe helfen können.

5.3   Eigene Zielgruppen

Zielgruppe ist ein Begriff, der aus dem Marketing stammt. Damit wird die Gruppe von Menschen bezeichnet, die du mit deiner Nachricht erreichen willst. Diese Gruppe kannst du anhand verschiedener Merkmale beschreiben.

Für Einzelpersonen sind das:

- demografische Merkmale (Alter, Geschlecht, Familienstatus, Wohnort usw.)
- sozioökonomische Merkmale (Bildungsstand, Gehalt, Beruf usw.)
- psychografische Merkmale (Einstellung, Motivation, Meinung usw.)
- Kaufverhalten (Preissensibilität, Kaufreichweite usw.)

Für Unternehmen sind es wiederum:

- organisatorische Merkmale (Unternehmensgröße, Unternehmensstandort, Marktanteil usw.)
- ökonomische Merkmale (Finanzen, Liquidität, Bestände usw.)

- Kaufverhalten des Unternehmens (zusammenführende Buying Center, Lieferantentreue, Kaufzeitpunkt usw.)

- personenbezogene Merkmale oder Charakteristika der Entscheidungsträger*innen der Unternehmen (Informationssammlung, Zeitdruck, Innovationsfreudigkeit usw.)

5.3.1 Wer ist in deiner primären Zielgruppe?

Und genau wie eine Marketerin oder ein Marketer solltest du dir darüber Gedanken machen, welche Menschen du auf LinkedIn erreichen möchtest/musst, um deine Ziele zu erreichen. So individuell wie die Ziele sind auch die Zielgruppen:

Für einen *Vertriebler* könnte die Zielgruppe beispielsweise aus Einkäufer*innen bei mittelständischen Unternehmen in Frankreich bestehen, die ein veraltetes CRM-System benutzen.

Für eine *Geschäftsführerin* die Mitarbeitenden im eigenen Unternehmen, Aktionär*innen oder Journalist*innen relevanter Fachmedien.

Für einen *Thought Leader* vielleicht Event-Manager bei größeren Unternehmen, die regelmäßig neue Speaker benötigen, und Journalist*innen von Fachmagazinen.

Für eine *Recruiterin* potenzielle neue Mitarbeitende für das eigene Unternehmen – und vielleicht auch ehemalige Mitarbeitende, die ihren ehemaligen Arbeitgeber weiterempfehlen würden.

Für einen *Corporate Influencer* könnten zur passenden Zielgruppe alle diejenigen gehören, die ein Interesse am eigenen Unternehmen haben, u. a. Bewerberinnen, Shareholder, Mitarbeiterinnen oder Dienstleister.

Daneben können auch die Kolleginnen und Kollegen im eigenen Unternehmen eine passende Zielgruppe sein. Beispielsweise, wenn du den Arbeitgeber wechselst und neu in deinen Job startest. Oder du möchtest dich mit Kolleg*innen in einer ausländischen Niederlassung verknüpfen. Eine Kontaktanfrage über LinkedIn kann der erste Schritt zum Aufbau des internen Netzwerks sein. Das ist besonders wichtig, wenn du dich innerhalb des eigenen Unternehmens weiterentwickeln und Karriere machen möchtest.

> *»Everyone is not your customer.«* – Seth Godin

Mitunter musst du aber noch einen Schritt tiefer gehen und deine Zielgruppe verkleinern: Gerade für Angestellte, die die nächsten Stufen der Karriereleiter erklimmen möchten, besteht die Zielgruppe aus einer Gruppe von Menschen innerhalb des eigenen Unternehmens. Trotzdem ist das Ziel das gleiche: Bekanntheit. Bekanntheit deiner Person, deiner Expertise und deiner Meinungen. In diesem Fall kann LinkedIn ein wertvolles Tool sein, um dich mit den Kolleg*innen zu vernetzen. Auch außerhalb der Kaffeeküche.

5.3.2 Wer ist in deiner sekundären Zielgruppe?

Egal wer deine direkte Zielgruppe ist: Denke noch einen Schritt weiter! Wer sind die Beeinflusser? Wer sind die Menschen, die die Menschen in deiner Zielgruppe beeinflussen? Wessen Meinung schätzen sie – sowohl innerhalb als auch außerhalb des eigenen Unternehmens?

Und wer sind die Entscheider? Vielleicht möchte dein Teamleiter dich befördern, kann das aber nicht ohne grünes Licht eurer Bereichsleiterin? In dem Fall wäre es sehr sinnvoll, wenn auch sie dich und deine Fähigkeiten kennen würde.

> »Bei Personas *interessieren tatsächlich nur zwei Fragen: Welche Mangelsituation hat er? Und was konsumiert er?«* – *Uwe von Grafenstein, Gründer und Dozent von »Geschichten, die verkaufen«*

Um dir das Leben zu erleichtern und deine Persona schnell und einfach zu definieren, haben Thorsten Strauss und ich den Lean Persona Canvas (siehe Abbildung 5.4) entwickelt.

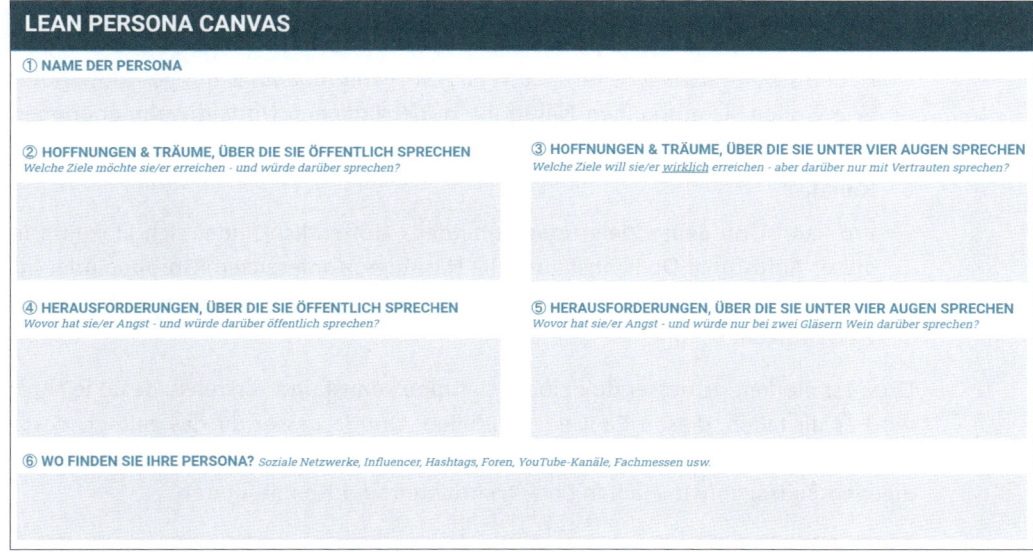

Abbildung 5.4 Lean Persona Canvas von Schaffensgeist

Diese Vorlage kannst du dir auf *https://schaffensgeist.com/bonus* herunterladen. Du kannst sie in kurzer Zeit ausfüllen, und sie sollte dir ein gutes Verständnis dafür geben, wie deine Zielgruppe tickt und mit welchen Themen du ihre Aufmerksamkeit gewinnen kannst:

1. **Name deiner Persona**

   Sollte möglichst einfach zu merken sein und darf gerne beschreibend sein, wie z. B. Emil Einkauf.

2. **Ziele, über die sie öffentlich sprechen**

   Die Ziele, Träume und Hoffnungen, über die sie mit dir als einem Fremden auf einer Party sprechen würden. Dazu gehören beispielsweise die Ziele der Kund*innen deiner Zielgruppe.

3. **Ziele, über die sie nicht öffentlich sprechen**

   Die Ziele, Träume und Hoffnungen, über die sie nur mit Vertrauten, Freundinnen und langjährigen Kollegen sprechen würden. Beispielsweise welche Position sie im Unternehmen erreichen oder was sie verdienen wollen oder den sozialen Status in ihrem Umfeld.

4. **Ängste und Probleme, über die sie öffentlich sprechen**

   Worüber lästern die Menschen? Was stört sie an ihrem Job, den Kund*innen (im Allgemeinen) und der Branche?

5. **Ängste und Probleme, über die sie nicht öffentlich sprechen**

   Worüber unterhält sich deine Zielgruppe nur nach zwei, drei Gläsern Wein? Haben sie Angst zu scheitern, zu versagen? Fehlt ihnen das nötige Know-how? Wie wollen sie auf keinen Fall in ihrem persönlichen Umfeld wahrgenommen werden?

6. **Kanäle**

   Wo kannst du deine Zielgruppe auffinden? Hoffentlich findet sich LinkedIn in dieser Auflistung. Du kannst auch die Hashtags, Konferenzen, Gruppen oder Influencer*innen aufzählen, denen die Menschen in deiner Zielgruppe typischerweise folgen.

Du wirst merken: Je besser du deine Zielgruppe kennst und verstehst, desto leichter wird es dir fallen, diesen Canvas auszufüllen. Und je besser dir das gelingt, desto effizienter wird auch deine Kommunikation auf LinkedIn werden, sowohl in den eigenen Beiträgen wie auch in den Nachrichten und Kommentaren.

Tipp

Diese Persona-Beschreibung ist nicht in Stein gemeißelt, du kannst sie jederzeit aktualisieren, wenn du neue Erkenntnisse hast. Außerdem reicht oftmals eine Persona nicht aus, beispielsweise wenn mehrere Unternehmen in einen Kaufentscheidungsprozess involviert sind.

In diesem Fall kannst du pro Persona bzw. pro Zielgruppe einen Canvas ausfüllen, druckst ihn aus und hängst ihn neben deinen Monitor. Idealerweise ergänzt du die Beschreibung auch noch um ein passendes Profilbild, denn es fällt uns viel einfacher, Content für eine konkrete Person zu schreiben als für eine anonyme Zielgruppe.

5.4   Superkräfte

Wenn ein Unternehmen sich mit seiner Positionierung auseinandersetzt, ist der Ausgangspunkt immer der Mehrwert, den das Unternehmen im Auge der Kund*innen schafft. Oder ganz konkret: Welches Problem der Kund*innen löst das Unternehmen durch seine Produkte oder Dienstleistungen.

Du möchtest spontan von A nach B kommen? Hol dir ein Uber-Taxi. Oder möchtest du das Gefühl haben, es fußballerisch mit Messi aufnehmen zu können? Kauf dir Schuhe von Adidas.

Der Ausgangspunkt sollte immer die eigene Stärke sein. Genauso sollte der Ausgangspunkt für deine Positionierung dein »Superkräfte-Portfolio« sein: eine Auswahl deiner Stärken. Die Eigenschaften, die dich von anderen unterscheiden. Die Eigenschaften, die wertvoll und wertstiftend für deine Zielgruppe sind. Die dir dabei helfen, deine Ziele zu erreichen.

Du musst also zunächst einen langen, realistischen Blick in den Spiegel werfen und dich selbst besser kennenlernen: Was sind deine Stärken? Hier sind einige Fragen, die dir bei dieser Selbstbetrachtung weiterhelfen können:

- Was fällt dir im Gegensatz zu anderen Menschen besonders leicht?
- Wobei fragen dich deine Kolleginnen oder Freunde um Hilfe oder Rat?
- Welchen Aspekt deiner Arbeit loben deine Kund*innen oder Vorgesetzten?

Ein ehrlicher Blick auf uns selbst fällt nicht leicht. Besonders beim ersten Mal. Kennst du den Moment, wenn du eine Aufnahme deiner eigenen Stimme hörst? Viele Menschen können beim ersten Mal kaum glauben, dass sie *so* klingen. Für unsere Mitmenschen klingen wir deutlich anders, als wir uns selbst hören. Aber erst wenn wir uns dieser »fremden« Stimme stellen und sie akzeptieren, können wir beginnen, mit ihr zu arbeiten, und sie beispielsweise durch Sprach- oder Gesangstraining trainieren.

Bei den eigenen Stärken ist es ähnlich wie bei der eigenen Stimme: Oftmals unterscheiden sich unsere subjektiv wahrgenommenen Stärken von denen, die unsere Mitmenschen an uns schätzen. Und genau wegen dieser Diskrepanz reicht der Blick in den Spiegel nicht. Wir müssen noch einen Schritt weiter gehen und aktiv nach unseren »echten« Stärken forschen. Diese Methoden können dir dabei helfen:

5.4.1   Frage deine Mitmenschen

Erkundige dich bei deinen Kolleg*innen, Vorgesetzten oder Kund*innen nach deinen Stärken. Frage gerne auch solche Menschen, die dir nicht besonders nahestehen oder die du nicht sonderlich magst. Das mag schwerfallen, aber reduziert die persönliche Voreingenommenheit und öffnet damit die Tür für realistische Antworten.

5.4.2   Mache einen Persönlichkeitstest

Es gibt Unmengen von Tests auf dem freien Markt, die dir dabei helfen können, mehr über deine Stärken zu erfahren. Dabei gibt es nicht »den perfekten« Test, der die besten Ergebnisse ausspuckt. Stattdessen solltest du jedes Testergebnis als ein Puzzleteil für deine Personal Brand erkennen.

Aus eigener Erfahrung kann ich dir die folgenden drei Tests empfehlen:

1. Der *DISG-Test*. Hier wird die eigene Persönlichkeit einem von vier Grundtypen zugeordnet:
   - Dominanz: rot
   - Initiative: gelb
   - Stetigkeit: grün
   - Gewissenhaftigkeit: blau

   Die Reduzierung auf einen von vier Typen macht diesen Test sehr einfach und deswegen empfehlenswert für den Start. Er ist aber auch ungenau, empirisch nicht belegt und bereits knapp 90 Jahre alt. Unter *www.mydiscprofile.com* kann man den Test durchführen.

2. Der *16-Personalities-Test*, der sich an den Myers-Briggs-Typenindikator anlehnt. Dieser Test ist insbesondere im angelsächsischen Raum sehr beliebt. In ca. 12 Minuten gilt es, Aussagen wie »Es fällt Ihnen schwer, sich anderen Menschen vorzustellen« auf einer fünfstufigen Skala zuzustimmen oder sie abzulehnen. Das Ergebnis wird in der Form eines von 16 Persönlichkeitstypen präsentiert, wie beispielsweise »der Kommandeur« oder »der Entertainer«. In den mir bekannten Fällen waren die Ergebnisse bislang sehr zutreffend. Auf *www.16personalities.com* kann der Test kostenlos durchgeführt werden.

3. Das *Clifton Strengths Assessment* funktioniert ähnlich wie die anderen beiden Tests: Auch hier musst du entscheiden, wie sehr eine Aussage auf dich zutrifft oder eben nicht. Im Gegensatz zu den anderen beiden Tests wirst du im Ergebnis aber keinem Typus zugeordnet. Stattdessen bekommst du eine Aussage über die Ausprägung deiner individuellen Stärken in Form einer Rangliste. Du solltest dich auf die fünf am stärksten ausgeprägten Stärken fokussieren. Du kannst den Test für 54 € hier durchführen: *www.gallup.com/cliftonstrengths/*.

Wichtiger Hinweis: Die drei hier genannten Tests sind nicht zwingend wissenschaftlich belegt. Trotzdem können sie dir ein Anhaltspunkt für deine Persönlichkeitsentwicklung und die Definition deiner Personal Brand sein.

5.5 Dein Personal Branding Pitch

»Was machst du beruflich?« Diese Frage stellt so manchen Menschen vor ungeahnte Herausforderungen. Wie soll man darauf antworten? Langweilig mit »Ich bin Marketing Manager in einem mittelständischen Unternehmen«? Oder frech mit »Ich komme morgens ins Büro, trinke erstmal einen Kaffee, setze mich an irgendeinen freien Platz und fange an, Katzenbilder ins Internet zu stellen«?

Aber wenn dich jemand fragt, der dein berufliches Glück maßgeblich beeinflussen kann, wie beispielsweise eine Vorgesetzte oder ein potenzieller Kunde – dann hast du besser eine gute Antwort parat! Und um genau diese Antwort geht es jetzt: deinen Personal Branding Pitch. Die Antwort auf die Frage, was du für wen bewirkst. Einmal formuliert, kannst du ihn nicht nur im persönlichen Gespräch auf Partys zum Besten geben, sondern natürlich auch auf LinkedIn. Und dort an zwei Stellen: im Slogan (das ist der Text, der direkt unter bzw. neben deinem Namen steht) und vor allem im Info-Feld auf deinem persönlichen Profil. Im Slogan hast du 240 Zeichen Platz, im Info-Feld großzügige 2.000.

Der Personal Branding Pitch ist quasi das Dach deines Hauses, das wir gerade bauen. Mit deinen Themen und Botschaften, deinen Zielen und deiner Zielgruppe haben wir bereits das Fundament gelegt und die tragenden Wände eingezogen. Jetzt kommen wir zur Krönung.

Wie kommst du jetzt zu einem Text, der deinen Profilbesucher*innen eindeutig kommuniziert,

- was deine Position ist,
- wer deine Kund*innen sind,
- was der Mehrwert ist, den du für deine Kund*innen generierst,
- wie du das tust,
- warum du gerade diesen Job erledigst,
- warum du auf LinkedIn bist und
- wie man dir helfen kann, deine Ziele zu erreichen?

Und das Ganze auf eine Art und Weise, die einfach zu lesen und zu verstehen ist und dazu beiträgt, dass du bei relevanten Suchanfragen weit oben erscheinst. Einfach, oder?

Natürlich ist das nicht einfach, besonders wenn man es nicht oft tut. Aber weil nur die wenigsten LinkedIn-Mitglieder sich die Mühe machen (inklusive deiner Wettbewerber*innen), kannst du hier sehr schnell aus der grauen Masse hervorstechen. Und wenn du deinen Personal Branding Pitch einmal definiert hast, hinter dem zu 100 % stehst, sorgt das für Selbstbewusstsein und damit ein selbstsicheres, souveränes Auftreten. Sowohl auf LinkedIn als auch auf gesellschaftlichen Anlässen in der analogen Welt.

Wie also geht man vor? Unseren Kund*innen fällt es leichter, den Personal Branding Pitch zu erarbeiten, wenn wir zuvor eine Reihe von Vorlagen ausfüllen. Diese sechs Vorlagen sind allesamt gute Möglichkeiten, die Frage »Was machst du eigentlich beruflich?« zu beantworten. Was ist deine Jobposition, also das, was auf deiner Visitenkarte steht? Beispiel: »Senior Sales Manager bei Bosch«.

1. Das XYZ-Modell: »Ich helfe [Beschreibung deiner Kund*innen] dabei, [das Problem deiner Kund*innen] zu lösen, indem ich [deine Aufgabe] tue.«

   Beispiel: »Ich helfe mittelständischen Unternehmen dabei, ihre Innovationskraft aufrechtzuerhalten, indem ich ihnen kurzfristig hochgradig spezialisierte Experten vermittle.«

2. Was ist deine Geschichte? Warum bist du in deiner aktuellen Position bei deinem aktuellen Unternehmen? Welche Entscheidungen oder Ereignisse haben dazu geführt, dass du jetzt das tust, was du tust? Es hilft wenn du es in drei Schritten konstruierst: »Vor 10 Jahren ..., bis dann vor 5 Jahren ... Aktuell arbeite ich ...«

3. Eine Analogie: »Ich bin wie ein ABC für XYZ.« Beispiel: »Ich bin wie ein Schweizer Taschenmesser unter den Architekten.«

4. Deine Einzigartigkeit: »Was mich einzigartig macht, ist ...« Aufgrund deiner Stärkenanalyse weißt du mittlerweile gut, was dich auszeichnet. Hier ist die Chance, deine Stärken mit deinen Erfahrungen zu kombinieren.

   Beispiel: »Was mich einzigartig macht, ist meine Fähigkeit, Mitarbeitende zu motivieren. Während meiner langjährigen Tätigkeit als Kapitän unserer Fußballmannschaft habe ich gelernt, dass jeder Mensch anders tickt und eine andere Ansprache braucht. Dieses Wissen und meine Empathie für Menschen helfen mir nicht nur auf dem Feld, sondern auch im Gespräch mit meinen Mitarbeiterinnen und Mitarbeitern.«

5. Die Beschreibung eines Problems: »Unsere Kundschaft hat vor allem das Problem, dass sie für kurzfristige, aber extrem wichtige Projekte hochgradig spezialisierte Expert*innen sucht. Diese sollen sofort anfangen können zu arbeiten, ohne langwieriges Onboarding oder Bürokratie. Dieses Problem können wir durch unseren Pool der besten selbstständigen Expertinnen und Experten in Österreich schnell und einfach lösen.«

6. Durch eine kleine Geschichte: »Neulich war das ganz typisch für meinen Job: Nach dem Standup-Meeting mit meinen Mitarbeiterinnen und Mitarbeitern hat mich eine langjährige Kundin angerufen. Sie wurden gerade gehackt und haben nur mit Mühe größeren Schaden abwenden können. Jetzt sucht sie aber händeringend einen Experten, der ihr Team beim Aufbau einer besseren Firewall unterstützt. Glücklicherweise wusste ich bereits, mit welchem System das Unternehmen arbeitet und welcher Typ Mensch dort am besten reinpasst – und gerade eine Woche zuvor hat unser bester Experte ein anderes Projekt abgeschlossen. Zwei Telefonate und nur eine Stunde später konnte ich der Kundin die perfekte Lösung präsentieren. Wenn die Anforderungen der Kund*innen und unsere Prozesse so nahtlos und schnell ineinandergreifen, ist das nicht nur für unsere Kund*innen, sondern auch für mich ein Highlight. Dafür liebe ich meinen Job.«

Wenn du diese »Fingerübungen« erledigt hast und dir deine Stärken, Ziele und Zielgruppen vergegenwärtigst, sollte dir die Formulierung deines Personal Branding Pitches sehr leichtfallen.

5.5.1   Wie sieht der Personal Branding Pitch im Info-Feld aus?

Wie bei deinen Beiträgen im Newsfeed wird der Info-Text für Besucher*innen deines Profils nicht vollständig angezeigt. Stattdessen werden nur die ersten zwei bis drei Zeilen angezeigt, bevor der Text mit MEHR ANZEIGEN abgeschnitten wird.

Daher gilt auch für Info-Texte die Regel: Mache deine Profilbesucher*innen neugierig! Die ersten Zeilen deines Info-Textes sind wie die Überschrift eines Artikels. Ihr einziges Ziel: neugierig zu machen und die Besucher*innen dazu zu verführen, auf MEHR ANZEIGEN zu klicken.

Deswegen sollte das Wichtigste am Anfang stehen. Je weiter vorne, desto höher die Wahrscheinlichkeit, dass der Text gelesen wird. Und auch die Auffindbarkeit deines Profils erhöht sich, wenn die für dich wichtigen Begriffe möglichst weit oben in deinem Profil zu finden sind. Nicht nur, aber auch in deinem Info-Text. Du hast 2.000 Zeichen »Platz«. Nutze ihn!

Welche Elemente in deinem Info-Feld stehen können:

- Deine Position.
- Welchen Wert erbringst du? Für wen erbringst du diesen Wert?
- Was sind die Themen, über die du auf LinkedIn sprechen willst? Du kannst auch die »privaten« Themen erwähnen, über die du gelegentlich schreiben wirst. Oftmals sind es diese Themen, die dich nahbar machen und von deinen Wettbewerber*innen abheben.
- Was ist deine Geschichte? Wie bist du zu deiner aktuellen Position gekommen?

- Mit wem willst du dich verknüpfen? Habe keine Angst davor, deine Zielgruppe klar zu benennen! Die Qualität deines Netzwerks ist wichtiger als die Quantität.

- Humor – Du solltest keine Witze machen. Aber die Art und Weise, wie du dich und deine Aufgabe beschreibst, sollte dir und deinem Charakter entsprechen. Der Info-Text ist weder das Anschreiben in deinem Lebenslauf noch die Einleitung deiner Sales-Präsentation.

- Call-to-Action – Was soll die Profilbesucherin oder der Profilbesucher jetzt machen? Dir eine Kontaktanfrage schicken? Eine private Nachricht? Eine E-Mail? Dich anrufen? Oder eine Website besuchen? Beschreibe den nächsten Schritt auf der Reise mit dir.

Um deinen Personal Branding Pitch zu formulieren, kannst du den Canvas in Abbildung 5.5 nutzen, den du auch unter *https://schaffensgeist.com/bonus* herunterladen kannst.

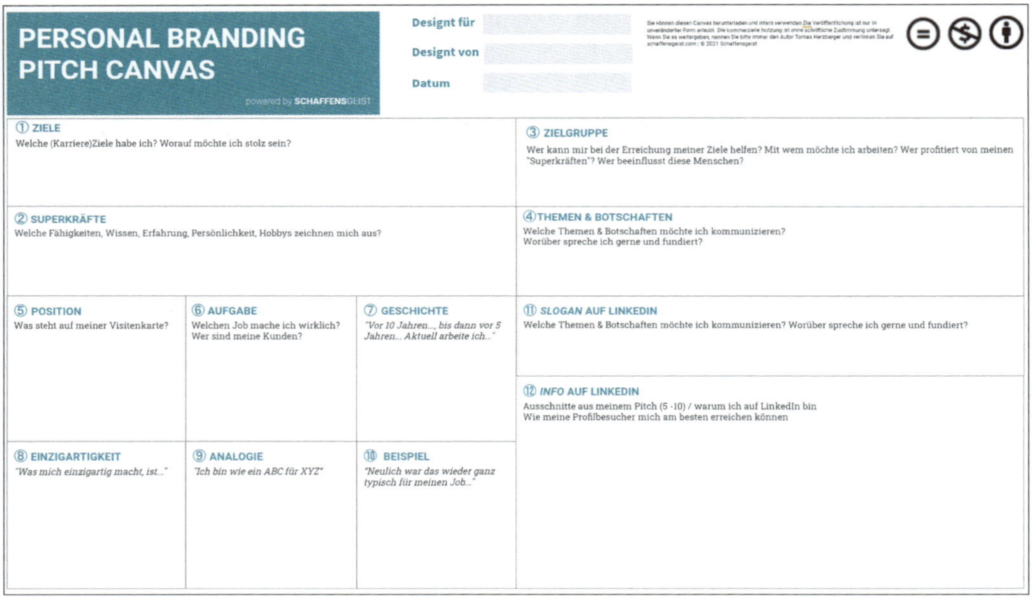

Abbildung 5.5 Der Personal Branding Canvas

5.5.2   Beispiele für Info-Texte mit gutem Personal Branding Pitch

Hier einige Beispiele für Info-Texte von Thought Leadern:

- **Marina Zayats**, Expertin für Digital Personal Branding

  »Ich helfe Unternehmen und ihren Mitarbeitern dabei, sichtbar zu werden & wertstiftende Beziehungen aufzubauen.«

- **Martina Hofer Moreno**, Interim HR-Expertin

  »🎯 Ich kombiniere schlanke Prozesse mit HR-Expertise und Digitalisierung zu einem passenden LEAN HR Mix für Unternehmen. 🏅 Das Ergebnis ist hohe Qualität, messbare Zeit- und Kostenersparnis. 🚀 Und zwar so, dass Unternehmen rascher erfolgreich und stimmig ins Ziel kommen. ⭐ Egal, ob sie »sprinten« oder einen »Marathon« gewinnen wollen.«

- **Stephan Rathgeber**, Business Owner XING

  »My vision: Innovating the recruiting experience by creating the perfect match of data, technology and people. A vital part of my approach is to bring smart people together and enable them to reach their full potential. Creating a positive impact on the people and structures around me is what drives me. I love to lead. I love humans. They are my motivation. I believe that this mindset is the recipe for great results.

  A vital part of my approach is to bring smart people together and enable them to reach their full potential. I'm grateful & excited to be part of the New Work SE team. 😊

  I have a proven track record in innovation & execution in various roles at Siemens Healthineers, ManpowerGroup, Hays and XING.«

- **Carsten Meißner**, Senior Consultant @Siemens AG

  »Seit über 30 Jahren ist die Gebäudetechnik und Sicherheit meine Heimat. Aus vielen verschiedenen Blickwinkeln 👀 habe ich von Montage und Service über Support, Vertrieb & Strategie zum Marketing die Welt der Gebäude erlebt. Nach wie vor schlägt mein Herz ❤️ für den Brandschutz 🔥. Als Dozent 👨‍🏫 beschäftige ich mich seit vielen Jahren mit der Wissensvermittlung 🧠 und blicke auf die Veränderungen in der Kommunikation & Social Media durch die Digitalisierung.

  Mit dem LiveCast #meissnermeets 🎬 etabliere ich eine Austauschplattform für Experten, Innovationen und Knowhow rund um die Gebäudebranche 🏢.«

Nun einige Beispiele für C-Level-Info-Texte:

- **Sönke Reimers**, Sprecher der Geschäftsführung dfv

  »Als CEO der dfv Mediengruppe bin ich verantwortlich für unsere über 900 Mitarbeiter*innen. Gemeinsam sorgen wir dafür, dass Entscheider*innen und Macher*innen aus 11 Wirtschaftsbereichen relevante Informationen & gut recherchierte Hintergrundgeschichten erhalten, um ihr Geschäft voranzubringen. Wir sind der größte konzernunabhängige Fachverlag Europas.

  Mir liegt Qualitätsjournalismus sehr am Herzen. Nach 20 Jahren in der Verlagsbranche fasziniert mich diese Welt wie von Tag eins. Darüber hinaus habe ich große Freude an Verantwortung und dem Zusammenbringen und Befähigen verschiedenster Charaktere für den gemeinsamen Erfolg.«

- **Melanie Kreis**, Chief Financial Officer at Deutsche Post DHL Group

  »I am the CFO of Deutsche Post DHL Group, the world's leading logistic company – and no, I don't think »I'm in Finance« is a boring conversation stopper. For me, my job wonderfully touches every part of our business. And while finance has always been business critical, I see that importance increasing daily – from the digitalization of typical financial tasks like accounting and controlling to the strengthening of compliance and sustainability. Today, logistics is one of the most exciting and quickly developing industries around, and I'm thrilled and proud to be part of such an integral driver of that development.

  I am a physicist by training and entered the business world as a consultant at McKinsey & Company. I then joined private equity company Apax Partners, before starting at Deutsche Post DHL Group in 2004. I worked in different positions and areas within the Group and was appointed to the Board of Management in November 2014. Since October 2016 I have been Chief Financial Officer.

  Besides enjoying the scientific exactness of financial figures and data, I am very interested in the future of mobility. And when I'm not number crunching, I love spending time with my family and friends.«

- **Prof. Dr. Sabina Jeschke**, vormals Vorstandsmitglied Deutsche Bahn

  »Tech-Enthusiastin. Managerin. Entrepreneurin. Wissenschaftlerin. Beraterin. Rednerin. Ich bin schon immer von Technologie getrieben. IT-Technik, Produktionstechnik, Automatisierungstechnik, Mobilitätstechnik für Nachhaltigkeit – you name it. In meinen eigenen Unternehmen und in meiner Forschung konzentriere ich mich auf die Entwicklung hochinnovativer Technologien wie KI und digitale Zwillinge, 5-6G-Anwendungen und Quantum-Computing-Software. Als Beraterin und Aufsichtsrätin unterstütze ich Organisationen und Unternehmen bei ihrer digitalen Transformation. Darüber hinaus entwickle ich Automatisierungsstrategien inklusive Robotern und Cobots, was vor dem Hintergrund des demografischen Wandels und der Veränderungen im globalen Wettbewerb immer wichtiger wird. Mit Sitz in Berlin/Deutschland, Strömund/Schweden und Madeira/Portugal bin ich ein großer Fan internationaler Zusammenarbeit und weltweiter Open-Innovation-Prozesse, ich bin eine Kosmopolitin und eine überzeugte Europäerin.«

5.6   Zusammenfassung

Zusammengefasst ergeben sich drei Punkte:

1. Starte nicht, ohne vorher deine Positionierung definiert zu haben – und sei es in 15 Minuten.

2. Dein Sweet-Spot ist genau da, wo sich deine Themen und Botschaften mit den Problemen und Fragen der Zielgruppe überschneiden.

3. Je besser du deine Zielgruppe kennst und ihre Probleme verstehst, desto mehr Erfolg wirst du auf LinkedIn haben.

Mit der richtigen Positionierung erreichst du deine Zielgruppe mit den Themen und Botschaften, die sie interessieren – und erreichst deswegen deine Ziele.

Was du jetzt tun kannst

- Mache einen Persönlichkeitstest, um die eigenen Superkräfte zu erkennen.
- Definiere deine Lean-Persona und mache dir Gedanken darüber, welche Probleme und Fragen sie hat.
- Definiere deine Ziele, Themen und Botschaften und starte deinen Ideenspeicher.
- Setze dir ein Ziel, das du in den ersten drei Monaten auf LinkedIn erreichen willst.

Kapitel 6

So verbesserst du dein Profil und schärfst deine Marke

Welche Rolle hat dein LinkedIn-Profil? Deine digitale Visitenkarte? Deine persönliche Landingpage? Dein öffentlicher Lebenslauf? Die Antwort auf alle diese Fragen lautet: Ja. Und noch viel mehr! Es ist dein Online-Avatar, dein digitales Business-Abbild.

Dein LinkedIn-Profil ist das, was viele potenzielle Kundinnen und Partner als Erstes von dir sehen werden. Denn dein LinkedIn-Profil ist – wenn du es öffentlich verfügbar machst – über Google nicht nur auffindbar, sondern wahrscheinlich auch direkt auf der ersten Seite zu finden. Wer nach dir sucht, wird also vermutlich schnell auf dein LinkedIn-Profil stoßen.

Wenn wir bei unserem Bild bleiben, dass LinkedIn eine große Business-Party ist, dann ist dein Profil dein Outfit, deine Frisur und dein Make-up. Im Marketing-Sprech würde man sagen: Das LinkedIn-Profil ist der erste Touchpoint zwischen dir und einem bis dato fremden Menschen. Und was tust du, was tut jeder vor dem ersten Date? Egal ob privat oder geschäftlich? Man achtet darauf, dass der wichtige erste Eindruck stimmt. Weder dieser erste Eindruck noch dein Profil müssen perfekt sein. Aber sie müssen Besucher*innen unbedingt neugierig darauf machen, dich noch besser kennenzulernen.

Darum geht es in diesem Kapitel – um den Eindruck, den du mit deinem LinkedIn-Profil auf Menschen machst. Du erfährst

- warum du dein LinkedIn-Profil pflegen solltest,
- was die Minimalanforderungen sind, um einen professionellen Eindruck zu machen und
- wie du dein Profil optimieren kannst, damit du die Chancen auf mehr Erfolg erhöhst.

6.1   Grundlagen und Einstellungen

Wir haben bereits gesagt, dass dein Profil ein Abbild, ein Avatar deiner selbst in der großen Business-Party LinkedIn ist. Deswegen solltest du dein Profil sehr sorgsam aufbauen und pflegen. Denn du willst ja einen professionellen und authentischen Eindruck bei potenziellen Kundinnen und Partnern hinterlassen.

Für alle Marketing-Fans: Das Profil auf LinkedIn bildet quasi den bekannten AIDA-Funnel ab:

1. Das Foto sorgt für *Awareness*.

2. Der Slogan sorgt für *Desire*.

3. Die Summary sorgt für *Interest*.

4. Die *Action* erfolgt dann via Kontaktaufnahme.

> **Tipp**
>
> Das Profil ist quasi deine persönliche Landingpage. Deswegen gilt auch hier die Faustregel: Jede Nutzerin und jeder Nutzer sollte innerhalb von fünf Sekunden nach dem Betrachten deines Profils verstanden haben, was du tust und ob bzw. wie du ihm helfen kannst.

6.1.1   In welcher Sprache sollte ich mein Profil pflegen?

Prinzipiell gilt: Verwende die Sprache der Menschen, die du erreichen willst. Damit machst du ihnen das Leben und das Kennenlernen einfacher.

Die gute Nachricht: Du musst dich nicht auf eine einzige Sprache festlegen!

Denn du kannst zwei Sprachversionen deines Profils einrichten und jeden Eintrag vollkommen unabhängig voneinander pflegen. Für die meisten von uns empfiehlt sich ein deutsches und ein englisches Profil. Aber wenn deine Kundschaft in Italien ist, dann baue dein Profil in Italienisch auf.

LinkedIn ist derzeit in 24 Sprachen verfügbar: Arabisch, Englisch, vereinfachtes Chinesisch, traditionelles Chinesisch, Tschechisch, Dänisch, Niederländisch, Französisch, Deutsch, Indonesisch, Italienisch, Japanisch, Koreanisch, Malaiisch, Norwegisch, Polnisch, Portugiesisch, Rumänisch, Russisch, Spanisch, Schwedisch, Tagalog, Thai und Türkisch.

6.1.2   Wie vollständig sollte ich mein Profil ausfüllen?

Wenn du dir dein eigenes Profil ansiehst, wirst du dein »Dashboard« und oben rechts darauf deinen Indikator für die Vollständigkeit deines Profils sehen, Hast du dein Profil komplett ausgefüllt, bekommst du den SUPERSTAR- bzw. ALL STAR-Level (siehe Abbildung 6.1).

Abbildung 6.1 Oben rechts in deinem Dashboard siehst du, wie vollständig dein Profil ist.

Im Rahmen des Onboarding-Prozesses (also der erstmaligen Einrichtung deines Profils) wird dich LinkedIn an die Hand nehmen und dich Schritt für Schritt durch dein Profil begleiten. Je nach Umfang und Verfügbarkeit der wichtigen Infos (z. B. Headerbild, berufliche Stationen) solltest du dafür ein bis drei Stunden einplanen. Um den Superstar-Level zu erreichen, musst du die folgenden Module ausfüllen:

- Profilbild
- Branche
- Ort
- Berufserfahrung
- Ausbildung
- Fähigkeiten
- Info-Text

Warum ist der Superstar-Level wichtig? Für LinkedIn ist er wichtig, um dich als aktives Mitglied zu behalten. Denn je mehr Zeit und Energie du in dein Profil investiert hast, desto geringer die Chancen, dass du das Netzwerk wieder verlässt. Diesen psychologischen Effekt nennt man *Loss Aversion*: Unsere Angst, etwas zu verlieren, übersteigt unsere Bereitschaft, etwas zu gewinnen.

Aber auch für die Erreichung deiner Ziele ist der Superstar-Level wichtig: Denn nur dann wird LinkedIn deine Beiträge allen deinen direkten Kontakten anzeigen, und deine Auffindbarkeit in der Suche wird gesteigert.

Eine optische Verbesserung: Individualisiere die URL deines LinkedIn-Profils. Standardmäßig enthält die URL deines LinkedIn-Profils deinen Namen und ein

Zahlendurcheinander wie beispielsweise *linkedin.com/in/anna-von-der-mühlen-22922813a*. Sieht nicht schön aus, oder? Würde sich auch nicht gut auf einer Visitenkarte machen. Deswegen bietet LinkedIn dir die Möglichkeit, die URL deines Profils individuell einzustellen. So würde aus der oben genannten URL beispielsweise *linkedin.com/in/anna-von-der-mühlen* oder *linkedin.com/in/mühlen-lifestylecoach* werden.

Du kanst die URL bearbeiten, wenn du auf deinem Profil auf ÖFFENTLICHES PROFIL BEARBEITEN klickst (siehe Abbildung 6.2)

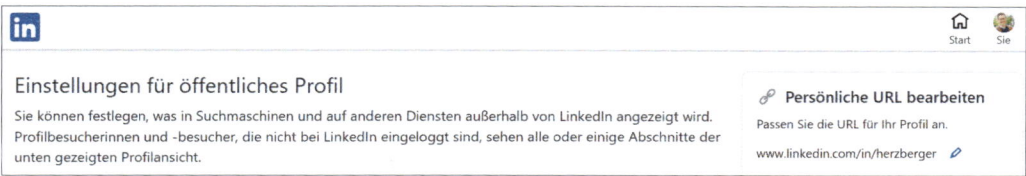

Abbildung 6.2 Unter »Persönliche URL bearbeiten« kannst du deine URL optimieren.

6.2   Kontoeinstellungen

Folgende wichtige Kontoeinstellungen solltest du vornehmen:

- NAME, ORT UND BRANCHE

  Hier kannst du die wichtigsten Informationen, die Besucher*innen deines Profils sehen, direkt bearbeiten. Und zwar sowohl für dein Hauptprofil als auch – sofern du es angelegt hast – dein Profil in einer anderen Sprache. Auch die Kontaktdaten (die für deine direkten Kontakte sichtbar sind) kannst du hier pflegen. Dazu gehören auch die Links zu deiner Website und dem Impressum sowie die berufliche E-Mail-Adresse. Hier kannst du auch einstellen, wer deinen Geburtstag sehen kann.

- PROFILFOTOS EINBLENDEN

  Du solltest die Profilfotos von allen LinkedIn-Mitgliedern sehen können.

- EBENFALLS ANGESEHEN

  Das beschreibt ein Modul auf deinem Profil, in dem Besucher*innen ähnliche Mitglieder empfohlen werden. Mitunter sind dort auch Wettbewerber*innen dabei. Diese Funktion bietet dir keinen Mehrwert und sollte deswegen deaktiviert werden.

- PERSONEN, DENEN SIE NICHT MEHR FOLGEN

  Hier ist die Liste der Personen, denen du nicht mehr folgst oder zu denen du Mitteilungen ausgeschaltet hast. Falls du deine Meinung mittlerweile geändert hast, kannst du die Benachrichtigungen wieder aktivieren.

- SYNCHRONISIERUNGSOPTIONEN

  Hier kannst du bestimmen, ob du deinen Kalender und dein Adressbuch mit LinkedIn verknüpfen möchtest. Das ist empfehlenswert, wenn du beispielsweise Event-Termine direkt in deinen Kalender übernehmen willst. Auch die Kontaktsynchronisierung ist empfehlenswert, um dein Netzwerk auf LinkedIn schneller aufzubauen (siehe Abbildung 6.3).

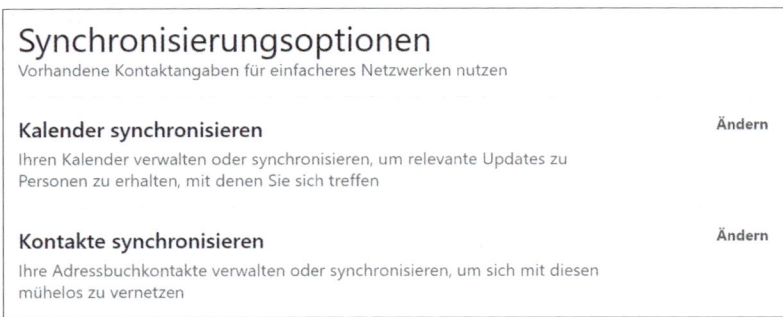

Abbildung 6.3 Du kannst deinen Kalender mit LinkedIn synchronisieren.

6.2.1 Einloggen und Sicherheit

Du willst erreichbar sein? Dann musst du hier aktiv werden:

- E-MAIL-ADRESSEN

  Wie der Name sagt, kannst du hier deine E-Mail-Adressen verwenden. Du solltest auf jeden Fall deine aktuelle berufliche Adresse als deine primäre Adresse eingeben – insbesondere wenn du willst, dass dich deine Kontakte darüber anschreiben können. Außerdem solltest du eine private E-Mail-Adresse hinterlegen, falls du »zwischen zwei Jobs bist« und deine beruflichen E-Mails nicht mehr abrufen kannst.

- TELEFONNUMMER

  Du solltest deine »beste« Telefonnummer hinterlegen, denn an diese wird gegebenenfalls ein Bestätigungscode zum Schutz deines Accounts geschickt (beispielsweise wenn du dein Passwort ändern möchtest oder LinkedIn eine verdächtige Aktivität festgestellt hat). Außerdem kannst du einstellen, ob du über diese Telefonnummer gefunden werden möchtest (z. B. von deinen Freund*innen und Bekannten). Hier geht es nur um die Hinterlegung der Telefonnummer. Sie ist für andere Mitglieder nur sichtbar, wenn du sie auch in deinen Kontaktdaten hinterlegst.

Abbildung 6.4 Achte darauf, wer deine E-Mail-Adressen und Telefonnummern sehen kann.

6.2.2   Sichtbarkeit

Deine Sichtbarkeit regelst du mit den folgenden Einstellungen:

- Sichtbarkeit von Profil und Netzwerk

  Unter Profilansichten kannst du einstellen, was Personen sehen, deren Profil du besuchst (siehe Abbildung 6.5). Du kannst also festlegen, ob du sichtbar oder im »Inkognito-Modus« auf LinkedIn unterwegs bist. Sofern du keine sehr exponierte Position hast, sei dir empfohlen, dein vollständiges Profil anzuzeigen – insbesondere wenn du dein Netzwerk ausbauen möchtest. Wenn du eine Wettbewerbsanalyse machst oder eine sensible Position innehast, kannst du auch als »anonymes LinkedIn-Mitglied« unterwegs sein. Diese Einstellung kannst du jederzeit ändern.

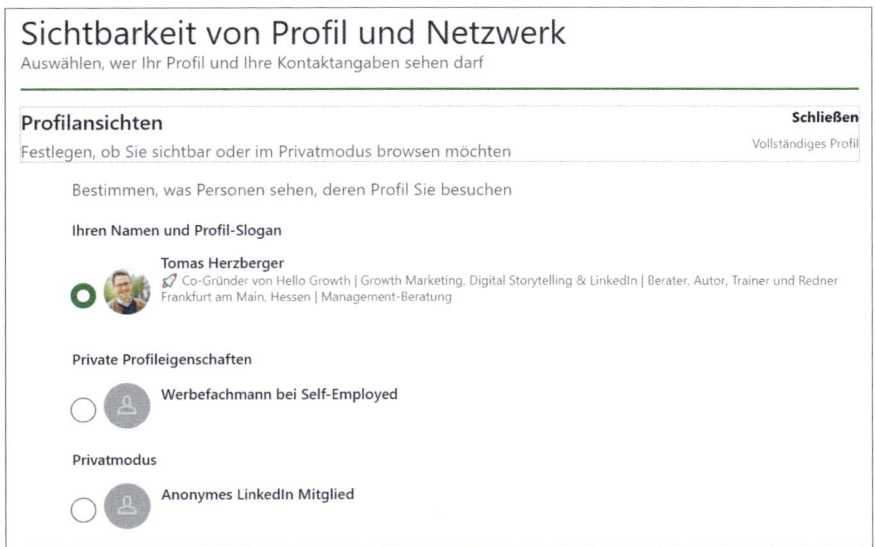

Abbildung 6.5 Möchtest du von anderen Mitgliedern erkannt werden?

- IHR ÖFFENTLICHES PROFIL BEARBEITEN

Hier findest du eine der wichtigsten Einstellungen: ÖFFENTLICHE SICHTBARKEIT IHRES PROFILS (*www.linkedin.com/public-profile/settings*). Ist diese Funktion aktiviert, wird dein Profil auch von Google und Outlook auffindbar und einsehbar sein. Sofern du auf LinkedIn nicht nur zu Recherchezwecken unterwegs bist, sondern aktiv netzwerken, verkaufen oder für mehr Branding sorgen möchtest, solltest du diese Funktion immer aktivieren.

Darunter kannst du für jedes Modul deines Profils einstellen, ob es in deinem öffentlichen Profil sichtbar ist: Hintergrundbild, Profilfoto, Zusammenfassung, Berufserfahrung etc. Hier kannst du im Detail einstellen, welche Bestandteile sichtbar sind. Das ist größtenteils Geschmackssache. Ich würde dir empfehlen, hier mindestens die wichtigsten Module deines Profils einsehbar zu machen: Profilbild, Hintergrundbild, Slogan, Zusammenfassung und aktuelle Berufserfahrung. Damit können sich Interessierte einen ersten, aber nicht vollständigen Eindruck von dir machen (siehe Abbildung 6.6).

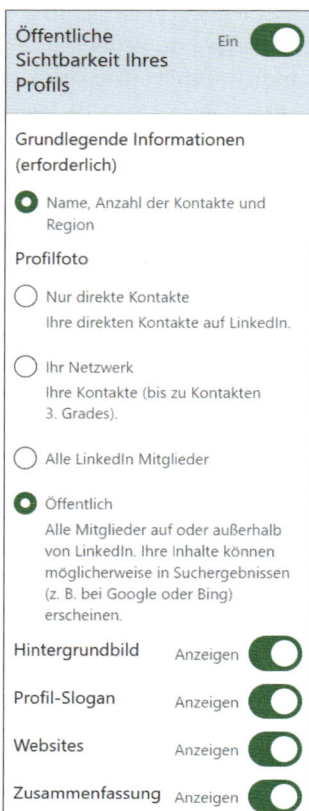

Abbildung 6.6 Stelle ein, wie Nicht-Mitglieder dein Profil sehen können.

Darüber hinaus kannst du hier deine Profil-URL ändern (siehe oben) und eine Badge erstellen, die du in eine Präsentation, deinen Lebenslauf oder deinen Blog integrieren kannst. Du erhältst einen Code, den du auf deinem Online-CV, deiner Website oder deinem Blog einfügen kannst und der die Besucher*innen direkt auf dein Profil führt.

- WER DARF IHRE E-MAIL-ADRESSE SEHEN ODER HERUNTERLADEN?

  Wir empfehlen, dass deine primäre E-Mail-Adresse nur von deinen direkten Kontakten gesehen, aber von niemandem bei einem Datenexport heruntergeladen werden kann. Das würde die Tür zu Spam öffnen.

- KONTAKTE

  Wie heißt es doch gleich? »Your network ist your net worth.« Deswegen solltest du auch deine Kontaktliste für niemanden einsehbar machen. Sollte jemand mit dir Kontakt aufnehmen wollen, kann er oder sie immer noch die gemeinsamen Kontakte sehen und dich um eine Vorstellung bitten. Aber wen du alles kennst, geht niemanden etwas an. Zeige dich lieber großzügig, wenn es um die Verbindung zwischen zwei Menschen geht, und mache sie miteinander bekannt, wenn sie sich helfen können.

- PROFIL ANHAND VON E-MAIL-ADRESSE UND TELEFONNUMMER FINDEN

  Hier kannst du einstellen, ob Menschen, die nicht direkt mit dir vernetzt sind, dein Profil anhand deiner E-Mail-Adresse bzw. Telefonnummer finden dürfen. Ebenfalls Geschmackssache, denn diese Menschen haben ja bereits deine E-Mail-Adresse oder Telefonnummer. Wenn dein Profil ohnehin öffentlich sichtbar und über Google auffindbar ist, macht es keinen großen Unterschied mehr. Ich bin über zehn Jahre gut damit gefahren, dass meine Kontakte 2. Grades mein Profil finden können.

6.2.3 Sichtbarkeit deiner LinkedIn-Aktivitäten

Die Sichtbarkeit deiner Aktivitäten auf LinkedIn steuerst du über diese Einstellungen:

- AKTIVITÄTSSTATUS VERWALTEN

  Vielleicht ist dir in den LinkedIn-Nachrichten ein kleiner grüner Kreis beim Profilbild deiner Kontakte aufgefallen: Dieser Kreis gibt an, ob dieser Mensch gerade auf LinkedIn aktiv ist (oder eben nicht). Hier kannst du einstellen, wer das sehen darf: nur deine Kontakte, alle LinkedIn-Mitglieder oder niemand (siehe Abbildung 6.7). Sofern geschäftliche Social-Media-Aktivität in deinem Unternehmen nicht verpönt wird, solltest du hier NUR IHRE KONTAKTE auswählen.

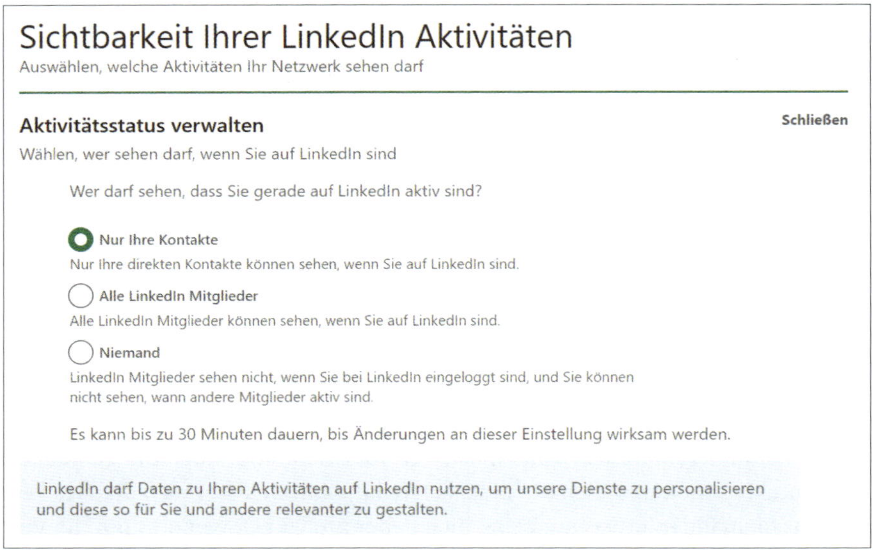

Sichtbarkeit Ihrer LinkedIn Aktivitäten

Auswählen, welche Aktivitäten Ihr Netzwerk sehen darf

Aktivitätsstatus verwalten   Schließen

Wählen, wer sehen darf, wenn Sie auf LinkedIn sind

Wer darf sehen, dass Sie gerade auf LinkedIn aktiv sind?

⦿ **Nur Ihre Kontakte**
Nur Ihre direkten Kontakte können sehen, wenn Sie auf LinkedIn sind.

◯ **Alle LinkedIn Mitglieder**
Alle LinkedIn Mitglieder können sehen, wenn Sie auf LinkedIn sind.

◯ **Niemand**
LinkedIn Mitglieder sehen nicht, wenn Sie bei LinkedIn eingeloggt sind, und Sie können
nicht sehen, wann andere Mitglieder aktiv sind.

Es kann bis zu 30 Minuten dauern, bis Änderungen an dieser Einstellung wirksam werden.

LinkedIn darf Daten zu Ihren Aktivitäten auf LinkedIn nutzen, um unsere Dienste zu personalisieren
und diese so für Sie und andere relevanter zu gestalten.

Abbildung 6.7 Dürfen andere Mitglieder sehen, wenn du aktiv bist?

- PROFIL-UPDATES IN IHREM NETZWERK TEILEN

  Ein kleines, aber spannendes Feature. Wenn du diese Funktion aktivierst, kann dies einen Beitrag im Aktivitäten-Feed deines Netzwerks, eine Benachrichtigung in der App oder eine E-Mail-Benachrichtigung generieren. Diese Funktion solltest du unbedingt deaktivieren, wenn du gerade dein Profil großräumig aktualisierst.

Growth Hack

Wenn du den LinkedIn-Algorithmus schlagen und dein Netzwerk über ein wirklich wichtiges Update informieren möchtest (wie beispielsweise über eine Änderung deines Arbeitgebers), dann aktiviere die Funktion kurzzeitig für einige Tage. Natürlich bist du frei darin, auch ein wichtiges Projekt als aktuelle Berufserfahrung anzugeben – wie beispielsweise ein anstehendes Event oder der Launch eines neuen Produkts.

- ERWÄHNUNGEN ODER TAGS

  Hier kannst du auswählen, ob andere Mitglieder dich erwähnen oder in Bildern taggen dürfen. Damit erhöhst du die Wahrscheinlichkeit, dass Menschen dich und dein Tun empfehlen und sich dadurch dein Netzwerk vergrößert. Deswegen solltest du diese Funktion aktivieren.

- FOLLOWER:INNEN

  Ist dir aufgefallen, dass auf den Profilen mancher Mitglieder die Option VERNETZEN und bei anderen FOLGEN angezeigt wird? Beides ist möglich, unabhängig davon, ob du ein Basic- oder ein Premium-Profil hast (siehe Abbildung 6.8). Wenn Menschen dir nur »folgen«, sehen sie deine Aktivitäten, sind aber nicht deine direkten Kontakte (und können z. B. nicht dein gesamtes Profil und deine Kontaktdaten sehen. Wenn du dich als Thought Leader etablieren möchtest und regelmäßig möglichst viele Menschen mit deinen Beiträgen begeistern möchtest, solltest du diese Funktion aktivieren. Gerade zum Start ist es nicht notwendig.

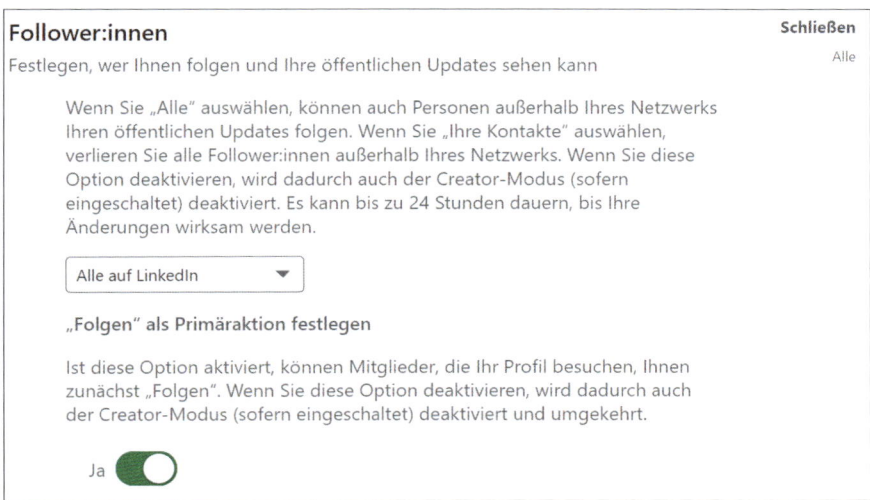

Abbildung 6.8 Sollen dir andere Menschen folgen, anstatt dich mit dir direkt zu vernetzen?

PS: Auch wenn du FOLGEN als Primäraktion festgelegt hast, können sich LinkedIn-Mitglieder noch mit dir vernetzen. Der Button hat sich nur etwas versteckt: Profilbesucher*innen müssen auf MEHR (direkt unter dem Slogan) klicken, und dann ist u. a. diese Option sichtbar.

6.2.4   Kommunikation

Möchtest du festlegen, wer dich kontaktieren darf, geht das über diese Einstellung:

- WER DARF SIE KONTAKTIEREN?

  Bei den KONTAKTANFRAGEN kannst du auswählen, wer sich mit dir vernetzen darf. Alle andere als ALLE AUF LINKEDIN wäre kontraproduktiv. Aber bei den EINLADUNGEN AUS IHREM NETZWERK kannst du auswählen, ob dich deine Kontakte zu ihren Unternehmen, Events oder Newslettern einladen dürfen. Je aktiver du bist und je größer dein Netzwerk ist, desto häufiger werden diese Einladungen kommen. Sollten sie dich nerven, kannst du diese Funktion ohne schlechtes Gewissen deaktivieren (siehe Abbildung 6.9).

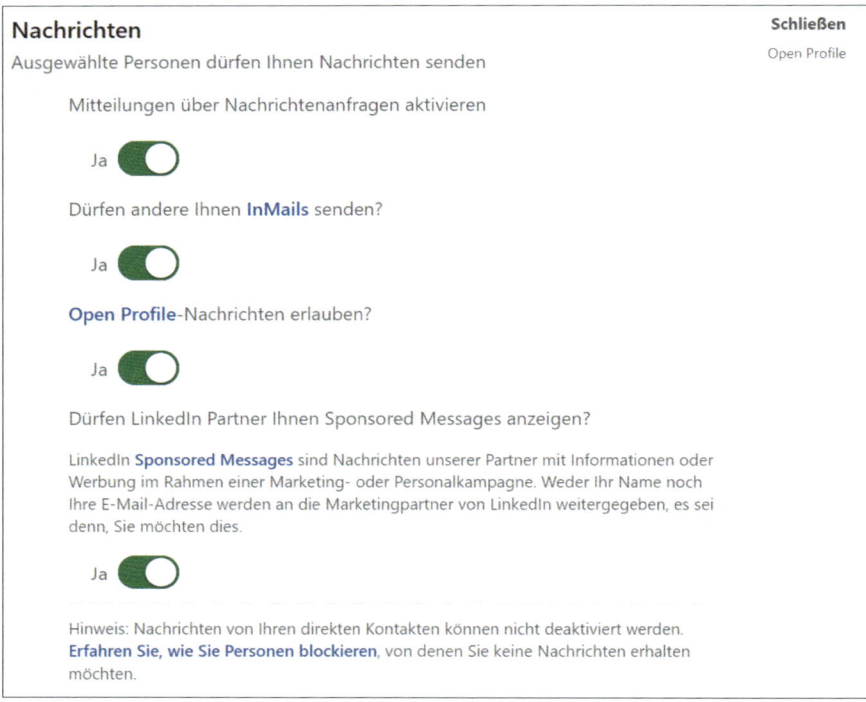

Abbildung 6.9 Du kannst einstellen, wer dir Nachrichten schicken darf.

6.3   Der erste Eindruck zählt: Das richtige Profilbild wählen

Menschen sind soziale Herdentiere. Zuallererst schauen wir anderen Menschen ins Gesicht, um unser Gegenüber einschätzen zu können – und bilden innerhalb von Sekundenbruchteilen ein erstes Urteil über die andere Person. Und dein Profilbild erscheint nicht nur auf deinem persönlichen Profil, sondern auch neben jedem deiner Kommentare.

> *»Aber es ist doch nur ein Profilbild … Richtig: Es ist nur EIN Profilbild! Also wähle es sorgsam aus!« – Ritchie Pettauer*

Deswegen lohnt es sich, ein gutes und sorgsam ausgewähltes Profilbild zu wählen. Denn es wird das Erste sein, was die Menschen von dir wahrnehmen. Deswegen solltest du bei der Auswahl des Bildes diese Punkte berücksichtigen:

- Stelle Blickkontakt mit der Kamera – und damit deinen Profilbesucher*innen – her.

- Nutze ein aktuelles Foto – oder zumindest eines, auf dem du in etwa so aussiehst wie jetzt. Das Bild, das du vor fünf Jahren für deine Bewerbungen hast machen lassen, ist definitiv zu alt.

- Lächle! Ein schönes, ehrliches Lächeln wirkt auf jeden Menschen sympathisch und nahbar. Achte darauf, dass auch deine Augen mitlächeln.

- Lasse die Bilder von jemandem machen, der sich mit Fotografie und insbesondere Beleuchtung auskennt. Das muss nicht zwingend ein professioneller Fotograf sein. Aber aussagekräftige Bilder von dir (auch für deine Beiträge) sind ein gutes Investment in deine Personal Brand.

- Idealerweise sind deine Augen in etwa auf 2/3 der Höhe des gesamten Bildes. Orientiere dich am besten am Goldenen Schnitt – auch wenn das heißt, dass dein Kopf vielleicht »abgeschnitten« wird. Das wird niemandem (außer dir) auffallen.

- Achte auf gute Beleuchtung! Dein komplettes Gesicht sollte gut ausgeleuchtet und ohne Schatten sein.

- Schau dir mal auf LinkedIn an, wie groß die Bilder neben den Kommentaren sind: winzig. Soll dein Bild unter den anderen Beiträgen auffallen, solltest du dich auf jeden Fall für eine Nahaufnahme entscheiden. Ein Ganzkörperbild von dir wäre hier fehl am Platz. Also voller Fokus auf dein Gesicht!

- Deswegen spielt der Hintergrund auch nur eine untergeordnete Rolle. Lediglich der Kontrast zwischen deinem Gesicht und dem Hintergrund sollte deutlich sein. Der Hintergrund darf gerne in professioneller Unschärfe verschwinden. Eine einfarbige (im schlimmsten Fall: graue) Fläche ist keine gute Wahl.

- Wohin sollte dein Blick gehen? Direkt nach vorne, deinen Profilbesucher*innen ins Antlitz, ist definitiv kein Fehler, damit sie sich direkt »begrüßt« fühlen. Solltest du etwas kreativer sein, kannst du auch nach links schauen. Warum nach links? Weil du dann auf deine Kommentare schaust – und Menschen gerne der Blickrichtung anderer Menschen folgen.

- Was ist mit Klamotten und Schmuck? Zieh das an, was zu dir und deiner Brand passt. Achte lediglich darauf, dass es potenzielle Kund*innen nicht sofort abstößt, wie beispielsweise mit einer Sonnenbrille. Das gilt insbesondere für Frauen: Macht euch nicht allzu viele Gedanken über die Details! Das Profilbild ist zwar wichtig in seiner Funktion, einen ersten Eindruck zu vermitteln – aber niemand wird es länger als ein oder zwei Sekunden betrachten oder sich Gedanken um deine Ohrringe machen.

- Du brauchst ein quadratisches Bild im Format 400 x 400 Pixel.

- Mittlerweile findest du auch Dienstleister*innen, die dein bestehendes Profilbild mit etwas Fairydust und Photoshop bearbeiten und »aufhübschen«, wie beispielsweise *starmazing.de*. Diese professionelle Überarbeitung geht mitunter schneller als die Vereinbarung und Durchführung eines neuen Shootings.

Einigen Unternehmen ist es wichtig, dass alle ihre Mitarbeiter*innen bereits an ihrem Profilbild als solche erkennbar sind. Deswegen achten sie auf die Verwendung einheitlicher Designelemente wie eines einfarbigen Rings oder eines identischen Hintergrunds (siehe Abbildung 6.10).

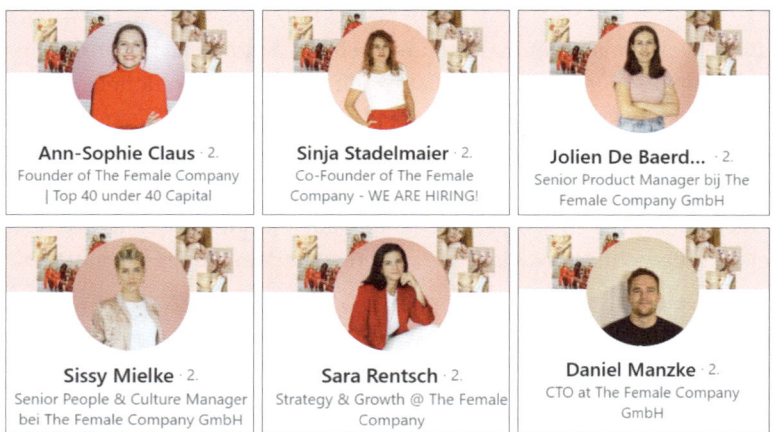

Abbildung 6.10 Durch einen identischen Header und Profilbild-Hintergrund sorgen die Mitarbeiter*innen von »The Female Company« für einen einheitlichen Markenauftritt.

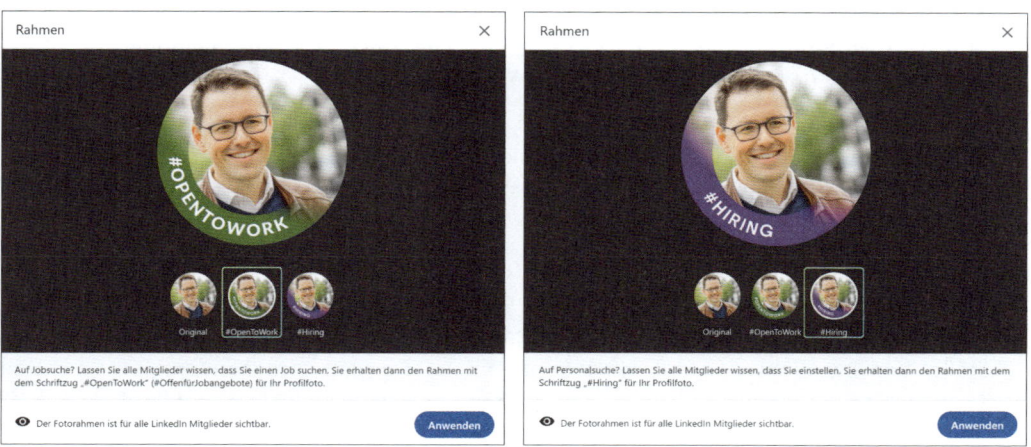

Abbildung 6.11 Du kannst in deinem Profilbild kenntlich machen, dass du an einem neuen Arbeitgeber oder neuen Mitarbeiter*innen interessiert bist.

LinkedIn selbst bietet dir einige Hilfen beim Upload eines neuen Profilfotos an: Du kannst dein Bild vergrößern und es zuschneiden, diverse Filter nutzen und Helligkeit, Sättigung und Kontrast verändern. Außerdem kannst du mit einem Rahmen kenntlich machen, dass du einen neuen Job bzw. neue Aufträge suchst (#opentowork) oder neue Mitarbeiter einstellst (#hiring).

Mit dem Foto-Analyse-Tool von Snappr (*www.snappr.com/photo-analyzer*) kannst du dein Profilbild sowie weitere Alternativen analysieren und dir wertvolles Feedback geben lassen.

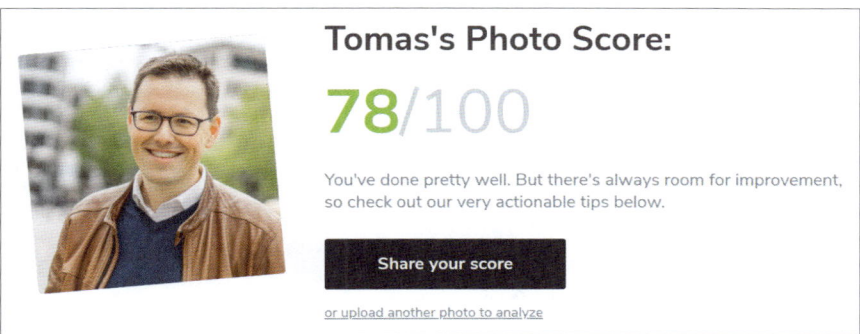

Abbildung 6.12 Mit Snappr kannst du dein bestes Profilbild wählen.

Du bist dir nicht sicher, wie dein Profilbild auf andere wirkt? Mit dem Abstimmungs-Tool Photofeeler (*photofeeler.com*) kannst du Freunde, Bekannte und Kolleginnen über potenzielle Alternativen abstimmen lassen (siehe Abbildung 6.13).

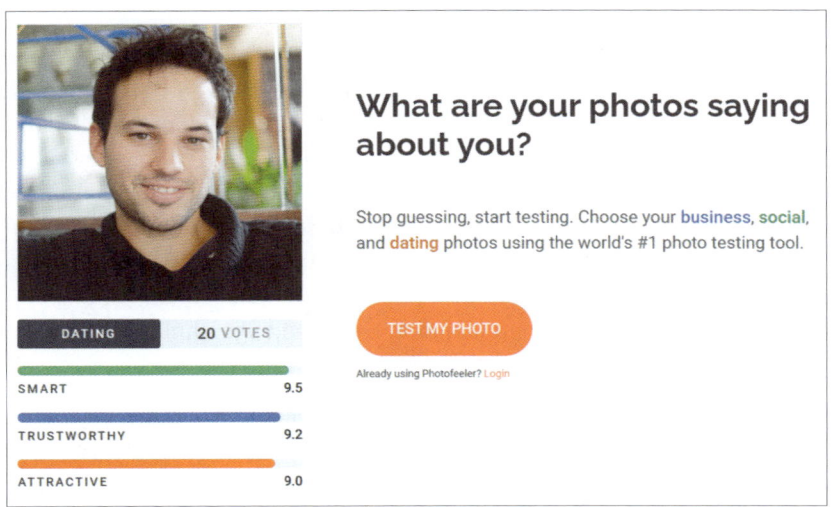

Abbildung 6.13 Mit Photofeeler kannst du über dein bestes Profilbild abstimmen lassen.

6.4 Vielleicht das Wichtigste: Der Profil-Slogan

Zunächst eine wichtige Info vorneweg: Der Slogan in deinem LinkedIn-Profil ist der Text direkt unter deinem Bild und ist daher sehr wichtig. Oftmals ist der Slogan also das zweite Element, das andere Menschen an dir wahrnehmen (siehe Abbildung 6.14).

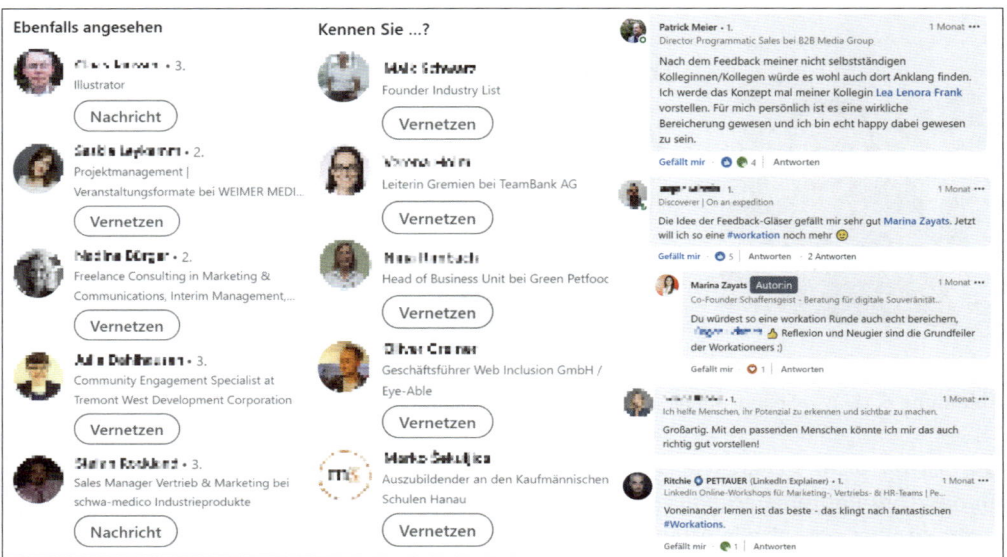

Abbildung 6.14 Dein Slogan ist wichtig für dein Personal Branding.

Wie lang sollte der Slogan sein? Du hast bis zu 220 Zeichen Platz, dich auszutoben. Da LinkedIn (auch) eine Suchmaschine ist, kannst du deinen Slogan auch dafür benutzen, deine Auffindbarkeit bei der Suche nach relevanten Keywords zu erhöhen. Das bedeutet: Nutze den Platz, den LinkedIn dir gibt! Aber wie du oben sehen kannst, wird der komplette Slogan nur deinen Profilbesucher*innen angezeigt. Viel mehr Nutzer*innen werden dich zum ersten Mal wahrnehmen, wenn du einen Kommentar geschrieben hast – und in dem Fall wird dein Slogan bereits nach 46 Zeichen (in der App) bzw. 70 Zeichen (auf dem Desktop) abgeschnitten. Bedeutet für dich: das Wichtigste unbedingt nach vorne!

Die Nutzer*innen auf LinkedIn werden also zuallererst dein Bild und deinen Slogan wahrnehmen, deswegen kommt diesen Elementen die größte Bedeutung zu. Aber kein Druck: Wie jedes andere Element deines Profils kannst du auch den Slogan regelmäßig ändern – nicht nur bei einem Jobwechsel.

Im Prinzip gibt es vier grundsätzliche »Module«, die du in deinem Slogan unterbringen kannst.

1. **Deine Position**

   Vermutlich am naheliegendsten. Der Text, der auch auf deiner Visitenkarte steht. Ja, das ist weder originell noch sexy. Aber unser Gehirn ist faul: Wir lieben

Schubladendenken. Die Bezeichnung der Position ermöglicht es, dich in eine Schublade einzusortieren. Besonders für Gründerinnen, Unternehmensinhaber, Freelancerinnen und Marketer ist das sehr sinnvoll. Bist du Vertriebler oder Recruiterin, kannst du testen, ob du statt »Sales Manager« oder »Recruiting Specialist« nicht doch lieber mit der Value Proposition arbeitest.

2. **Deine Value Proposition**

Die Value Proposition beschreibt den Mehrwert, den die Kundschaft durch dich oder deine Produkte erhält. Und zwar in möglichst einfach verständlichen Worten. Das kann sehr sinnvoll sein, wenn du ein Produkt oder einen Service verkaufen willst. Eine Value Proposition kann verschiedene Muster haben, wie beispielsweise:

»Ich helfe [meiner Zielgruppe] dabei, [ihr Problem] zu lösen, indem ich [mein Angebot].«

Leider klingt das im Deutschen nicht sehr sexy und wird schnell sehr lang. Außerdem kommen 90 % aller »kalten« und nervigen Sales Pitches über LinkedIn von Männern, deren Slogan mit »Ich helfe ambitionierten Menschen ...« beginnt. Also Obacht, in welche Gesellschaft man sich begibt. Wenn deine Zielgruppe des Englischen mächtig ist, kannst du auch auf diese Sprache ausweichen. Beispiele hierfür sind:

»Creating business value with user design«

»Saving Entrepreneurs thousands in taxes each year«

»Helping brands to improve their marketing copy with AI«

»Building scalable companies in China«

3. **Deine Themen und Botschaften**

Im Rahmen deiner Positionierung hast du die Themen und Botschaften definiert, über die du auf LinkedIn sprichst. Diese Themen kannst du auch in deinem LinkedIn-Profil als Schlagworte integrieren. Weiterer Vorteil: Du erleichterst es Profilbesucher*innen, einen Anknüpfungspunkt zu finden. Wenn sie wissen, welche Themen dich interessieren, können sie sehr leicht ein Gespräch mit dir beginnen.

4. **Emojis und Inspiration**

Du kannst an jeder Stelle deines Slogans Emojis einfügen, sofern sie zu deinen Themen passen. Um einen professionellen Eindruck zu erhalten, solltest du es aber nicht übertreiben. Ein inspirierendes Zitat oder dein Motto kann ein wirkungsvolles Ende für deinen Slogan bilden.

Diese vier Module kannst du nach Belieben miteinander kombinieren. Aber denk daran: Das Wichtigste sollte vorne stehen, damit es immer und überall sichtbar ist. Es folgen einige Beispiele:

»CEO bei Humboldt AG | Wir vermitteln die besten selbstständigen Experten für Ihr Projekt – schnell, flexibel und 100 % rechtssicher | Botschafter für wissensbasierte Selbstständige und New Work«

»Freiberuflicher Coach | Finde deine Berufung & deinen Traumjob | Personal Growth & Yoga«

»Consultant Versicherungen bei Humboldt AG | Hochqualifizierte Experten für Ihr Projekt | Experte für Digitalisierung, Agilität und Nutzerfokussierung in der Versicherungsbranche«

Letztendlich ist es eine Philosophie- und Geschmacksfrage, was du in deinem Slogan erwähnst. Denke aber immer daran, wer dein Adressat ist!

6.5   Dein persönliches Plakat: Der Profil-Header

Der Header bzw. das Hintergrundbild deines Profils ist mit Abstand die größte Fläche auf deinem Profil. Hier kannst du auf 1.584 x 396 Pixeln deiner Kreativität freien Raum lassen. Aber achte darauf, dass der Header dein Profilbild sinnvoll ergänzt und nicht um Aufmerksamkeit ringt. In vielen Unternehmen wird es bereits eine einheitliche Vorlage für den Header geben, die du verwenden kannst. Aber diese Vorlage ist lediglich eine Option, denn es handelt sich hierbei um *dein* Profil, du bist also frei in der Wahl.

Bei der Erstellung deines Headers solltest du darauf achten, dass dein Profilbild keine wichtigen Elemente im Header überlagert. Prüfe daher das fertige Ergebnis sowohl auf dem Desktop als auch in der App, wo der Header deutlich kleiner dargestellt wird.

Bei der Gestaltung des Headers hast du viele Möglichkeiten – zum Beispiel minimalistisch mit einer Hintergrundfarbe und Unternehmenslogo wie in Abbildung 6.15.

Abbildung 6.15 Minimalistischer Header mit Logo

Wie du siehst, hat ein Header mit weißem Hintergrundbild den schönen Nebeneffekt, dass er optisch nicht einen abgeschlossenen Kasten bildet, sondern direkt in dein Profil (mit weißem Hintergrund) übergeht.

Du kannst ihn um die Value Proposition deines Unternehmens oder ein passendes Zitat ergänzen (siehe Abbildung 6.16).

Abbildung 6.16 Header mit Logo und Mission-Statement

Du kannst durch Social Proof sofort Erfolg und Popularität erkennbar machen (siehe Abbildung 6.17). Dafür kannst du beispielsweise die Logos und positiven Rezensionen deiner Kund*innen sowie Testurteile und Auszeichnungen verwenden. Als Thought Leader kannst du auch ein Bild von dir auf der Bühne integrieren.

Abbildung 6.17 Header mit Social Proof

Als Vertriebler*in könntest du direkt einen Call-to-Action einbauen und beispielsweise dazu aufrufen, deine Website zu besuchen oder dich direkt zu kontaktieren. Für Marketerinnen und Produktmanager bietet sich ein Hero-Shot oder eine Anmutung des aktuellen Produkts im Headerbild an (siehe Abbildung 6.18).

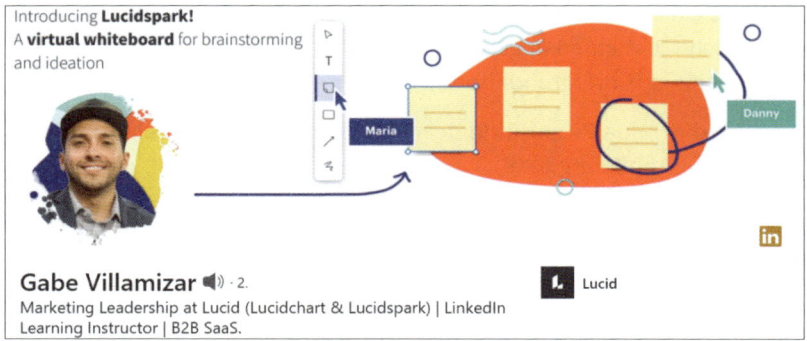

Abbildung 6.18 Header mit einer Anmutung des User-Interfaces

Autor*innen können das Bild ihres Buches direkt in den Header aufnehmen, wie du es in Abbildung 6.19 siehst.

Abbildung 6.19 Header mit Logo und Buchcover

Und als Publisherin und Creator kannst du auf deine Plattformen hinweisen (siehe Abbildung 6.20).

Abbildung 6.20 Header mit Branding und Hinweis auf YouTube

Wie beim Profilfoto gilt auch beim Header-Bild: Es ist nicht in Stein gemeißelt. Du kannst es jederzeit ändern und optimieren.

Weitere Ideen für dein Hintergrundbild:

■ Du bei der Arbeit. Hast du ein lässiges Bild von dir bei der Arbeit oder bei einer Präsentation?

■ Repräsentiere deinen Raum und dein Arbeitsumfeld. Wenn du Autorin bist, wäre vielleicht das Bild einer Schreibmaschine passend?

■ Hast du ein Lieblingszitat, ein Mantra oder ein Leitmotiv?

■ Dein Standort. Du kannst ein Bild der Skyline deiner Stadt verwenden.

6.6   Deine Kontaktinformationen

Auf jedem Profil findest du einen Link mit KONTAKTINFORMATIONEN. Ob und wie detailliert dieses Feld gefüllt ist, bestimmst du allein.

Hier solltest du Folgendes angeben:

■ Link zu deiner (aktuell wichtigsten) Website, auf der sich auch das Impressum befindet

■ Link zur »Über uns«-Seite deines Unternehmens (hier sollte sich auch ein Impressum finden lassen) und/oder zu den offenen Stellen

■ berufliche E-Mail-Adresse

Was du hier darüber hinaus angeben kannst:

■ deine postalische Adresse

■ Link zu einer privaten Website oder einem Sideproject

■ deine berufliche Handynummer

■ Link zu deinem Twitter-Account

■ Link zu deinem Instant-Messaging-Profil (Skype, WeChat, ICQ, Google Hangouts oder QQ)

■ dein Geburtsdatum

Erstes »Achtung«

Viele Menschen haben ihr LinkedIn-Profil schon vor Jahren angelegt und mit einer privaten E-Mail-Adresse verknüpft. Bei sehr vielen Menschen erscheint diese private

Adresse hier in den Kontaktinformationen und ist einsehbar für Kontakte 1. Grades (siehe Abbildung 6.21). Also prüfe genau, welche Angaben deine Kontakte hier finden. Denn eine Adresse im Stil von *sexyhexe23@t-online.de* repräsentiert vermutlich nicht deine aktuelle berufliche Situation.

Abbildung 6.21 Achte darauf, wer deine E-Mail-Adresse sehen kann.

Zweites »Achtung«

Unabhängig davon, welche E-Mail-Adresse für deine Kontakte sichtbar ist, solltest du auf jeden Fall nicht nur deine aktuelle berufliche Adresse hinterlegen, sondern auch deine private »Evergreen«-Adresse, die du regelmäßig nutzt (siehe Abbildung 6.22). Denn solltest du spontan den Arbeitgeber wechseln, kann dein Zugriff auf deine berufliche E-Mail schneller beendet werden, als dir lieb ist – und damit gegebenenfalls auch der direkte Kommunikationsdraht zu LinkedIn.

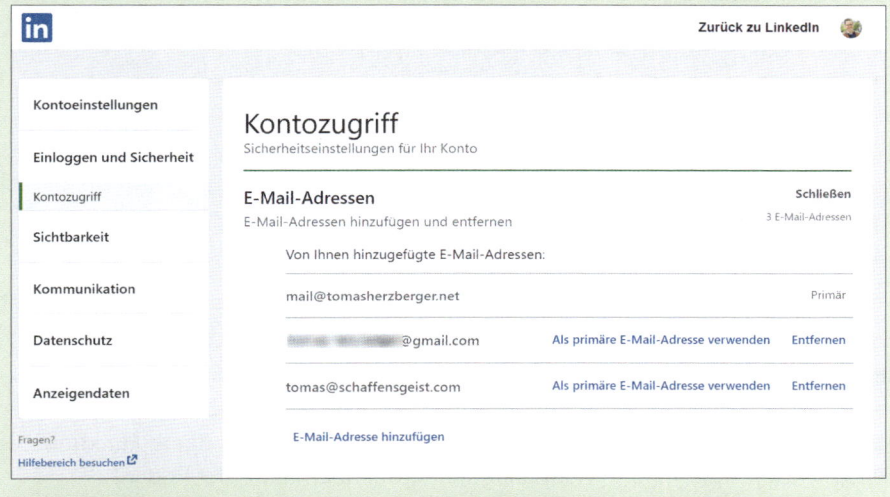

Abbildung 6.22 Achte darauf, welche E-Mail-Adresse gesehen werden kann.

Alle diese Einstellungen findest du in den (wer hätte es gedacht) Kontoeinstellungen und dort aktuell unter SICHTBARKEIT bzw. KONTOZUGRIFF.

6.7   Zeige Profil in deiner Info

Die INFO oder auch SUMMARY ist das größte Textfeld, das dir in deinem LinkedIn-Profil zur Verfügung steht: Bis zu 2.000 Zeichen hast du Platz!

Allerdings werden nur die ersten ein bis zwei Sätze vollständig angezeigt, solange die Nutzer*innen das Feld nicht ausklappen. Wie bei deinem Slogan gilt deswegen auch hier: Das Wichtigste sollte an den Anfang! Und idealerweise sind die ersten beiden Sätze ein Teaser, der neugierig auf den restlichen Text macht und zum Ausklappen verführt. Wie viele Menschen lesen den kompletten Info-Text? Leider gibt es seitens LinkedIn keine Möglichkeit, die Anzahl der »Ausklappungen« zu analysieren. Meine Umfrage hat gezeigt, dass sich zwar 40 % der Nutzer*innen nie oder nur sehr selten den Text anschauen, aber 36 % (fast) immer (siehe Abbildung 6.23).

Und wenn unter diesen Menschen Arbeitgeberinnen, Partner oder Kundinnen sind, kann es sich für dich schon beim ersten Mal lohnen, Zeit und vor allem Hirnschmalz in die Formulierung zu investieren.

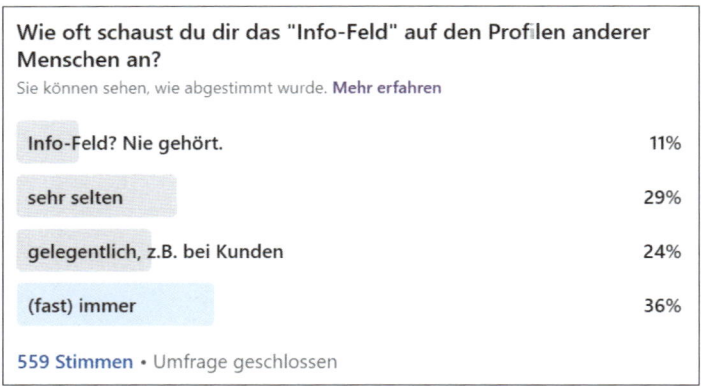

Wie oft schaust du dir das "Info-Feld" auf den Profilen anderer Menschen an?
Sie können sehen, wie abgestimmt wurde. **Mehr erfahren**

Info-Feld? Nie gehört.	11%
sehr selten	29%
gelegentlich, z.B. bei Kunden	24%
(fast) immer	36%

559 Stimmen • Umfrage geschlossen

Abbildung 6.23 Das Info-Feld wird oft angesehen.

Aber die Info hat auch noch eine zweite, vielleicht sogar wichtigere Funktion: Sie ermöglicht es, dass andere Menschen dein Profil überhaupt erst finden!

Denn LinkedIn ist bekanntlich (auch) eine Suchmaschine wie Google. Viele Menschen wollen ihr Netzwerk strategisch erweitern und suchen nach passenden Personen. Darunter können Recruiterinnen und Verkäufer sein, aber auch potenzielle Kunden auf der Suche nach einem fähigen Partner oder einer Dienstleisterin.

Wird LinkedIn dein Profil in den Suchergebnissen anzeigen, wenn eine Kundin nach deinen Produkten und Services sucht, beispielsweise über die Stichwörter-Suche im LinkedIn Sales Navigator? Die Angaben in deinem Info-Feld sind dafür mitentscheidend. Deswegen solltest du den kompletten Platz ausnutzen und einen detaillierten und ausführlichen Text darüber schreiben, warum man dich anstellen oder beauftragen sollte. Also sorge dafür, dass dich die richtigen Menschen finden können!

Was sollte in der Info stehen? Die Info ist der richtige Platz für deinen Personal Branding Pitch: Hier kannst du beschreiben, welchen Mehrwert du und deine Produkte für deine Kundschaft bieten. Außerdem kann die Info Folgendes enthalten:

- Welche *Kunden* am meisten von einer Zusammenarbeit profitieren (und direkt angesprochen werden). Ergänzend kannst du auch Use Cases und Testimonials integrieren wie in Abbildung 6.24.

Info   ✎

Wir unterstützen Unternehmen und ihre Mitarbeiter dabei, digital souverän aufzutreten.

Als Berater analysieren und verankern wir u.a. die Themen Personal Branding, Social Selling und digital Marketing in der Unternehmenskultur.

Mit unseren Impulsvorträgen, Workshops und Trainings erklären wir, weshalb digitale Souveränität längst den Kinderschuhen entwachsen ist und auf konkrete Business-Ziele einzahlt.

Denn richtig eingesetzt, erzeugt sie nicht nur eine positive Wahrnehmung in den digitalen Medien, sondern unterstützt nachweisbar Vertriebs- und Marketingziele.

Gemeinsam mit unseren Kunden erarbeiten wir eine nachhaltige digitale Strategie mit dem Ziel, ihre Kundenbeziehungen zu stärken, Mitarbeiter zu binden, neue zu gewinnen und insgesamt sichtbarer und attraktiver für ihre Stakeholder zu werden.

Und der Erfolg gibt uns recht: 90 Prozent unserer Kunden arbeiten langfristig mit uns an ihrer digitalen Souveränität im Netz.

🔵 Was unsere Kunden sagen:

"Besser als Tomas kann man das Business nicht erklären. Hut ab nochmal von meiner Seite. Um diese Glücksgefühle sonst zu haben, muss ich mir normalerweise eine teure Uhr kaufen."
- Oliver Hesse, Leiter Strategie @ RaatzconnectMedia

"Ein toller praxisnaher Einstieg ins Thema Growth-Hacking. Tomas hat uns auf eindrucksvolle Weise gezeigt, wie wir neue Unternehmen, neue Produkte oder neue Teilbereiche eines Produkts schnell pushen oder testen können."
- Sascha Schneider, Geschäftsführer @ sins-it

"Was ein Speaker. Selten jemandem so gerne zugehört. Dieser Vortrag hätte locker noch eine weitere Stunde gehen können & ich wäre gebannt dabei gewesen. Wenn einer versteht, die Leute in seinen Bann zu ziehen, dann Tomas."
– Isabel Kulessa, Senior Marketing Manager @ Staff Experts

🔵 Wer sind unsere Kunden?

Vorstände, Geschäftsführer, CMOs Head of Innovation, Leiter von Start-up-Acceleratoren und Inkubatoren, Marketingexperten und Unternehmer.

🔵 Wie fangen wir an?

Schreiben Sie mir eine direkte Nachricht hier auf LinkedIn.

Abbildung 6.24 Ausführliche Beschreibung im Info-Feld

- Deine eigene *Geschichte*: Warum machst du das, was du gerade tust? Was motiviert dich an deiner Arbeit? Was sind deine Ziele? Ein Beispiel siehst du in Abbildung 6.25.

- *Feedback* von deinen Kunden, Kollegen und Vorgesetzten (siehe Abbildung 6.26).

- Einen *Call-to-Action*: Wie können potenzielle Partner und Kundinnen dich direkt erreichen? Hier könntest du dazu einladen, dir eine persönliche Nachricht per E-Mail, LinkedIn-Messenger oder WhatsApp zu schicken, auf einer Landingpage einen Termin zu vereinbaren oder dich gleich anzurufen wie in Abbildung 6.27.

Info

9:00 - 17:00 - Montag bis Freitag - Von der Ausbildung bis zur Rente.

Als ich KRONGAARD vor 12 Jahren gegründet habe, war das oft noch der Normalfall in der Arbeitswelt. Mittlerweile ist es ein Modell von vielen.

Nie zuvor war die Arbeitswelt einem derart schnellen Wandel unterworfen wie derzeit. Das stellt Arbeitgeber und Arbeitnehmer vor große Herausforderungen.

Denn das Wachstum, sogar das Überleben der meisten Unternehmen ist abhängig von der Fähigkeit, innovative Produkte, Prozesse und Dienstleistungen anzubieten. Constant change. Projektbasiertes Arbeiten ist „the new normal".

Aber was, wenn es an innovativen Experten mangelt, die diese Projekte zum Erfolg führen können?

👉 Mein Anspruch mit KRONGAARD war und ist es, die projektbasierte Zusammenarbeit mit den besten, passenden Experten zu organisieren, damit unsere Kunden sie rechtssicher und unkompliziert beauftragen können. Und damit ihre Projekte erfolgreich zu machen.

Praktische Erfahrung, innovative Ideen, höchste Kompetenz und garantiert keine Betriebsblindheit.

Gleichzeitig sind wir Partner unserer selbstständigen Experten. Obwohl die Innovationskraft vieler deutscher Unternehmen von ihrem Wissen abhängig ist, haben sie in der Politik und gesellschaftlichen Wahrnehmung wenig Lobby. Das muss sich ändern. Aus diesem Grund bin ich stellv. Vorstandsvorsitzender des Bundesverbandes für selbstständige Wissensarbeit e.V.

Unsere Aufgabe ist es, den selbstständigen Experten zu Rechtssicherheit bei der Arbeit und Selbstbestimmung in ihrem Leben zu verhelfen. Und für Auftraggeber klare und zeitgemäße Rahmenbedingungen für moderne Projektarbeit zu schaffen.

👉 Auf LinkedIn bin ich, um mich mit Gründern, Leadern und selbstständigen Experten über die Veränderungen und Anforderungen unserer (Arbeits-)Welt auszutauschen.

Ich schreibe über die Themen Selbstbestimmung, New Work und Freelancing, Digitale Transformation und ethisches Unternehmertum.

Abbildung 6.25 Die persönliche Motivation im Info-Feld (Quelle: Jan Jagemann)

Info

WHO I AM

I'm a marketing leader and CMO experienced across all marketing disciplines with deep expertise in demand generation, large customer events, community marketing, social media, and growing pipeline working closely with senior sales, customers, and partners. I'm a marketing innovator, keeping my finger on the pulse of market changes. I've had the pleasure of leading and developing incredible teams innovating new approaches to outperform business and financial goals.

MY KEY STRENGTHS

- Successful track record leading global and startup marketing teams in enterprise software
- Innovative, cutting edge, creative thinking offering new, effective marketing approaches
- Bridge building and respectful collaboration across organizations setting and exceeding challenging goals
- Professional demeanor with a steady and approachable leadership style

FEEDBACK I'VE RECEIVED FROM PREVIOUS MANAGERS

- "Chip is a leader, innovator, thoughtful, committed, contributor to progress and success"
- "Creative, professional, responsive, and works well at all levels of the organization"
- "High integrity and passion make him an excellent leader"
- "Inspires direct reports to exceed expectations and builds strong teams"
- "Chip is our secret weapon; extraordinary leader, manager, collaborator"

Abbildung 6.26 Fokus auf die eigenen Leistungen und Testimonials (Quelle: Chip Rodgers)

Info

Discover the proven process for mortgage brokers, aggregators and LO's to generate more leads, opportunities and settled loans to grow your business.

💥 **DO YOU USE MARKETING TO GROW YOUR BUSINESS?** 💥

Your ability to influence and engage your marketplace is your competitive advantage in growing your business. We work with mortgage brokers, aggregators and LO's to create predictable lead flows that drive consistent business growth.
Click here 👉 swellmarketing.com.au

💥 **WHAT DO YOU NEED HELP WITH?** 💥

✔ Attracting More Customers
✔ Converting More Sales
✔ Reducing Reliance on Unpredictable Referrals
✔ Improving your Work-life Balance
✔ Preparing for Scale
✔ Creating a more profitable business
✔ Mortgage Business Growth Strategies

💥 **WHAT IS OUR OFFER?** 💥

▷ **THE BEST MORTGAGE AD**
Grab a copy of our best performing mortgage ad, it's generated over 6000+ mortgage leads. Grab it and implement it right away.
Visit ➜ bit.ly/MortgageAD

💥 **WANT TO KNOW MORE?** 💥

📞 +61 480 021 759
📧 marius@swellmarketing.com.au
🌐 swellmarketing.com.au

Abbildung 6.27 Deutlicher Sales-Fokus (Quelle: Marius du Preez)

■ Oder du präsentierst dich einfach mal so, wie du bist (siehe Abbildung 6.28).

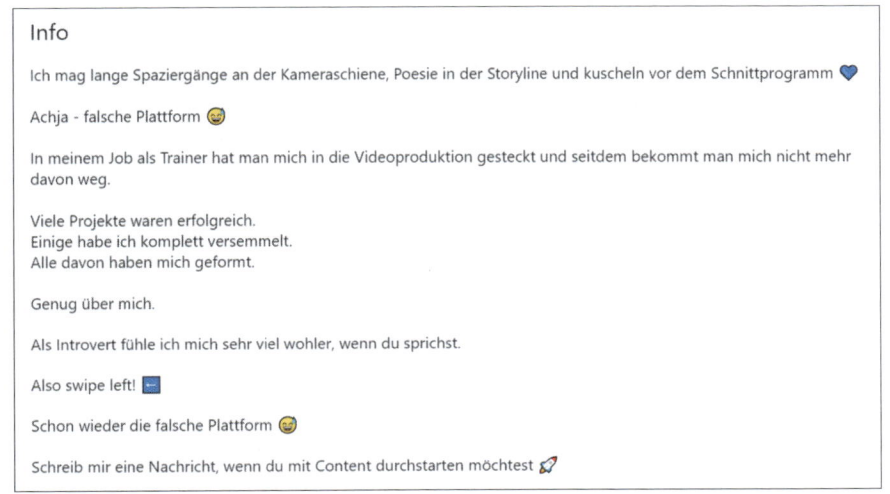

Info

Ich mag lange Spaziergänge an der Kameraschiene, Poesie in der Storyline und kuscheln vor dem Schnittprogramm 💙

Achja - falsche Plattform 😅

In meinem Job als Trainer hat man mich in die Videoproduktion gesteckt und seitdem bekommt man mich nicht mehr davon weg.

Viele Projekte waren erfolgreich.
Einige habe ich komplett versemmelt.
Alle davon haben mich geformt.

Genug über mich.

Als Introvert fühle ich mich sehr viel wohler, wenn du sprichst.

Also swipe left! ⬅

Schon wieder die falsche Plattform 😅

Schreib mir eine Nachricht, wenn du mit Content durchstarten möchtest 🚀

Abbildung 6.28 Individualität hat auch im Info-Feld Platz (Quelle: Robin Neu-Breitmayer)

Wie solltest du den Text formatieren? Niemand mag lange, verschachtelte und mit Fremdwörtern gespickte Texte. Schon gar nicht im Internet. Und dort auf keinen Fall auf Social Media. Also mach es deinen Leser*innen so einfach wie möglich, deine Botschaft zu verstehen:

1. Vermeide Fachwörter.

2. Verwende eine umgangssprachliche Tonalität: Denk immer daran, dass auf der anderen Seite des Bildschirms ein echter Mensch deinen Text liest.

3. Vermeide unnötige Verschachtelungen und Nebensätze.

4. Mache einen Absatz nach jedem zweiten Satz.

5. Verbessere die Lesbarkeit mit Emojis, beispielsweise einfarbigen bunten Kreisen, Checkmarks oder »zeigenden« Fingern.

6. Nutze auch Zwischenüberschriften und Listen.

6.8   Nicht dein CV: Dein Werdegang

Du kannst jede wichtige und unwichtige Station deines beruflichen Werdegangs auf LinkedIn notieren. Aber solltest du das auch tun? Ist die Anzahl deiner Arbeitgeber wichtig? Denk auch hier immer an die »andere Seite« und versetze dich in die Lage deiner Profilbesucher*innen:

- Warum sind sie auf deinem Profil?

- Was interessiert sie an dir?

- Welche Informationen brauchen sie, um ein Gespräch zu beginnen?

Die Antworten auf diese Fragen können dir bei der Auswahl und der Beschreibung deiner beruflichen Station auf LinkedIn helfen. Als Faustregel gilt: Die Menschen besuchen dein Profil, weil sie primär an deiner *aktuellen* Position interessiert sind. Nicht an dem, was du vor fünf Jahren gemacht oder geleistet hast.

Deswegen solltest du – sofern du nicht noch in der Probezeit bist – den Fokus auf deine aktuelle Position legen. Was das konkret bedeutet, hängt von deinen konkreten Zielen ab:

- Willst du *mehr Aufmerksamkeit* für deinen aktuellen Arbeitgeber erreichen? Dann solltest du das Unternehmen und seine Leistungen kurz und knapp vorstellen (siehe Abbildung 6.29).

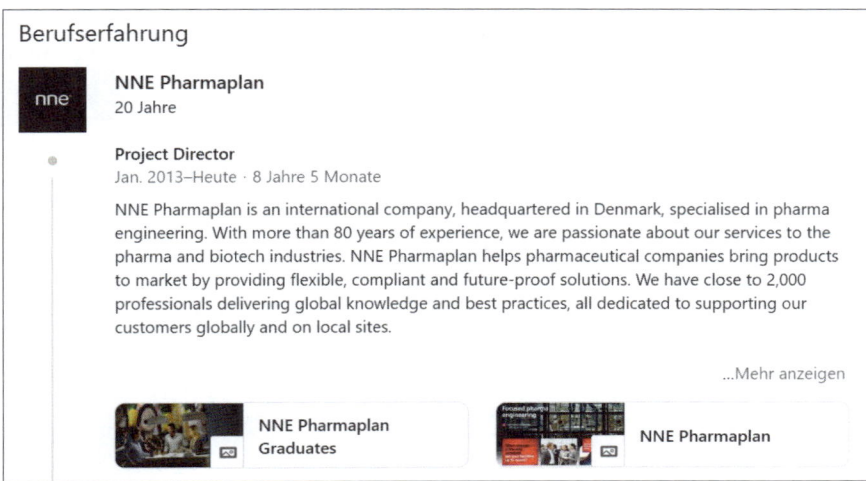

Abbildung 6.29 Kurzbeschreibung des Unternehmens

- Willst du *einen neuen Job*? Dann solltest du hier deine Leistungen auflisten und idealerweise mit Zahlen belegen. Das gilt natürlich auch für Führungskräfte (Abbildung 6.30).

Abbildung 6.30 Ausführliche Beschreibung der eigenen Tätigkeiten

- Willst du *auf dein Produkt oder deine Serviceleistung verweisen*? Beschreibe den Mehrwert, den du für deine Kundschaft bringst. Du kannst auch Testimonials und Kundenbewertungen integrieren (Abbildung 6.31).

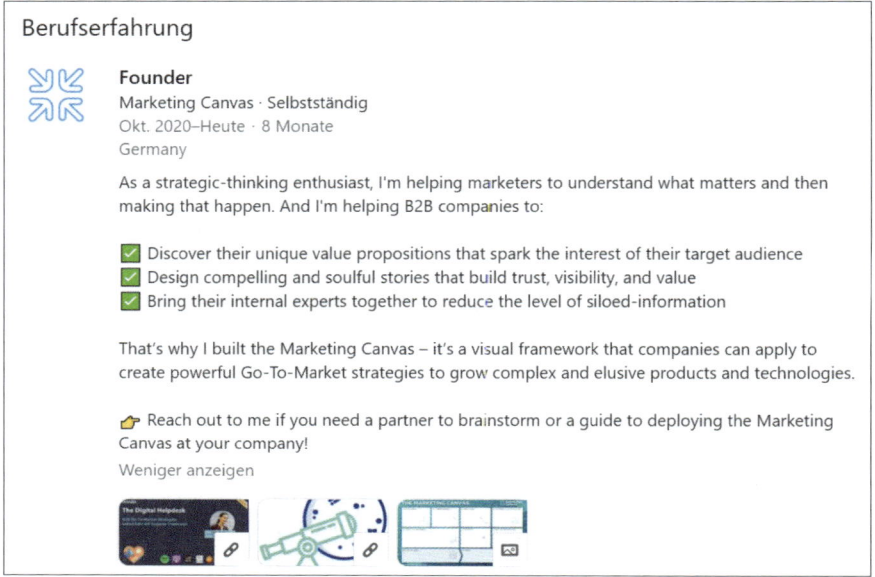

Abbildung 6.31 Beschreibung des Mehrwerts für die Kundschaft sowie Links und Bilder

Du kannst jede berufliche Station – auch innerhalb des gleichen Unternehmens – einzeln beschreiben und mit Multimedia-Elementen »ausschmücken«: Mit Dokumenten, Fotos, Videos, Präsentationen oder einem Link kannst du deinen Profilbesucher*innen noch mehr Details liefern.

Tipp

Sorge für ein auffälliges und gut lesbares »Thumbnail«. Das bezeichnet das Vorschaubild, das deine Profilbesucher*innen sehen.

6.9   You never walk alone: Empfehlungen, Kenntnisse und Fähigkeiten

Stell dir vor, du bist in einer fremden Stadt unterwegs und hast Hunger. An der nächsten Kreuzung sind zwei Restaurants: eines ist leer und eines ist voller Menschen, die das Essen sichtlich genießen. In welches würdest du gehen?

Wir Menschen sind Herdentiere. Unser Überleben hängt davon ab, wie wir miteinander umgehen. Dabei spielt Vertrauen in unsere Mitmenschen – sowohl in das Individuum als auch in die Gruppe – seit Jahrtausenden eine wichtige Rolle. Vermutlich ist Vertrauen eine der Grundfesten unserer Zivilisation.

Und weil der Drang nach Vertrauen so tief in uns verwurzelt ist, helfen uns die Empfehlungen unserer Mitmenschen dabei, unsere eigenen Entscheidungen zu treffen. Sie geben uns Sicherheit. Die meisten Menschen wollen nicht die ersten sein, die etwas ausprobieren. Sondern diejenigen, die klug genug sind, etwas zu nutzen, nachdem es schon möglichst viele andere vor ihnen getan haben.

Was hat das jetzt mit LinkedIn zu tun? Auf LinkedIn kannst du Empfehlungen an andere Menschen vergeben und sie öffentlich für ihre Expertise loben. Und gleichzeitig kannst du eben solche Empfehlungen einsammeln und auf deinem Profil integrieren.

Warum du das tun solltest? Weil andere Menschen (lies: potenzielle Kund*innen) dir dann schneller vertrauen. Weil sie sehen, dass sie nicht die Ersten sind. Weil sie im vollen Restaurant essen wollen. Deswegen solltest du möglichst schnell mindestens zwei Empfehlungen einsammeln. Warum zwei? Weil zwei immer auf deinem Profil vollständig angezeigt werden. Wenn man mehr sehen möchte, muss man diese erst »ausklappen«.

Tipp

Bist du schon eine Weile in deinem beruflichen Umfeld unterwegs, solltest du innerhalb weniger Wochen zehn Empfehlungen von (ehemaligen) Kolleginnen, Führungskräften, Kundinnen oder Partnern einsammeln können.

Bist du noch »neu«, dann frage offensiv nach einer Empfehlung, wann immer es sich anbietet. Beispielsweise, wenn ein begeisterter Kunde ein zweites Projekt bei dir beauftragt. Oder wenn eine Vorgesetzte deine Arbeit lobt. Du musst lediglich den Mut aufbringen, zu fragen. Die allermeisten Menschen werden dir gerne eine Empfehlung schreiben. Spätestens dann, wenn du ihnen einige Stichwörter gibst, um ihnen etwas Mühe zu ersparen.

Die »kleine« Version der Empfehlungen findest du im Bereich KENNTNISSE & FÄHIGKEITEN. Hier kannst du bis zu 50 deiner Branchenkenntnisse und sozialen oder technischen Kompetenzen angeben – aber du solltest dich auf die Top 15 konzentrieren. Auch diese können von deinen Profilbesucher*innen bestätigt werden und verleihen dir somit noch mehr »Social Proof« und geben dir Vertrauensvorschuss.

Tipp

Achte bei der Auswahl deiner Fähigkeiten auf die Keywords, nach denen potenzielle Kund*innen suchen würden bzw. bei denen du gefunden werden willst. Und wähle die drei relevantesten als TOP-KENNTNISSE aus. Denn diese werden deinen Profilbesucher*innen immer angezeigt, wohingegen die anderen erst »ausgeklappt« werden müssen.

6.10   Unauffällig, aber nicht unwichtig: Profil-Details

Die Blöcke in deinem Profil, die du bis hierhin kennengelernt hast, solltest du auf jeden Fall ausfüllen. Das ist die Pflicht. Jetzt kommen wir zur Kür – denn dein LinkedIn-Profil kann noch mehr:

1. **Bescheinigung und Zertifikate**

   Diese Sektion ist insbesondere für Menschen wichtig, die auf der Suche nach einem neuen Job sind und deren Profile deswegen regelmäßig von Headhuntern, Recruiterinnen und HR-Managern besucht werden. Hier bietet sich die Möglichkeit, wichtige Bescheinigungen und Zertifikate von Kursen und Lehrgängen zur Schau zu stellen.

2. **Ehrenamt**

   Auch das ist eine Sektion, die man eher in einem CV als in einem Social-Media-Profil vermuten würde: Hier kannst du deine ehrenamtlichen Tätigkeiten angeben. Vielleicht bist du aktiv in einer politischen Partei, in einem Sportverein oder als Mentorin tätig? Hier kannst du diese Angaben machen und bietest damit deinen Profilbesucher*innen einen weiteren Grund, mit dir ins Gespräch zu kommen.

3. **Qualifikationen und Auszeichnungen**

   Hier ist Platz für

   – deine Veröffentlichungen (z. B. Bücher, Interviews oder Gastartikel),

   – die Fremdsprachen, die du beherrschst,

   – Patente, die du angemeldet hast,

   – Kurse, die du besucht und abgeschlossen hast,

   – Prüfungsergebnisse und

   – Organisationen, in denen du Mitglied bzw. mit denen du assoziiert bist.

   Wer diesen Block komplett ausfüllt, bietet seinen Besucher*innen einen detaillierten Einblick in die eigenen Errungenschaften. Eine Vielzahl von Auszeichnungen kann auch dabei helfen, Vertrauen aufzubauen. Leider machen das nur die wenigsten. Auch von LinkedIn wird die Vervollständigung nicht (z. B. durch mehr Reichweite) belohnt. Daher: kann man machen – muss man aber nicht.

4. **Interessen**

Hier werden alle Influencer*innen, Unternehmen, Gruppen und Hochschulen angezeigt, denen du folgst. Warum solltest du so etwas tun?

– *Influencer*innen* sind in diesem Fall nicht deine typischen Instagrammer und YouTuber. Bei LinkedIn werden die Influencer*innen jährlich neu von einer Redaktion ausgewählt und ganz offiziell als Influencer*in zertifiziert. In Deutschland heißt dieses Zertifikat »LinkedIn Top Voice« und wird jährlich an Menschen verliehen, die oftmals im Mittelpunkt wirtschaftlicher oder gesellschaftlicher Debatten stehen oder sie anstoßen. Deswegen sind sie ja Influencer*innen.

– Du kannst jedem *Unternehmen* mit einer eigenen Company-Page auf LinkedIn folgen, wenn du (gelegentlich) Beiträge dieses Unternehmens in deinem Newsfeed sehen willst. Du solltest auf jeden Fall deinem aktuellen Arbeitgeber folgen – allein um möglichen unkomfortablen Gesprächen aus dem Weg zu gehen. Gewiefte Marketerinnen oder Vertriebler sollten aber auch ihren Wettbewerber*innen folgen sowie wichtigen Branchenmedien, damit sie aktuelle Trends und Entwicklungen nicht verpassen.

– *Gruppen* gibt es auf LinkedIn wie Sand am Meer – und sind das einzige Feature, das auf Facebook besser funktioniert als auf LinkedIn. Denn bis auf wenige Ausnahmen gibt es in den meisten Gruppen leider nicht viel Interaktivität – besonders im Vergleich zum Newsfeed. Es kann sinnvoll sein, dich in den wichtigsten Gruppen deiner Branche anzumelden und dort regelmäßig passende Beiträge zu posten – aber erwarte nicht allzu viel. Tatsächlich sind es mehr die kleineren Gruppen (mit weniger als 200 Mitgliedern) in einer kleinen Nische bzw. in einer bestimmten Region, in denen die Mitglieder ein Zusammengehörigkeitsgefühl entwickeln können und sich auch gegenseitig helfen wollen. Darüber hinaus kann es dir einen Anlass geben, mit potenziellen Kund*innen leichter ins Gespräch zu kommen. So könnte in deiner Kontaktanfrage stehen: »Ich habe Ihren Beitrag in der Gruppe XY gelesen und fand ihn ...« Den größten Nutzen von Gruppen hast du, wenn du eine Gruppe findest, in der sich deine Kund*innen untereinander austauschen und du »Mäuschen« spielen und zuhören darfst. Diese Informationen können dir dabei helfen, deine Produkte und Dienstleistungen zu verbessern. Wenn du genügend Zeit und ein gutes Konzept für den Aufbau und die Pflege einer eigenen Community hast, kannst du auch selbst eine Gruppe ins Leben rufen. Eine vitale Gruppe mit viel Interaktion am Laufen zu halten, kostet viel Aufwand! Der Vorteil? Als Administrator*in hast du den direkten Draht zu allen Mitgliedern.

–   *Hochschulen und Berufsschulen* haben im Geburtsland von LinkedIn einen anderen Stellenwert für die Alumni als in Deutschland, Österreich und der Schweiz. Hierzulande ist die Verbindung zur Alma Mater lange nicht so intensiv wie in den USA – besonders nach dem Abschluss. Deswegen gibt es keinen Mehrwert, der eigenen Universität zu folgen. Außer Karma-Punkte.

6.11   Creator Mode: Profil-Update für Content Queens und Newsfeed Kings – ein Beitrag von Ritchie Pettauer

LinkedIn entwickelt sich rasant weiter. Das aktuelle Profil-Update trägt der unübersehbaren Tatsache Rechnung, dass immer mehr Nutzer*innen ihre Profile als Landingpages nutzen – und eben nicht als Lebensläufe. Der *Creator Mode* rückt aktuelle Inhalte und die Mediabox in den Fokus und bringt folgende Änderungen:

- Im Header des Profils zeigt LinkedIn statt des Arbeitgebers und der letzten Ausbildungsstätte die Zahl der Follower*innen.

- Der Slogan nimmt dadurch die komplette Breite des Headers ein.

- Direkt unter dem Slogan kannst du fünf frei wählbare Hashtags eintragen.

- Die beiden Funktionen VERNETZEN und FOLGEN werden vertauscht, sodass im blauen Hauptbutton »Folgen« steht und »Vernetzen« ins MEHR-Menü wandert. (Dieser Wechsel ist über das Einstellungsmenü schon lange verfügbar.)

Die Profilelemente werden anders sortiert: Nach dem Header und den personalisierten Highlights folgen sofort die IM FOKUS-Box und die AKTIVITÄTEN-Box, erst danach folgt der Info-Text. Der Arbeitgeber ist nur mehr über den Lebenslauf ersichtlich. Die fünf Hashtags sollen zusätzlich zu deinem Slogan auf einen Blick zeigen, worüber du sprichst.

Eine weitere erfreuliche Neuerung ist die *Profil-Story*: ein kurzes Video an der Stelle deines Profilbilds – zukünftig grinsen wir also nicht mehr statisch, sondern animiert! Ebenso wie die Audiodatei mit der Aussprache des eigenen Namens lässt sich diese Funktion derzeit nur über die mobile App aktivieren – erst einmal hochgeladen, wird das Profilvideo aber auch am Desktop angezeigt.

Der orange Rahmen um das Profilbild in Abbildung 6.32 zeigt an, dass eine Profil-Story vorhanden ist. Den Ausschnitt für die Drei-Sekunden-Preview legst du beim Upload fest. Sichtbar ist das Video wahlweise nur für Kontakte oder für alle LinkedIn-Nutzer*innen.

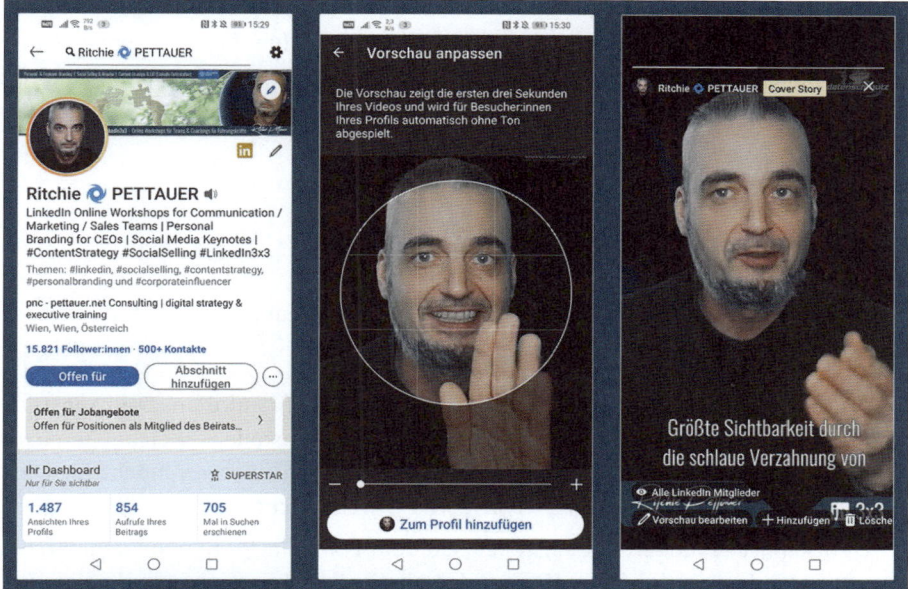

Abbildung 6.32 Die Profil-Story

Die Anzeige des Videos funktioniert folgendermaßen:

- Sobald du eine Profil-Story hochgeladen hast, erscheint ein oranger Rahmen um dein Profilbild.
- Beim ersten Laden des Profils wird kurz das Foto angezeigt, anschließend spielt LinkedIn die ersten drei Sekunden des Videos als Vorschau ohne Ton ab.
- Da der Videoclip vertikal 9:16-Story-Format hat, diese Voransicht aber quadratisches Format hat, kannst du für diese drei Sekunden (wie von den Profilfotos gewohnt) den gewünschten Ausschnitt wählen.
- Danach zeigt LinkedIn wieder das normale, statische Profilfoto an.
- Ein Klick auf das Bild öffnet das vollständige, maximal 20 Sekunden lange Video inklusive Ton.
- Im Newsfeed bzw. bei Kommentaren zeigt LinkedIn derzeit das statische Bild.

Tipp

Du musst dein Profilvideo nicht »live« mit der App aufnehmen, sondern kannst deine Videovorstellung in Ruhe vorproduzieren, aufs Smartphone übertragen und anschließend aus deiner Video-Bibliothek hochladen. Das Bildformat ist 9:16. Wie bei Videos im Newsfeed empfehle ich auch hier, den Clip vollständig zu untertiteln, damit deine Botschaft auch bei Profil-Besucher*innen ankommt, die keinen Ton aufgedreht haben.

Solltest du so rasch wie möglich auf den Creator Mode umstellen? Wer LinkedIn als Content-Marketing-Channel nutzt und regelmäßig (mindestens zweimal pro Monat) Inhalte veröffentlicht, muss nicht lange überlegen. Aber wenn du dein Profil nur als statische digitale Visitenkarte verwendest, ist die klassische Profilansicht mit dem Info-Text oben die bessere Wahl.

6.12   Frequently Asked Questions

Hier schon einmal auf die Schnelle ein paar Antworten auf die häufigsten Fragen:

- **Wer kann mein LinkedIn-Profil sehen?**

  Auf LinkedIn kann zunächst jedes Mitglied dein Profil aufrufen. Du kannst jedoch selbst entscheiden und dementsprechend einstellen, welche Bereiche oder Informationen du für welche Mitglieder sichtbar machen möchtest. Dies kannst du unter KONTO • EINSTELLUNGEN & DATEN machen.

  Dort kannst du außerdem einstellen, ob dein LinkedIn-Profil von Suchmaschinen gefunden werden kann. Wir empfehlen dir, diese Funktion unbedingt zu aktivieren (sofern du ein gut gepflegtes Profil hast), damit potenzielle Kunden und Partnerinnen sich leicht einen guten ersten Eindruck von dir machen können. Mit Kontakten 3. Grades bist du über deine Kontakte 2. Grades verknüpft. Dabei gibt es zwei Kategorien, zwischen denen du unterscheiden musst. Siehst du den vollständigen Namen des Kontakts, kannst du dieser Person einfach eine Einladung zum Vernetzen schicken und daraufhin eine Nachricht. Wird dir jedoch der vollständige Name nicht angezeigt, kannst du dieser Person keine Einladung schicken, sondern lediglich eine InMail-Nachricht.

- **Was können andere Menschen von meinem Profil sehen?**

  Was andere LinkedIn-Nutzer*innen von deinem Profil sehen können, kannst du im Grunde genommen bis zu einem gewissen Grad selbst entscheiden. Soweit du es nicht anders in deinen Datenschutzeinstellungen bestimmt hast, sehen alle LinkedIn-Nutzer*innen erst einmal dein vollständiges Profil. Deine Kontaktdaten und deine persönlichen Informationen können nur deine Kontakte 1. Grades sehen, also diejenigen Nutzer*innen, die irgendwann einmal eine Kontaktanfrage von dir bestätigt haben oder deren Kontaktanfrage du bestätigt hast. Wenn du zum Beispiel nicht willst, dass deine Kontakte oder andere LinkedIn-Nutzer*innen die Liste mit deinen Kontakten, dein Geburtsdatum oder deinen Nachnamen sehen können, kannst du dies in den Datenschutzeinstellungen von LinkedIn einfach so konfigurieren.

- **Was bedeutet die Zahl hinter dem Namen?**

Die Zahl hinter dem Namen anderer Nutzer*innen auf LinkedIn zeigt dir den Vernetzungsgrad an. Hierbei unterscheidet man zwischen direkten Kontakten (Kontakten 1. Grades) und Kontakten 2. und 3. Grades. Der Vernetzungsgrad hat einen Einfluss darauf, wie du mit den jeweiligen LinkedIn-Mitgliedern interagieren kannst.

Deine direkten Kontakte sind diejenigen, die irgendwann einmal durch eine Einladung zu deinen Kontakten hinzugefügt wurden. Diese Kontakte haben eine »1.« neben dem Namen stehen. Mit diesen Mitgliedern kannst du in Kontakt treten, indem du ihnen eine Nachricht schreibst. Mit Kontakten 2. Grades kannst du erst dann in Verbindung treten, wenn du dich mit ihnen vernetzt hast. Du hast jedoch die Möglichkeit, diesen Kontakten eine sogenannte In-Mail-Nachricht zu senden.

- **Was bedeutet »in Suchen erschienen«?**

Wenn Recruiter*innen oder andere Personen über die Suchleiste nach bestimmten Eigenschaften oder Personen suchen (z. B. »Universität Köln« oder »Social Media Marketing«), kann es passieren, dass du dieser Person im Suchergebnis angezeigt wirst, wenn du diese Angaben oder Eigenschaften in deinem Profil stehen hast.

Dein Ziel sollte es sein, bei Suchanfragen mit den für dich relevanten Keywords gefunden zu werden. Das erreichst du, indem du dein Profil entsprechend vollständig ausfüllst und beispielsweise deine Fähigkeiten bestätigen lässt.

Kapitel 7

Adieu Schreibblockade: Deine Inhalte

»Gut sein allein reicht nicht. Andere müssen das auch sehen.« – Marina Zayats, Co-Founder Schaffensgeist und Autorin von »Digital Personal Branding: Über den Mut, sichtbar zu sein. Ein Guide für Menschen und Unternehmen.«

In diesem Kapitel geht es darum, wie du (basierend auf deinen Themen und Botschaften) Ideen für Beiträge für LinkedIn findest – und diese mithilfe eines Ideenspeichers so verwaltest, dass du dich nie wieder fragen musst: »Was soll ich bloß posten?!« Und dank einer Reihe von erprobten Tools und Taktiken wirst du feststellen, dass die Erstellung von Beiträgen auf LinkedIn nicht nur einfach ist, sondern sogar Spaß machen kann. Denn Content Creation ist kein Hexen-, sondern ein Handwerk. Und das kann man durch Übung lernen und meistern.

Es ist schon erstaunlich: Die meisten Menschen mögen ihren Job. Okay, vielleicht nicht jede Kollegin, jeden Mitarbeiter und Vorgesetzten. Oder jeden Tag. Aber die meisten von uns sind ambitioniert, neugierig und sprechen gerne über ihre berufliche Aufgabe. Auch mit Menschen außerhalb des eigenen Unternehmens, beispielsweise auf Messen, Konferenzen oder anderen Business-Events. Dann sprechen wir voller Stolz über unser neues Produkt, über den großartigen Job, den unser Team gemacht hat, und über den aktuellsten Branchentrend. Aber auf LinkedIn? Was soll man denn dort bloß posten? Nichts Gutes will uns einfallen! Und das ist sehr schade ... denn wie soll sonst die Welt erfahren, dass dein Team und du einen großartigen Job machen?

Dieses Kapitel richtet sich an alle, die voller Horror vor dem weißen Blatt Papier sitzen und sich fragen: »Was soll ich bloß schreiben?!« An alle Menschen voller guter Ideen, Meinungen und Perspektiven, die es verdient haben, gelesen zu werden. An alle Menschen, die ihre eigene Stimme auf LinkedIn finden wollen. Um sich professionell, authentisch und überzeugend darzustellen – und neue Menschen kennenzulernen.

Warum ist es überhaupt wichtig, eigene Beiträge zu veröffentlichen? Weil LinkedIn sich in einem wesentlichen Aspekt nicht von anderen Social-Media-Plattformen unterscheidet: »Nur 1 % aller Nutzer veröffentlichen Beiträge, nur 9 % liken und kommentieren«, bestätigt Uwe von Grafenstein. Uwe ist ehemaliger TV-Produzent und Gründer und Dozent von »Geschichten, die verkaufen«. »Die anderen 90 % lesen nur still mit. Aber in diesen 90 % stecken alle deine Kunden.«

7.1   Wie du Themen findest, die für deine Leser*innen interessant sind

»Was soll ich bloß posten?« Wenn dir diese Frage bekannt vorkommt: Willkommen im Club! Allein diese Frage hält viele Menschen davon ab, auf LinkedIn aktiv zu werden. Sie ist aber nur dir erste von vielen Türen, durch die ambitionierte LinkedIn-Autor*innen gehen müssen.

> »Doubt kills more dreams than failure ever will.« – Suzy Kassem

Der Schlüssel für diese Türen ist Mut. Wer seine Gedanken auf einem Social Network (nicht nur LinkedIn) teilt, macht sich angreifbar. Du setzt dich der öffentlichen Bewertung aus – und Likes sind nur die kleinste Form von Feedback. Diesen Mut musst du zwar in dir selbst finden. Aber vielen meiner Kund*innen fällt es leichter, wenn man ihre Befürchtungen aus einer andere Perspektive betrachtett und ein Beispiel aus dem realen Leben heranzieht:

Stell dir LinkedIn wieder als eine geschäftlich veranlasste Party vor. Auch hier brauchst du Mut, um auf Menschen zuzugehen und sie anzusprechen. Auch hier braucht es Mut, Smalltalk in einer Runde zu machen. Oder jemanden zu bitten, dich bei einer potenziellen Kundin vorzustellen. Wenn du diesen Mut im richtigen Leben aufbringen kannst, dann sollte es dir auch auf LinkedIn gelingen. Denn immerhin kannst du hier deine Kommentare und Beiträge nachträglich bearbeiten und sogar wieder löschen. Fangen wir doch am Anfang an.

7.1.1   Muss ich auf LinkedIn eigene Beiträge posten, um erfolgreich zu sein?

Von 17 Millionen Mitgliedern in der DACH-Region haben im letzten Monat nur 650.000 Menschen einen eigenen Beitrag auf LinkedIn veröffentlicht. Das sind nur 3,8 % aller Mitglieder. Die klare Antwort lautet also: Nein. Du kannst auf LinkedIn erfolgreich sein, ohne zu posten. Du kannst dich mit alten und neuen Kolleg*innen vernetzen, um bekannter in deinem Unternehmen zu werden. Du kannst potenziellen Kund*innen oder Bewerber*innen Direktnachrichten schicken. Und – was die meisten Menschen unterschätzen – du kannst die Beiträge anderer kommentieren.

Die Kommentare unter Beiträgen auf LinkedIn sind das Salz in der Suppe. Hier liegt die wahre Magie dieses Netzwerks, denn oft entwickeln sich in den Kommentaren lange und qualitativ hochwertige Diskussionen mit vielen Menschen – auch außerhalb deines Netzwerks. Es steht dir frei, an diesen Gesprächen teilzunehmen und deine Meinungen und Gedanken zu äußern. Der Vorteil? Der Autor des ursprünglichen Beitrags hat dir bereits die Arbeit abgenommen und das Thema vorgegeben. Vielleicht hat er sogar in seinem Beitrag eine Frage aufgeworfen, die du beantworten kannst. Diese Frage ist nichts anderes als eine Einladung, dich mit dem Autor und anderen Mitgliedern auszutauschen. Nimm sie an! Stell dir einen Kommentar als eine Art »Mini-Post« vor. Wie in einem Beitrag kannst du mit deiner Fachexpertise glänzen, deine Erfahrungen teilen oder deine Meinung äußern. Genau wie in einem normalen Gespräch. Mit dem Unterschied, dass du viel mehr Zuhörer*innen haben kannst.

Im Rahmen deiner Positionierung hast du deine Zielgruppe definiert: Die Gruppe von Menschen, mit denen du ins Gespräch kommen willst. Die Beiträge dieser Menschen zu kommentieren ist naheliegend. Dazu musst du nicht mal mit ihnen direkt vernetzt sein: Nutze den LinkedIn Sales Navigator, um dir eine Liste mit möglichen Leads zu erstellen. Finde mit den Suchfiltern deine Zielgruppe, und speichere sie als Lead ab. Jetzt kannst du im Newsfeed des LinkedIn Sales Navigators sehen, wenn deine Leads einen Beitrag gepostet haben, und ihn *gegebenenfalls* kommentieren.

Tatsächlich ist es sogar sehr charmant, sich erst einmal im Gespräch (also in den Kommentaren) kennenzulernen und auszutauschen, *bevor* man eine Kontaktanfrage stellt. Dann musst du dir auch keine Gedanken mehr darüber machen, was du eigentlich in der Kontaktanfrage »sagen« sollst, sondern kannst ganz einfach auf eure »Unterhaltung« in den Kommentaren verweisen.

Wenn du selbst keine Beiträge veröffentlichst und deine Leads das auch nicht tun, musst du kreativer werden. Beispielsweise könntest du ihnen ein Exemplar dieses Buches schenken, um sie zum Posten zu animieren. Oder – und diese Taktik ist deutlich erfolgversprechender – du »spielst über Bande«.

»Über Bande spielen« bedeutet, dass du auf LinkedIn eine Person, eine Gruppe oder ein Unternehmen findest, deren Beiträge deine Leads wahrscheinlich lesen. Dazu gehören:

- der Arbeitgeber deines Leads
- Branchenverbände
- Fachmagazine und -Blogs
- Influencerinnen und Multiplikatoren wie Journalisten, Thought Leader oder CEOs
- Gruppen, in denen deine Leads Mitglied sind

Wenn du dich an den Diskussionen unter den Beiträgen beteiligst (oder ganz wage-mutig: sie initiierst), stehen die Chancen gut, dass deine Leads auf dich aufmerksam werden und ihr einen ersten kurzen Austausch habt.

Wie solltest du Beiträge kommentieren? Verhalte dich auf LinkedIn wie in einem normalen Gespräch. Auch wenn dir der Autor des Beitrags die Bühne bereitet hat, solltest du sie keinesfalls für einen banalen Sales-Pitch nutzen.

Stattdessen solltest du:

- die Frage des Autors beantworten (sofern er eine gestellt hat)
- immer eine offene Rückfrage stellen, um das Gespräch am Laufen zu halten – und es sich anbietet
- umgangssprachlich und freundlich antworten – es ist ein Gespräch, keine E-Mail

Versuche dabei, stets den Menschen hinter dem Beitrag und den anderen Kommentaren zu sehen. Natürlich seid ihr beide Repräsentanten eurer Unternehmen, aber zuallererst – und das ist wichtig auf LinkedIn – seid ihr Menschen. Dein Gegenüber stellt sich vermutlich genau die gleichen Fragen wie du hinsichtlich des Austauschs auf LinkedIn.

7.1.2   Über welche Themen sollte ich schreiben?

Im Rahmen der Definition deiner Personal Brand hast du deine Themen und Botschaften definiert. Das ist ein kritischer Ausgangspunkt für deine Beiträge! Stell dir deine Themen und Botschaften als einen Schirm vor, den du über deine Beiträge spannst. Alles, was du auf LinkedIn veröffentlichst, sollte (mal mehr, mal weniger) dazu passen, damit die Menschen dich in die richtige Schublade stecken können und du als Expert*in wahrgenommen wirst.

Schubladen sind in diesem Fall überhaupt nichts Schlechtes: Sie vereinfachen uns die Zuordnung zwischen Mensch und Thema. Genau das macht gutes Branding aus: Die Menschen wissen, wofür du stehst, weil du immer wieder über die gleichen Themen und Botschaften sprichst. Schau dir das Prinzip von Zeitschriften ab: Jede Zeitschrift hat mindestens einen Themenschwerpunkt. Und jeder veröffentlichte Artikel trägt zu diesem Themenschwerpunkt bei.

Eine Liste mit den folgenden Inspirationsquellen kannst du unter *https://schaffens-geist.com/bonus* herunterladen.

7.1.3   Jetzt mal Tacheles: Was soll ich posten?

Themen und Botschaften sind definiert? Großartig! Jetzt kannst du aus der großen Dose mit Keksen greifen und dir ein Thema aussuchen:

- Persönliches
  - deine Ziele
  - deine privaten und professionellen Werte und Prinzipien
  - deine Vorbilder und Inspirationsquellen
- Mitarbeiter*innen
  - Begrüßung oder Verabschiedung von Kolleg*innen
  - öffentliches Lob (= Shoutout), z. B. nach einem erfolgreichen Projektabschluss
  - Stellenangebote
- Produkte und Dienstleistungen
- Informationen und Weiterbildung
  - Case Studies
  - »Wie macht man«-Beiträge
  - Fachbeiträge
  - Branchenmythen
- Aktuelle Themen
  - deine Meinung zu Branchentrends und -News
  - Vorhersagen
  - Reaktionen auf fremden Content (z. B. Content aus anderen Plattformen (siehe Abbildung 7.1), Artikel und Bücher, die du gelesen, oder Podcasts, die du gehört hast)

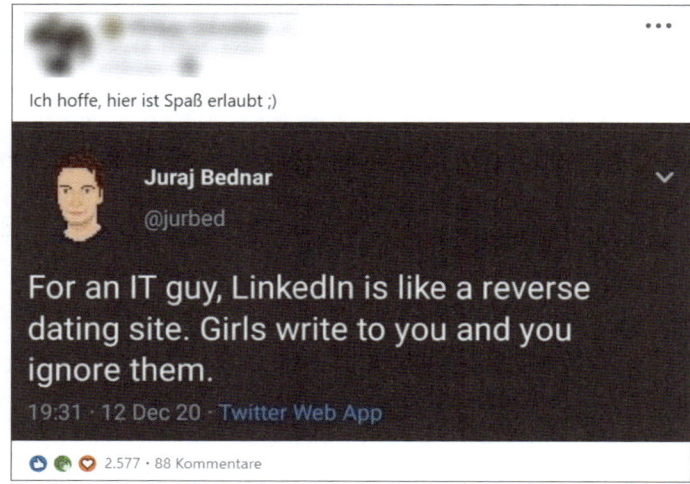

Abbildung 7.1 Externer Content kann auf LinkedIn sehr gut funktionieren.

7.1.4   Soll ich private Themen auf LinkedIn posten?

Eine der häufigsten Fragen, die uns unsere Kund*innen stellen, ist: »Sollte ich private Themen auf LinkedIn posten?« Unsere Antwort: ein klares »Ja unbedingt, aber nur wenn es auf deine geschäftlichen Themen einzahlt!«.

> *»Immer wenn ich eine private Beobachtung mache und das auf Business übertrage, flippen die Leute aus!« – Uwe von Grafenstein*

Du solltest über die Themen und Botschaften schreiben, die dir wichtig sind und die deine Zielgruppe interessieren. Das ist dein Hometurf, dein Zuhause. Dir wird nur ein erfolgreiches Branding gelingen, wenn du dich konsequent und langfristig auf diese Themen fokussierst. Deine Beiträge sollen abwechslungsreich sein, aber immer auf die gleichen Kernthemen einzahlen. Und sie sollten deine Persönlichkeit, deinen Charakter widerspiegeln, sie dürfen gerne Ecken und Kanten haben. Denn du bist nicht auf Social Media, um lediglich die Pressemitteilungen deines Unternehmens wiederzukäuen. »Wenn du deine Geschichte kennst, wirst du deine Stimme finden«, sagt Uwe von Grafenstein. Nicht gleich beim ersten Post. Aber wie so oft im Leben heißt es auch auf LinkedIn: Übung macht den Meister. Du wirst deine Stimme finden, wenn du regelmäßig über deine Themen schreibst. Vielleicht zunächst als Kommentar, später dann als Post oder sogar Artikel. Versuche dich von dem Druck zu befreien, dass du beim ersten Mal oder jedes Mal den vermeintlich perfekten Beitrag verfassen wirst. Wirst du nicht. Aber darum geht es auch nicht. Es geht darum, ins Tun zu kommen und durch regelmäßige Präsenz und Sichtbarkeit die Marke aufzubauen und Vertrauen zu schaffen.

7.1.5   Gibt es noch mehr Inspirationsquellen?

Neben den oben genannten Themenblöcken gibt es noch eine Reihe weiterer Quellen, aus denen du Inspiration für deine Beiträge ziehen kannst:

- **LinkedIn News:**

  In der Desktop-Version von LinkedIn findest du oben rechts die »LinkedIn News«-Box (siehe Abbildung 7.2).

  Dort findest du Artikel, die von den Redakteur*innen von LinkedIn News als aktuell und lesenswert eingestuft worden sind. Der Schwerpunkt liegt dabei in der Regel auf Nachrichten aus dem Berufsleben. Ergänzend kannst du auch der Redaktion direkt auf LinkedIn folgen: *www.linkedin.com/showcase/linkedin-news/*.

- **Keyword-Tools**

  Die Frage »Was interessiert meine Leser?« beschäftigt eine Berufsgruppe seit Jahrzehnten: Menschen, die sich um Suchmaschinen-Optimierung (SEO) kümmern. Hintergrund: Wenn ich weiß, wonach meine Kund*innen suchen, kann ich auf genau diese Fragen (= Keywords) die Antworten in Form von Content

(z. B. Blogartikel) geben. Wenn mir das gut gelingt und meine Website den technischen Anforderungen von Google & Co genügt, kann meine Website auf der Suchergebnisseite langsam, aber sicher nach oben klettern – und mit mehr Sichtbarkeit erhöht sich auch die Zahl der Website-Besucher*innen und (hoffentlich) der Kund*innen. SEOler und Content Marketer sind daher schon seit jeher auf der Jagd nach den »richtigen« Themen. Du kannst dir diese Erfahrung zunutze machen, indem du (wenn vorhanden) bei SEO-Kolleg*innen einfach um Unterstützung bittest. Vielleicht gibt es in deinem Unternehmen schon einen Schatz mit Wissen über die Suchanfragen der Kund*innen. Falls nicht, musst du selbst ran. Glücklicherweise gibt es eine Reihe von (teilweise auch kostenlosen) Tools, die dir die populärsten Suchanfragen rund um »dein« Keyword ausspucken. Darunter beispielsweise *Answer the Public* (*https://answerthepublic.com/*) oder *Ubersuggest* (*https://app.neilpatel.com/en/dashboard*). Noch einfacher: Du fängst an, das Keyword in das Suchfeld von Google zu tippen – und notierst die nun erscheinenden Vorschläge (= Google Suggest). Außerdem findest du auf der Suchergebnisseite ganz unten ein unauffälliges Feld, überschrieben mit »Ähnliche Suchanfragen«.

Abbildung 7.2 LinkedIn News können eine gute Inspirationsquelle sein.

- **Frage-und-Antwort-Portale**

  Foren und Portale wie *Quora (www.quora.com)* sind eine Fundgrube für relevante Themen, die du in deinen Beiträgen auf LinkedIn verwenden kannst – und zusätzlich findest du hier auch gleich viele Argumente und Aspekte, die du womöglich berücksichtigen möchtest.

- **Rezensionen von Fachbüchern**

  Je besser du deine Zielgruppe kennst, desto besser weißt du auch, was sie liest. Schau dir auf Amazon die Inhaltsbeschreibungen relevanter Fachbücher an, um spannende Themen zu finden. Noch besser: Du wirfst einen Blick in die Rezensionen, um nicht nur die Erwartungshaltung der Leser*innen zu erkennen (Was haben sie sich von dem Buch erhofft? Hat der Autor geliefert? Was hat gefehlt?), sondern auch die Tonalität und die Vokabeln, die du verwenden solltest.

■ **Influencer und Multiplikatorinnen**

Abschreiben ist uncool. Aber niemand hat etwas dagegen, wenn du dich von anderen Menschen für deine Beiträge inspirieren lässt. In diesem Zusammenhang kann Content- und Social-Media-Management der Kunst und Wissenschaft nahe sein, denn beiden liegt ein kreativer Prozess zugrunde – der auf den Beiträgen anderer aufbaut. Was heißt das für dich?

»That great poets imitate and improve, whereas small ones steal and spoil.« – W. H. Davenport Adams

Schau dir an, worüber Influencerinnen und Multiplikatoren posten. Verwende die gleichen Themen, wenn sie dich (und vor allem deine Zielgruppe!) ansprechen, aber lasse deine Erfahrung und Meinung einfließen. Keinesfalls solltest du beispielsweise Bilder oder Videos verwenden, ohne auf den ursprünglichen Autor zu verweisen.

Evergreen-Content und »Slow viral«

Wenn du schon länger auf Social Media aktiv bist oder bloggst, reicht vielleicht schon ein Blick in dein Archiv, um die Idee für den nächsten großartigen Beitrag zu finden: Identifiziere den Content, der viel Engagement hervorgerufen hat, und verfasse einen Beitrag zum gleichen Thema. Das heißt nicht, dass du den alten Beitrag 1:1 kopieren sollst. Sondern, dass du einen neuen Betrag zu diesem Thema schreiben und mit gutem Gewissen veröffentlichen kannst. Denn die meisten deiner »alten« Follower*innen werden den Originalbeitrag nicht gesehen haben. Ebenso wie alle Follower*innen, die erst seitdem in deinem Netzwerk sind.

Growth Hack: Diesen Beitrag kannst du immer posten

Wenn du nicht weißt, was du posten sollst, dann poste eine Frage! Denn Fragen sind seltener als »Schau mal, was ich Tolles erreicht habe«-Beiträge, machen dich nahbarer und laden sofort zu Kommentaren ein. Überlege dir: Was würde ich gerne von meinem Netzwerk wissen? Auf welche Frage hast du im Moment auch keine Antwort? Die Wahrscheinlichkeit ist hoch, dass sich die Menschen in deinem Netzwerk dieselbe Frage stellen.

7.1.6   Wie oft solltest du posten?

Die kurze Antwort auf diese Frage lautet: wenn du kannst, jeden Tag! Je öfter du postest, desto größer die Wahrscheinlichkeit, dass dir etwas Gutes widerfährt – in der Form neuer Kunden, Partnerinnen oder Kollegen. Klaus Eck, Autor und Content-Marketing-Experte, führt derzeit ein Experiment durch und veröffentlicht jeden Tag einen Beitrag auf LinkedIn. Dadurch erweitert er stetig sein Netzwerk. Natürlich sind nicht alle neuen Kontakte bzw. Follower*innen auch potenzielle Kunden ... aber die Wahrscheinlichkeit dafür steigt.

Die gute Nachricht: Du musst natürlich nicht jeden Tag etwas Neues posten. Wir sind hier nicht bei Instagram. LinkedIn wird den Nutzern (aktuell) ohnehin maximal drei Beiträge eines anderen Mitglieds pro Session anzeigen, du kannst also niemanden mit deinen Beiträgen nerven. Wenn es dir so geht wie den meisten Menschen, ist Social Media eine berufliche Kür, aber nicht deine Pflicht – und eine tägliche Veröffentlichung würde schlichtweg zu viel Zeit benötigen. »Ein sinnvolles Minimum ist ein Posting pro Monat«, bekräftigt Ritchie Pettauer. »Gut wäre ein Beitrag alle zwei Wochen«, um sich adäquat darzustellen. Wenn Beiträge auf LinkedIn prinzipiell dazu beitragen, dass du deine Ziele (die wir in Kapitel 5, »Die eigene Positionierung: Deine Personal Brand«, definiert haben) erreichen kannst, dann solltest du dich bemühen, einmal pro Woche einen neuen Beitrag zu posten. Wichtiger als die Frequenz ist die Regelmäßigkeit, damit Profilbesucher*innen deine Aktivitäten wahrnehmen und du dein Marken-Image durch deine Beiträge regelmäßig unterstützt. Und natürlich die Rate des Engagements auf deine Beiträge! Daher lieber mehr Qualität und weniger Quantität bei deinen Beiträgen. Denn je mehr Menschen deine Beiträge liken und kommentieren, desto mehr Reichweite wird dein Beitrag auch bekommen. LinkedIn-Marketing ist ein Marathon, kein Sprint!

Versuche einmal, in sechs Monaten mindestens zwölf Beiträge über deine Kernthemen zu veröffentlichen. Anschließend kannst du bewerten, ob sich die Mühe gelohnt hat und ob du deine Frequenz gegebenenfalls erhöhen kannst. Wenn die Ergebnisse vielversprechend sind, aber deine Zeit nicht ausreicht, kann es sich lohnen, externe Hilfe hinzuzuholen.

7.1.7   Wann solltest du posten?

Die kurze Antwort? An Werktagen bis 14:00 Uhr. Warum das so ist, erkläre ich gerne: Nach einem schnellen und vollautomatischen Spam-Check wird dein Beitrag veröffentlicht. Wie viele Menschen ihn sehen werden, hängt u. a. von deinem Profilstatus ab (deswegen solltest du ein vollständiges Profil aufbauen). Aber ein anderes Element ist noch wichtiger: die Reaktion deines Netzwerks auf deinen Beitrag!

LinkedIn zeigt deine Beiträge in den ersten ein, zwei Stunden Nutzer*innen an, die auch in der Vergangenheit auf deine Postings reagiert haben, also deinen loyalen Fans. Wenn deine Leser*innen innerhalb der ersten ein bis zwei Stunden mit deinem Beitrag interagieren und ihn kommentieren, stuft der LinkedIn-Algorithmus ihn als wertvoll ein und zeigt ihn noch mehr Menschen, d. h., die Reichweite deines Beitrags erhöht sich. Wenn sich das hohe Engagement dann bestätigt, erhöht das wiederum die Reichweite (siehe Abbildung 7.3).

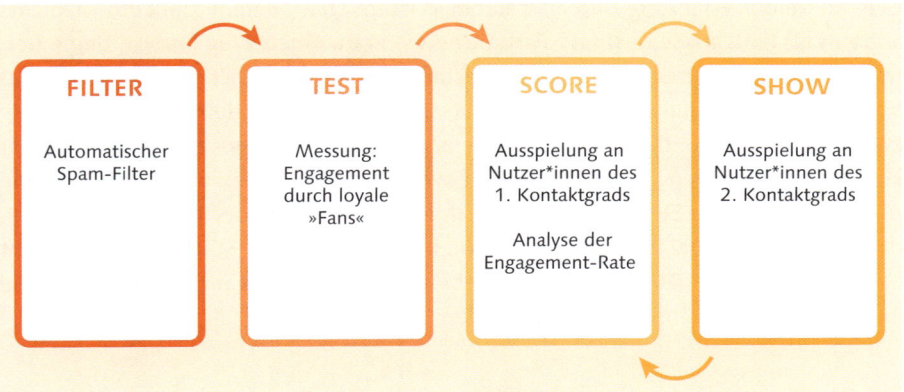

Abbildung 7.3 Funktionsweise des LinkedIn-Algorithmus nach Richard van der Blom und Grow Force[1]

Wichtig: LinkedIn weist die Reichweite in Form von Impressions, also Ansichten deines Beitrags, aus. Aber diese Impressions sind nicht einzigartig, d. h., dass dein Beitrag von einigen Menschen auch mehrmals gesehen werden kann. Was hat das jetzt mit dem Zeitpunkt der Veröffentlichung zu tun?

Wenn die Menschen in deinem Netzwerk zum Zeitpunkt der Veröffentlichung nicht online sind, können sie nicht reagieren – und du verpasst den so wichtigen »Boost«. Deswegen solltest du zu Zeiten auf LinkedIn posten, wenn du möglichst viele Menschen erreichen kannst. Das ist in der Regel an Werktagen bis 14:00 Uhr der Fall.

In den Grenzzeiten (früh morgens oder spät abends) bzw. am Wochenende hast du weniger Konkurrenz, weil weniger Menschen eigene Beiträge veröffentlichen – und Unternehmen in der Regel überhaupt nicht. Also weniger Leser*innen, aber auch weniger Wettbewerb. Deswegen eignet sich eine Veröffentlichung am Samstag- oder Sonntagmorgen insbesondere für Themen, die semi-beruflich sind oder einen privaten Hintergrund haben. Beispielsweise deine Bücherliste oder was dir Basket- ball über Teamwork im Job gezeigt hat.

---

1 Yigit Durdag et al. A Growth Hacker's handbook of LinkedIn: Social Selling, Marketing Automa- tion and Lead Generation. *www.grow-force.com/wp-content/uploads/2020/06/GROWFORCE_ MONEYEBOOK_V15_3.pdf* & Richard van der Blom (2021). Newsletter 15: LinkedIn Algorithm Report 2021: *www.linkedin.com/pulse/newsletter-15-linkedin-algorithm-report-2021-30- van-der-blom*

7.1.8 Warum sollte jemanden meine Meinung interessieren?

Warum folgen dir andere Menschen? Genau aus dem gleichen Grund, aus dem sie sich gerne mit dir unterhalten: weil sie Interesse an dir haben. An deiner Perspektive, an deiner Erfahrung und an deinem Wissen. Denk daran: LinkedIn ist nichts anderes als eine große Business-Party. Und wenn du einen Weg findest, deine Beiträge informativ und unterhaltsam zu gestalten, wirst du Menschen finden, die das interessiert. Nicht alle natürlich. Aber alle sind ja auch nicht deine Zielgruppe. Alle können dir nicht bei der Erreichung deiner Ziele helfen. Deswegen hast du vorher klar umrissen, an wen sich deine Beiträge wenden (Zielgruppe), welche Themen die Menschen in deiner Zielgruppe interessieren (Themen und Botschaften) und wie du deine Expertise dabei zur Schau stellen kannst (Superkräfte). Stelle dein Licht nicht unter den Scheffel! Du sollst nicht angeben – aber du darfst dich natürlich als die Expertin oder die Führungskraft darstellen, die du bist!

7.1.9 Beantworte diese drei Fragen, bevor du auf »Publizieren« klickst

Das Gegenteil einer Schreibblockade ist eine Flut an Ideen! Manchmal sprudeln die Beiträge nur so aus uns hervor, und wir könnten sogar mehrmals täglich grandiose Beiträge veröffentlichen. Aber Achtung: Bevor du auf POSTEN klickst und deine Leser*innen an deiner Expertise teilhaben lässt, solltest du noch einmal kurz innehalten und mental diese Checkliste durchgehen:

- **Darf ich das eigentlich posten?**

  Die meisten Unternehmen nutzen Social-Media-Guidelines, um die Aktivitäten ihrer Mitarbeiter*innen in die gewünschte Richtung etwas einzugrenzen. Idealerweise sind sie kurz, leicht verständlich und zeigen die notwendigen Grenzen für Inhalte auf, die auf Social Media nichts zu suchen haben, wie beispielsweise Unternehmensinformationen und -neuigkeiten, die noch nicht veröffentlicht worden sind.

- **Ist es wahr?**

  Die sozialen Netzwerke (ja, Facebook, ich meine dich!) sind eine Nachrichtenquelle abseits des traditionellen Journalismus geworden. Viele Nutzer*innen schenken fragwürdigen Autor*innen und Portalen ihre Aufmerksamkeit und guten Glauben. Die Gefahr durch diese *Fake News* und *Echo-Chamber* wurde der Welt beispielsweise beim Sturm auf das amerikanische Kapitol vor der Amtseinführung von Joe Biden oder bei den »Querdenker«-Demonstrationen in Deutschland vor Augen geführt. Aber auch im Business-Kontext gibt es genügend Menschen, die sich die Leichtgläubigkeit ihrer Mitmenschen zunutze machen und sie mit falschen Informationen füttern. Bitte sei Teil der Lösung und nicht des Problems. Poste nur Informationen, die du nach bestem Wissen als wahr einstufst – oder mache deutlich, wenn es sich nur um eine Vermutung oder These handelt.

- **Ist es freundlich?**

Neben Fake News haben auch persönliche Anfeindungen, Diffamierungen und Beleidigungen auf Social Media zugenommen. Auch wenn die Strafen durch den Gesetzgeber regelmäßig erhöht werden und die Betreiber der Netzwerke (Grüße an Mark Zuckerberg) zumindest damit beginnen, das Thema zu bekämpfen, gibt es doch immer mehr Angst im Netz. Teilweise führt das schon dazu, dass Menschen sich gar nicht mehr trauen, über ihre Themen zu schreiben. Deswegen mein dringender Appell: Greife niemanden persönlich an! Diskutiere gerne über die Sache, aber nie über die Person. Auch auf Social Media gilt: Was du nicht willst, das man dir tu, das füg auch keinem anderen zu.

Wenn du eine Beleidigung siehst

Du wirst »Zeuge« und siehst in einem Beitrag oder einem Kommentar, dass jemand beleidigt oder sonst wie diffamiert wird? Habe keine Scheu, den Autor*innen öffentlich zu widersprechen – und sei es, um ein Zeichen gegen Hass zu setzen. Außerdem kannst du jeden Beitrag und jeden Kommentar der LinkedIn-Redaktion zur Überprüfung anzeigen: Gehe dazu auf die drei Punkte auf der rechten Seite und klicke auf MELDEN.

- **Bringt es Mehrwert?**

Noch wichtiger als auf anderen sozialen Netzwerken ist auf LinkedIn die Qualität deiner Beiträge. Natürlich wird die Anzahl deiner Follower wachsen, wenn du häufig und regelmäßig Beiträge teilst – aber Qualität ist bedeutsamer als Quantität. Der Austausch von beruflich relevanten Informationen ist (neben dem Networking) der Kern des Netzwerks. Deswegen frage dich bei jedem Beitrag: Was bringt es den Leser*innen? Wie profitieren sie von deinem Wissen, deiner Erfahrung und deiner Expertise? Nur wenn du dir sicher bist, dass es mindestens eine oder einen deiner Leserinnen und Leser inspiriert und hilft, solltest du den Beitrag veröffentlichen! »Immer wenn unser Content gelesen wird, bezahlen die Menschen mit ihrem Wertvollsten: Lebenszeit«, sagt Uwe von Grafenstein. »Du kannst nicht schlechten Content heraushauen, weil die Menschen das persönlich nehmen. Weil es respektlos gegenüber deinem Netzwerk ist.« Einzige Ausnahme: Humor. Spaß im Leben ist wichtig – auch im beruflichen Alltag.

7.2   Wie du deinen Ideenspeicher erstellst

Es gibt ein hervorragendes Mittel gegen die Schreibblockade: den Aufbau eines Ideenspeichers, auch bekannt als 2nd *Brain* oder *Intellectual Property Snapshot*. Egal wie man es nennt: Es geht darum, das eigene Wissen und Ideen zu sammeln und miteinander zu verknüpfen. Und zwar *bevor* man sie braucht.[2] Denke daran: Dein Gehirn ist zum Denken da. Nicht als Ablage. Die Idee dahinter ist simpel: Einen Experten zeichnet nicht zwingend sein Wissen aus – sondern wie er sein Wissen organisiert hat. Was bedeutet das für dich? Du liest (offensichtlich) Fachbücher. Vielleicht hörst du auch Podcasts, blätterst Fachmagazine durch, wirfst regelmäßig einen Blick auf die besten Branchen-Blogs und schaust dir Vorträge von Expert*innen an. Und das (hoffentlich) im Laufe deiner gesamten beruflichen Laufbahn.

Stelle dir einmal vor, was für einen Berg an Wissen du in diesen Jahren konsumierst! Abertausende von Seiten. Kannst du dich an alles erinnern? Natürlich nicht. Wäre es nicht großartig, wenn du auf diesen Schatz zugreifen könntest? Und zwar nicht auf alle Informationen in derselben Form, wie du sie konsumiert hast. Sondern nur auf das, was für dich relevant war. Nicht auf das, was du gelesen, sondern was du daraus gelernt hast – und was du für deinen Output, wie beispielsweise deine LinkedIn-Beiträge, benötigst.

Dieser Schatz ist dein Ideenspeicher.

Eine Sammlung deiner Learnings. Der besten Modelle und Zitate. Und vor allem eine Sammlung der Ideen, die du bekommen hast, weil du all diese Dinge gelesen, gesehen und gelernt hast.

Und das in einer Form, die dir jederzeit einen leichten Zugriff erlaubt – ohne langes Suchen. Idealerweise sind die Inhalte durchsuchbar, thematisch sortiert und miteinander verknüpft, sodass du beispielsweise zwischen zwei Kapiteln unterschiedlicher Bücher zum gleichen Thema eine Verbindung herstellen kannst.

Das sind die Vorteile eines Ideenspeichers:

- Geliehene Kreativität: Es geht darum, vorhandene Ideen zu mischen, um originelle Ideen zu schaffen.

- Die Sammelgewohnheit: Halte alles fest, was dich anspricht.

- Ideen-Recycling: Du behältst den Überblick über alle Ideen, denn du kannst sie später wieder verwenden.

- Projekte statt Kategorien: Denke nicht in Ordnern, sondern in Projekten und Themen, damit du dich leichter erinnern kannst.

- Frühstart: Indem du deinen Ideenspeicher benutzt, musst du nie bei null anfangen.

---

2   Vgl. Matt Church, Peter Cook, Scott Stein (2016). The Thought Leaders Practice. Thought Leaders.

- Mache es deinem zukünftigen Ich leichter: Erstelle deine Notizen so, dass dein zukünftiges Ich sie verstehen wird und du schnell und einfach eigenen Output generieren kannst.

- Halte deine Ideen in Bewegung: Es geht nicht um ein perfektes Notizensystem. Verbessere es mit der Zeit und deinen Ansprüchen.

Ideenspeicher sind so individuell wie die Menschen, die sie anlegen. Denn die Art und Weise, wie man Informationen am besten sammelt und verarbeitet, ist bei jedem Menschen anders. Die einen brauchen nur Stichwörter, um sich an komplexe Inhalte zu erinnern. Andere machen sich selbst Notizen. Und wieder andere malen und skizzieren Mindmaps oder Scribbles, um die wichtigsten Lerninhalte für sich festzuhalten. Welche Methode die richtige für dich ist, musst du durch Ausprobieren testen. Für mich sind beispielsweise Mindmaps und ausklappbare Toggle-Listen wunderbar geeignet, weil ich zum einen eine visuelle Hierarchie brauche, aber dann auch Informationen als ausführlichen Text. Der Ideenspeicher besteht aus zwei Modulen:

1. die Kerninhalte
2. deine eigenen Ideen

Kerninhalte sind Schlüsselideen aus Büchern, Podcast etc. sowie deine Learnings, Erfahrungen und darauf aufbauenden Ideen/Erkenntnisse. Sie werden schnell den meisten Platz einnehmen. Dies ist dein »Gedankenpalast«, in dem du die Kerninhalte aller wichtigen Quellen zusammenfasst. Also alle Informationen, die du später vielleicht mal gebrauchen kannst. Dazu gehören:

- Fachbücher
- Fachartikel und Blogbeiträge (inklusive Link)
- Vorträge
- Podcasts
- persönliche Gespräche (z. B. mit Expert*innen oder Coaches)
- persönliche Erfahrungen (z. B. im Rahmen eines Projekts)
- Zitate, die dich bewegen
- Modelle, die einen komplexen Zusammenhang oder Prozess erläutern
- Bilder und Fotos im Zusammenhang mit dem jeweiligen Themenkomplex (z. B. Unternehmenskultur, Familien, Produktivität)

Ich empfehle dir, Vorlagen anzulegen, um dich vollkommen auf die Inhalte konzentrieren zu können. Natürlich kannst du diese mit der Zeit anpassen, sodass du möglichst wenig Aufwand investieren musst und gleichzeitig möglichst schnell auf die Informationen zugreifen kannst. Denke bei diesen Vorlagen auch gleich an deinen Output, wie beispielsweise ein Beratungsgespräch oder einen LinkedIn-Beitrag: Es geht nicht darum, den Input nur zusammenzufassen. Es geht auch darum, so schnell wie möglich das Gelernte anzuwenden und eigenen Output zu generieren.

Ist eine Idee ein »einfacher« Gedanke, den ich auf einem Bierdeckel notieren kann? Manchmal. Aber in der Regel steht jede Idee in einem Kontext. Und damit du sie später leicht wiederwenden kannst (z. B. in einem Social-Media-Beitrag oder einer Rede), solltest du deine Ideen nach einem dreiteiligen Muster aufbauen, das dir diese Wiederverwendung so einfach wie möglich macht:

1. **Kontext**

   Der Zusammenhang zwischen deiner Idee und der großen weiten Welt. Nutze Modelle, Bilder und Metaphern, um deinen Leser*innen das Verstehen zu erleichtern.

2. **Konzept**

   Die Kernaussage, die du machst, und das, was bei deiner Leserschaft, deinen Hörerinnen oder Zuschauern ankommen soll.

3. **Content**

   Was du tatsächlich sagst bzw. schreibst. Der Text deines Beitrags, deines Vortrags, Videos oder Podcasts.

Kontext	Konzept	Content
Modelle, Bilder und Metaphern die deine Idee unterstützen	Die Kernaussage deiner Idee: Was bei Leser*innen ankommen soll	Deine Idee, so kurz wie möglich, so lang wie nötig

Abbildung 7.4 Aufbau einer Idee

Für deinen Ideenspeicher kannst du aus einer Vielzahl von geeigneten Tools wählen. Die Wahl des richtigen Tools hängt natürlich von dir und deinen Präferenzen ab. Wichtig bei der Auswahl sind die folgenden Punkte:

- Welches Format (Texte, Grafiken, Bilder etc.) ist für dich am hilfreichsten?

- Wie möchtest du deine Ideen festhalten? Digital oder analog? Mit einer Tastatur oder einem Stift?

- Welche Utensilien hast du in der Regel ganz in deiner Nähe? Handy und Laptop? Oder ein klassisches Notizbuch und Kugelschreiber?

- Wie hoch sind deine Anforderungen an die Verknüpfungen der Informationen untereinander, sodass du beispielsweise auf einen Schlag alle relevanten Informationen zum Thema »Challenger Sales« finden kannst?

- »Lege deinen Ideenspeicher so an, dass die Nutzung einfach ist, dir Spaß macht und dir hilft«, rät Maxine Schiffmann. Denn wichtig ist nicht die Qualität deines Ideenspeichers, sondern die Qualität deines Outputs: was du daraus machst!

Wenn du deine Präferenzen gefunden hast, stehen dir viele Werkzeuge zur Verfügung, um deinen Ideenspeicher aufzubauen. Schau dir die Alternativen an, und entscheide dich dann. Du kannst deine Entscheidung später immer noch revidieren und deine Inhalte einfach exportieren und woanders nutzen. Aber vergeude nicht zu viel Zeit mit der Wahl des vermeintlich perfekten Tools. Das gibt es nämlich nicht. Hier eine Auswahl:

- **Notizbuch**

  Klassisch, schlicht und funktioniert ohne Strom und WLAN. Das digitale Pendant dazu ist ein Tablet oder ein digitales Notizbuch wie beispielsweise das Re-Markable.

- **Evernote**

  Der Klassiker unter den Notiz-Apps.

- **Workflowy**

  Ein einfaches, aber mächtiges Werkzeug für unendlich lange und ineinander verschachtelte Listen.

- **Microsoft OneNote**

  Der digitale Notizblock von Microsoft mit beliebig vielen Notizbüchern und beliebig vielen Abschnitten in den Notizbüchern. In Verbindung mit dem Microsoft Surface lassen sich sogar handschriftliche Notizen festhalten. Funktioniert auch in größeren Teams.

- **Notion**

  Ein extrem vielseitiges Tool, das sich irgendwo zwischen Evernote, Trello, Google Docs und Word einordnet. Es kann sowohl für Einzelnutzer*innen als auch im Team überzeugen und steht im Browser und als App zur Verfügung. Sowohl lange Texte in Form von Wikis oder ganzen Büchern als auch kurze To-do-Listen, Changelogs, Styleguides oder Notizen sind in Notion gut aufgehoben. Aufgrund seiner Vielfältigkeit wird es von einigen Unternehmen sogar als Product-Backlog und CRM genutzt. Struktur und den ersten Entwurf für dieses Buch habe ich mit Notion erstellt – und habe mich dabei stets bestens organisiert gefühlt. Zudem kannst du dein Notion auch visuell sehr ansprechend gestalten und beispielsweise Header-Bilder und Icons auf jeder Seite integrieren. Ein weiterer großer Vorteil: Du kannst Notion als Datenbank nutzen und einzelne Einträge miteinander verknüpfen. Profinutzer*innen wie Maxine Schiffmann wissen damit genau, woher ihre Ideen stammen bzw. welche Quellen zu einer neuen Podcast-Episode geführt haben. Außerdem kannst du die Ansichten deiner Datenbank ändern und beispielsweise einen Redaktionskalender mit nur einem Mausklick erstellen. Und es funktioniert auch im Team, weil du andere Nutzer*innen einfach markieren und sie somit benachrichtigen kannst.

Was du jetzt tun kannst

Starte noch heute damit, deinen Ideenspeicher aufzubauen! Nimm dir eine Stunde Zeit, und wirf einen Blick in dein Bücherregal. Nimm dir die drei Bücher heraus, die dich in den letzten zwölf Monaten am meisten inspiriert haben. Blättere sie durch, und notiere die wichtigsten Passagen, Anmerkungen und Ideen, die du beim Lesen hattest, um deinen Ideenspeicher aufzubauen.

7.3   Prozesse machen Profis: der LinkedIn-Workflow

Einige Menschen entscheiden sich, die Produktion ihrer Social-Media-Beiträge, inklusive LinkedIn, outzusourcen. Insbesondere CEOs und Geschäftsführer*innen haben Ambitionen, auf LinkedIn präsent zu sein, aber entweder nicht genügend Zeit oder nicht genügend Know-how oder beides. Dann gibt es zwei Möglichkeiten:

1. innerhalb des eigenen Unternehmens z. B. an das Social-Media-Team, PR oder Corporate Communications delegieren

2. an externe Dienstleister outsourcen

In beiden Fällen ist ein regelmäßiger Austausch zwischen den Texter*innen bzw. Content-Ersteller*innen und der Führungskraft notwendig. Denn sie müssen nicht nur die Themen verstehen und auf dem entsprechenden Level posten können, auch die Tonalität und der Schreibstil müssen passen.

Neben dem Workflow um die Veröffentlichung des Beitrags ist auch die Beantwortung der Kommentare zu klären. Verfolgt die Führungskraft die Diskussion in den Kommentaren und reagiert gegebenenfalls selbst? Oder wird das ebenfalls an eine andere Person delegiert? Oftmals entscheidet schlicht und einfach die Social-Media-Affinität darüber, wie viel die Führungskraft selbst macht. Es spart viel Zeit und Energie, Content Creation »wegzudelegieren«. Aber gleichzeitig birgt es die Gefahr, unglaubwürdig und künstlich zu wirken – also genau das, was man eigentlich nicht möchte. Denn Social Media allgemein und LinkedIn im Besonderen haben viel mehr Potenzial, wenn du »deine eigene Stimme« findest und damit authentisch und nahbar postest. Das gilt nicht nur für externe Stakeholder wie Kunden, Partnerinnen und Lieferanten, sondern auch für die eigenen Mitarbeiterinnen und Kollegen. Denn nicht nur die Company Page ist ein wichtiger Kanal für Unternehmensneuigkeiten, sondern auch die persönlichen Profile der Führungskräfte.

Solltest du dich also dafür entscheiden, die Produktion der eigenen LinkedIn-Beiträge zu delegieren, solltest du nicht sofort alles aus der Hand geben – insbesondere nicht die Zugangsdaten zum eigenen Account. Stattdessen solltest du deinem Dienstleister Zeit und Gelegenheit geben, dich kennen und verstehen zu lernen. Nur bei einem großen Vertrauensverhältnis und Empathie auf Seiten der Texterin oder des Texters ist gutes LinkedIn-Marketing möglich. Jeder Content Creator, mit dem ich zur Vorbereitung dieses Buches gesprochen habe, hat die Bedeutung eines pragmatischen und effizienten Workflows betont. Warum? Weil ein guter Prozess eine kritische Hürde in deinem Kopf entfernt: das »Wie«. Wie kommst du auf Ideen, wie solltest du deinen Content strukturieren, wie solltest du ihn veröffentlichen usw.? Diese Fragen musst du nur einmal beantworten, und zwar wenn du deinen Workflow definierst. Anschließend kannst du dich auf die Inhalte und deine Aussagen fokussieren. Denn diese Aussagen sind es ja letztendlich, die bei deinen Leserinnen und Zuschauern hängenbleiben sollen und mit denen du deine Marke bestärkst.

Braucht jeder einen Content-Prozess? Nein, nur Menschen, die regelmäßig Content im Internet (oder Intranet) veröffentlichen, sollten für sich einen Workflow etablieren. Alle anderen »Gelegenheitsposter« brauchen sich noch nicht mit dem Thema zu beschäftigen. Aber spätestens, wenn andere Menschen involviert sind (beispielsweise auch, wenn du einen internen Freigabeprozess berücksichtigen musst), solltest du deinen Prozess aufschreiben und gegebenenfalls optimieren.

Maxine Schiffmann ist Business & Personal Growth Coach für Selbstständige sowie Buchautorin von »Das BeRUFungsprinzip«. Maxine ist auf mehreren Social-Media-Plattformen, insbesondere Instagram, sehr aktiv und arbeitet mit einer Assistentin zusammen, die sie bei ihrem Workflow unterstützt. In unserem Gespräch hat sie diesen Workflow mit sechs Schritten vorgestellt:

1. Schritt: Ideen und Themen für potenzielle Beiträge kommen in den Ideenspeicher. Wie viele andere mittlerweile auch nutzt sie dafür das Tool *Notion*.
2. Schritt: Wenn die Zeit für die Umsetzung reif ist, schreibt sie ihre Texte in Notion vor, inklusive Bilder und Verlinkungen.
3. Schritt: Maxine gibt ihrer Assistentin Bescheid, dass der Beitrag zur Korrektur vorliegt.
4. Schritt: Nach der Fehlerkorrektur veröffentlicht Maxines Assistentin den Beitrag zum vereinbarten Zeitpunkt auf LinkedIn und pflegt Zusatzinfos wie z. B. Bildcredits ein.
5. Schritt: Nach der Veröffentlichung behält sie den Beitrag im Auge, um schnell auf Kommentare und Fragen reagieren zu können.

6. Schritt: Einmal pro Woche werden in einem fünfzehnminütigen Jour fixe die veröffentlichten und die anstehenden Beiträge besprochen.

Wie auch immer dein Prozess aussieht: Er sollte so einfach wie möglich sein, damit er dir schnell von der Hand geht. Denk daran: Er soll dir das Leben erleichtern. Plane dir auch genügend Zeit ein, um auf die Kommentare schnell eingehen zu können, denn diese sind mindestens genauso wichtig wie der Beitrag selbst. Du solltest also nicht einen wichtigen Beitrag direkt vor dem Boarding eines Transatlantikflugs posten.

Was dir – unabhängig von der Frequenz deiner Beiträge – helfen kann, sind Vorlagen. Diese kannst du ebenfalls in deinem Ideenspeicher anlegen und für jeden neuen Beitrag kopieren und befüllen. Wie deine Vorlage genau aussieht, hängt von dir, deinen Themen, deiner Tonalität und deiner Zielgruppe ab. Deine Vorlage ist also so individuell wie du und deine Marke. Du kannst sie anhand der Checkliste am Ende dieses Abschnitts formulieren.

Checkliste für deinen Beitrag

- Enthält dein Bild einen auffälligen Eyecatcher, z. B. ein Gesicht?
- Darfst du das Foto verwenden und hast gegebenenfalls den Fotografen oder die Fotografin markiert?
- Ist der Text auf deinem Bild groß genug und einfach lesbar?
- Weckt die Überschrift Neugier auf den Rest des Beitrags?
- Sprichst du in der Überschrift deine Zielgruppe und/oder das Problem an?
- Warum schreibst du diesen Beitrag? Gibt es einen externen Trigger, wie beispielsweise ein Buch, ein Gespräch oder einen Rückschlag?
- Nutzt du »Storytells«, um deine Geschichte interessant und emotional zu erzählen?
- Warum ist deine Geschichte für die Leser*innen wichtig? Was können sie davon lernen? Warum ist das wichtig für deine Branche?
- Enthält der Post *klaren* Mehrwert – mit *einer* Botschaft?
- Zeigst du Persönlichkeit oder könnte der Beitrag auch von jemand anderem geschrieben worden sein?
- Ende mit einem Engagement-Trigger: Was sollen die Leser*innen jetzt tun? Eine eigene Erfahrung teilen? Ihre Meinung in den Kommentaren kundtun? Eine Website besuchen?
- Nutzt du die richtigen Hashtags? Du solltest dir drei bis fünf Hashtags mit hoher Reichweite und Popularität innerhalb deiner Zielgruppe zurechtlegen und diese entweder im Fließtext oder am Ende des Beitrags einbauen.
- Vermeidest du Schachtelsätze und Fachbegriffe, die vielleicht nicht alle Leser*innen verstehen?
- Erwähnst du deine Marke?

- Hast du Rechtschreibung und Grammatik kontrolliert?
- Hast du genügend Absätze gelassen, sodass dein Beitrag einfach zu lesen ist?
- Kannst du Emojis *sinnvoll* nutzen, um die Struktur oder den Kerngedanken deines Beitrags deutlich zu machen?
- Gibt es Personen, die du sinnvollerweise in deinem Beitrag erwähnen und markieren solltest und die sich über die Markierung freuen würden?
- Veröffentlichst du deinen Beitrag vor 14:00 Uhr?
- Letzter Check: Ist dein Beitrag wahr? Wenn ja, raus damit! Es sei denn, es ist gerade ein Feiertag.

7.3.1   Tools, Tipps und Tricks für besseres Social-Marketing

Sind wir mal ehrlich miteinander: Du hast Besseres zu tun, als Beiträge auf LinkedIn zu posten, oder? Bestimmt gibt es noch eine Präsentation zu überarbeiten, die Website zu pflegen oder E-Mails aufzuräumen, richtig? Social Media können – gerade für Anfänger*innen – als eine undankbare Aufgabe erscheinen, weil sie oftmals keinen direkten Beitrag zum Unternehmenserfolg leisten. Aber viele von uns sind Meister darin, die langfristigen positiven Effekte unseres Tuns realistisch einzuschätzen, und fokussieren ihr Tun daher auf Dinge, die kurzfristig einen vermeintlich sichtbaren Ertrag bringen. Wie beim Sport oder gesunder Ernährung gilt auch beim Social-Media-Marketing: Es ist ein Marathon, kein Sprint. Du wirst Ergebnisse sehen – aber nicht sofort. Und dein zukünftiges Ich wird dir dankbar sein, wenn du spätestens jetzt anfängst. Damit dir das leichter von der Hand geht und du mit Spaß und Freude startest, findest du in diesem Kapitel eine Reihe von Tools, Tipps und Tricks, die dir die Arbeit erleichtern:

7.3.2   Netiquette

Denk daran: LinkedIn ist wie eine Business-Party. Nur mit dem kleinen Unterschied, dass die Gespräche für alle Welt und quasi für immer sichtbar sind. Aber lass dich davon nicht entmutigen, denn auf LinkedIn gelten die gleichen Grundregeln wie im richtigen Leben:

1. Sei freundlich.
2. Sei interessant.
3. Lasse die Menschen von deinen Erfahrungen und deinem Wissen profitieren.

Manchmal ist die Linie zwischen dem Teilen von Erfahrungen bzw. dem Vermitteln von Wissen und Angeberei nur sehr dünn. Ja, du sollst den Mut haben, sichtbar zu sein und deine Stärken zu zeigen. Aber »Personal Branding darf nicht zu Personal Bragging führen«, wie Marina Zayats betont. Im Zweifelsfall solltest du lieber andere Menschen (Partnerinnen, Kunden oder Kolleginnen) in den Vordergrund stellen. Du wirst schnell ein Gefühl für die richtigen Formulierungen bekommen. Und sei dir bewusst: Andere Menschen öffentlich zu loben, ist ein extrem starker Hebel für den Beziehungsaufbau!

Vorsicht auch vor sogenannten *Humble Brags*, wie man Aussagen nennt, die nur für einen kleinen Teil der Leser*innen wirklich bescheiden sind. Du hast so viele Kund*innen, dass du Probleme hast, genügend Mitarbeitende zu finden? Du bist jetzt von einem benzinschluckenden Sportwagen auf einen Tesla S-Type umgeschwenkt? Du kannst den Lockdown auch gut im heimischen Pool aushalten? Vorsicht mit solchen Beiträgen, die schnell nach hinten losgehen und den falschen Eindruck vermitteln können. Es ist vollkommen in Ordnung, gelegentlich offen zuzugeben, dass man sich geirrt hat. Dass ein neues Argument besser ist und man deswegen die eigene Meinung revidiert. Oder dass man einen komplexen Zusammenhang nicht sofort verstanden hat und deswegen nachfragt. Auch das ist ein Zeichen von Souveränität. Scheue dich nicht davor, diese vermeintlichen »Schwächen« in Form einer offenen Rückfrage zuzugeben! Du gibst deiner Gesprächspartnerin damit Gelegenheit, ihren Gedanken weiter auszuführen und anders zu formulieren. »Das bringt den Ideenaustausch nach vorne«, wie Ben Harmanus betont. Er ist Head of Brand Marketing EMEA bei HubSpot. »Eines der wichtigsten Dinge auf Social Media ist, den Menschen das Gefühl zu vermitteln, dass sie gehört werden – auch wenn man mit ihrer Meinung nicht übereinstimmt.«

Hier zusammengefasst die Dos und Don'ts[3] für besseres Social-Marketing:

- **Don'ts**
  - Beiträge über Politik oder Religion
  - Sales Pitches
  - unpassende private Themen (z. B. Tiere, Essen, Partys)
- **Dos**
  - Themen zu aktuellen Themen
  - Beiträge, die zur Konversation anregen
  - eine persönliche, individuelle Note
  - höflicher und freundlicher Umgangston
  - geschäftliche Erfolge, aber ohne anzugeben
  - nach Hilfe fragen
  - andere Menschen öffentlich loben
  - Geschichten und Anekdoten teilen

---

3   Vgl. Melonie Dodaro (2018). LinkedIn Unlocked: Unlock the Mystery of LinkedIn to Drive More Sales Through Social Selling. CreateSpace Independent Publishing Platform.

7.3.3   Social-Media-Guidelines

Mache dich mit den Social-Media-Guidelines deines Unternehmens vertraut. Gerade bei Unternehmen, die gerade erst dabei sind, die Verantwortung für ihre Marke in die Hände ihrer Mitarbeitenden zu legen, ist zu Beginn deiner Tätigkeit Zurückhaltung geboten.

Halte dich daher gerade zu Beginn an die Regeln, und komme in den Austausch mit den anderen Social-Media-»Leuchttürmen« in deiner Firma. Tauscht euch regelmäßig aus, und lernt voneinander.

Wenn ihr feststellt, dass die Guidelines an der einen oder anderen Stelle hinderlich sind, passt sie an. Es sind nur Richtlinien, keine Gesetze. Natürlich müssen sie sich den Anforderungen des Marktes und der Mitarbeitenden anpassen.

7.3.4   Smalltalk

Insbesondere in Deutschland wird Smalltalk abschätzig betrachtet: kein inhaltlicher Wert, kein Informationsaustausch, sondern nur Meinungen zu Belanglosigkeiten. Nichts für Effizienzliebhaber, wie wir es sind!

Aber wir unterschätzen oftmals die Macht von Smalltalk, weil wir seine Aufgabe falsch einschätzen: Es geht beim Smalltalk keineswegs darum, Informationen miteinander auszutauschen. Es geht darum, sich und seinen Mitmenschen die Gelegenheit zu geben, einander kennenzulernen. Festzustellen, ob man sich sympathisch findet. Smalltalk ist eine Einladung für neue Freundinnen und Freunde.

Auch auf LinkedIn kann dir Smalltalk dabei helfen, neue Menschen kennenzulernen. Deswegen gelten auch hier einige der gleichen Grundregeln. Insbesondere Politik und Religion haben (sofern beides nicht deine Kernthemen sind) nichts in deinen Beiträgen verloren. Natürlich steht es dir frei, deine Meinung zu äußern. Aber oftmals erzielst du mit diesen Themen bei mindestens der Hälfte deiner Leser*innen die gegenteilige Wirkung: Anstatt Menschen anzulocken, stößt du sie ab. Also lass es lieber sein.

7.3.5   Tools

Eine Warnung vorweg: Tools sind verführerisch. Denn sie suggerieren dir, ein magischer Zauberstab zu sein, der alle deine Probleme löst. Aber kein Tool kann einen effizienten Prozess ersetzen. Und kein Tool wird dir die Erstellung von coolen, werthaltigen und authentischen Beiträgen abnehmen können.

Deswegen habe ich diese Liste absichtlich kurz gehalten. Ich möchte dir FOMO (Fear of Missing out) ersparen. »Ich würde ja starten, aber ich habe noch nicht das richtige Toolset für mich gefunden«, wird zu gerne als Ausrede genommen, um nicht zu starten. Solltest du ein Tool nicht mögen oder es nicht mehr nutzbar sein, dann suche auf deiner Lieblingssuchmaschine einfach nach »alternative to XYZ« oder nutze eine Vergleichsplattform wie Capterra.

Die nachfolgende Tool-Checkliste kannst du unter *https://schaffensgeist.com/bonus* herunterladen.

Tools für Content-Sammlungen

Schreibblockade? Dein Ideenspeicher verdurstet? Mit Tools wie *Airstory* und *Pocket* kannst du spannende Inhalte, die du überall im Netz findest, markieren, kategorisieren und für später speichern. Mit Googles *Questionhub* findest du unbe-antwortete Suchfragen (derzeit noch nicht in Europa verfügbar).

Mit *Feedly* baust du dir deinen eigenen, individuellen Newsfeed zusammen und bekommst automatisch eine Auswahl der besten Artikel zu deinen Themen zuge-schickt. Diese kannst du für deine Leser*innen aufbereiten und kuratieren – und natürlich deinen Ideenspeicher pflegen. Eine gute und sogar umfangreichere Alter-native ist *BuzzSumo*.

Tools für Stil, Rechtschreibung und Grammatik

Natürlich kannst du deine Beiträge in einem beliebigen Schreibprogramm wie Microsoft Word vorschreiben und die eingebaute Rechtschreibkorrektur nutzen, um deine Texte vor Veröffentlichung zu korrigieren. Aber du kannst diesen Schritt auch überspringen. *Grammarly* und *Language Tool* sind zwei (in der Basisversion) kostenlose Add-ons für Google Chrome, die Texte schon bei der Eingabe überprü-fen und Verbesserungsvorschläge machen.

Die *Textanalyse von Wortliga* (*https://wortliga.de/textanalyse/*) überprüft deine Texte auf Einfachheit und Verständlichkeit hin. Insbesondere bei längeren Texten wie beispielsweise LinkedIn-Artikeln sehr hilfreich.

Tools für Grafiken

Wenn du ambitioniert auf LinkedIn aktiv bist und deine Beiträge regelmäßig mit einem Bild (oder sogar einem PDF-Dokument) verzierst, dann solltest du lernen, wie man schnell und einfach Bilder erstellt.

Wenn du acht Stunden am Tag an einem Firmenrechner sitzt, dann hast du bereits ein ordentliches Grafikprogramm installiert: *Microsoft PowerPoint*. Du kannst damit Bilder bearbeiten, Grafiken erstellen und beispielsweise einen Text über ein Foto von dir legen. Vielleicht nicht sexy, aber effizient.

Wenn du Fotos bearbeiten möchtest, aber Adobe Photoshop eine Nummer zu komplex oder zu teuer für dich ist, dann solltest du dir *Pixlr (https://pixlr.com/)* anschauen. Mit diesem kostenlosen Tool kannst du nicht nur Bilder freistellen (also die Hintergründe pixelgenau entfernen), sondern auch die Farbtöne einzelner Bereiche retuschieren oder mehrere Ebenen miteinander kombinieren. Eine vergleichbare Alternative ist *Photopea (www.photopea.com/)*.

Noch schneller geht es oft mit einer passenden Foto-App – insbesondere wenn du Selfies oder Fotos deiner Kolleg*innen bearbeiten möchtest. *Snapseed* ist für alle, die schnell und präzise arbeiten wollen. Die Bildbearbeitungs-App enthält alle Grundfunktionen und ein paar wenige Filter sowie Spezialwerkzeuge.

Du brauchst eben mal ein Stockbild? Dann schau bei *Pexels (www.pexels.com)* oder *Pablo (https://pablo.buffer.com)* vorbei. Hier findest du tausende von Bildern, die du für dein Content Marketing kostenlos nutzen kannst. Aber achte dennoch auf die jeweiligen Hinweise bezüglich der Verwendung und des Urheberrechts, meistens musst du die Fotografin oder den Fotografen namentlich als Quelle erwähnen.

Tools zur Content-Planung

Vielleicht fällt es dir leicht(er), mehrere Stunden fokussiert an mehreren LinkedIn-Beiträgen zu schreiben und diese im Voraus zu planen. Auch für diese Planung gibt es kleine Helferlein, die dir das Leben erleichtern können.

Um deine Themen zu planen, reicht oft eine *Excel*-Tabelle in Form eines Kalenders aus. Damit kannst du Themenschwerpunkte auf Quartale, Monate oder Wochen verteilen.

Wenn du als Einzelkämpfer unterwegs bist, kannst du einfache Beiträge sogar aus Canva heraus planen. Ansonsten sollten *Buffer (https://buffer.com/)* oder *SocialBee (https://socialbee.io/)* deinen Ansprüchen genügen. Mit beiden Tools kannst du Beiträge im Voraus planen und dann automatisch posten lassen. Übrigens sehr praktisch, falls du Menschen in anderen Zeitzonen erreichen willst. Jens Polomski empfiehlt *Publer (https://publer.io/)*, ein deutsches Tool, mit dem man auch Follow-up-Kommentare planen kann, sowie *Planable (http://planable.io/)*, wenn man einen Freigabeprozess nutzen möchte.

Wenn du im Team arbeitest, ist *Hootsuite (www.hootsuite.com/)* kein günstiges, aber sehr praktisches und übersichtliches Werkzeug zur Planung und Verwaltung deiner Social-Media-Beiträge. Für komplette Redaktionen und Newsrooms bietet das mit Liebe in Koblenz erstellte *Dirico (https://dirico.io/)* zusätzlich ein umfassendes Rechte-Management an.

7.4   Zusammenfassung

Im Rahmen deines Personal Branding Pitches hast du das Fundament gelegt: deine Ziele, deine Zielgruppe und deine Themen und Botschaften. Das ist die Ausgangsbasis für deine Beiträge. In diesem Kapitel hast du Inspiration für das »Genre« deiner Beiträge bekommen. Du hast gelernt, was ein Ideenspeicher ist und wie du ihn langfristig als Quelle für hervorragende Beiträge nutzen kannst. Und du kennst jetzt viele Tipps und Tools, die dir bei der Erstellung von hochwertigem Content die Arbeit erleichtern und Zeit einsparen können. Die drei wichtigsten Regeln für deine Beiträge auf LinkedIn sind: Poste nur hilfreichen Content, sei freundlich im Umgang mit deinen Mitmenschen, und berichte nur Wahrheiten.

Was du jetzt tun kannst

Starte mit dem Aufbau deines Ideenspeichers genau jetzt! Such dir ein beliebiges Schreibtool (z. B. ein analoges Notizbuch, Evernote oder Notion), und erstelle dort Abschnitte für deine Themen und Botschaften. Sammle in diesen Abschnitten die wichtigsten Gedanken, die du schon hast. Gehe zu deinem Bücherregal (oder nimm deinen E-Book-Reader), und hole dir deine Lieblingsfachbücher hervor. Welche Stellen hast du markiert? Welche Zitate hast du angestrichen? All das kommt in den jeweiligen Abschnitt deines Ideenspeichers. Wiederhole die Übung mit deinen favorisierten Zitaten, Podcasts, Blogs etc. Und kröne diese Sammlung mit deinen eigenen Erfahrungen und Ideen. Du wirst sehen, dass sich in der Kombination von externen und internen Quellen jede Menge Wissen und hervorragende Ideen für Content verbergen.

Kapitel 8

Formate für deine Beiträge

Endlich geht es an die Umsetzung! Du hast ein Profil optimiert, du hast deine Themen und Botschaften definiert, und du weißt, worüber du schreiben willst – jetzt ist die Zeit, das Gelernte auf die Straße bzw. in den LinkedIn-Newsfeed zu bringen!

Also schreib einfach drauflos! – Jetzt! – Hallo? – Du bist ja immer noch hier? Du weißt schon, dass du, statt weiterzulesen, schon längst mit deinem Beitrag angefangen haben könntest, ja?

Ach, du willst wissen, wie du deine Beiträge strukturieren solltest? Wie du Texte formatierst, sodass sie leichter zu lesen sind? Bilder so gestaltest, dass sie die Aufmerksamkeit deiner Leser*innen magisch auf sich ziehen? Und was es mit diesen merkwürdigen Hashtags auf sich hat? Na gut, dann lies eben weiter. Aber ich habe dich gewarnt: Das geht alles von der Produktionszeit ab!

In diesem Kapitel erfährst du alles Wichtige über die Formate, die dir auf LinkedIn (sowie auf den meisten gängigen Social-Media-Plattformen) zur Verfügung stehen, und ihre Besonderheiten. Du wirst lernen, was »mobile first« bedeutet und warum das dein Mantra bei der Gestaltung deiner Beiträge sein sollte.

8.1 Die Anatomie eines LinkedIn-Beitrags

Auf LinkedIn kannst du dich kreativ austoben. Die Plattform bietet die wichtigsten Formate für deine Beiträge an, die du auch von Facebook und Instagram kennst: Texte, Emojis, Hashtags, Bilder und Bildergalerien, sogar Videos kannst du in deinen Beitrag integrieren. Mittlerweile gibt es sogar ein Story-Format, wie es Snapchat zuerst angeboten hatte (bevor es von Facebook und Instagram ziemlich dreist kopiert wurde). Diese kreative Freiheit macht LinkedIn für viele Nutzer deutlich attraktiver als XING.

In diesem Kapitel erfährst du, was du bei den einzelnen Formaten beachten solltest, wenn du willst, dass deine Beiträge gelesen werden.

Sobald du einen Beitrag erstellen möchtest (und du klickst auf BEITRAG BEGINNEN), wird LinkedIn dich fragen, was es denn heute sein soll.

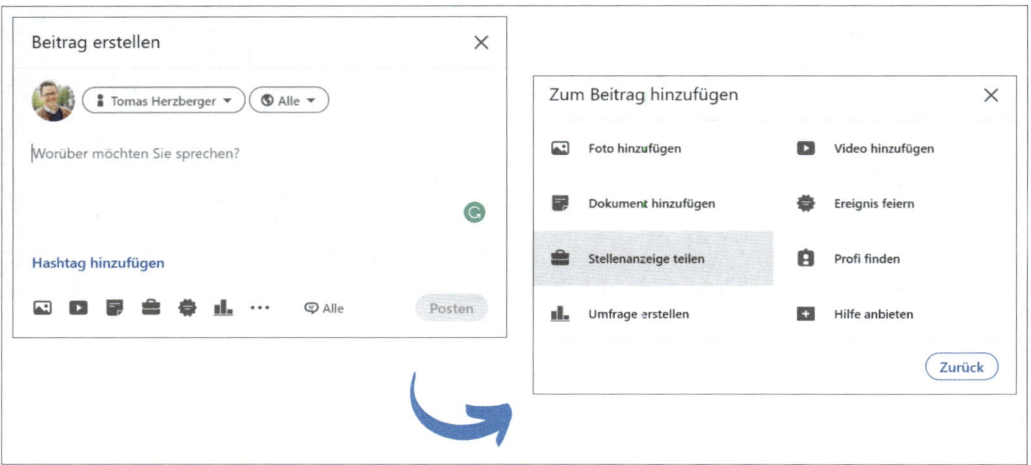

Abbildung 8.1 Optionen für einen LinkedIn-Beitrag

Neben einem normalen Beitrag hast du die Möglichkeit

1. *ein Ereignis zu feiern* (z. B. ein neues Teammitglied zu begrüßen, ein Lob an Kolleg*innen zu verteilen oder deinen neuen Job zu feiern). LinkedIn bietet dir im nächsten Schritt eine kleine Auswahl an Bildern an, die deinen Beitrag etwas aufhübschen.

2. *ein Profil zu finden*, beispielsweise wenn du einen regionalen Steuerberater oder eine Webdesignerin suchst.

3. *eine Stellenanzeige* von einem Unternehmen, für das du derzeit tätig bist, mit deinem Netzwerk zu teilen.

4. *eine Umfrage zu erstellen.* Du erstellst eine Frage und bietest bis zu vier Antwortmöglichkeiten. Deine Leser*innen können bis zu zwei Wochen lang deine Umfrage beantworten.

5. *Hilfe anzubieten*, z. B. Empfehlungen zu geben, ehrenamtliche Tätigkeiten oder jemanden aus dem eigenen Netzwerk vorzustellen.

In 95 % aller Fälle wirst du auf diese Optionen verzichten und einen ganz normalen Beitrag verfassen. Aber zunächst ... gestatte mir einen kleinen Ausflug in die Grundlagen des Marketings. Solltest du mal das Vergnügen gehabt haben, eine Marketing-Vorlesung zu haben und/oder einen Blick in ein Marketing-Fachbuch zu werfen, dann wird dir mit hoher Wahrscheinlichkeit das AIDA-Modell begegnen sein.

Hat zwar nichts mit den Kreuzfahrtschiffen, aber auch mit einer Reise zu tun … zumindest einer mentalen Reise.

Das AIDA-Modell veranschaulicht die Phasen, die jeder Kunde und jede Kundin bis zum Kauf eines Produkts oder Services durchläuft:

1. **Attention** (Aufmerksamkeit) – Gewinne die Aufmerksamkeit deiner potenziellen Kund*innen für deine Lösung.

2. **Interest** (Interesse) – Halte das Interesse deiner potenziellen Kund*innen, damit sie sich näher mit deiner Lösung beschäftigen.

3. **Desire** (Wunsch) – Wecke die Wünsche deiner potenziellen Kund*innen, indem du den Nutzen kommunizierst.

4. **Action** (Handlung) – Mache eine klare Handlungsaufforderung, damit dein potenzieller Kunde deine Lösung kauft.

Warum sprechen wir jetzt über Marketing-Theorie? Weil das AIDA-Modell auch die Reise deiner Leserschaft bezüglich deiner Beiträge auf LinkedIn hervorragend veranschaulicht (siehe Abbildung 8.2).

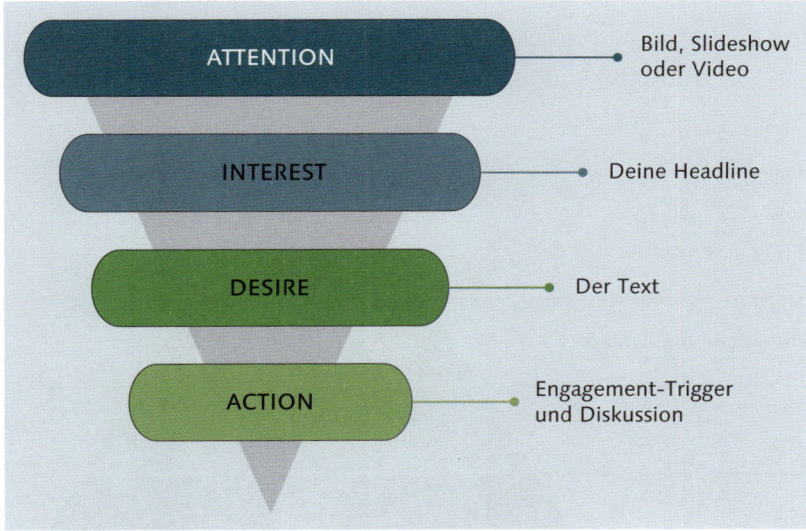

Abbildung 8.2 Die Anatomie eines LinkedIn-Posts

1. **Attention** (Aufmerksamkeit)

   Gewinne die Aufmerksamkeit deiner Leser*innen. Sie sollen aufhören zu scrollen und deinen Beitrag wahrnehmen, bevor sie ihn lesen können. Das geschieht mit Bildern, einer PDF-Slideshow oder einem Video.

2. **Interest** (Interesse)

Wecke die Neugier deiner Leser*innen mit der Überschrift, d. h. dem ersten Satz deines Beitrags. Wenn deine Follower*innen ca. 60 Sekunden brauchen, um deinen Beitrag zu lesen, dann muss deine Headline in drei Sekunden versprechen, warum sich die verbleibenden 57 Sekunden Lebenszeit lohnen.

3. **Desire** (Wunsch)

Die Leser*innen klicken auf MEHR ANZEIGEN und sehen den kompletten Beitrag

4. **Action** (Handlung)

Die Leser*innen liken, kommentieren oder teilen deinen Beitrag.

Klingt sinnvoll, oder? Du solltest immer die Perspektive der Leser*innen einnehmen, um möglichst nutzerfreundliche Beiträge zu verfassen. Nur dann werden die Menschen »kaufen« bzw. deine Beiträge wahrnehmen, lesen und mit ihnen (und damit mit dir) interagieren. Deswegen solltest du das AIDA-Modell im Hinterkopf behalten, wenn wir jetzt zu den einzelnen Formaten kommen.

Dabei gehen wir von einfach zu produzierenden bzw. notwendigen Formaten wie Text hin zu anspruchsvolleren und optionalen Elementen wie Storys (siehe Abbildung 8.3).

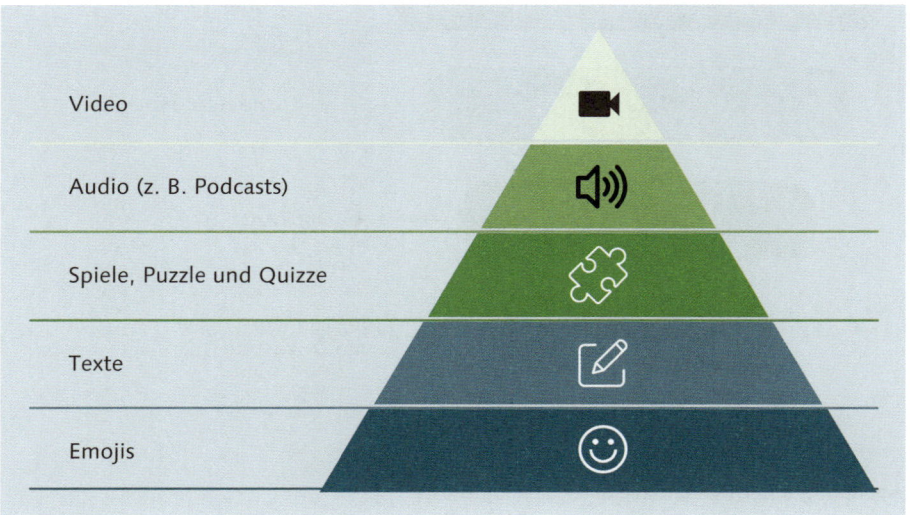

Abbildung 8.3 Aufwand für Content-Formate

Wie schwer (oder eben nicht) die Produktion eines Formats fällt, hängt dabei immer von dir ab. Manche Menschen können wunderbar schreiben, aber keine zwei Sätze geradeaus in eine Kamera sprechen. Wieder andere nutzen einen Podcast als Kanal für sich, tun sich aber sehr schwer bei der schriftlichen Beschreibung der Inhalte. Deswegen drei einfache Tipps:

1. Baue deine Stärken auf, und verwende primär die Formate, die dir leichtfallen.

2. Sieh die Produktion von Formaten, die dir schwerfallen, als Herausforderung an, von der du lernen kannst. Übung macht bekanntlich den Meister.

3. Hole dir gegebenenfalls Unterstützung durch einen Content Creator, eine Agentur oder einen virtuellen Assistenten, der auch die Formate beherrscht, die dir schwerfallen. Wichtig ist deine Kernaussage.

8.2   So gestaltest du Texte, die auch gelesen werden

Kein LinkedIn-Beitrag ohne Text. Du kannst auf ein Video oder Bild verzichten, aber nicht auf einen Text. Dafür stehen dir 3.000 Zeichen in deinem Beitrag zur Verfügung. Theoretisch kannst du ihn noch durch Kommentare unter deinem veröffentlichten Beitrag ergänzen, aber wenn du wirklich so viel Platz brauchst, empfehle ich dir einen Artikel.

8.2.1   Der Anfang

Egal worüber du schreibst: Der wichtigste Satz in jedem deiner Beiträge ist der erste Satz. Denn LinkedIn zeigt zunächst nicht deinen kompletten Beitrag an, sondern nur den Beginn. In Abbildung 8.4 siehst du einen aktuellen Auszug aus meinem Newsfeed.

I think this is one of my better summaries of the Google environment and its impact on SEO.

... mehr anzeigen

Am nächsten Donnerstag darf ich zum Thema "Future Work Skills" bei der Accelerate@HHL der HHL Leipzig Graduate School of Management sprechen. Ich fühle mich geehrt, neben tollen Gründern und inspirierender ... mehr anzeigen

. . .ich nehme es mir immer wieder vor und doch kam ich bisher nicht dazu - dabei könnte es so einfach sein. Und noch viel wichtiger, es wäre so hilfreich. Ich spreche vom Meditieren. Ein paar Tipps und Techniken zu kenne ... mehr anzeigen

Abbildung 8.4 Anfänge von LinkedIn-Beiträgen

Wenn du willst, dass deine Leser*innen deinen Beitrag vollständig lesen, um mit ihm zu interagieren, und mit dir in Kontakt treten, dann musst du sie dazu bringen, auf MEHR ANZEIGEN zu klicken, um den vollständigen Text anzuzeigen. Das bedeutet, dass der Anfang deines Beitrags absolut wichtig für deinen Erfolg auf LinkedIn ist! Er dient dazu, die Leser*innen neugierig auf den Inhalt zu machen. Sie sollen zum Weiterlesen verführt werden. Schau dir nochmal das AIDA-Modell an: Die Aufgabe der Überschrift ist das Wecken von Interesse.

Schau dir die Beispiele oben noch einmal an: Welche dieser Einleitungen machen Lust auf mehr? Bei welchen würdest du auf MEHR ANZEIGEN klicken? Warum bzw. warum nicht? Mein Favorit ist die erste Überschrift, denn sie macht eine leicht verständliche Aussage darüber, was mich erwartet: eine Zusammenfassung über die SEO-Branche. Die zweite Überschrift bietet mir keinen Mehrwert, solange ich keinen persönlichen Bezug zum Autor habe. Und die dritte Einleitung »dauert zu lange«, bis sie auf den Punkt (»meditieren«) kommt.

Der Anfang deines Beitrags hat genau die gleiche Aufgabe wie die Überschrift eines Artikels: Neugierde wecken!

Und wie dir jede Texterin und jeder Texter bestätigen wird, ist die Überschrift meist das Schwierigste an einem Artikel. Einfach aus Platzgründen. LinkedIn zeigt zwischen zwei und drei Zeilen bzw. 150 Zeichen (in der App) und 208 Zeichen (in der Desktop-Version) an. Das heißt für dich: Wenn du deine Überschrift auf 150 Zeichen begrenzt, wird sie auf jedem Endgerät vollständig angezeigt. Weil die Überschrift kritisch für die Sichtbarkeit und den Erfolg des Beitrags ist, überarbeiten ambitionierte LinkedIn-Autor*innen die Überschrift in der Regel nochmal, bevor sie den Beitrag posten. Um dir den Einstieg leichter zu machen, kommen hier drei Möglichkeiten, in deinen Postingtext zu starten:

- **Persönliche Anekdote**

    z. B. »Was mir letztens passiert ist …«, »Ich habe etwas Verrücktes getan …«

- **Aktuelle Neuigkeiten**

    z. B. »Flaschenpost an Dr. Oetker für 1 Mrd. verkauft«

- **Rhetorische Frage**

    z. B. »Was ist die größte Herausforderung eines Managers in der digitalisierten Welt?«, »Welche Probleme haben Investoren aktuell?«

- **Ansprache deiner Zielgruppe**

    z. B. »Wichtig für alle Führungskräfte in der Automobilbranche«

Manchmal ist weniger mehr … und du brauchst nur zwei bis drei Sätze, um deinen Punkt zu vermitteln und gleichzeitig deine Leser*innen um ihre Meinung zu bitten. HubSpot, ein amerikanisches SaaS-Unternehmen, veröffentlicht regelmäßig solche minimalistischen Beiträge wie in Abbildung 8.5.

Abbildung 8.5 HubSpot veröffentlicht auch kurze Textbeiträge.

Der Erfolg gibt ihnen Recht, auch das kann funktionieren. Allerdings sind kurze Beiträge dieser Art Bestandteil ihres Content-Mixes, d. h. nicht das einzige Format.

8.2.2   Die Mitte

Die Überschrift ist geschrieben, du hast deine Leser*innen motiviert, auf MEHR ANZEIGEN zu klicken und sich deinen Beitrag in voller Länge anzuschauen. So weit, so gut. Was jetzt?

Unabhängig davon, *was* du schreibst, solltest du darauf achten, *wie* du es schreibst und deinen Text formatierst. Du musst nämlich mit zwei Herausforderungen kämpfen:

1. Unser Gehirn ist faul und will Energie sparen. Ein langer Textblock ist schon auf den ersten Blick »anstrengend« zu lesen, und wir müssen uns überwinden, überhaupt zu starten. Bevor unser faules Gehirn entschieden hat, sich mit einem Text zu beschäftigen, wird es den Beitrag überfliegen bzw. scannen. Wir suchen nach optischen Anhaltspunkten, nach einer Struktur. Irgendetwas, das uns einen Anreiz gibt, die Energie aufzuwenden und den Beitrag konzentriert zu lesen.

2. Wie alle Social-Media-Kanäle wird auch LinkedIn primär auf dem Smartphone bzw. mit der App genutzt. Der Platz für deine Beiträge ist also auf einen kleinen Bildschirm begrenzt.

Die Lösung: Du musst deinen Text so formatieren, dass er leicht »scannbar« und lesefreundlich ist (siehe Abbildung 8.6).

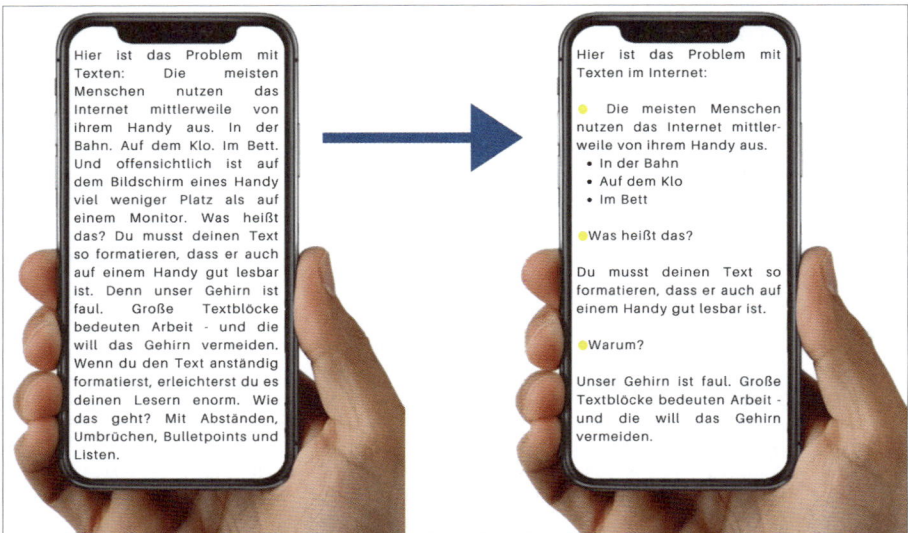

Abbildung 8.6 Auf dem Handy ist gute Formatierung noch wichtiger.

So werden deine Texte gelesen und verstanden:

- »Lose the fancy hat« und verwende einfache Sprache, die jeder verstehen kann. Denk daran, dass deine Leser*innen oftmals nicht das gleiche Expertenwissen haben wie du. Überfordere sie nicht.

- Vermeide lange und verschachtelte Sätze.

- Achte auf genügend »Whitespace«, also ausreichend Absätze zwischen den Textblöcken.

- Zwischenüberschriften zwischen den Absätzen erleichtern den Lesefluss und das Verständnis.

- Listen sind einfacher wahrzunehmen als Aufzählungen in einem Satz.

- Mit Emojis kannst du den Blick deiner Leser*innen auf die wichtigen Dinge steuern und beispielsweise auf die Kernaussage hinweisen.

- LinkedIn ist zwar ein B2B-Netzwerk, aber Menschen sind immer noch Menschen und bevorzugen Beiträge in einem unterhaltsamen Ton und einem fließenden Rhythmus. Der entsteht, wenn du so schreibst, als wärst du in einem Gespräch. Als würdest du einem guten Freund schreiben. In Abbildung 8.7 siehst du ein legendäres Beispiel des Autors Gary Provost, das die Bedeutung des Schreibflusses erklärt.

This sentence has five words. Here are five more words. Five-word sentences are fine. But several together become monotonous. Listen to what is happening. The writing is getting boring. The sound of it drones. It's like a stuck record. The ear demands some variety.

Now listen. I vary the sentence length, and I create music. Music. The writing sings. It has a pleasant rhythm, a lilt, a harmony. I use short sentences. And I use sentences of medium length. And sometimes when I am certain the reader is rested, I will engage him with a sentence of considerable length, a sentence that burns with energy and builds with all the impetus of a crescendo, the roll of the drums, the crash of the cymbals—sounds that say listen to this, it is important.

So write with a combination of short, medium, and long sentences. Create a sound that pleases the reader's ear. Don't just write words. Write music.

–Gary Provost

Abbildung 8.7 Wie bedeutsam die Satzlänge ist[1]

Denk daran: Du hast bis zu 3.000 Zeichen Platz für deinen Beitrag. Nutze diesen Platz, um deine Idee darzustellen und deine Geschichte zu erzählen. Denn je länger Menschen mit dem Lesen deines Beitrags verbringen, desto besser für deine Reichweite!

Warum? Gehen wir einen Schritt zurück: LinkedIn ist dann erfolgreich, wenn möglichst viele Menschen möglichst viel Zeit mit der Nutzung der App verbringen. Und wie kann LinkedIn die Menschen dazu motivieren? Indem ihnen interessante und relevante Beiträge angezeigt werden. Und woher »weiß« LinkedIn, welche Beiträge interessant und relevant sind? Indem die Reaktionen der Leser*innen bewertet werden. Jeder neue Beitrag wird in den ersten zwei Stunden nach Veröffentlichung daraufhin »beobachtet«, ob die Leser*innen mit ihm interagieren. Das heißt, ob sie auf MEHR ANZEIGEN klicken, Zeit beim Lesen verbringen (LinkedIn bezeichnet diese Zeit als *Dwell Time*), den Beitrag liken, kommentieren oder teilen. Je mehr Interaktion in den ersten beiden Stunden, desto besser wird der Beitrag von LinkedIn eingestuft und desto mehr Menschen bekommen den Beitrag zu sehen.

Also: Je besser deine Leser*innen mit deinem Beitrag interagieren, desto höher deine Reichweite. Das bedeutet auch: Je länger dein Beitrag ist, desto mehr Zeit

---

1   Gary Provost. 100 Ways to Improve Your Writing. Signet.

werden die Leser*innen damit verbringen und desto besser wird er bewertet. Ist dein Beitrag kurz, ist auch die maximale Lesezeit kurz, und dein Beitrag bekommt weniger Punkte. In der Schlussfolgerung heißt das, dass du tendenziell längere Beiträge schreiben solltest, wenn dir Reichweite wichtig ist.

Aber deine Leser »bei der Stange zu halten« und sie zu motivieren, einen langen Beitrag mit über 2.000 Zeichen zu lesen, ist nicht einfach und erfordert auch mehr Zeit. Deswegen meine Empfehlung: Mach dir Gedanken um die Qualität und den Mehrwert deines Beitrags! Der Inhalt ist entscheidender als die Länge. Wenn es dir gelingt, deine Idee in 500 Zeichen zu kommunizieren, dann mach das! Deine Leser werden es dir danken und sind eher bereit, den Beitrag zu liken und zu kommentieren. Die Erweiterung des Zeichenlimits hat dafür gesorgt, dass du dir überhaupt keinen Stress machen und deinen Beitrag radikal kürzen musst.

8.2.3   Das Ende

Nachdem dein Beitrag Attention, Interest und Desire bei deinen Leser*innen erzielt hat, geht es jetzt um den letzten Schritt: Action. Am Ende deines Beitrags kannst du zu einer Handlung aufrufen. Idealerweise fällst du nicht mit der Tür ins Haus (»Bitte like meinen Beitrag!«), sondern erreichst diese Reaktionen indirekt.

Wie provozierst du Reaktionen? Die einfachste Methode: Du stellst abschließend eine Frage, die sich auf deinen Beitrag bezieht:

- Hast du diese Erfahrungen auch schon mal gemacht?
- Wie hättest du in dieser Situation reagiert?
- Wie siehst du diesen Trend?
- Welches Buch hat dich am meisten motiviert?
- Hattest du einen Mentor?
- Wie kann sich ein Unternehmen zukunftssicher aufstellen?

Dabei solltest du immer die einzelne Leserin ansprechen, denn in der Regel befindet sich jeweils nur eine Person auf der anderen Seite des Bildschirms. Auch wenn dein Beitrag von tausenden Menschen gesehen wird, sind diese Personen immer allein ... verwende daher »Du« oder »Sie«.

Auch wenn du keine Frage am Ende deines Beitrags stellst, werden die Menschen natürlich die Kommentarfunktion nutzen, wenn sie dir zustimmen, deine Meinung ablehnen oder etwas ergänzen wollen – immerhin sind wir hier im Internet, und es ist fast nicht möglich, Menschen vom Kommentieren abzuhalten.

Beim Verfassen deines Beitrags kannst du einstellen, wer ihn kommentieren darf:

- Alle Nutzer (also auch Menschen außerhalb deines Netzwerks)

- Nur Kontakte (also nur Menschen, mit denen du direkt verbunden bist)

- Niemand

Du solltest immer allen Menschen die Kommentierung erlauben. Denn je mehr Kommentare, desto mehr Reichweite. Außerdem bist du ja auf LinkedIn, um mit neuen Menschen in Kontakt zu kommen, richtig? Wenn sie an dem Gespräch nicht teilhaben können, wäre das sehr unhöflich.

Tool-Tip

Mit dem Text-Konverter *https://lingojam.com/fancytextgenerator* kannst du für deine Texte eine Vielzahl von alternativen Schriftarten auswählen.

- Vorteil: Damit fällt der Text auf.

- Nachteil: Damit fällt dein Text wirklich auf ... also benutze das Tool sparsam, beispielsweise um einzelne Wörter hervorzuheben. Funktioniert auch für Texte in deinem Profil!

8.3   Für die Autor*innen unter uns: Artikel und Newsletter auf LinkedIn

Die 3.000 Zeichen, die dein Beitrag lang sein darf, sind schon sehr viel Platz für deine Nachricht. Aber manchmal kommt es doch vor, dass man noch mehr in die Tiefe gehen und komplexe Sachverhalte darstellen möchte. Oder vielleicht möchtest du auch ein ausführliches Tutorial mit deinem Netzwerk teilen. Für diese Fälle hat LinkedIn eine eigene Blogging-Plattform bereitgestellt: LinkedIn-Artikel (früher: LinkedIn Pulse).

Der Start ist ganz einfach: Gehe auf deinen Newsfeed, und ganz oben findest du die Option, einen Artikel zu schreiben (siehe Abbildung 8.8).

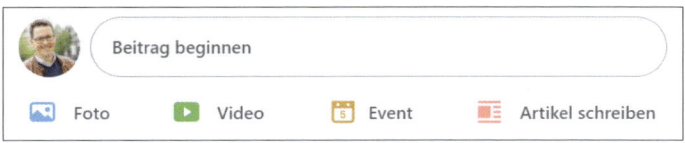

Abbildung 8.8 Mit einem Artikel starten

Wenn du Admin eines Unternehmensprofils bist, kannst du im nächsten Schritt auswählen, ob du den Artikel für dein Unternehmen oder für dein persönliches Profil veröffentlichen willst. Und schon bist du im Publishing-Menü (siehe Abbildung 8.9).

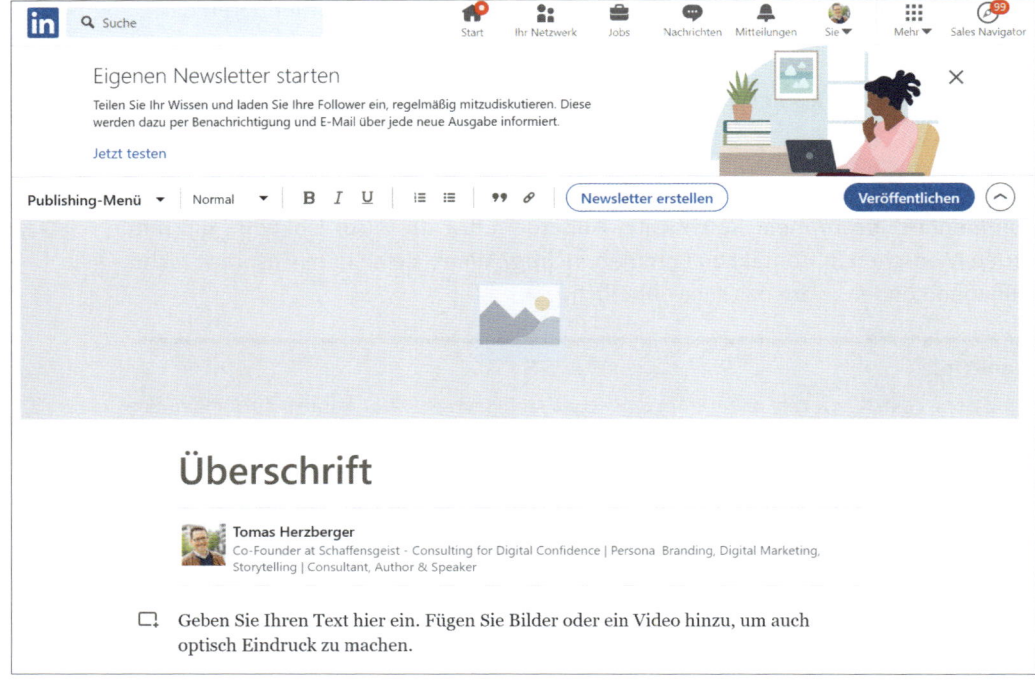

Abbildung 8.9 Wie man einen Artikel veröffentlicht

Neben einem Artikel kannst du hier auch einen Newsletter erstellen – warum die Funktion hier versteckt worden ist, bleibt das Geheimnis von LinkedIn. Offensichtlich ist man der Meinung, dass Blogger*innen auch gleichzeitig für den Newsletter-Versand zuständig sein können. Wir schauen uns das Feature gleich an, erstmal zum Blog bzw. Artikel:

Wie du sehen kannst, stehen dir hier die wichtigsten Formatierungsfunktionen zur Verfügung, die du auch von anderen Blogging-Plattformen wie z. B. *medium.com* kennst:

- Headerbild
- Überschriften (h1, h2)
- Textformatierung (fett, kursiv, unterstrichen, Listen, Bulletpoints)
- Zitate
- Links

Außerdem kannst du an jeder beliebigen Stelle Bilder, Videos, Online-Präsentationen (z. B. von Slideshare und Prezi) einfügen. Deinen Beitrag kannst du sofort veröffentlichen oder als Entwurf für später speichern. Praktischerweise kannst du einen Entwurf auch per Link mit anderen teilen und dir Feedback einholen oder ihn freigeben lassen.

Du kannst deine eigenen oder die Artikel von anderen LinkedIn-Mitgliedern jederzeit sehen, wenn du auf ihrem Profil auf ALLE AKTIVITÄTEN ANZEIGEN klickst und anschließend die Artikel auswählst (siehe Abbildung 8.10).

Abbildung 8.10 In dem Profil sind die Artikel unter »Aktivitäten« zu finden.

Ein großer Vorteil von Artikeln auf LinkedIn: Sie können wie normale Beiträge gelikt und kommentiert werden. Wenn du deinen eigenen Blog hast, wirst du vermutlich die Erfahrung gemacht haben, dass die Leser*innen mittlerweile nur noch selten Kommentare hinterlassen, weil es nur geringen Mehrwert bietet (sofern die Autorin nicht direkt antwortet). Anders bei LinkedIn: Hier werden die Kommentare sehr häufig genutzt, um Feedback zu geben, die eigene Meinung kundzutun oder sich mit dem Autor direkt auszutauschen. Außerdem kannst du auch die Anzahl der Ansichten deiner Artikel sehen und somit beurteilen, wie wertvoll sie sind.

Ein großer Nachteil von Artikeln auf LinkedIn (bzw. auf jeder Blogging-Plattform abseits von deiner eigenen Domain): Sie haben keinen positiven Effekt auf dein Google-Ranking, denn du publizierst ja auf LinkedIn und nicht auf deiner eigenen

Website. Deswegen solltest du deine Artikel unbedingt zuerst auf deiner eigenen Seite veröffentlichen, bevor du es auf LinkedIn tust! Bei sehr, sehr langen Blogartikeln kannst du dir auch überlegen, ob du auf LinkedIn nicht lediglich einen Teaser, also eine gekürzte Version deines ursprünglichen Artikels veröffentlichst und die interessierten Leser*innen mit einem Link auf deine Website lotst.

Im Gegensatz zur Artikel-Funktion ist das *Newsletter-Feature* bei LinkedIn noch relativ neu, und es gibt noch nicht viele aktive Autor*innen, die es nutzen (siehe Abbildung 8.11). Der Gedanke dahinter: Jeder Artikel, den du veröffentlichst, könnte auch eine neue Ausgabe eines Newsletters sein.

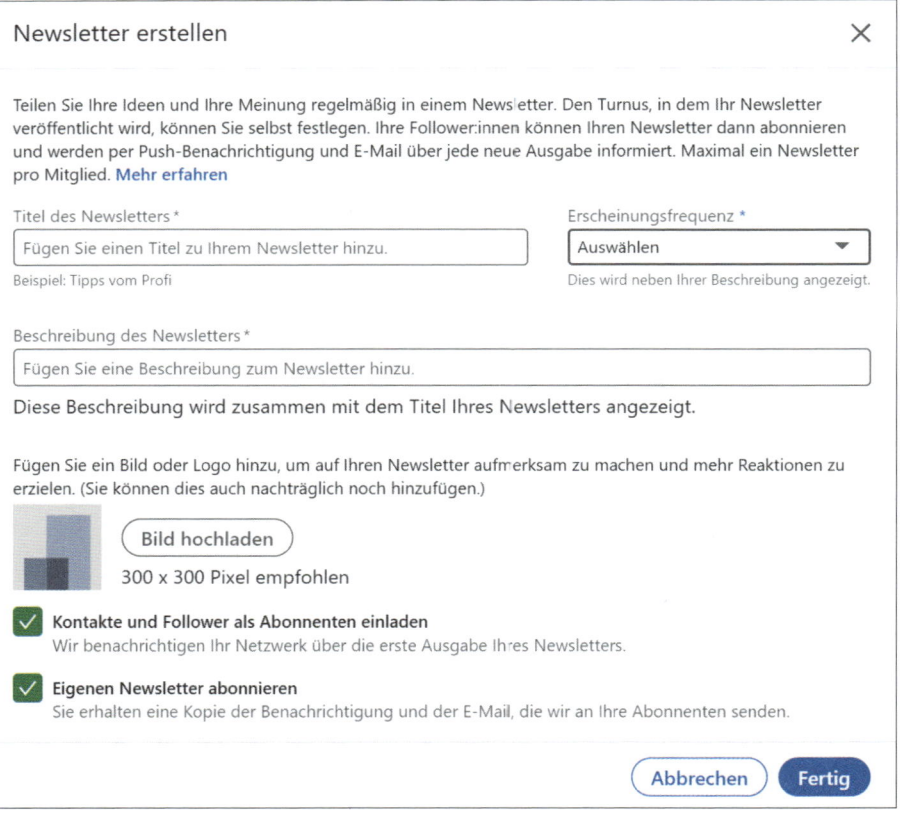

Abbildung 8.11 Wie man einen Newsletter erstellt

Für die Formatierung deines Newsletters stehen dir die gleichen Funktionen wie bei den Artikeln zur Verfügung. Bei LinkedIn liegt der Fokus klar auf der Wissensvermittlung und nicht auf dem Design. Auf die Auswahl verschiedener Schriftfarben o. Ä. musst du daher verzichten. Aber du kannst – wie auch in einem Beitrag –

andere Mitglieder mit einem @-Zeichen markieren und Hashtags hinzufügen. Denn dein Newsletter wird nicht nur versendet, sondern auch gleichzeitig in deinem Profil hinterlegt, wie die Artikel auch. Auf diesen kannst du interessierte Leserinnen und Follower jederzeit verweisen. In Abbildung 8.12 siehst du einen Artikel von Ritchie Pettauer im originären Format auf LinkedIn und als Newsletter.

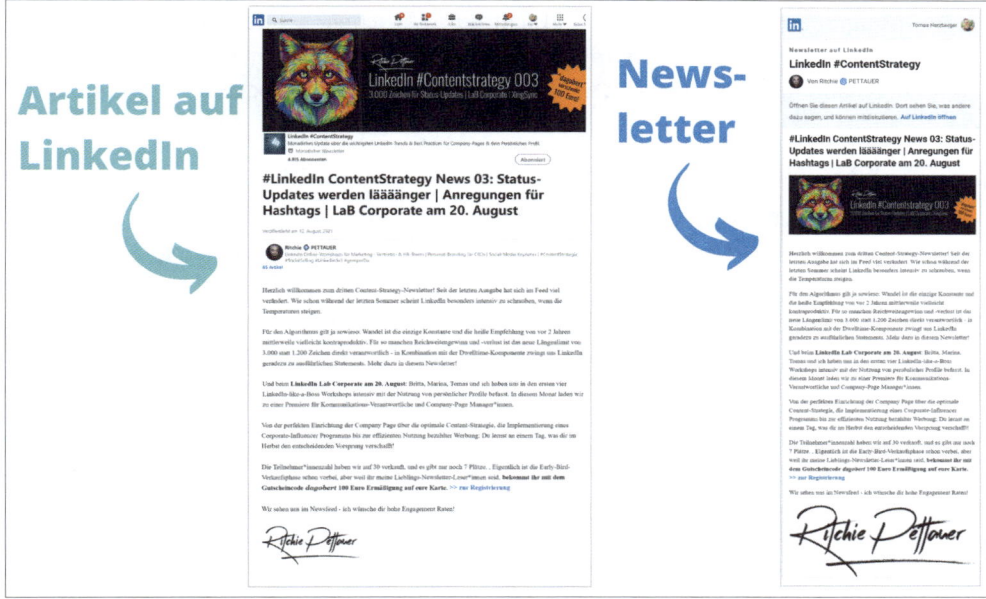

Abbildung 8.12 Artikel und Newsletter im Vergleich[2]

Ein großer Vorteil von einem Newsletter auf LinkedIn: Deine Follower*innen können den Newsletter einfach abonnieren, ohne ein Formular auszufüllen. Die Abonnent*innen werden sowohl per E-Mail als auch per Push-Benachrichtigung über die neueste Ausgabe informiert. Das erhöht die Wahrscheinlichkeit, dass sie den Newsletter öffnen und lesen werden. Sowohl LinkedIn-Artikel als auch Newsletter bieten dir und deinem Unternehmen also die Chance, euren bestehenden Content (z. B. Blogartikel) auf LinkedIn wiederzuverwenden (sogenannte *Content Syndication*) und dadurch neue Leserinnen und potenzielle Kunden zu finden. Oder (falls deine Website noch in den Kinderschuhen steckt) du nutzt LinkedIn als *den einen* Kommunikationskanal. Weil du dich dann von der Plattform abhängig machst, würde ich davon abraten. Aber es kann ein erster Schritt im Content Marketing für dich sein.

---

2   Quelle: *www.linkedin.com/pulse/linkedin-contentstrategy-news-03-status-updates-werden-pettauer/*

8.4   Wie du Hashtags richtig nutzt

Falls du Hashtags noch nicht kennen solltest: Willkommen im Internet. *Hashtags* sind Themen und Schlagwörter mit einem # davor, also beispielsweise #mobilität, #leadership oder #motivation. Sie sollen einem Beitrag Kontext liefern und ihn in die jeweiligen Themen einordnen. Hashtags waren lange Zeit ausschließlich auf Instagram relevant, weil du dort nicht nur Menschen, sondern auch Hashtags folgen kannst. Beispielsweise möchtest du wissen, was in deiner Region gerade passiert, und folgst deswegen den Hashtags #frankfurt oder #bayern.

8.4.1   Wie funktionieren Hashtags auf LinkedIn?

Als Nutzer*in kannst du Hashtags folgen, sodass dir regelmäßig relevante Beiträge in deinem Newsfeed angezeigt werden. Quasi eine Leseempfehlung. Als Autor*in helfen Hashtags deinen Leser*innen dabei, den Inhalt mit dem richtigen Kontakt zu verknüpfen. Und weil viele Menschen ihre Interessen durch die Hashtags deutlich machen, wird ihnen gegebenenfalls dein Beitrag vorgeschlagen und im Newsfeed angezeigt (siehe Abbildung 8.13).

Außerdem können dir Hashtags bei der visuellen Formatierung deines Beitrags helfen. Denn Hashtags werden blau und fett markiert, sind also auffälliger als der Rest deines Textes. Du kannst mit Hashtags also die wichtigsten Stichpunkte innerhalb deines Textes markieren, statt sie einfach unten drunter zu platzieren.

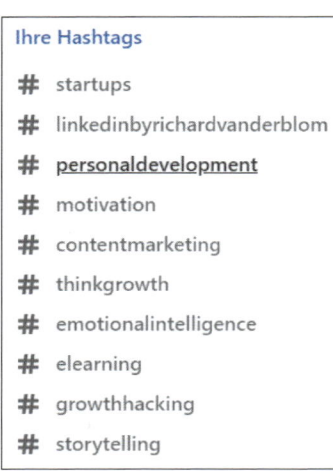

Abbildung 8.13 Hashtags auf LinkedIn

8.4.2   Welche Hashtags sollte ich verwenden?

Idealerweise nutzt du die Hashtags, die deine Zielgruppe kennt, verwendet und denen sie folgt. Je größer die Anzahl der Follower*innen, desto besser (denn desto größer die Wahrscheinlichkeit, Kund*innen finden zu können).

Welche Hashtags für dich die richtigen sind, hängt von deiner Branche und deinen Themen ab. Wichtig: Englische Begriffe werden weltweit verwendet, deutsche Hashtags natürlich nur im deutschsprachigen Raum, sie haben daher weniger Follower*innen. Ich habe die populärsten für dich recherchiert (Stand April 2021). Hier ein Auszug, mehr Details auf *https://schaffensgeist.com/bonus*.

1. #psychologie → 110.785 Follower
2. #mode → 44.622 Follower
3. #personalwesen → 35.149 Follower
4. #energie → 26.742 Follower
5. #gesundheit → 26. 206 Follower

Und einige der größten internationalen Hashtags sind:

1. #innovation → 38.800.215 Follower
2. #humanresources → 33.267.036 Follower
3. #digitalmarketing → 27.391.316 Follower
4. #technology → 26.443.956 Follower
5. #creativity → 25.367.141 Follower

Es empfiehlt sich, zwischen drei und fünf (maximal acht) Hashtags zu einem längeren Beitrag hinzuzufügen.

Viele Unternehmen pflegen im Rahmen ihrer Kommunikationsstrategie eigene Hashtags. Ich selbst verwende regelmäßig *#thinkgrowth*. Stephanie Tönjes, Social-Media-Expertin bei der Deutschen Telekom, nutzt in ihrem Beitrag den »eigenen« Hashtag *#30xFriends* (siehe Abbildung 8.14).

Das sind die Vorteile:

- Da man auch nach Hashtags suchen kann, lässt sich die Verbreitung sehr gut analysieren: Wer hat wann mit welchem Erfolg den Hashtag genutzt?
- Insbesondere bei tagesaktuellen Themen wie Konferenzen und Messen sind Hashtags ohnehin im Standardrepertoire des Veranstalters. Die Besucherinnen und Teilnehmer nutzen diese Hashtags, um »live« vom Event zu berichten und sich (vor Ort oder virtuell) miteinander zu verknüpfen.

- Hat man eine starke Community im Rücken (z. B. das eigene Unternehmen oder eine Gruppe), kann der eigene Hashtag zum Gruppengefühl beitragen.

Allerdings sollte man nicht erwarten, dass der Hashtag außerhalb der eigenen Gruppe, des Events oder der Kommunikationsstrategie von anderen Menschen verwendet wird und »viral« geht. Selbst wenn der Hashtag im Rahmen einer aufwendigen Werbekampagne der breiten Öffentlichkeit zugänglich gemacht wird (Beispielsweise #umparkenimkopf von Opel), ist Viralität sehr unwahrscheinlich. Multiplikator*innen wollen Content lieber selbst kreieren oder zumindest entdecken, anstatt mit der Nase draufgestoßen zu werden.

Abbildung 8.14 Beispiel für individuelle Hashtags

Solltest du einen Branded-Hashtag verwenden wollen, achte darauf, dass er

- leicht zu merken ist,

- möglichst kurz ist,

- möglichst einfach zu schreiben ist und

- #nichtmehralszweiwörterohneleerzeichenmiteinanderkombiniert.

8.5   Bitte nur dosiert anwenden: Leute taggen

In deinen Beiträgen und Kommentaren auf LinkedIn kannst du Menschen und Unternehmen mit einem @-Zeichen markieren, also beispielsweise »@TomasHerzberger«. Die markierte Person bekommt eine Benachrichtigung und wird sich sehr wahrscheinlich deinen Beitrag anschauen. Da der getaggte Name wie ein Hashtag fett und blau erscheint, kannst du Markierungen auch zur Gestaltung einsetzen.

Du kannst Markierungen einsetzen, um beispielsweise eine Expertin auf deinen Beitrag aufmerksam zu machen: »Wie @Verena Pausder in ihrem Buch *Neuland* vorschlägt ...«, oder um mehrere Menschen zu loben: »Toller Workshop für @Siemens mit @Uwe Bein und @Steffi Jones ...«. Diese öffentliche Lobpreisung nennt man *Shoutout*. Das solltest du dabei beachten:

- Markiere Menschen, von denen du weißt oder mutmaßen kannst, dass sie damit einverstanden sein werden. Auf keinen Fall sollten Personen die Markierung entfernen, denn das wird von LinkedIn als sehr negatives Zeichen gewertet.

- Der Kontext sollte zu den Themen und Botschaften der Personen passen.

- Bitte kein Rudel-Tagging, bei dem du eine Reihe von dir wildfremden Influencer*innen in der Hoffnung markierst, dass sie deinen Beitrag weiterverbreiten. Das wirkt anbiedernd.

- Markiere Menschen in Kommentaren, die eine neue Perspektive zur Diskussion beitragen können und das vermutlich tun wollen.

8.6   Nicht originell, aber wahr: Ein Bild sagt mehr als tausend Worte

Erinnerst du dich an das AIDA-Modell zu Beginn dieses Kapitels? Die Reise der Kund*innen (und in unserem Fall: der Leser*innen deines Beitrags) beginnt mit Aufmerksamkeit. Sie müssen deinen Beitrag wahrnehmen, bevor sie sich mit der Überschrift und dem eigentlichen Inhalt beschäftigen. Sprich: Wenn du ein Bild verwendest, dass die Leser*innen nicht anspricht, sind die Chancen auf hohe Reichweite gering.

8.6.1   Muss ich immer ein Bild verwenden?

Nein, ein zusätzliches Bild (oder auch mehrere) sind eine Option, aber kein Muss für deinen Beitrag. Der Unternehmer Jörg Kundrath verfasst beinahe ausschließlich Beiträge ohne Bilder und erzielt damit dennoch eine sehr hohe Reichweite (siehe Abbildung 8.15). Warum? Beständigkeit, relevante Themen und gutes Storytelling. Also ein Bild ist kein Muss ... aber es kann helfen.

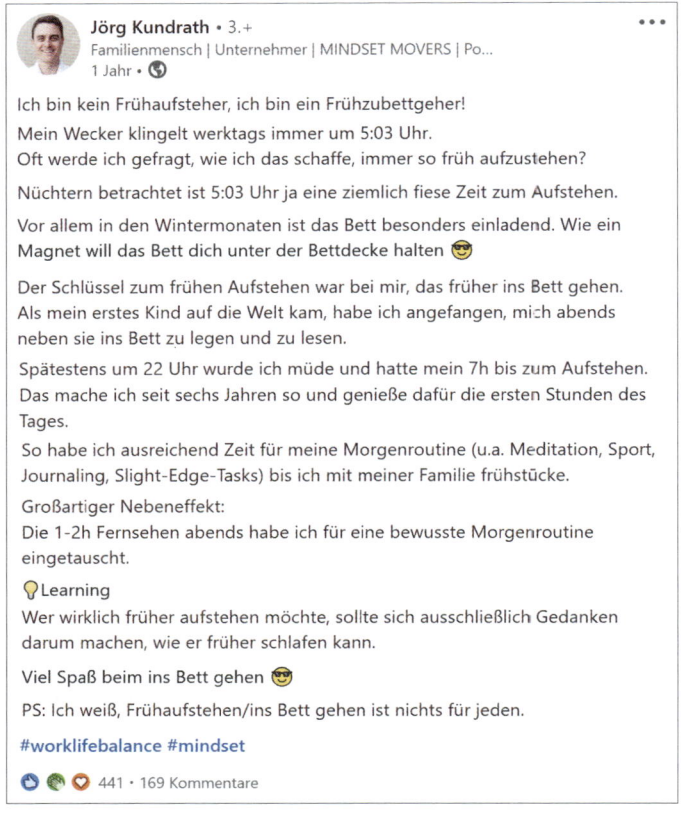

Abbildung 8.15 Auch Beiträge ohne Bild können eine hohe Reichweite erzielen.

8.6.2   Was gilt es bei einem Bild zu beachten?

Vor allem eine Sache: Fokus! Begib dich in die Situation der Leser*innen: Sie scrollen durch den Newsfeed bei LinkedIn auf der Suche nach einem Hinweis für den nächsten Infotainment-Snack. Dein Bild muss dieser Hinweis sein! Es muss dem Leser signalisieren: »Hey, hör auf zu scrollen! Schau hierhin!«

Deswegen solltest du bei deinem Bild diese Punkte beachten:

1. Es sollte sich von den anderen Beiträgen im Newsfeed abheben.

2. Es sollte sofort klar und eindeutig kommunizieren, worum es geht.

3. Bei Fotos: Verwende Details! Anstatt ein Ganzkörperfoto zu posten (was ohnehin kaum jemand mag, oder?), wähle eine Nahaufnahme des Gesichts oder sogar nur der Hände oder Augen. Es heißt nicht umsonst »Eyecatcher«, denn die Augen anderer Menschen fangen unsere Aufmerksamkeit. Bitte keine Gruppe von Menschen, die weit im Hintergrund des Bildes stehen.

4. Wenn du Text auf dem Bild verwendest: Achte darauf, dass er groß genug, kontrastreich und dadurch leicht lesbar ist. Denk daran, unsere Gehirne sind faul. Wir sind nicht auf Social Media, um »Was steht da bloß?« zu spielen.

5. Idealerweise passen die Farben zur Marke deines Unternehmens, damit du deine Marke stärkst und dein Beitrag »on brand« ist.

6. Je größer das Bild, desto mehr Aufmerksamkeit. Deswegen sollten deine Bilder das Format 1:1 haben oder sogar hochkant sein.

7. Du kannst auch ein animiertes GIF benutzen. Bewegte Bilder führen zu noch mehr Aufmerksamkeit.

Abbildung 8.16 Infografiken sind gute Eyecatcher.

Dieses Bild im Beitrag von Dr. Teo Pham erfüllt die Anforderungen:

- Es ist sehr groß und nimmt auf dem Smartphone den gesamten Bildschirm ein.
- Starke, kontrastreiche Farben und Schriften sorgen für Aufmerksamkeit und Verständlichkeit.
- Die Emojis unterstützen die Texte zusätzlich.
- Durch die Gegenüberstellung der beiden Listen wird sofort klar, worum es in dem dazugehörigen Beitrag geht.

8.6.3   Wie professionell muss das Bild sein?

Wir sind auf Social Media. Also lass deinen Perfektionismus bitte daheim! Deine hohen Ansprüche sollten dich niemals davon abhalten, einen klugen Gedanken mit deinen Leser*innen zu teilen.

»Die beste Kamera ist die, die man nutzt!« – Altes Fotografen-Sprichwort

Wichtiger als das Design deines Bildes ist die Inspiration, deine Perspektive, deine Ideen. Beliebte Ausreden sind:

- Du hast gerade keine professionelle Fotografin oder einen kreativen Designer zur Verfügung? Die Kamera in jedem mittelmäßigen Smartphone ist absolut ausreichend für ein schönes Bild von dir. Selbst Bilder mit »professioneller« Tiefenschärfe sind damit möglich!

- Ein Selfie? Klar, warum nicht! Solange du keinen Pyjama oder Badesachen anhast. Selbst wenn du im Homeoffice arbeitest, es sollte zu deiner Arbeit und deinen Botschaften passen.

- Ein Stativ? Brauchst du nicht, Nahaufnahmen sind besser als Totalen.

- Du willst nicht nur ein Bild von dir posten, sondern die Kernaussage deines Beitrags mit aufnehmen? Schreibe sie einfach auf einen Zettel und halte ihn ins Bild wie in Abbildung 8.17!

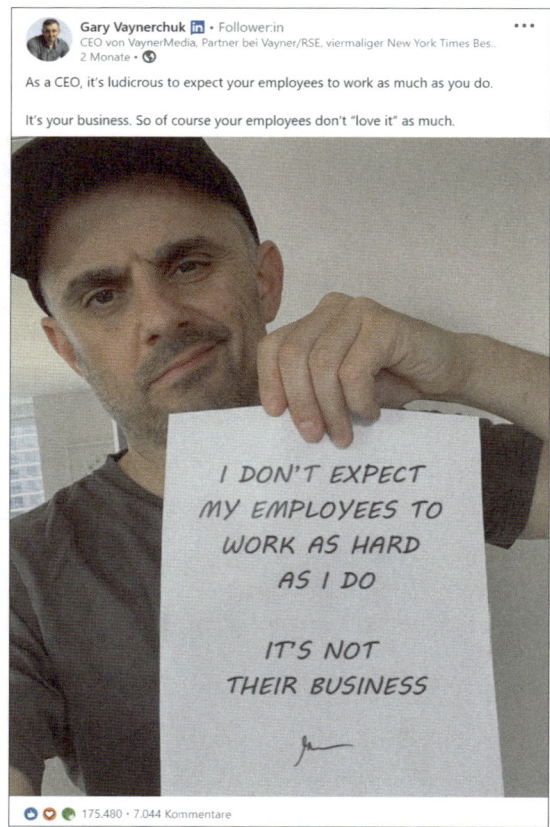

Abbildung 8.17 Kernaussage formulieren, ausdrucken, Bild machen, fertig

- Deine Handschrift ist geschäftsschädigend? Dann druck die Kernaussage aus und halte diesen Zettel ins Bild!

- Du willst kein Foto, sondern ein Diagramm posten? Nutze die Vorlagen von Tools wie Canva oder Crello, und fang an zu zaubern!

Die wichtigste Regel: Achte darauf, dass deine Leser*innen keine Mühe haben, Menschen und Texte zu erkennen. Muss es professionell aussehen? Nein, Hauptsache es fällt auf wie das Beispiel in Abbildung 8.18!

Abbildung 8.18 Hauptsache, dein Bild fällt auf.

8.6.4   Die Sache mit den Bildrechten

15 Jahre Social-Media-Marketing haben gezeigt, dass es (zu) viele Unternehmen nicht genau mit den Bildrechtennehmen und – ob bewusst oder unbewusst – eine Abmahnung riskieren.[3] Hier in aller Kürze die drei wichtigsten Regeln (ohne Anspruch auf Vollständigkeit):

- Ist jemand anderes als du auf dem Bild? Frage ihn oder sie vorab um ihre Einwilligung, ob du das Bild posten darfst. Gilt nicht, wenn die Person auf einer Bühne o. Ä. steht oder Mitglied einer Gruppe von mehr als drei Leuten ist.

---

3 Vgl. Corina Pahrmann & Katja Kupka (2019). Social Media Marketing – Praxishandbuch für Twitter, Facebook, Instagram & Co. (5., komplett aktualisierte Aufl.). O'Reilly.

- Mache deutlich, wer das Foto geschossen hat.
- Mache auch bei Stockbildern deutlich, woher das Foto stammt. Unabhängig davon, ob es bezahlte Bilder sind (z. B. von Shutterstock) oder vermeintlich »freie« Bilder mit Creative-Commons-Lizenz (z. B. von Pexels, Unsplash o. Ä.).

Am sichersten ist es, wenn du Fotos von dir verwendest oder Grafiken selbst erstellst.

8.7   Für Geschichtenerzählerinnen und Listenbauer: Der PDF-Slider

Es gibt ein Format auf LinkedIn, das sich in dieser Form auf keiner anderen Social-Media-Plattform findet: der *PDF-Slider*.

8.7.1   Was ist der PDF-Slider?

Dabei handelt es sich um ein PDF-Dokument, das so aussieht und sich für die Leser*innen anfühlt wie eine Bildergalerie auf Instagram – aber tatsächlich ein PDF-Dokument ist (siehe Abbildung 8.19).

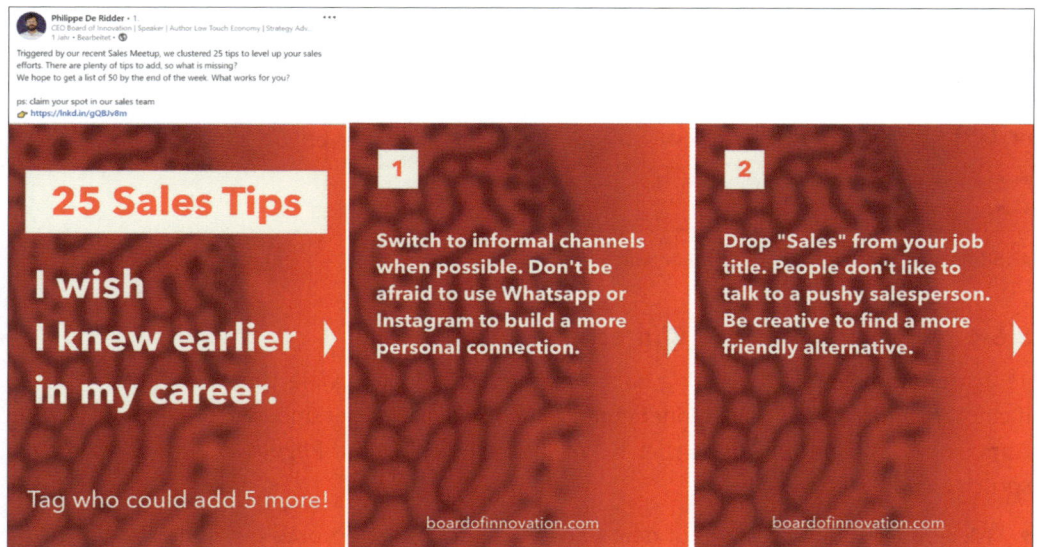

Abbildung 8.19 PDF-Slider sind sehr gut für Listen geeignet.

Wenn du ein PDF-Dokument zu einem Beitrag hinzufügst, ist für die Leser*innen jeweils nur eine einzelne Seite zu sehen. Wenn das Dokument mehrere Seiten hat, können deine Leser*innen mit einem Klick oder einem Swipe die Seiten umblättern. Und so kannst du Bild für Bild eine Geschichte erzählen, Punkt für Punkt eine Liste darstellen oder Schritt für Schritt ein Tutorial anbieten. Weil die Leser*innen einfach vor- und zurückblättern können, bestimmen sie allein das Tempo, in dem die Geschichte erzählt wird.

8.7.2 Wie erstelle ich einen guten PDF-Slider?

Bei der Erstellung deines PDF-Sliders solltest du Folgendes beachten:

- Dein PDF-Slider sollte zwischen 5 und 25 Folien beinhalten. Mehr ist technisch möglich (sogar viel mehr, bis zu 200), aber nicht wirklich nutzerfreundlich.

- Verwende pro Slide nur eine Aussage, keinesfalls mehr.

- Achte unbedingt auf die Lesbarkeit: Nutze große, kontrastreiche Schriften und Farben. Also die gleichen Regeln, die allgemein für Bilder auf LinkedIn gelten. Keinesfalls solltest du ein Whitepaper, das man besser ausgedruckt lesen würde, auf diese Weise veröffentlichen.

- Das erste Slide dient nicht nur als Eyecatcher, sondern auch als Einleitung für die folgenden Slides. Hier solltest du den geneigten Leser*innen mitteilen, was sie erwartet, beispielsweise »5 Tipps für gute Führung – trotz Remote Work«.

- Auf dem vorletzten Slide solltest du einen Call-to-Action, also einen Handlungsaufruf integrieren. Beispielsweise könntest du die Leser*innen dazu aufrufen, dir eine persönliche Nachricht oder eine E-Mail zu schicken oder eine Website zu besuchen, um dort einen Gesprächstermin zu vereinbaren.

Mach es dir einfach: Erstelle eine Vorlage, die du, deine Partner und Kolleginnen leicht wiederverwenden könnt. So könnt ihr euch auf den Inhalt konzentrieren.

8.7.3 Welche Themen eignen sich für einen PDF-Slider?

Ein PDF-Slider ist hervorragend geeignet für:

- Listen wie diese hier. Oder die besten Bücher über ein Thema. Oder die tollsten Kund*innen, für die man arbeiten durfte. Oder die Menschen, die dich am meisten inspiriert haben.

- eine Geschichte, die du Schritt für Schritt erzählst, wie in einem Comic-Strip

- eine Anleitung, bei der man Schritt für Schritt vorgehen muss

- eine Sammlung von Statistiken (jeweils eine pro Slide)

- eine Sammlung von Tweets zu einem bestimmten Thema

Du siehst: PDF-Slider sind sehr vielfältig einsetzbar, und deiner Fantasie sind fast keine Grenzen gesetzt. Einziger Nachteil: Du musst mehr Zeit in die Gestaltung investieren als bei einem Text- oder Bild-Post.

8.8 Welche Videos sich bei LinkedIn lohnen

Neben reinen Textbeiträgen, Texten und Bildern oder PDF-Slides kannst du auf LinkedIn auch Videos hochladen. Naturgemäß sind diese mit dem größten Produktionsaufwand verbunden. Dafür bieten sie aber auch die Möglichkeit, Informationen und Emotionen wie kein anderes Medium zu vermitteln.

Außerdem bietet es sich an, dass du ein längeres Video (wie beispielsweise einen Vortrag) in mehrere kürzere Videos aufteilst, die du innerhalb von mehreren Tagen oder Wochen veröffentlichst. Bei der Produktion deiner LinkedIn-Videos solltest du Folgendes beachten:

- Wie bei Bildern kannst du auch bei deinen Videos die volle Höhe des (Smartphone-)Bildschirms ausnutzen. Das sorgt dafür, dass dein Beitrag im Newsfeed den kompletten Bildschirm deiner Leser*innen ausfüllt. Hohe Aufmerksamkeit ist dir gewiss!

- Beachte die Nutzungssituation: Wie alle anderen Social-Media-Netzwerke wird auch LinkedIn primär auf dem Handy genutzt. Oder am Arbeitsplatz. Beides sind suboptimale Umgebungen, um sich ein unbekanntes Video anzusehen, bei dem man die Lärmbelästigung nicht abschätzen kann. Daher sollte dein Video unbedingt auch ohne Ton die Kernbotschaft übermitteln.

- Um aus dieser Bredouille herauszukommen, kannst du Untertitel verwenden. Entweder integrierst du sie direkt in dein Video oder du lädst sie als separate SRT-Datei mit deinem Video hoch. Kleiner Tipp: Wenn du ein Video auf YouTube hochlädst, werden automatisch Untertitel erstellt. Diese kannst du manuell korrigieren und dann als SRT-Datei herunterladen ... und diese wieder auf LinkedIn hochladen.

- Deine Zuschauer*innen haben keine Geduld. Nimm es ihnen nicht übel. Sie werden nach wenigen Sekunden entscheiden, ob es sich wirklich lohnt, dein Video bis zum Ende zu schauen. Deswegen: Pack die wichtigsten Infos gleich an den Anfang. Und mit Anfang meine ich die ersten fünf bis zehn Sekunden! Das mag ungewohnt und hektisch wirken, ist aber notwendig. Denk daran: Niemand geht auf LinkedIn, um sich lange Videos anzuschauen. Gefragt ist »snackable Content«, der in wenigen Minuten konsumiert werden kann.

Tool-Tip

Tool-Experte Jens Polomski[4] stellt Software und Apps per Video vor. Dabei verwendet er Typestudio (*https://typestudio.co/*) oder Flixier (*https://flixier.com/*), um die Videos schnell und pragmatisch zu schneiden. Du kannst Videos sogar mittlerweile mit Canva (*canva.com*) schneiden. Wie Jens so schön sagt: »Bevor Photoshop geladen ist, bin ich mit Canva schon fertig.«

Und was ist mit GIFs?

Videos klingen immer noch zu aufwendig? Dann starte doch mit einer GIF-Datei. Das ist ein bewegtes Bild in Dauerschleife (ähnlich wie die Gemälde in den Harry-Potter-Filmen). Du findest jede Menge GIFs auf Plattformen wie GIPHY (*https://giphy.com*) oder tenor (*https://tenor.com*). Und ja: Du darfst diese Dateien auf LinkedIn benutzen.

Du kannst natürlich auch ein GIF selbst produzieren: Es gibt dafür jede Menge kostenlose Apps für iOS und Android. Einfach im jeweiligen Store nach »gif maker« suchen und loslegen!

8.9   Zusammenfassung

In diesem Kapitel hast du gelernt, welche Formate es auf LinkedIn gibt und wie du sie bestmöglich nutzen kannst. Du solltest Texte und Bilder immer so erstellen, dass sie schnell »scannbar« sind, und deswegen auf Schriftgröße, Absätze und einfache Verständlichkeit achten. Ein Bild, Video oder PDF-Slider sind die Eyecatcher deiner Beiträge: Sie ziehen die Aufmerksamkeit deiner Leser*innen im Newsfeed auf sich. Anschließend ist es der Job der ersten Zeilen deines Beitrags, die Leser*innen neugierig genug zu machen, damit sie auf Mehr lesen klicken.

Was du jetzt tun kannst

Erstelle in einem einfachen Grafik-Tool wie Canva (notfalls auch PowerPoint) Vorlagen für deine Bildbeiträge – quadratisch oder noch besser hochkant. Du brauchst oft nicht mehr als zwei Vorlagen:

1. Eine Vorlage für kurze, aussagekräftige Sätze wie Zitate. Diese kannst du auch als Titelseite für einen PDF-Slider nehmen.

2. Eine Vorlage mit Foto von deinem Gesicht und Platz für eine Überschrift.

Außerdem solltest du die besten Hashtags recherchieren, die du regelmäßig verwendest. Nutze dafür die LinkedIn-Suche, und analysiere die Anzahl der Follower*innen aller relevanten Hashtags. Verwende die drei bis fünf Hashtags mit der größten Reichweite und größten Relevanz für deine Zielgruppe.

---

4   Zu finden unter: *www.linkedin.com/in/jens-polomski/*

Kapitel 9

Storytelling

Geschichten gehören zu unserer Natur. Seit Tausenden von Jahren
erzählen sich die Menschen Geschichten. Zum einen sind Geschichten
unser Vehikel, um Informationen und Erfahrungen miteinander auszutauschen. Zum anderen sind sie der soziale Kit, der für den Zusammenhalt der Menschen in einem Kulturkreis sorgt.

Deswegen ist es auch für dich als Content Creator wichtig, dich mit Storytelling aus-
einanderzusetzen. Denn gute Geschichten heben sich vom Lärm der Werbung ab.
Sie sorgen dafür, dass Menschen dir zuhören und Vertrauen schenken.

In diesem Kapitel wirst du lernen, was »Geschichtenerzählen« so besonders macht
und warum es die vielleicht effizienteste und gleichzeitig schönste Form der Kommunikation ist. Ich zeige dir, wie du deine LinkedIn-Beiträge so strukturierst, dass
sie gute Geschichten und interessante Inhalte miteinander kombinieren, wie du mit
Details und Emotionen eine Verbindung zu deinen Leser*innen aufbaust und wie
du mit sogenannte *Engagement-Triggern* mehr Interaktion und damit mehr Reichweite erzielen kannst.

9.1   Warum erfolgreiche Marken (fast immer)
gute Geschichten erzählen

Sehr wahrscheinlich haben sich unsere Vorfahren bereits am Lagerfeuer über Leadership (»Welche Fehler man als Führer eines Jagdtrupps auf keinen Fall machen
sollte«), Personal Improvement (»Warum ein gelegentliches Bad im Fluss gut für die
Gesundheit ist«), Teamkultur (»Jeder muss mal Feuerholz holen«) und Growth
Hacks (»Mit dieser Falle fängst du die größten Fische!«) unterhalten. Das kann ich
zwar nicht beweisen, aber du kannst es auch nicht widerlegen. Diese Fähigkeit
macht uns einzigartig im Tierreich. Kein anderes Tier erzählt sich Geschichten. Sie
sind der Grundbaustein für unsere Kultur, für Religion und Werte.

Wahrscheinlich haben sich die prähistorischen Menschen Anekdoten und Metaphern bedient, um ihre Aussage zu veranschaulichen und sie »transportabel« zu machen. Denn eine Geschichte als erzählerischer Rahmen einer wichtigen Lebensweisheit ist immer einfacher mit anderen Menschen zu teilen als die nackte Aussage als solche.

Neben dem Austausch von Informationen war und ist Storytelling aber auch immer ein sozialer Kleber. Wir haben uns am Lagerfeuer zusammengeschart, um gebannt den Erzählungen der anderen zu lauschen. Wir haben Bindungen aufgebaut und vertieft. Das war wichtig für den Zusammenhalt der Gruppe. Und nur als gut funktionierende Gruppe konnten und können wir überleben.

Nicht nur das Erzählen, auch das Zuhören gemeinsam mit anderen stärkt die mentale Verknüpfung zwischen uns. Einer der Gründe, warum wir selten alleine ins Kino gehen. Wir schätzen es sehr, wenn wir die emotionale Achterbahnfahrt und die Inspiration, die wir aus einer guten Geschichte mitnehmen können, mit anderen teilen können.

Geschichten zu erzählen und zu hören, ist also Teil der menschlichen DNA. Deswegen ist diese Form der Kommunikation ein hervorragendes Vehikel, um Menschen »um sich zu scharen« und eine starke Marke aufzubauen und somit erfolgreich zu sein.

9.1.1   Warum Geschichten auch für Unternehmen relevant sind

Die meisten erfolgreichen Marken können gute Geschichten erzählen. Man denke an Apples TV-Spot »1984« (*www.youtube.com/watch?v=VtvjbmoDx-I*), an Doves »Real Beauty«-Kampagne (*www.youtube.com/watch?v=XpaOjMXyJGk*), an Volkswagens »Star Wars«-Clip (*www.youtube.com/watch?v=1n6hf3adNqk*) oder an die Geschichte der Hämmer (*www.startup-humor.de/hornbach-hammer*), die Hornbach aus Panzerstahl produzieren ließ (und die innerhalb von Stunden ausverkauft waren).

Insbesondere zu Weihnachten entdecken viele Unternehmen ihr Faible für Geschichten und produzieren mitreißende, bewegende Werbevideos. Der Supermarkt Edeka sticht mit kreativen Geschichten hervor, wie in dem TV-Spot »Heimkommen« von 2015 (siehe Abbildung 9.1), der mittlerweile über 67 Millionen Mal angesehen worden ist.

Warum machen sich die werbetreibenden Unternehmen die Mühe, einen aufwendigen TV-Spot zu produzieren? Wenn es doch – wie im Fall von Edeka – vermutlich auch mit regionalen Anzeigen in Zeitungen, Tagesblättern und im Radio getan wäre? Immerhin geht es doch nur darum, die aktuellen Sonderangebote zu vermitteln, oder?

Nein, diese Unternehmen haben verstanden, dass Geschichten – gerade weil sie in unserer DNA liegen – eine ganz besondere, magische Wirkung auf uns haben. Wir können uns ihrem Zauber nicht entziehen. Wir können gar nicht anders, als zuzuhören. Gute Geschichten sind lustig, traurig oder inspirierend: Sie lösen immer Emotionen in uns aus. Deswegen bauen wir eine emotionale Verbindung zum Werbetreibenden auf. Wir nehmen das Unternehmen nicht nur wahr, es nimmt einen ganz besonderen Platz in uns ein. Irgendwo zwischen Kopf, Bauch und Herz.

Abbildung 9.1 Der Weihnachtsspot »Heimkommen« von Edeka (Quelle: Edeka, *www.youtube.com/watch?v=V6-0kYhqoRo*)

Und wenn wir das nächste Mal vor der Wahl stehen, ob wir – um bei diesem Beispiel zu bleiben – zu Edeka oder einem anderen Supermarkt gehen, wird diese kleine Verbindung, diese kleine emotionale Verknüpfung vielleicht dafür sorgen, dass wir uns für den Geschichtenerzähler entscheiden.

Um bei unserem AIDA-Modell zu bleiben: Storytelling ist relevant für die ersten drei Schritte der Kundenreise: Awareness, Interest und Desire. Und das können nicht viele Strategien von sich behaupten.

9.1.2   An wen richtet sich Storytelling?

Storytelling wirkt aber nicht nur nach außen. Auch nach innen, also gegenüber den eigenen und zukünftigen Mitarbeiter*innen, können Geschichten wirken. Und zwar so wie schon vor Tausenden Jahren: als sozialer Klebstoff. Ein Unternehmen ist im Kern eine Gruppe von Menschen, die sich einem Thema verschrieben hat. Nicht viel anderes als die Gruppe von Menschen, die zusammenlebt und sich abends um ein Lagerfeuer schart.

Unternehmen, welche die Kunst des Storytellings beherrschen, nutzen sie auch, um die eigenen Geschichten zu erzählen und miteinander zu teilen. Gerade bei traditionellen Unternehmen mit einer langen Historie haben sich über die Jahrzehnte unendlich viele Geschichten angesammelt. Seien es große Veränderungen wie anspruchsvolle Projekte, die man mit großer Anstrengung gemeinsam gemeistert hat, oder kleine wie Anekdoten im Umgang mit Kund*innen. Gute Marketer*innen machen diese Geschichten ausfindig und binden sie in die Identität des Unternehmens ein.

So hat Mercedes mit einem Kurzfilm über die erste Langstreckenfahrt der Automobil-Pionierin Berta Benz ein filmisches Denkmal gesetzt, das wichtige Werte wie Innovationskraft, Kreativität und Diversität des Unternehmens veranschaulicht (siehe Abbildung 9.2).

Abbildung 9.2 Der Kurzfilm »Die Reise, die alles veränderte« (Quelle: Mercedes-Benz, *www.youtube.com/watch?v=vsGrFYD5Nfs*)

9.1.3 Braucht es für Storytelling immer ein Video?

Videos sind »Informationsverdichter«: Wie kein anderes Medium können Videos in kurzer Zeit Informationen anschaulich darstellen, beispielsweise Details von Maschinen wie den Aufbau eines Computers oder komplexe Prozesse wie eine Lieferkette. Aber auch Emotionen können beim Zuschauer mit der kunstvollen Kombination aus Musik, Details (z. B. dem Flug einer Feder) und natürlich guten Schauspielern geweckt werden. Videos sind also auch »Emotionskatalysatoren«.

Aber um auf die Frage zurückzukommen: Nein, für gute, wirkungsvolle Geschichten braucht es nicht zwingend Videos. Texte und Bilder (oder eine Kombination aus beiden Formaten) können ebenso für gutes Storytelling genutzt werden. Jeder Witz ist eine kleine Geschichte, die nur aus wenigen Zeilen besteht. Viele virale Tweets mit weniger als 240 Zeichen erzählen eine Geschichte wie etwa das Beispiel in Abbildung 9.3.

Abbildung 9.3 Es braucht nicht immer ein Video, um Neugier zu wecken.

Bereits an dem kleinen Beispiel in Abbildung 9.3 kann man sehen, wie wichtig Details und mündliche Rede für die Lebendigkeit und Wirkung einer Geschichte sind. Mehr dazu später. Das Freiburger Unternehmen Visual Statement (*www.visualstatements.net*) erschafft für werbetreibende Unternehmen kurze, Social-Media-kompatible Wortwitze (siehe Abbildung 9.4) – und das sehr erfolgreich.

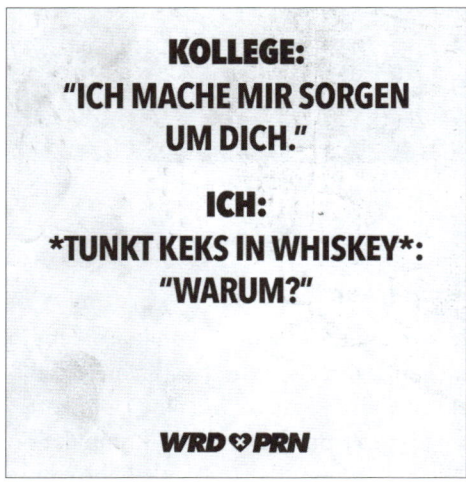

Abbildung 9.4 Visual Statement verdient mit guten Texten gutes Geld.

Unternehmen wie die Berliner Verkehrsbetriebe oder DB Cargo (beides ob ihres Unternehmenszwecks nicht gerade prädestiniert für Humor) nutzen seit langer Zeit die Kraft von Geschichten, um Aufmerksamkeit und Sympathien zu gewinnen (siehe Abbildung 9.5).

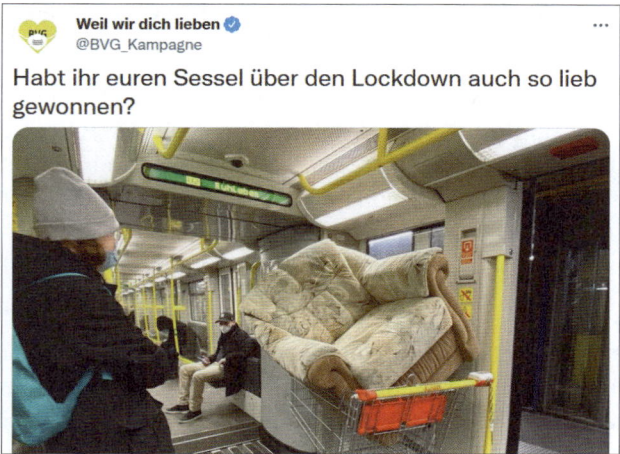

Weil wir dich lieben ✔
@BVG_Kampagne

Habt ihr euren Sessel über den Lockdown auch so lieb gewonnen?

Abbildung 9.5 BVG teilt Anekdoten aus dem ÖPNV.

Ergo: Du musst keine Videos produzieren, um Geschichten zu erzählen. Nur Text oder eine Kombination aus Text und einem aussagekräftigen Bild reichen oftmals.

> *»Respektiere die Lebenszeit deiner Follower. Jeder Mensch macht ein Tauschgeschäft: Seine/ihre Lebenszeit gegen deinen Content. Make sure it's entertaining and worth their time!« – Uwe von Grafenstein, Gründer & Dozent von »Geschichten, die verkaufen«*

Lass dich vom hohen Produktionsaufwand für ein Video nicht davon abhalten, deine Geschichte zu erzählen – auch auf LinkedIn.

9.2   Wie du Storytelling in deine Beiträge integrierst

Darf ich dir Markus vorstellen? Markus ist ein sehr guter Freund, den ich seit unseren gemeinsamen Schultagen kenne. Markus ist der geborene Geschichtenerzähler. Wann immer er eine Anekdote von sich gibt, kleben ihm die Menschen an den Lippen. Und es ist egal, worüber er erzählt – er steht im Mittelpunkt jeder Unterhaltung. Markus ist einer von den Menschen, die eine halbe Stunde darüber erzählen könnten, was ihnen beim Zähneputzen passiert ist, und die Menschen würden immer noch fragen: »Und was ist dann passiert?« Vielleicht hast du auch so einen Menschen in deinem Freundes- oder Bekanntenkreis.

Nicht jedem von uns (lies: den allermeisten) fällt es so leicht, andere Menschen mit ihren Geschichten und Anekdoten in den Bann zu ziehen. Aber: Wir alle sind von Natur aus begeisterte Fans von Storytelling. Wir lieben es, ihnen zuzuhören, sie zu lesen oder zu sehen. Und gleichzeitig kann jeder von uns Geschichten erzählen. Manchen fällt es leichter als anderen. Aber jeder kann lernen, wie er seine Geschichten in Form von LinkedIn-Beiträgen aufpeppt. Darum geht es in diesem Kapitel.

Der wichtigste Tipp zuerst: Vertraue deiner Intuition! Irgendwo zwischen deinem Gehirn, deinem Bauch und deinem Herz sitzt diese kleine Stimme, die dir sagt: »Das ist eine gute Geschichte.« Sie ist zuverlässig, aber sehr leise. Auf sie zu hören, will geübt sein. Deswegen: Vertraue deiner Intuition, anstatt zu viel nachzudenken! Nimm die Anekdoten und Geschichten, die du erlebt hast, über die du mit Leidenschaft sprechen kannst – und nutze sie auf LinkedIn. Wie das geht, erfährst du auf den kommenden Seiten.

Vielleicht fragst du dich jetzt: »Muss ich Videos produzieren, um Geschichten zu machen?« Wie gesagt: Du musst keine aufwendigen Videos produzieren, um deine Leser*innen mit Geschichten zu verzaubern. Gut formatierter Text wie im Beispiel in Abbildung 9.6 reicht vollkommen aus.

Daniel-John Riedl · 1.
Lead Content Strategist Kienbaum, #TUESmovement Initiator & Aktivist, Netwo...
5 Monate · 🌐

🔑 SCHEITERN | KÄMPFEN | SIEGEN | HELFEN

Im Sommer 2016 entschied ich mich nach 12 Jahren Abstinenz wieder mit dem Laufen zu beginnen. 10 Wochen Training und ab zum ersten Halbmarathon. Mit einer Zeit von 1:42 auf 21 Kilometern kam dann auch schon der Übermut und ich war überzeugt, die Volldistanz weit unter 4 Stunden bewältigen zu können. Was für eine Fehleinschätzung!

❌ SCHEITERN
Erster Versuch Düsseldorf 2017: Abbruch bei KM 24
Nach den Ausflüchten und der schlussendluchen Erkenntnis, dass ich mich übernommen und überschätzt hatte dann der zweite Anlauf.

💪 KÄMPFEN
In Köln 2017: Finish nach zu schnellem Beginn, Schmerzen und Psychoterror nach 4:38 Stunden. Immerhin, ich hatte ihn beendet, aber wie ein wirklicher Erfolg fühlte sich das nicht an.

👊 SIEGEN
Düsseldorf 2018: Mit sauberem Kopf, klarer Selbsteinschätzung und geordneter Vorbereitung kommt endlich der ersehnte Moment. Finish nach 3:57 Stunden. Jetzt hatte ich begriffen wie das Spiel funktioniert.

❤️ HELFEN
Köln 2019: Auf halber Strecke treffe ich auf einen mit Krämpfen geplagten Läufer. Erster Marathonversuch. Ich habe ein Dejavu. Er wird seinen ersten Lauf nicht abbrechen. Gemeinsam finishen wir nach 5:38 Stunden.

Für mich der größte Erfolg.
🌀 Scheitern, Kämpfen, Siegen, Helfen.
#diegeschichtezaehlt

Abbildung 9.6 Eine spannende Heldengeschichte auf LinkedIn

Wie wir gelernt haben, hilft ein zusätzliches Bild, die Aufmerksamkeit deiner Leser*innen zu gewinnen. Das Bild ist der Eyecatcher, der sie vom Weiterscrollen durch ihren Newsfeed abhält. In diesem Fall war das Bild ein passendes Foto, quasi eine Szene aus der Geschichte (siehe Abbildung 9.7).

Abbildung 9.7 Das dazugehörige Bild unterstützt die Botschaft.

Auch der »Godfather of Social Media«, Gary Vaynerchuk bedient sich gelegentlich des Storytellings. Im Beitrag in Abbildung 9.8 erzählt er über sein erstes Baseball-spiel – und welchen Effekt ein einfaches Zwinkern auf einen kleinen Jungen haben kann.

Gary unterstützt seinen Beitrag durch einen sehr schön gestalteten PDF-Slider in Abbildung 9.9, der die gleiche Geschichte noch einmal erzählt – Szene für Szene.

Bei beiden Beispielen wird eine Anekdote aus dem jeweiligen Leben anschaulich erzählt. Relevanz und Bedeutung für die Leser*innen bekommt sie durch den Bezug auf den Unternehmenskontext am Ende des Beitrags.

Gary Vaynerchuk in • Follower:in
CEO von VaynerMedia, Partner bei Vayner/RSE, viermaliger New York Times Bes...
3 Monate • 🌐

LinkedIn - Let me tell you a story.

I'm going to take you back to 1985 and my first baseball game.

Baseball was my life at 10 years old. Back then, I was a bigger baseball fan than a football fan, so you can imagine what it was like.

So there I am with my mother and late great uncle Misha/Michael (who I miss very much). During the game, Rickey Henderson caught a fly ball and as he ran into the dugout, he looked me directly in the face and he winked!

And that's it.

That wink took Rickey a second of effort, but over the next five years, my mom bought me a Rickey Henderson jersey and baseball cards, I forced my friends to become his fans, thus they bought his jerseys, went to the baseball card convention where he was giving autographs, and they paid their $50 to get a signed ball. Rickey got a piece of all that action, guys.

Taking a moment to acknowledge another human being has more ROI than everyone understands. Human characteristics matter.

As our emotions translate themselves into the digital world, acknowledging the presence of followers that you're lucky to even have in the first place is the right thing to do. Don't you think it's smart to say "thank you" to the person who listened to your song 56 times? It's way more likely that they'll buy your next album if you do.

Abbildung 9.8 Eine Geschichte vom Baseball

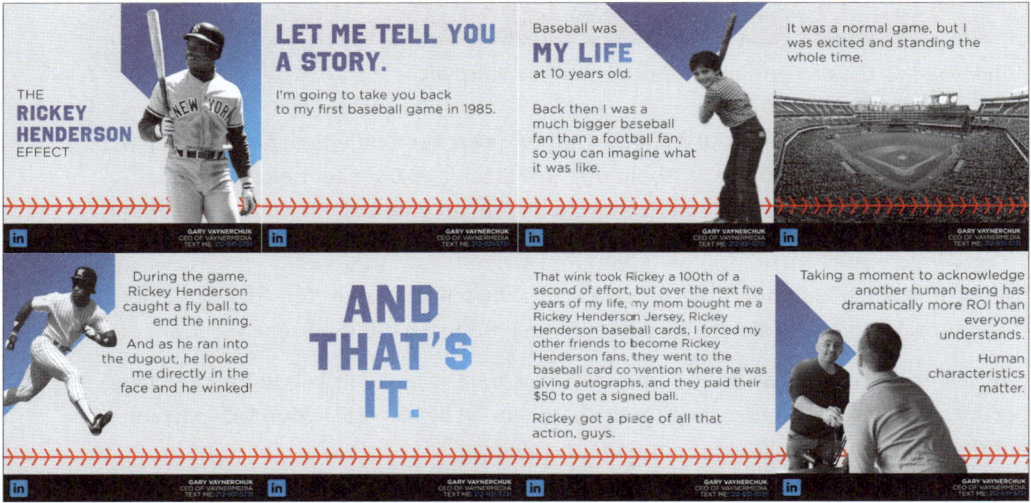

Abbildung 9.9 Storytelling mit PDF-Slider: Der PDF-Slider passend zur Geschichte

9.3   Die Anatomie eines Storytelling-Beitrags

Es gibt eine Vielzahl von Storytelling-Frameworks, die du für dich nutzen kannst. Aber diese Modelle sind gebaut worden für »lange« Formate wie Filme, Romane oder Blogposts. Die Herausforderung besteht darin, diese Struktur auf einen einzelnen Beitrag und damit 3.000 Zeichen herunterzubrechen. Und je weniger Platz wir für unsere Geschichte haben, desto anspruchsvoller.

9.3.1   Der Anfang: Es war einmal ...

Wie jede gute Geschichte beginnen diese beiden Beiträge mit »Es war einmal ...«. Der erste Satz holt uns in die Zeit und an den Ort, an dem die Geschichte spielt. Viele Filme beginnen mit einer sogenannte »Totalen«-Einstellung, wie beispielsweise dem Flug über eine Stadt, oftmals ergänzt durch eine Zeitangabe. Das hilft den Zuschauern dabei, sich zurechtzufinden. Jede Geschichte sollte damit beginnen, den Leserinnen oder Zuschauern Orientierung zu geben:

- *Wo* spielt die Geschichte?
- *Wann* spielt die Geschichte?

9.3.2   Die Mitte: Held und Herausforderung

Hier ist Platz für deine Kernbotschaft. Was möchtest du erzählen? Welche Geschichte möchtest du mit deinen Leser*innen teilen?

Wie bei jeder Geschichte muss es einen Helden, eine Protagonistin geben. Jemanden, durch dessen Augen wir die Geschichte erleben dürfen. Bei vielen Geschichten ist es unvermeidlich, dass du selbst diese Rolle einnimmst – einfach, weil du die Geschichte selbst erlebt hast. Und was könntest du authentischer und besser beschreiben als deine eigenen Erlebnisse?

Idealerweise bist du aber nicht »die Heldin«, sondern »der Guide« in deiner Geschichte. Du bist diejenige, die einem Kunden bei der Bewältigung seines Problems hilft oder ihre Mitarbeiter*innen dazu inspiriert, großartige Projekte zu realisieren.

Auf jeden Fall braucht es einen Konflikt: eine reale oder psychische Herausforderung, die überwunden wird. Eine Geschichte ohne Konflikt mag interessant sein, ist aber nicht spannend (wie das Beispiel von Gary Vaynerchuk verdeutlicht).

Noch mehr als bei »normalen« Beiträgen solltest du Folgendes beachten:

- Verwende so wenig Fachbegriffe wie möglich. Sie können den Lesefluss unterbrechen und dafür sorgen, dass die Leser*innen sich dumm vorkommen.
- Nutze keine verschachtelten Sätze. Jedes Komma sollte im Zweifel ein Punkt sein.

- Fass dich kurz und formuliere präzise.

- Achte auf genügend Whitespace. Füge nach jedem zweiten Satz eine Zeile Abstand ein.

- Verwende keine Emojis und Hashtags. Beide Elemente können deinen Leser*innen Orientierung bei längeren Beiträgen geben. Aber innerhalb einer Geschichte lenken sie ab.

9.3.3   Das Ende: Kontext und Relevanz

Im letzten Teil deiner Geschichte – nachdem der Konflikt überwunden worden ist – solltest du die Bedeutung dieser Anekdote deutlich machen: Warum ist das wichtig? Was können die Leser*innen daraus lernen? Wie können sie deine Erfahrung nutzen, um ihre eigenen Konflikte zu überwinden?

Das Ende ist nicht nur der Platz für relevante Hashtags, sondern auch für eine Handlungsaufforderung (»Call-to-Action«) an deine Leser*innen. Damit ist nicht etwa ein Sales Pitch gemeint, sondern eine Einladung, über die Geschichte (in den Kommentaren) zu sprechen. Du könntest beispielsweise schreiben:

- Hast du so etwas auch schon mal erlebt?

- Wie hättest du reagiert?

- Wie ist deine Meinung?

Und damit willkommen zurück am Lagerfeuer! Auch tausende von Jahren später bringen uns Geschichten zusammen. Sie helfen uns dabei, Informationen auszutauschen, und verbinden uns als die sozialen Herdentiere, die wir sind. Nur zeitlich und räumlich unabhängiger. Das ist der Charme von LinkedIn.

9.4   »Storytells« erwecken deine Beiträge zum Leben

Du hast eine passende Geschichte gefunden, die dein Anliegen unterstützt? Dir ist es sogar gelungen, sie in das Storytelling-Konzept »zu zwängen« ... und trotzdem liest sie sich seltsam blutleer?

> *»Texte sollen Emotionen nicht beschreiben. Sondern auslösen.« –*
> *Michael Matthiass, Trainer & Texter*

Dann möchte ich dir ein Geheimnis verraten, mit dem du jeder Story Leben einhauchen kannst: *Storytells*. Storytells sind Details, die du aus Romanen und Filmen, aber nicht aus dem Business-Umfeld kennst.

1. **Cliffhanger für mehr Spannung**

   »Unser Kunde stand vor einer neuen Herausforderung: ...«

»Kurz vor unserem Produktlaunch ist Folgendes passiert: ...«

»... bis wir eine Sache verändert haben: ...«

2. **Details, um die Sinne anzusprechen**

»Überall roch es nach frischer Farbe.«

»Der Geschmack erinnerte mich an meine Kindheit.«

»Ihre Visitenkarte war außergewöhnlich schwer.«

3. **Emotionen, um Empathie zu wecken**

»Schon die Empfangshalle war furchteinflößend.«

»Als ich abends das Büro verließ, war ich so glücklich wie lange nicht mehr.«

»Nie hätte ich mir erträumt, mit ihr auf einer Bühne zu stehen.«

LinkedIn-Beiträge sind der perfekte Platz für Storytells. Denn sie machen dich als Geschichtenerzähler*in authentisch und nahbar. Storytells sorgen dafür, dass deine Leser*innen in die Geschichte hineingezogen werden, wie das Beispiel in Abbildung 9.10 zeigt.

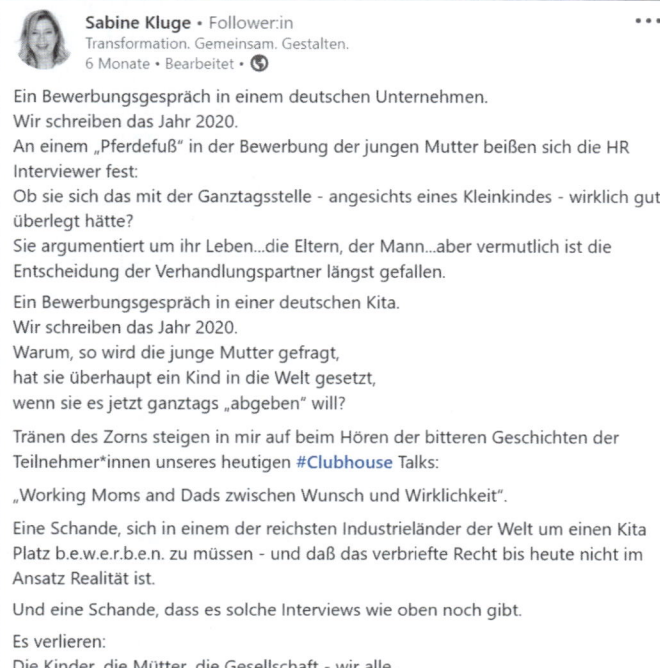

Abbildung 9.10 Mündliche Rede und Emotionen erwecken eine Geschichte zum Leben.

Indem du deine Gefühlswelt teilst, machst du dich zwar angreifbar, aber gleichzeitig interessant.

Nur mit jemandem, der sich öffnet, kannst du eine Beziehung aufbauen. Nur jemandem, der offensichtlich auch ein Mensch ist, kannst du vertrauen. Und nur mit Menschen, denen du vertraust, willst du Geschäfte machen.

> »You never sell to companies, you sell to people. Ultimately people make relationships, not corporations.« – Lea-Sophie Cramer, Gründerin Amorelie

9.5   Wie du mit Engagement-Trigger mehr Interaktion erzielst

Wie wählt LinkedIn eigentlich aus, warum wir Beitrag A in unserem Newsfeed sehen, aber nicht Beitrag B? Der Algorithmus von LinkedIn funktioniert – stark vereinfacht – wie folgt: In den ersten ein bis zwei Stunden nach Veröffentlichung wird dein Beitrag (nach einer Art Spam-Test) zunächst einem ausgewählten Teil deiner Follower*innen gezeigt. Quasi deinen Super-Fans. Sie haben durch häufige Interaktion in der Vergangenheit bewiesen, dass sie deine Inhalte interessieren. Wenn diese Super-Fans deinen Beitrag liken und kommentieren, ist das ein Zeichen für LinkedIn: Dieser Beitrag ist interessant! Er sorgt dafür, dass die Menschen auf LinkedIn aktiv bleiben. Also wird LinkedIn diesen Beitrag an weitere Menschen aus deinem Netzwerk ausspielen. Und wenn diese wiederum interagieren, werden das auch Menschen im zweiten Kontaktgrad (mit denen du nicht vernetzt bist) sehen.

Sprich: je mehr Interaktion mit deinem Beitrag, desto höher dessen Reichweite. Und ohne Reichweite kein Branding. Also: Her mit der Interaktion. Aber wie? An dieser Stelle kommen die »Engagement-Trigger« ins Spiel.

9.5.1   Was sind Engagement-Trigger?

Unser Gehirn ist faul und will sich und damit uns das Leben so einfach wie möglich machen. Deswegen übernimmt es viel Arbeit im Hintergrund, ohne dass du dir dessen (im wahrsten Sinne des Wortes) bewusst wirst. Ein Trigger ist der Auslöser für eine unbewusste Reaktion.

Beispiel: Die Farbe Rot löst in dir Aufmerksamkeit aus. Rot heißt »Gefahr« oder »Stopp«. Ein Lächeln hingegen löst in dir unbewusst Sympathie und Freude aus. Eine Verknappung kann in dir den Drang auslösen, ein Produkt zu kaufen (wie stark reduzierte Angebote zum Black Friday). Die folgenden Trigger können (unbewusst) mehr Interaktion für deine Beiträge auslösen.

1. **Win**

Der Klassiker: Wenn es etwas zu gewinnen gibt, können die wenigsten von uns widerstehen (siehe Abbildung 9.11). Für ein erfolgreiches Gewinnspiel sind zwei Dinge kritisch: der Preis und die »Hürde«, also der Aufwand, den man betreiben muss, um am Gewinnspiel teilzunehmen.

Abbildung 9.11 Gewinnspiel aud LinkedIn

2. **Vote**

Wir lieben es, nach unserer Meinung gefragt zu werden – und diese kundzutun (siehe Abbildung 9.12). Viele Gewinnspiele werden mit einer Abstimmung gekoppelt: Man denke nur an die zahlreichen Casting-Shows, deren Gewinner*innen vom Publikum bestimmt werden. Würden die Menschen so zahlreich bei Wahlen teilnehmen wie bei Votings, hätten wir eine deutlich interessantere politische Debatte hierzulande.

Du kannst dir diesen Trigger zunutze machen, indem du deine Fans und Follower*innen regelmäßig um ihre Meinung fragst. Welche Themen interessieren sie am meisten? Wie gehen sie mit einer aktuellen Herausforderung um? Wie ist ihre Meinung zum Thema XY? Je mehr Menschen deinen Post kommentieren, desto höher wird er vom Algorithmus der jeweiligen Plattform gerankt und desto mehr Menschen werden ihn sehen.

Neben der Abstimmung per Kommentar oder Like bietet LinkedIn die Option, Umfragen direkt in den Beitrag zu integrieren. Wichtig dabei ist, dass das Ergebnis der Abstimmung relevant und wertvoll für deine Zielgruppe ist. Zusätzliches Plus: Du kannst die Ergebnisse deiner Umfrage(n) für zukünftige Beiträge nutzen.

Abbildung 9.12 Wie du mit Umfragen Interaktion erzielen kannst

3. Curiosity

Manchmal müssen wir gar nichts gewinnen können, sondern lösen ein Rätsel nur der Herausforderung wegen. Deswegen sind Rätsel in Zeitschriften für Leser*innen jeden Alters so beliebt, von »Findest du alle 8 Fehler im rechten Bild?« über Sudoku bis hin zu Kreuzworträtseln in der Süddeutschen Zeitung. Unser Gehirn liebt diese Herausforderungen – und die kleinen Belohnungen in Form von Dopamin, die diese Rätsel mit sich bringen, so wie das in Abbildung 9.13.

Abbildung 9.13 Ein kleines Bilderrätsel auf LinkedIn

Stark mit Rätseln verbunden sind Teaser. Insbesondere in der Filmwerbung werden Teaser bei fast jedem großen Release eingesetzt, um Neugier in der Zielgruppe zu erzeugen. Da werden Bilder vom Set »geleakt«, ein Poster veröffentlicht und schließlich der eigentliche Teaser gezeigt, damit sich die Fans über den eigentlichen Film Gedanken machen können.

Auch die Verwendung eines Countdowns im Vorfeld zu einem Event oder Produktlaunch kann dabei helfen, die Neugier zu schüren und mehr Interaktion zu erreichen.

4. **Learn**

Dieser Trigger bedient sich des menschlichen Bedürfnisses, besser zu werden. Die meisten von uns wollen lernen, wollen die Welt um sich herum besser verstehen. Deswegen schauen wir Dokumentationen oder Do-it-yourself-Videos auf YouTube, und deswegen können Social-Media-Posts, die einen kleinen Beitrag zur persönlichen Entwicklung der Leser*innen leisten, sehr erfolgreich sein. Wie die Quantität der zahlreichen inspirierenden Zitate auf Instagram zeigt.

Wenn du deinen Content planst, kannst du dir diesen Trigger zunutze machen. Ein Post, der uns dazu anregt, innezuhalten, zu reflektieren, und einen klaren, guten Ratschlag gibt, kann sehr erfolgreich sein.

Abbildung 9.14 Unser Gehirn liebt Listen!

Und ja: Du darfst dich dabei auch bei anderen Quellen bedienen. Beispielsweise kannst du Aussagen und Tipps von anerkannten Expert*innen in deinem Gebiet zitieren. Für Human Resources funktioniert z. B. Content von Simon Sinek in der Regel sehr gut. Für Marketing sind Seth Goding oder Gary Vaynerchuk verlässliche Inspirationsquellen. Und für Sales wende dich an Menschen wie Daniel H.

Pink, Zig Ziglar oder Grant Cardone. Neben einem reinen »So funktioniert XY« können auch Listen hilfreich sein (siehe Abbildung 9.14). Warum? Unser Gehirn mag keine Unordnung. Wir mögen Dinge, die sauber, simpel und übersichtlich sind. Deswegen sind Listen so effektiv!

5. **New**

   Studien zeigen, dass unsere Gehirne einen ordentlichen Schuss Dopamin erzeugen, wenn wir mit etwas Neuem konfrontiert sind. Besonders für die Early-Adopter unter uns ist das Label »Neu« ein großer Anreiz, mit einem Post in irgendeiner Form zu interagieren – und sei es nur, auf MEHR LESEN zu klicken und den gesamten Inhalt zu sehen. Der Erfolg von Plattformen wie Product Hunt, Kickstarter und Indiegogo beweist, dass viele Menschen bereit sind, ein Produkt zu kaufen, auch wenn es nicht perfekt ist. Denn diese Menschen wollen in ihrem sozialen Umfeld als risikobereit und gut informiert erscheinen. Bediene dieses Bedürfnis! Mit Content, der explizit »Neu« ist, weckst du das Interesse von Early-Adoptern und solchen, die es gerne sein wollen. Das gilt natürlich auch für deine eigenen Services und Produkte – solange du deinen Leser*innen die Relevanz für ihr Leben aufzeigst.

6. **Provokation**

   Du kannst Interaktion natürlich auch hervorrufen, indem du provozierst und polarisierst (siehe Abbildung 9.15). Dafür musst du eine starke und fundierte Meinung zu einem Thema haben, das die Menschen in deiner Zielgruppe bewegt.

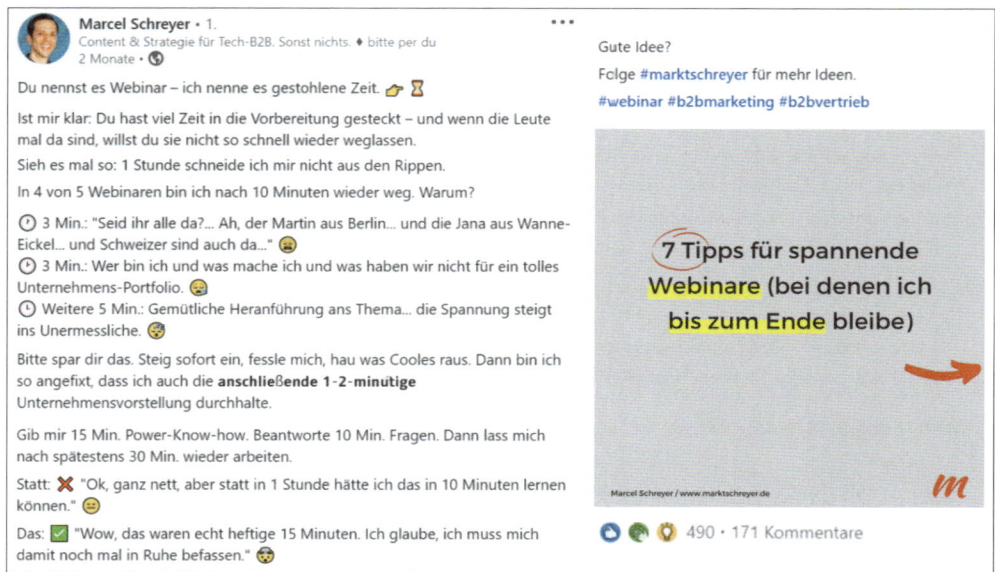

Abbildung 9.15 Provokation kann ein guter Engagement-Trigger sein.

Mit dieser Methode wirst du

– einige Fans und Kund*innen verlieren, die sich mit dir nun nicht mehr identifizieren können,

– neue Fans und Kund*innen gewinnen, die deine Meinung teilen und

– sehr viel Engagement und dadurch Aufmerksamkeit generieren.

Also mach dir vorher die möglichen Konsequenzen bewusst, und achte darauf, dass du deine Geschäftspartnerinnen oder Investoren nicht vor den Kopf stößt.

Wenn du es dir etwas einfacher machen willst: Nimm ein provozierendes Ereignis oder eine Kampagne, und begib dich in die Position einer Moderatorin, die beide Seiten miteinander ins Gespräch bringt, wie in Abbildung 9.16.

Abbildung 9.16 Tipp: Aktionen anderer aufgreifen und kommentieren

7. **Me**

Social Media ist ein Platz für Selbstdarstellung – zumindest für einen Teil der Nutzer*innen. Wie so oft im Leben gilt auch hier die Pareto-Regel: 20 % der Nutzer*innen erzeugen 80 % des Contents. Auf LinkedIn veröffentlichen ca. 3,5 % der Nutzer*innen in DACH eigene Beiträge (Kommentare nicht mitgerechnet). Diese 20 % sind von Natur aus nicht gerade introvertiert: Sie mögen es, sich ihrem Umfeld mitzuteilen, und teilen bereitwillig ihre Meinung zu aktuellen Themen oder Bilder ihres Frühstücksmüslis.

»That is what every successful person loves: the game. The chance for self-expression. The chance to prove his or her worth, to excel, to win. The desire of a feeling of importance.« – Dale Carnegie, Autor von »How to win friends and influence people«

Insbesondere als Betreiber*in einer LinkedIn-Gruppe oder einer Unternehmensseite kannst du dir diesen Trigger zunutze machen, indem du deine Plattform regelmäßig als Bühne zur Selbstdarstellung anbietest. Lade deine Gruppenmitglieder dazu ein, über ihr aktuelles Projekt oder ihren letzten Blogpost zu posten – viele werden es tun und dir daraufhin dankbar sein. Dieser Trigger funktioniert umso besser, je extrovertierter deine Fans sind. Gib ihnen eine Bühne, und sie werden sie dankbar annehmen.

8. **Wow**

Wer mag nicht gerne Feuerwerk? Warum schauen so viele Menschen Filme wie »Avengers« oder »Star Wars«? Es ist Unterhaltung pur! Für einen Moment entfliehen wir unserem Alltag und flüchten uns in eine faszinierende, neue Welt. Um den Wow-Effekt zu bedienen, musst du natürlich auch innovativen und überraschenden Content erstellen. Nicht einfach. Aber eine gute Idee, knackig umgesetzt, kann funktionieren und vielleicht zu einem viralen Hit werden. Der Wow-Trigger ist der, der am schwierigsten auszulösen ist, aber auch der mit dem größten Potenzial.

Du könntest dich oder dein Produkt auf eine ungewöhnliche Art und Weise in Szene setzen und dies als PDF-Slider veröffentlichen wie im Beispiel in Abbildung 9.17.

Twitter ist nicht nur ein Füllhorn der Inspiration für aktuelle Themen, sondern auch für lustige Beiträge, die maximal 280 Zeichen lang sind und deswegen bequem »gescreenshotet« und auf LinkedIn geteilt werden können.

Übrigens: Du kannst auch GIFs auf LinkedIn posten. Jede Menge davon findest du auf *giphy.com*.

Abbildung 9.17 Ein Comic im Format eines PDF-Sliders kann für einen kleinen Wow-Effekt sorgen.

9.5.2   Was du bei Engagement-Triggern beachten solltest

Du merkst: Teilweise sind diese Trigger sinnvolle Ergänzungen deiner Beiträge, teilweise sind die Trigger ein kompletter Beitrag, der deinen Content-Mix ergänzen kann.

Wichtig dabei ist, dass du nicht um Interaktion bettelst. Oftmals wirken diese Beiträge zu bemüht, und schnell wird deutlich, dass es der Autorin oder dem Autor nur um die Befeuerung des LinkedIn-Algorithmus geht, nicht aber um sinnstiftenden Mehrwert für die Leser*innen.

Wie du diesem Fettnäpfchen aus dem Weg gehst? Denke immer daran, wie deine Leser*innen vor ihrer Herde (Kollegen, Mitarbeiterinnen, Kunden, Freundinnen) »dastehen«, wenn sie mit deinem Beitrag interagieren. Denn gelegentlich wird ihr Netzwerk (= die Herde) darüber informiert, welchen Beitrag sie kommentiert haben. Lässt sie dein Beitrag gut, schlau, innovativ oder witzig dastehen? Dann los!

Checkliste für deinen Beitrag

- Enthält dein Bild einen auffälligen Eyecatcher, z. B. ein Gesicht?
- Darfst du das Foto verwenden und hast gegebenenfalls die Fotografin oder den Fotografen markiert?
- Ist der Text auf deinem Bild groß genug und einfach lesbar?
- Weckt die Überschrift Neugier auf den Rest des Beitrags?
- Sprichst du in der Überschrift deine Zielgruppe und/oder das Problem an?
- Warum schreibst du diesen Beitrag? Gibt es einen externen Trigger, wie beispielsweise ein Buch, ein Gespräch oder einen Rückschlag?
- Nutzt du »Storytells«, um deine Geschichte interessant und emotional zu erzählen?
- Warum ist deine Geschichte für die Leser*innen wichtig? Was können sie davon lernen? Warum ist das wichtig für deine Branche?
- Enthält der Post *klaren* Mehrwert – mit *einer* Botschaft?
- Zeigst du Persönlichkeit oder könnte der Beitrag auch von jemand anderem geschrieben worden sein?
- Ende mit einem Engagement-Trigger: Was sollen die Leser*innen jetzt tun? Eine eigene Erfahrung teilen? Ihre Meinung in den Kommentaren kundtun? Eine Website besuchen?
- Nutzt du die richtigen Hashtags? Du solltest dir drei bis fünf Hashtags mit hoher Reichweite und Popularität innerhalb deiner Zielgruppe zurechtlegen und diese entweder im Fließtext oder am Ende des Beitrags einbauen.
- Vermeidest du Schachtelsätze und Fachbegriffe, die vielleicht nicht alle Leser*innen verstehen?
- Erwähnst du deine Marke?
- Hast du Rechtschreibung und Grammatik kontrolliert?
- Hast du genügend Absätze gemacht, sodass dein Beitrag einfach zu lesen ist?
- Kannst du Emojis *sinnvoll* nutzen, um die Struktur oder den Kerngedanken deines Beitrags deutlich zu machen?
- Gibt es Personen, die du sinnvollerweise in deinem Beitrag erwähnen und markieren solltest und die sich über die Markierung freuen würden?
- Veröffentlichst du deinen Beitrag vor 14:00 Uhr?
- Letzter Check: Ist dein Beitrag wahr? Wenn ja, raus damit! Es sei denn, es ist gerade ein Feiertag.

9.6   Zusammenfassung

Geschichten sind ein sehr wichtiges und wirkungsvolles Instrument in der Kommunikation. Die besten Werbeclips nutzen Storytelling, um Emotionen bei den Zuschauer*innen auszulösen, und bleiben damit nachhaltig im Gedächtnis. Auch auf LinkedIn kannst du dir diesen Effekt zunutze machen, indem du kurze Anekdoten aus deinem Alltag teilst und eine Brücke zu deinen Themen und Botschaften schlägst. Mit Details machst du diese Geschichte in den Köpfen und Herzen deiner Leser*innen lebendig.

Was du jetzt tun kannst

Starte einfach mit der Formulierung eines Storytelling-Beitrags: Starte mit »Es war einmal«, und erzähle eine Anekdote aus deiner jüngeren Vergangenheit, an die du dich gut erinnern kannst. Erwecke die Geschichte zum Leben, indem du einzelne Details wie Gerüche, einen Geschmack oder deine Emotionen erwähnst. Zu Beginn mag es für dich ungewohnt sein, diese Geschichten niederzuschreiben. Lass dich nicht entmutigen! Geschichtenerzählen liegt in unserer Natur. Und je weniger »Gedanken« du dir machst, desto natürlicher wird dein Schreibfluss werden. Erzähle deswegen die Geschichte so, wie du sie einem guten Freund erzählen würdest.

Kapitel 10

Networking

Networking hat in Deutschland leider oft einen negativen Ruf – zu Unrecht! Gutes Networking ist kein »Vorbeischummeln« an Menschen mit mehr Expertise. Es ist ein authentisches Interesse an anderen Menschen und die Bereitschaft, ihnen zu helfen – indem du sie verbindest: mit anderen Menschen, mit Ideen, mit Möglichkeiten. All das geht hervorragend auf LinkedIn.

In diesem Kapitel erfährst du, wie du das volle Potenzial der unscheinbaren, aber mächtigen LinkedIn-Suche nutzt, um deine Zielgruppe zu finden. Du lernst die verschiedenen Optionen kennen, wie du deine Kontaktanfragen gestalten kannst, um dein Netzwerk auszubauen. Eine tägliche Routine ist die Ausgangsbasis für deinen langfristigen Erfolg. Deswegen gebe ich dir Tipps, wie du mit wenig Zeit viel erreichen kannst und sogar ohne eigene Beiträge auf LinkedIn deine Personal Brand etablieren kannst. Abschließend erfährst du ausführlich, wie du mit Shitstorms, Trollen und Hatern souverän umgehen kannst.

10.1   Wie du dein Netzwerk aufbaust

Bevor du regelmäßig eigene Inhalte erstellst, ist es wichtig, eine solide Follower-Basis zu schaffen. Es wäre ja schade, wenn niemand deine Beiträge sehen kann. Zählst du heute noch weniger als 500 Kontakte, solltest du diese zunächst aufstocken, damit der Algorithmus deinen Content überhaupt sichtbar ausspielt. Aber auch darüber hinaus solltest du für ein kontinuierliches Wachstum nicht aufhören, strategisch zu netzwerken.

Um andere Personen proaktiv auf dein Profil aufmerksam zu machen, hinterlege dein LinkedIn-Profil in deiner E-Mail-Signatur. Kunden, Geschäftspartnerinnen und Co. machst du es so einfach, sich mit dir zu vernetzen. Mache Follower*innen und Kontakte auf anderen Plattformen auf deine neuen LinkedIn-Aktivitäten aufmerksam. So kannst du beispielsweise deine Kontakte auf XING auffordern, auch auf LinkedIn mit dir in Kontakt zu treten. Das heißt keinesfalls, dass du dein Profil auf XING schließen solltest.

Ein weiterer Tipp: Importiere deine E-Mail-Kontaktliste, und stelle so sicher, dass du mit all deinen Kontakten auch auf LinkedIn vernetzt bist. Das funktioniert über IHR NETZWERK • LINKEDIN KONTAKTE • WEITERE OPTIONEN. Wie in Abbildung 10.1 zu sehen, kannst du hier deine E-Mail-Adresse angeben. Anschließend werden dir von LinkedIn automatisch Profile, mit denen du per E-Mail Kontakt hattest, vorgeschlagen. So kannst du dich mit bekannten Leuten vernetzen, ohne sie suchen zu müssen.

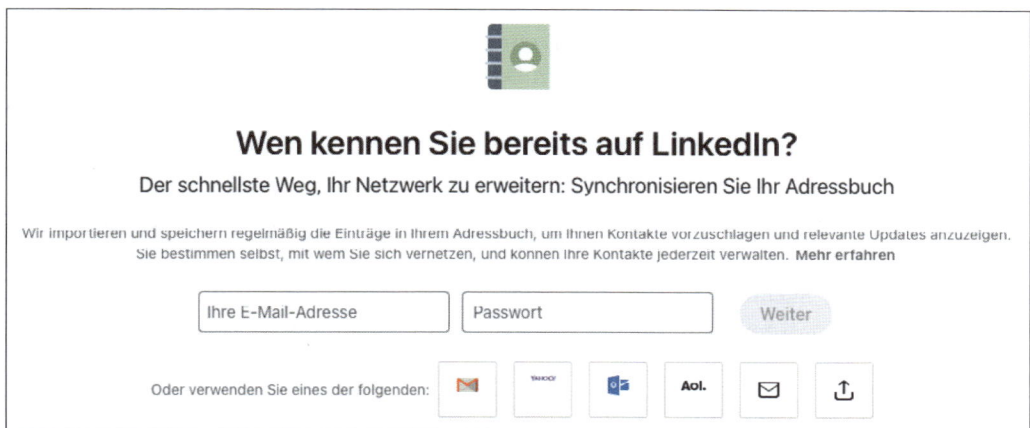

Abbildung 10.1 Du kannst dein Adressbuch mit LinkedIn synchronisieren.

Du hast die Grundlage gelegt – wie solltest du jetzt dein Netzwerk aufbauen? Im Rahmen des Personal Branding Pitches hast du deine primäre und sekundäre Zielgruppe festgelegt: die Menschen, die dir dabei helfen können, dein Ziel zu erreichen. Bemühe dich, mehr Menschen aus diesen Gruppen zu finden. Denn deine Beiträge sollten sich auf die Interessen und Herausforderungen dieser Menschen fokussieren; nur dann werden sie auch mit ihnen interagieren. Wenn in deinem Netzwerk viele Menschen aus unterschiedlichen Branchen, Positionen und Kulturen sind, wird jeder deiner Beiträge für einige von ihnen irrelevant sein. Die Engagement-Rate geht runter und damit auch die Reichweite. Je spitzer dein Netzwerk ist, desto besser kannst du dich als Expert*in etablieren. »Der wertvollste LinkedIn-Kontakt ist jemand, der in meine Zielgruppe fällt, selbst auf LinkedIn aktiv ist und mit meiner Zielgruppe vernetzt ist«, empfiehlt Ritchie Pettauer deswegen. Ob jemand auf LinkedIn aktiv ist, kannst du feststellen, indem du

- auf sein Profil gehst und dir die letzten Aktivitäten anschaust,
- nach dem Icon Ausschau hälst, das Premium-Nutzer*innen ausweist (diese sind in der Regel aktiver als Nutzer*innen mit einem Basic-Profil) oder
- du im LinkedIn Sales Navigator nach den Menschen filterst, die in den letzten 90 Tage aktiv waren.

Du solltest beim Verschicken und Annehmen von Kontaktnachrichten also darauf achten, wen du erreichen möchtest, und dein Netzwerk mit Bedacht ausbauen.

10.2   Die richtigen Menschen finden: Wie funktioniert die Suche?

Wenn du im B2B unterwegs bist, dann gibt es keinen besseren Ort, um deine idealen Kund*innen zu finden, als LinkedIn. Aber mit über einer Dreiviertelmilliarde Menschen auf der ganzen Welt, die LinkedIn nutzen, liegt die Kunst darin, diese sehr spezifische Gruppe von Menschen zu finden, die deine idealen Kund*innen sind.

Die gute Nachricht: Neben einem News-Portal und einem Social-Media-Netzwerk ist bzw. hat LinkedIn auch eine mächtige und in ihren Fähigkeiten oftmals unterschätzte Suchmaschine. Wie die funktioniert und welche Tricks man nutzen kann, um die passenden Menschen zu finden, schauen wir uns in diesem Kapitel an.

10.2.1   Definiere deine Suchbegriffe

Es ist wichtig zu verstehen, was die LinkedIn-Suche kann und was nicht.

Im Gegensatz zu anderen sozialen Medien oder Suchplattformen kannst du nicht nach Geschlecht, Alter, Familienstand oder Interesse suchen. Aber du kannst nach Begriffen suchen, welche die anderen Mitglieder in ihren Profilen beim *Slogan*, im *Info-Feld*, bei *Berufserfahrung* oder *Fähigkeiten* aufführen.

Welche Begriffe das sein könnten, kannst du bei einer Profilanalyse deiner bereits bekannten Leads herausfinden. Stelle dir dabei diese Fragen:

- In welchem Land, welcher Region oder Stadt befinden sich deine idealen Kund*innen?
- Was sind die typischen Berufsbezeichnungen deiner idealen Kund*innen?
- Gibt es mehr als einen Titel, unter dem deine idealen Kund*innen bekannt sein könnten?
- Arbeiten deine idealen Kund*innen für bestimmte Unternehmen?
- Haben deine idealen Kund*innen bestimmte Schulen besucht?
- Gibt es bestimmte Fähigkeiten, über die deine idealen Kund*innen in der Regel verfügen?
- Es kann auch hilfreich sein, die Liste deiner idealen Kund*innen auf LinkedIn einzugrenzen, indem du Personen mit bestimmten Begriffen in ihrem Profil ausschließt.

Um dies zu tun, musst du definieren, was diese Ausschlüsse sein könnten. Du kannst dir die folgenden Fragen stellen:

– Gibt es Berufsbezeichnungen, die du von der Suche ausschließen möchtest? Das könnten z. B. »Assistent«, »Praktikant« oder »Student« sein.

– Gibt es Unternehmen, die du von der Suche ausschließen möchtest? Dazu könnten Unternehmen gehören, mit denen du bereits Geschäfte machst oder im Gespräch bist.

– Möchtest du Personen ausschließen, die bestimmte Schulen besucht haben?

– Gibt es bestimmte Begriffe aus deren Profil, die du ausschließen möchtest?

Für unser Beispiel sind wir auf der Suche nach jemandem im Produktmanagement. Also tippen wir »product manager« in das Suchfeld und sehen die Ergebnisse der »Instant Search« in Abbildung 10.2: Wir bekommen Vorschläge für einige Filter (Jobs, Personen, Gruppen) und ähnliche Suchbegriffe (»product manager mobile« oder »product management«).

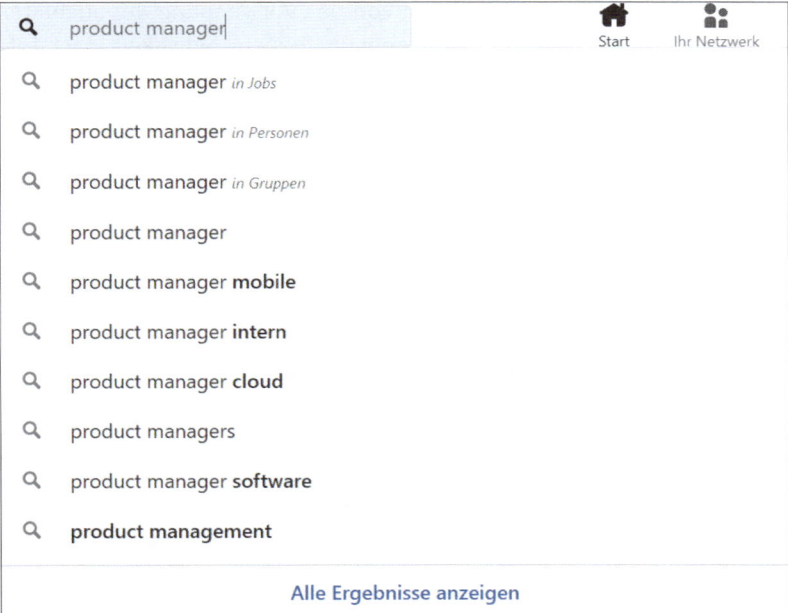

Abbildung 10.2 Die ungefilterten Ergebnisse der LinkedIn-Suche

Diese Filter sind auch dringend notwendig, denn die Suche nach »product manager« liefert über 15.700.000 Ergebnisse (siehe Abbildung 10.3)!

Abbildung 10.3 Aktivierter Personenfilter

Bei so vielen Ergebnissen weiß man ja gar nicht, wo man anfangen soll – und zum Glück musst du das auch nicht. Denn du hast eine Reihe von Möglichkeiten, dieses Ergebnis einzugrenzen, damit du nur die wirklich relevanten Profile findest. Die erste und einfachste Option sind die Filter.

10.2.2   LinkedIn-Filter

Jede Suche nach Personen auf LinkedIn kann von der Verwendung der Suchfilter von LinkedIn profitieren. Als Premium-Mitglied hast du die Möglichkeit, nach folgenden Kriterien zu filtern:

- Personen
- Kurse
- Jobs
- Gruppen
- Hochschulen
- Beiträge
- Events
- Unternehmen

Die Filter findest du entweder direkt oben im Header oder übersichtlich mit einem Klick auf ALLE FILTER (siehe Abbildung 10.4). Wenn du den LinkedIn Sales Navigator nutzt, stehen dir dort weitere Filter zur Verfügung. Mehr dazu in Abschnitt 18.3, »Verkaufen wie ein Profi mit dem Sales Navigator«.

In den meisten Fällen wirst du nach anderen Mitgliedern, also nach Einzelpersonen suchen. Dann solltest du den Filter PERSONEN aktivieren. Und weil du nicht deine bestehenden Kontakte durchsuchen, sondern neue finden willst, solltest du zusätzlich beim KONTAKTE-Filter den 2. und 3. Kontaktgrad aktivieren. Außerdem solltest du die Region eingrenzen und beispielsweise »Deutschland« beim ORTE-Filter auswählen. Somit werden aus über 15 Millionen »nur noch« mehrere hunderttausend Mitglieder wie in Abbildung 10.5 zu sehen.

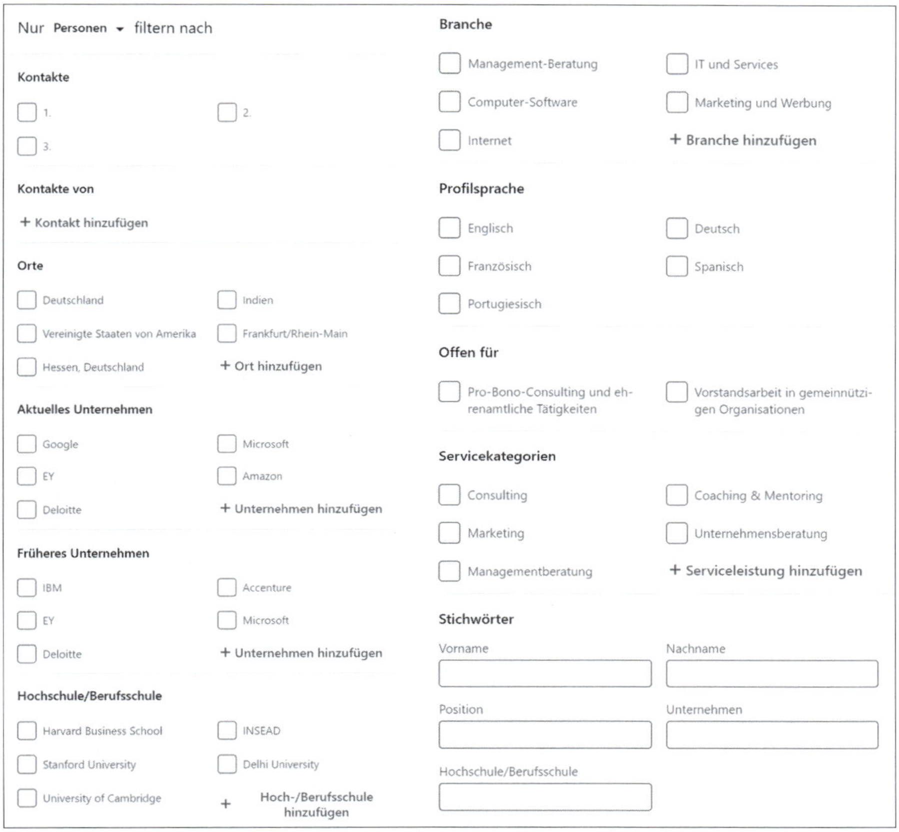

Nur Personen ▾ filtern nach

Kontakte

☐ 1.   ☐ 2.

☐ 3.

Kontakte von

+ Kontakt hinzufügen

Orte

☐ Deutschland   ☐ Indien

☐ Vereinigte Staaten von Amerika ☐ Frankfurt/Rhein-Main

☐ Hessen, Deutschland   + Ort hinzufügen

Aktuelles Unternehmen

☐ Google   ☐ Microsoft

☐ EY   ☐ Amazon

☐ Deloitte   + Unternehmen hinzufügen

Früheres Unternehmen

☐ IBM   ☐ Accenture

☐ EY   ☐ Microsoft

☐ Deloitte   + Unternehmen hinzufügen

Hochschule/Berufsschule

☐ Harvard Business School   ☐ INSEAD

☐ Stanford University   ☐ Delhi University

☐ University of Cambridge   + Hoch-/Berufsschule hinzufügen

Branche

☐ Management-Beratung   ☐ IT und Services

☐ Computer-Software   ☐ Marketing und Werbung

☐ Internet   + Branche hinzufügen

Profilsprache

☐ Englisch   ☐ Deutsch

☐ Französisch   ☐ Spanisch

☐ Portugiesisch

Offen für

☐ Pro-Bono-Consulting und eh-   ☐ Vorstandsarbeit in gemeinnützi-
   renamtliche Tätigkeiten   gen Organisationen

Servicekategorien

☐ Consulting   ☐ Coaching & Mentoring

☐ Marketing   ☐ Unternehmensberatung

☐ Managementberatung   + Serviceleistung hinzufügen

Stichwörter

Vorname   Nachname

[   ]   [   ]

Position   Unternehmen

[   ]   [   ]

Hochschule/Berufsschule

[   ]

Abbildung 10.4 Die zahlreichen Filtermöglichkeiten bei LinkedIn

in 🔍 product manager

(Personen ▾) | (Kontakte ❷ ▾) (Deutschland ❶ ▾)

Job bei der KfW - Bewerben Sie si

Etwa 335.000 Ergebnisse

Abbildung 10.5 Filter schränken die Suchergebnisse weiter ein.

Das sind natürlich immer noch viel zu viele Menschen. Du solltest Ergebnisse mit unter 100 Mitgliedern anstreben. Wie kann ich sie weiter eingrenzen? Hier kommt die boolesche Suche ins Spiel. Indem du maßgeschneiderte boolesche Suchbegriffe erstellst, kannst du dir viel Zeit und Mühe sparen, da diese komplexen und gezielten Suchen viel genauere Ergebnisse liefern und gleichzeitig ungeeignete Ergebnisse ausschließen.

10.2.3   Erstellen von booleschen Suchzeichenfolgen

Eine boolesche Suche auf LinkedIn verwendet eine Reihe von Operatoren, um Schlüsselwörter zu kombinieren, zu gruppieren oder auszuschließen.

- `UND`-**Suchen**

  Wenn du mehrere Sätze von Begriffen in deine Suche einbeziehen möchtest, um die Ergebnisse wirklich einzugrenzen, kannst du AND (in Großbuchstaben) zwischen die einzelnen Suchbegriffe schreiben.

- `ODER`-**Suchen**

  Wenn deine Suche zu eng wird, kannst du sie erweitern, indem du weitere Suchbegriffe mit OR (in Großbuchstaben) zwischen den einzelnen Suchbegriffen hinzufügst.

- **Suchen in Anführungszeichen**

  Zu den häufigsten und nützlichsten Suchoperatoren, die du bei der Suche verwenden kannst, zählen Anführungszeichen. Wenn du Anführungszeichen verwendest, wirst du nur Mitglieder finden, deren Profile exakt diesen Begriff bzw. diese Wörter in exakt dieser Reihenfolge enthalten.

  Zum Beispiel: »product manager mobile«

- `NICHT`-**Suchen**

  Wenn es Suchbegriffe gibt, die du ausschließen möchtest, kannst du den Operator NOT (in Großbuchstaben) direkt vor dem Suchbegriff verwenden, den du ausschließen möchtest. Beispielsweise »Student«, »Interim« oder »Praktikum«.

- **Erweiterte boolesche Suche auf LinkedIn**

  Wenn du mit einfacheren Suchzeichenfolgen sehr viele Ergebnisse erhältst, kannst du die Komplexität deiner Suche erhöhen. In diesem Fall musst du deine idealen Kund*innen und die gängigen Begriffe auf ihrem Profil gut kennen.

  Nehmen wir an, du möchtest alle Menschen finden, deren Berufsbezeichnung Einkaufsleiter oder Procurement Manager ist und »senior« enthält:

  (»einkaufsleiter« `OR` »procurement manager«) `AND` senior

- **LinkedIn-spezifische Suchoperatoren**

  Neben den booleschen Operatoren verfügt LinkedIn über eine Reihe weiterer LinkedIn-spezifischer Suchoperatoren, mit denen du deine Ergebnisse eingrenzen kannst:

  - `firstname:tomas`
    Dies filtert die Ergebnisse basierend auf dem Vornamen; in dem Fall werden alle Mitglieder gefunden, deren Vorname »Tomas« ist.

- `lastname:herzberger`
  Dies filtert die Ergebnisse basierend auf dem Nachnamen; in diesem Fall alle Mitglieder mit dem Nachnamen »Herzberger«.

- `title:einkaufsleiter`
  Dies filtert die Ergebnisse basierend auf der aktuellen Berufsbezeichnung.

- `company:bosch`
  Dies filtert die Ergebnisse basierend auf dem aktuellen Unternehmen, hier »Bosch«.

- `school:ebs`
  Dies filtert die Ergebnisse basierend auf den Schulen und Universitäten, die sie besucht haben. In diesem Fall die EBS (European Business School).

- `skills:c++`
  Dies filtert die Ergebnisse auf der Grundlage der aufgelisteten Fähigkeiten, hier die Programmiersprache C++.

- `headline:diversity`
  Damit findest du alle Mitglieder, die »Diversity« in ihrem Slogan aufgeführt haben.

- `profilelanguage:de`
  Dies filtert die Ergebnisse basierend auf der Sprache des Profils, in diesem Fall finden wir Profile auf Deutsch.

- `spokenlanguage:polish`
  Damit findest du alle Mitglieder, die Polnisch sprechen können (oder das zumindest von sich behaupten).

Tipps zur booleschen Suche auf LinkedIn

Hier sind fünf Tipps für die boolesche Suche auf LinkedIn, die dir wirklich helfen, deine Zeit und Effektivität bei der Suche nach deinen idealen Interessent*innen zu maximieren (siehe Abbildung 10.6).

1. Ein Leerzeichen zwischen zwei Wörtern ist übrigens gleichwertig mit dem AND-Operator. Sprich: Anstatt »Frontend AND Developer« kannst du einfach »Frontend Developer« schreiben und bekommst die gleichen Suchergebnisse.

2. Die Operatoren + und – werden von LinkedIn nicht offiziell unterstützt. Verwende stattdessen AND oder NOT. Diese müssen immer in Großbuchstaben geschrieben werden.

3. LinkedIn unterstützt *keine* Wildcard-Suchen (-*-).

4. Du kannst deine besten Suchen einfach speichern, indem du die URL mit den Suchergebnissen speicherst.

5. Ein kostenloses Profil beschränkt die Anzahl der Suchen, die du jeden Monat durchführen kannst. Wie viele das sind, ist nicht bekannt. Hast du dieses Limit erreicht,

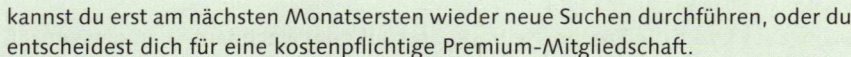

kannst du erst am nächsten Monatsersten wieder neue Suchen durchführen, oder du entscheidest dich für eine kostenpflichtige Premium-Mitgliedschaft.

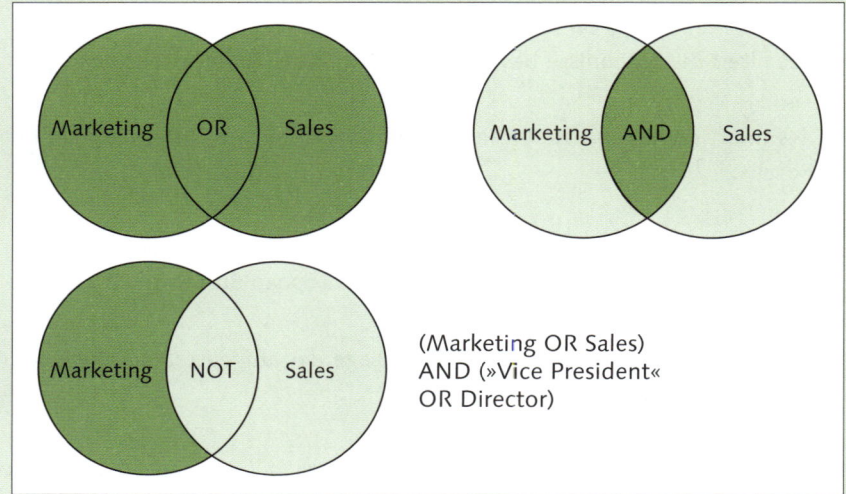

Abbildung 10.6 LinkedIn Search String Formula: Genauere Suchergebnisse dank der Suchoperatoren

10.3 Gude, Servus und Moin: Wie deine Kontaktanfragen bestätigt werden

Wenn du bereits auf LinkedIn aktiv bist und ein aussagekräftiges Profil hast, dann hast du garantiert schon mal die Kontaktanfrage eines (in aller Regel) jungen Mannes bekommen, der dir offensichtlich etwas verkaufen wollte. Und zwar auf eine »charmante« Art und Weise, die dem Klischee eines schmierigen Gebrauchtwagenhändlers entspricht. Mit offenkundig rhetorischen Fragen versucht er, dich in ein Gespräch zu verwickeln – und zwar bereits in seiner Kontaktanfrage.

Diese Menschen folgen stur einem Skript, das ihnen jemand vorgegeben hat. Sie haben sich oft nicht die Mühe gemacht, dein Profil zu studieren. Geschweige denn herauszufinden, ob es *irgendein* Signal dafür gibt, dass du gerade auf der Suche nach einem Fitness-Trainer, nach IT-Outsourcing oder Personal Coaching bist. Diese Menschen werden von der LinkedIn-Expertin Britta Behrens gerne und zu Recht als »Salespfosten« bezeichnet. Bitte sei du nicht dieser Mensch! Bitte versuche nicht bereits in der allerersten Kontaktanfrage, dein Produkt zu pitchen!

Bleiben wir bei unserem Bild »LinkedIn ist eine Business-Party«: Stell dir vor, du wärst Gast auf einer angenehmen Networking-Veranstaltung, machst hier und dort einen kleinen Plausch und erfreust dich einfach an der Stimmung. Da kommt auf einmal ein junger Mann direkt auf dich zu, nimmt dich ohne Vorwarnung zur Seite und feuert los: »Ich bin Michael Müller. Sie sehen so aus, als könnten Sie Personal Training brauchen. Wollen wir dazu ganz unverbindlich einmal telefonieren?« Wie würdest du reagieren?

Wohl kaum mit einer herzlichen Umarmung und einem jubilierenden »Danke für Ihre Anfrage! Willkommen in meinem Netzwerk! Ich will nicht nur Ihr Personal Training kaufen, ich will Sie auch gleich allen meinen Kontakten vorstellen!«

Auch wenn »Social Selling« dein Fokus auf LinkedIn sein sollte: Bitte vergiss nicht, dass auf der anderen Seite der Kontaktanfrage ein richtiger Mensch sitzt. Bitte behandle ihn oder sie auch dementsprechend. Wie du es eben im »echten Leben« auch tun würdest:

- Pitche nicht, sondern beginne ein Gespräch!
- Stelle dich mit deinem Job, aber vor allen Dingen mit deinem Mehrwert vor, den du für vergleichbare Personen und/oder Unternehmen leistest – und zwar sehr kurz!
- Biete dein Wissen an, aber nicht im Rahmen eines mental aufwendigen Telefonats (das kommt später), sondern besser mit einem LinkedIn-Beitrag, einem Blogartikel oder einer Infografik. Ein kleines Content Piece, das sehr schnell »konsumierbar« ist und einen Einblick in deine Expertise bietet. Damit kannst du den ersten Grundstein für ein Vertrauensverhältnis legen.

Prinzipiell hast du die folgenden Möglichkeiten für eine gute Kontaktanfrage:

- Eine einfache Kontaktanfrage ohne vorherigen Kontakt und ohne persönliche Nachricht solltest du nur dann verschicken, wenn du ein aussagekräftiges, professionelles Profil hast. Denn viele Menschen schauen sich zuerst dein Profil an, bevor sie sich entscheiden, ob sie deine Kontaktanfrage annehmen oder ablehnen.

  »Du kannst viel Erfolg auch ohne Kontaktnachrichten haben – aber dann muss dein Profil liefern«, sagt Nils Grammerstorf, Social Selling Consultant bei Leaders Media. »Wenn du eine Nachricht reinpackst, kommen die Menschen ins Grübeln. Die Skepsis ist am Anfang am höchsten.«

- Bevor du die Kontaktanfrage stellst, habt ihr euch bereits »kennengelernt«. Auf der LinkedIn-Party bedeutet das, dass ihr euch beispielsweise in den Kommentaren unterhalb eines Beitrags ausgetauscht habt. Und was wäre naheliegender, als nach einem guten Gespräch die Visitenkarten auszutauschen und zu sagen: »Ich würde mich freuen, wenn wir in Kontakt bleiben würden.«?

Nehmen wir an, du hast eine »Türöffnerin« gefunden: eine Person, die dich ein großes Stück näher an deinen absoluten Wunschkunden oder deine Wunschkundin bringt, mit der du dich unbedingt austauschen willst. Was kannst du tun? Deine Taktik sollte davon abhängen, ob sie auf LinkedIn aktiv ist und eigene Beiträge teilt:

Teilt deine Türöffnerin keine eigenen Beiträge ist es etwas schwieriger. Schau in ihrem Profil nach, ob es Anknüpfungspunkte gibt – gerne auch abseits der Arbeit. Spielt ihr beide in einer Band? Wart ihr im gleichen Studiengang auf der gleichen Universität? Wie auch im richtigen Leben kannst du diese Gemeinsamkeiten bei einer Kontaktanfrage erwähnen. Um relevant zu sein, dürfen diese Gemeinsamkeiten natürlich nicht zu beliebig sein: Es reicht also nicht, wenn ihr in der gleichen Stadt arbeitet oder zufällig den gleichen LinkedIn-Learning-Kurs absolviert habt.

Solltest du keine Gemeinsamkeiten finden, schau dir eure gemeinsamen Kontakte an. Gibt es jemanden, der euch einander vorstellen und ein »Intro« machen könnte? Die persönliche Empfehlung eines gemeinsamen Bekannten ist eine altbewährte, sehr wirkungsvolle Methode, um neue Menschen kennenzulernen.

Solltet ihr auch keine gemeinsamen Kontakte haben, mach dir die Mühe und gehe noch einen Schritt weiter: Google deine Türöffnerin, und suche nach Gastartikeln, Interviews, Podcasts oder Videos, die sie veröffentlicht hat. Sprich sie darauf bei deiner Kontaktanfrage an, und berichte (wahrheitsgemäß!), wie dir der Beitrag gefallen hat. Oder – falls dir der Gastartikel wirklich gefallen hat – bereite deiner Türöffnerin eine Bühne, und teile ihren Artikel in einem deiner Beiträge, markiere sie und lasse deine Leser*innen an deiner Einschätzung teilhaben. Öffentliches Lob ist ein sehr mächtiges Werkzeug.

Pedro Ferreira ist quasi professioneller Netzwerker. Jeder in der Frankfurter Startup-Szene kennt ihn – und das ist kein Zufall. Er ist seit über zehn Jahren auf LinkedIn aktiv und hat es sich zur Gewohnheit gemacht, zehn neue Kontaktanfragen am Tag zu verschicken. Das ist ein Grund dafür, warum sein Netzwerk mittlerweile knapp 30.000 Menschen umfasst. Einer seiner Growth Hacks: Wirf einen Blick auf die aktuellen Nachrichten aus deiner Branche. Welche Trends stehen im Fokus – und welche Unternehmen bzw. Menschen schmücken sich damit, Vorreiter zu sein? Erwähne diese Beiträge in deiner Kontaktnachricht, und frage sie nach Details, die im Artikel nicht erwähnt worden sind. Vielleicht kennst du auch jemanden in deinem bestehenden Netzwerk, der oder die von diesem Wissen profitieren könnte. Damit bereitest du ihnen die Bühne, sich und ihr Unternehmen im besten Licht darzustellen, hast sofort ein Gesprächsthema und womöglich sogar einen Anlass, zwei Menschen miteinander zu vernetzen.

Gibt es vielleicht Verbindungen zwischen euren aktuellen Unternehmen? Vielleicht ist dein Arbeitgeber bereits lange für die Firma deiner Türöffnerin tätig, aber sie weiß es gar nicht. In dem Fall könntest du darauf hinweisen, dass es bereits ein partnerschaftliches Verhältnis gibt. Und damit bist du bereits kein vollkommen

Fremder mehr, weil die Kolleg*innen euch bereits »approved« haben (siehe Abbildung 10.7).

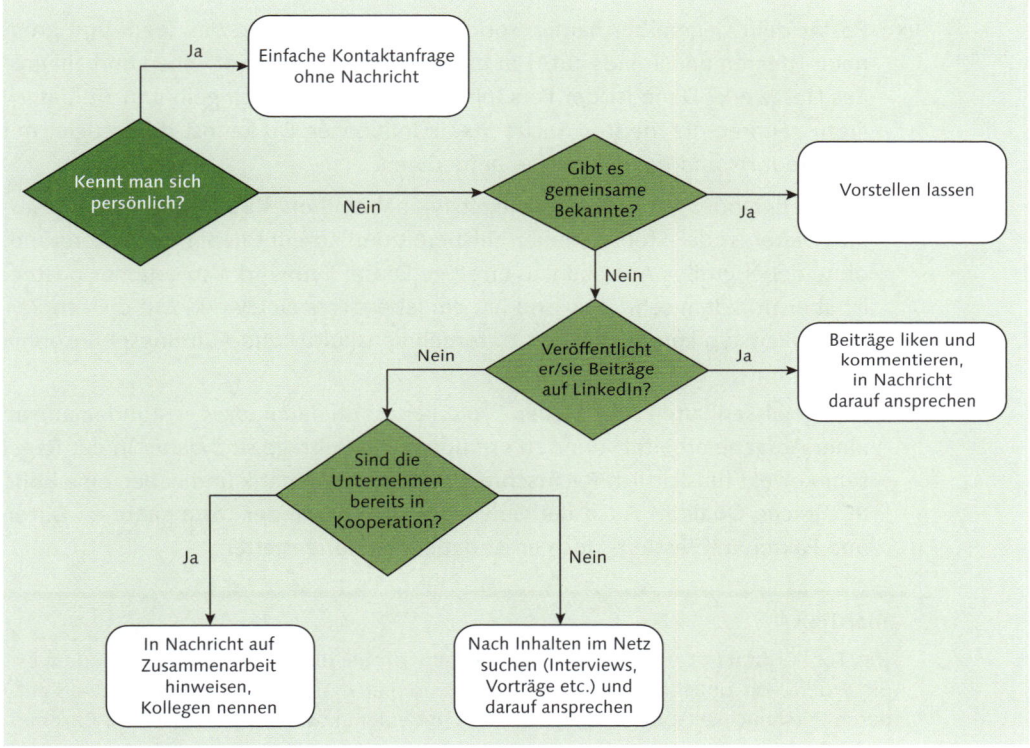

Abbildung 10.7 Wie du bei der Kontaktaufnahme vorgehen kannst

Mitunter kann es bei der Kontaktanbahnung und im täglichen Austausch helfen, wenn du weißt, wie dein Gegenüber »tickt«, also wie er oder sie kommuniziert und welche Art des Informationsaustausches erwartet wird. Im persönlichen Gespräch musst du raten bzw. durch Empathie herausfinden, wie du deiner Gesprächspartnerin oder deinem Gesprächspartner begegnest. Auf LinkedIn kannst du dir das Leben etwas einfacher machen, indem du vor der Korrespondenz in Erfahrung bringst, welcher Persönlichkeitstyp auf der anderen Seite des Bildschirms sitzt. Und das geht so:

Analysiere die Aktivitäten deines Gegenübers, insbesondere die eigenen Beiträge. Lassen sich daraus Rückschlüsse auf den Persönlichkeitstyp ziehen? Dabei kann dich das DISG-Modell unterstützen, das zwar nicht exakt ist, aber eine erste Einschätzung zulässt:

- Sind die Beiträge kurz und knapp, wirken »quick and dirty« und handeln viel von den eigenen Erfahrungen und beinhalten viele Fakten? Dann hast du es womöglich mit einem roten, dominanten Typ zu tun.

- Postet dein Gegenüber häufig, spricht viel über sich und das Team und greift neue Themen und Trends auf? Hat er oder sie viele Follower*innen und ein großes Netzwerk? Dann ist der Persönlichkeitstyp womöglich gelb und »initiativ«. Dazu gehören die meisten Social Media Influencer. Du kannst die Neugier mit Trendreports und neuen Studien befriedigen.

- Der stetige oder grüne Persönlichkeitstyp hat ein hohes Bedürfnis nach Harmonie. Daher ist der Stetige immer hilfsbereit und arbeitet lieber im Hintergrund, ohne dabei großes Aufsehen zu erregen. Dieser Typ wird also seltener posten, ist aber trotzdem sehr aktiv und hat ein lebendiges Netzwerk. Mit diesem Persönlichkeitstyp kannst du über Unternehmenskultur und Führungsphilosophie sprechen.

- Den gewissenhaften oder blauen Typ erkennst du daran, dass er stundenlang an einer Aufgabe arbeitet, ohne zu ermüden. Die Beiträge sind daher in der Regel sehr korrekt hinsichtlich Rechtschreibung und Grammatik und haben eine hohe inhaltliche Qualität. Auch der Gewissenhafte ist wie der Dominante an Daten und Fakten interessiert, doch er ist dabei detailorientierter.

Tool-Tipp

Das Tool Crystal (*http://crystalknows.com*) kann dir bei dieser Analyse helfen, indem es die Profile von LinkedIn-Mitgliedern automatisch analysiert und dir einen Hinweis auf deren Persönlichkeitstyp gibt. Du kannst es mit einem kostenlosen Add-on für Chrome testen.

10.4   Wie man LinkedIn in den Arbeitsalltag integriert

»Ich habe dafür keine Zeit« ist einer der am häufigsten genannten Gründe, *nicht* auf LinkedIn aktiv zu sein. Und im Gegensatz zu vielen anderen Argumenten ist der Zeitmangel keine Ausflucht, sondern ein valides Argument. Denn natürlich ist die Arbeitszeit bei vielen Menschen bereits vollgepackt. Social Media steht in keiner Job-Description und schon gar nicht in den Leistungszielen.

Dieses Buch soll niemanden »überreden«, auf LinkedIn aktiv zu werden. Es soll dazu motivieren. Es soll Verständnis für die Möglichkeiten wecken, die durch eine aktive Teilnahme an der Business-Party LinkedIn entstehen. Den Schritt, dir die nötige Zeit einzuräumen, musst du selbst tun.

Denn es kann sich lohnen! Ob du nun neue Kund*innen finden, deine eigene Marke oder die deines Unternehmens stärken oder einen neuen Job finden möchtest – dein Netzwerk kann dein wichtigstes Werkzeug auf diesem Weg sein. Wie in Abbildung 10.8 zu sehen, hat Melanie Arens dank aktivem Networking auf LinkedIn einen neuen Job gefunden und sich öffentlich bei ihren Supportern bedankt.

Abbildung 10.8 Networking kann zu einem neuen Job führen.

Die Menschen, die auf LinkedIn erfolgreich sind, haben sich dazu entschieden, diese Zeit zu investieren. Weil sie gemerkt haben, dass diese Investition lohnenswert ist und sie ihren Zielen näher bringt. Oftmals haben sie stattdessen andere Aufgaben in den Hintergrund gestellt oder gleich ganz gestrichen. Das ist gerade zu Beginn eine mentale Herausforderung, denn der Lohn auf LinkedIn erfolgt nicht unmittelbar, sondern stark zeitverzögert. Insbesondere wenn man die eigene Personal Brand aufbaut. Diese Zeit und Arbeit ist eine Investition in die Zukunft, vergleichbar mit der Aussaat von Getreide, das man erst Monate später ernten kann.

> »Erst arbeitest du an deiner Personal Brand. Dann arbeitet deine Personal Brand für dich.« – Marina Zayats

Wenn du LinkedIn vertrieblich nutzen willst, kann diese Ernte schon früher erfolgen, nämlich bei dem ersten Kunden, den du via LinkedIn gewonnen hast. Wobei dir LinkedIn nicht den Job abnehmen wird, die richtigen Kund*innen zu finden oder die Vorteile deines Produkts oder Services zu kommunizieren. LinkedIn kann dir aber dabei helfen, deinen Job einfacher und effizienter zu machen. Und wenn das der Fall ist ... wie kannst du es dir erlauben, dir keine Zeit für LinkedIn einzuräumen?

LinkedIn ist in vielerlei Hinsicht wie Sport: Manchmal muss man sich dazu aufraffen. Aber – wenn du es regelmäßig tust – dann wird es sich bezahlt machen. Nicht sofort, aber später. Und eines Tages wirst du aufwachen und überrascht sein, wie weit du es gebracht hast. Und deinem »gestrigen Ich« danken, dass es konsequent drangeblieben ist.

Lass uns bei diesem Bild bleiben und einmal die beiden Trainingsmodule betrachten, die es hinsichtlich LinkedIn zu erledigen gilt:

1. **Networking**

   Aufbau und Pflege deines Netzwerks. Hierunter fallen auch alle Aufgaben, die mit Vertrieb zu tun haben, wie die Identifikation der passenden Leads.

2. **Aufbau deiner Brand**

   Erhöhung deiner Sichtbarkeit durch eigene Beiträge. Diese müssen geplant, produziert und veröffentlicht werden.

Diese beiden Bereiche verlangen nach einem unterschiedlichen Mindset und nach unterschiedlichen Zeitbudgets. Networking besteht aus einer Vielzahl von kleinen Aufgaben, die du zwischendurch erledigen kannst und (sobald du etwas Routine entwickelt hast) nicht viel Aufmerksamkeit am Stück verlangen – aber dafür regelmäßig erledigt werden müssen. Das sind unsere Liegestützen, die wir gleich nach dem Aufwachen, in der Mittagspause oder einfach mal zwischendurch machen können.

Für diese Networking-Aufgaben solltest du jeden Tag fünfzehn Minuten einplanen. Nutze dafür gerne eine Randzeit, wie vor oder nach einem Meeting. Viele Menschen haben nachmittags ein mentales Tief und können sich in dieser Zeit nur schwer für längere Zeit konzentrieren. Das ist eine gute Zeit, um Networking auf LinkedIn zu betreiben. Diese Zeit ist auch perfekt geeignet, um deine E-Mails »abzuarbeiten«. Denn E-Mails verlangen wie Networking-Aufgaben keine stundenlangen »Aufmerksamkeitsblöcke«, sondern bestehen aus vielen kleinen Einzelaufgaben, die du jeden Tag erledigen kannst.

Im Gegensatz zur eigentlichen Arbeit an deiner Personal Brand: der Arbeit an deinen eigenen Beiträgen. Je nachdem, wie hoch deine Ansprüche sind, musst du dir mindestens eine halbe Stunde Zeit nehmen, um einen richtig guten Beitrag zu produzieren und zu veröffentlichen. Eine sehr kreative Arbeit, für die man sich einen festen Termin einplanen sollte, um ungestört daran zu arbeiten. Beim Sport wären das unsere Trainingseinheiten mit dem Team oder einem Personal Trainer. Die beste Zeit für diese Arbeit ist für viele Menschen der frühe Morgen: Sie sind ausgeschlafen, das Gehirn ist noch frisch, und es gibt so gut wie keine Ablenkungen. Aber weil diese Aufgabe zeitintensiver ist, musst du sie auch nicht jeden Tag erledigen. Einmal in der Woche ist bereits ausreichend, besonders zu Beginn. Wichtiger als die Frequenz ist das Engagement mit deinen Beiträgen.

Growth Hack

Als Premium-Mitglied kannst du eine Abwesenheitsnachricht an deine Kontakte schicken (siehe Abbildung 10.9). Wenn du im LinkedIn Messenger auf die berühmten drei Punkte klickst, kannst du zum einen mehrere Nachrichten auswählen und z. B. archivieren, du kannst aber auch eine individuelle Abwesenheitsnachricht einstellen, die dann die Personen sehen werden, die Direktnachrichten an dich senden. Diese Funktion kannst du auch als Kommunikationskanal nutzen. Füge beispielsweise weitere Informationen hinzu, die Personen interessieren könnten: Brand News wie anstehende Launch-Daten oder Infos zu Events, Link zum neuesten LinkedIn-Posting der Company, offene Stellen oder Verweis auf andere Kommunikationskanäle.[1]

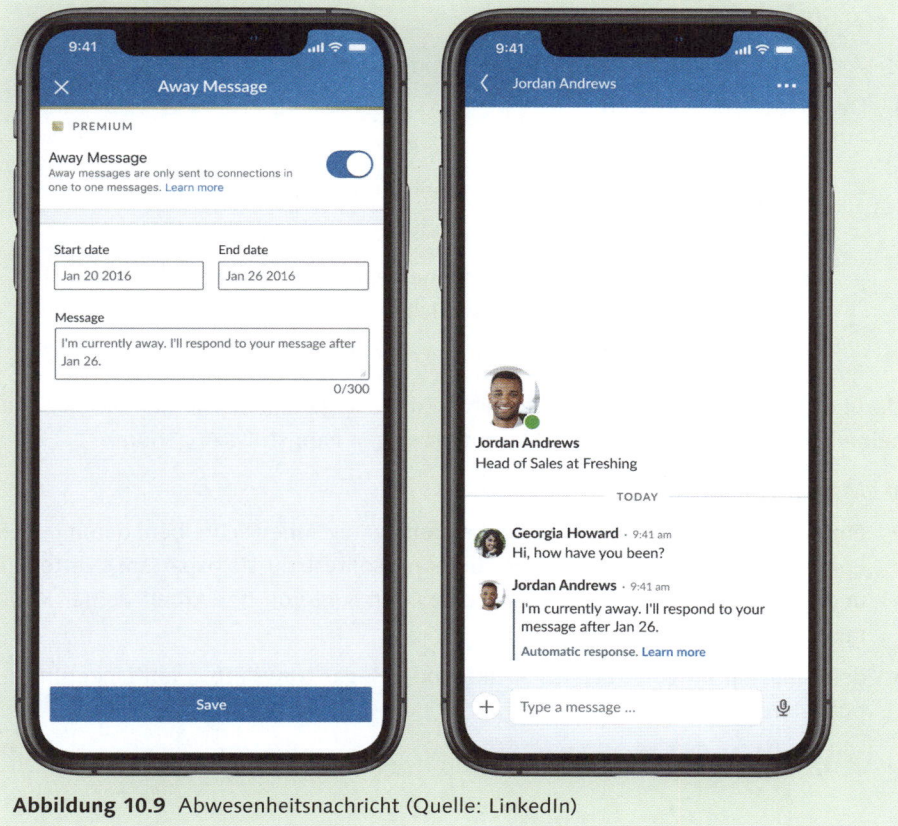

Abbildung 10.9 Abwesenheitsnachricht (Quelle: LinkedIn)

---

1   Vgl. OMR Report (2021). Professional Guide to LinkedIn.

10.5   Die magischen 15 Minuten: tägliches Networking auf LinkedIn

Um das Potenzial von LinkedIn zur Steigerung deiner Bekanntheit voll auszuschöpfen, solltest du jeden Tag mindestens 15 Minuten investieren, um die folgenden Aufgaben zu erledigen:[2]

- **Dein Netzwerk ausbauen**
  - neue Leads finden, beispielsweise in den Unternehmen deiner Bestandskund*innen
  - Verbindungsanfragen versenden
  - neue Verbindungsanfragen annehmen
  - auf neue Nachrichten antworten
  - überprüfen, wer dein Profil angesehen hat
  - Benachrichtigungen überprüfen
  - den Unternehmensseiten deiner Kund*innen folgen
- **Dein Netzwerk pflegen**
  - eine Willkommensnachricht an neue Kontakte schicken
  - deinen Partner*innen und Kund*innen zum Geburtstag gratulieren
  - Kenntnisse und Fähigkeiten deiner Kontakte bestätigen
  - eine interessante Konversation in einen anderen Kanal verschieben (z. B. ein Telefonat oder ein persönliches Treffen)
  - Beiträge deiner Leads und Kund*innen kommentieren

Darüber hinaus gibt es noch einige Networking-Aufgaben, die du hervorragend in deinem wöchentlichen LinkedIn-Slot unterbringen kannst. Dazu gehören:

- Menschen miteinander vernetzen
- Empfehlungen für Kund*innen oder Arbeitskolleg*innen schreiben; damit deine Empfehlungen nicht an Gewicht verlieren, solltest du sie »sparsam« verteilen und immer nur dann, wenn du absolut überzeugt von der Arbeit deiner Kontakte bist
- deine besten Blogbeiträge als Artikel (oder sogar Newsletter) auf LinkedIn republizieren

---

2   Vgl. Melonie Dodaro (2018). LinkedIn Unlocked: Unlock the Mystery of LinkedIn to Drive More Sales Through Social Selling. CreateSpace Independent Publishing Platform.

Du siehst: Die Kunst besteht darin, sich nicht vom Newsfeed ablenken und einfach treiben zu lassen. Wie auf jedem Social-Media-Kanal ist Ablenkung eine große Gefahr für die effiziente Nutzung. Stattdessen solltest du zielgerichtet und fokussiert deine To-do-Liste angehen, bevor du dich den Versuchungen des Algorithmus hingibst. Denn diese Ablenkungen sind die wahren Zeitfresser auf LinkedIn – nicht die eigentliche Arbeit. Um dieser Versuchung zu widerstehen, hilft es, den eigenen Newsfeed zu pflegen.

10.6   Es muss nicht immer ein eigener Post sein

»Ich weiß nicht, worüber ich schreiben soll« oder »Zu diesem Thema wurde doch bereits alles geschrieben« sind zwei der populärsten Einwände, die gerade in mittelständischen und großen Unternehmen häufig genannt werden, wenn es um die Einführung von Personal Branding oder Social Selling geht.

Bei der Frage, worüber du schreiben kannst bzw. solltest, findest du in Abschnitt 5.1, »Eigene Themen und Botschaften«, und in Abschnitt 7.2, »Wie du deinen Ideenspeicher erstellst«, hilfreiche Inspiration. Aber zuvor kann ich Entwarnung geben: Du musst nicht zwingend eigene Beiträge auf LinkedIn veröffentlichen, um deine Ziele zu erreichen. Insbesondere für sehr introvertierte Menschen oder diejenigen, die sich an das Thema Content erst herantasten wollen, bietet sich eine weitere Möglichkeit: die Kommentare unter den Beiträgen anderer Menschen.

Jeden Beitrag auf LinkedIn kann man kommentieren. Nicht selten entwickeln sich dort ganze »Threads« an Kommentaren: interessante Diskussionen, bei denen sich Menschen kennenlernen und Ideen austauschen. Und warum auch nicht? Immerhin sind wir auf einer großen Business-Party. In diesem Fall hat jemand (der Autor des Originalbeitrags) das Thema vorgegeben und die Diskussion initiiert. Was daraus entsteht, ist vollkommen offen. Nicht selten weichen diese Diskussionen sogar vom Inhalt des Originalbeitrags ab. Und genau diese Unterhaltungen sind häufig der Grundstein für neue Kontakte auf LinkedIn. Die Unterhaltungen in den Kommentaren sind also eine Parallelwelt, in der du dich nach Lust und Laune austoben darfst!

»Wer neu in LinkedIn – oder generell in soziale Netzwerke – einsteigt, bleibt häufig im Sender-Empfänger-Irrtum hängen«, sagt Dr. Kerstin Hoffmann. Sie ist Kommunikations- und Strategieberaterin sowie Autorin mehrerer Bücher über Markenbotschafter. »Jemand macht sich also sehr viele Gedanken darum, was er oder sie denn bloß posten könnte. Oft wundern sich die Betreffenden dann, dass die große Resonanz ausbleibt. Dabei geht es vielmehr um den Austausch, um Interaktion, darum, gemeinsam etwas voranzubringen. Wer unterstützt und gesehen werden will, muss erst einmal andere wahrnehmen und unterstützen. Wer das nicht nur verstanden hat, sondern auch in den eigenen Aktivitäten umsetzt, wird feststellen, wie leicht und einfach plötzlich alles wird – ganz ohne dass man jeden Tag halbe Romane ins Internet schreibt.«

Bei Kommentaren hast du den Luxus, dass der Stein bereits ins Rollen gekommen ist. Damit entfällt der geistige und zeitliche Aufwand, den du bei der Planung und Veröffentlichung eigener Beiträge investieren müsstest. Du kannst die Diskussion verfolgen und schauen, ob sich für dich die Gelegenheit bietet,

- mit deiner Zielgruppe ins Gespräch zu kommen (wenn sich die richtigen Menschen an der Diskussion beteiligen),
- deine Themen und Botschaften durch einen Kommentar zu platzieren oder
- damit dein Netzwerk auszubauen, deine Bekanntheit zu steigern und deine Personal Brand zu festigen.

Ein Vorteil: Im Gegensatz zu anderen sozialen Netzwerken sprechen die Menschen auf LinkedIn in der Regel nicht aneinander vorbei (wie auf Instagram), suchen keinen Streit (wie auf Twitter) und wollen nicht unbedingt jede Auseinandersetzung auf Teufel komm raus gewinnen (wie auf Facebook). Der Umgangston ist häufig professionell, freundlich und hilfsbereit.

Außerdem findest du durch die Kommentare auch Zugang zu den Menschen, die selbst keinen Content produzieren, sondern tendenziell in der Rolle der Mitlesenden sind.

In jedem Kommentar stehen dir 1.250 Zeichen zur Verfügung – jede Menge Platz für deinen Diskussionsbeitrag. Du kannst dir das zunutze machen, indem du die Beiträge der Menschen findest, die auch von deiner Zielgruppe gelesen werden, also die Beiträge deiner sekundären Zielgruppe. Häufig sind das Branchenexpertinnen, Geschäftsführer bzw. CEOs und Journalistinnen. Finde diese Menschen, folge ihnen, und beobachte die Diskussionen.

Übrigens: Es kann sich auch lohnen, den Unternehmensseiten deiner Kunden zu folgen. Denn oftmals werden die Beiträge fast ausschließlich von den eigenen Mitarbeitenden gesehen und kommentiert. Das bedeutet für dich: Hier kannst du direkt (und oft auch exklusiv) mit deiner Zielgruppe ins Gespräch kommen.

10.7   Idioten gibt es überall: Wie du mit Trollen umgehst

Wir haben über das Konzept der »Serendipity« gesprochen: Durch zielgerichtete Aktivitäten auf Social Media erhöht sich die Chance, dass einem etwas Gutes widerfährt, wie beispielsweise der Kontakt zu neuen Kunden. Statt dieser Chance sehen viele Unternehmen aber zuerst die Gefahr: »Wenn wir auf Social Media aktiv sind, erhöhen wir damit die Gefahr eines Shitstorms.« Das ist natürlich prinzipiell nicht von der Hand zu weisen. Aber die Gefahr eines Shitstorms ist deutlich geringer als die Chance auf einen messbaren Beitrag zum Unternehmenserfolg.

»Einen Shitstorm muss man sich erst einmal verdienen!« – Marina Zayats

Tatsächlich ist die Gefahr eines echten Shitstorms sehr gering. Insbesondere, wenn man als Einzelperson oder Unternehmen erst mit Social Media startet. Denn es fehlt zum einen an Reichweite (weil die Posts nur von wenigen Menschen gesehen werden) und an der Relevanz (weil die Beiträge nur offizielle Unternehmensnachrichten sind).

Zudem ist die Gefahr eines Shitstorms auf LinkedIn nochmal geringer, weil die Leserschaft hier deutlich weniger streitlustig ist als auf Facebook und Twitter. Die meisten Nutzer*innen verwenden ihren Klarnamen und sind natürlich bei ihrem Arbeitgeber bekannt. Provokative oder sogar beleidigende Kommentare, die gegebenenfalls arbeitsrechtliche Konsequenzen haben könnten, sind daher seltener.

Nichtsdestotrotz muss man sich natürlich der Wahrheit stellen: Wenn man sich »aus der Deckung traut« und auf LinkedIn Beiträge veröffentlicht, kann Kritik kommen. Das kann sowohl den Ruf der Autorin oder des Autors als auch des Unternehmens beeinträchtigen. Deswegen ist es wichtig, sich vorab eine passende Strategie zurechtzulegen. Diese Strategie wird in der Regel bei Corporate Communications, von der Pressestelle oder vom Social-Media-Team erstellt. Aber das ist nur der Prozess. In der Praxis ist jeder Markenbotschafter ist in der Verantwortung, schnell und professionell zu reagieren (siehe Tabelle 10.1). Denn Social Media Management ist ein Zuschauersport: Deine Reaktion auf ein Ereignis wird von allen deinen Stakeholdern gesehen.

Do	Don't
■ Entwirf Szenarien und Aktionspläne für alle Beteiligten. ■ Beobachte den Social Space. ■ Reagiere schnell und höflich.	■ Den Vorfall ignorieren, nichts unternehmen und versuchen, es auszusitzen. ■ Keinen Prozess implementieren, sondern bei Fragen und Kritik spontan agieren. ■ Eine Diskussion mit einem Hater führen und gewinnen wollen.

Tabelle 10.1 Was man (nicht) tun sollte

Du kannst nicht kontrollieren, was über dich geschrieben wird. Aber du kannst kontrollieren, wie du darauf antwortest. Die Geschwindigkeit und Qualität deiner Antwort wird die Wirkung beeinflussen.

10.7.1 Wie ein Shitstorm entsteht

Wie entsteht eigentlich ein Shitstorm? Die Gründe dafür können sowohl intern als auch extern sein. Aber unabhängig von der Quelle kann sowohl das persönliche als auch das Unternehmensprofil betroffen sein:

Nicht jeder negative Beitrag ist auch gleich ein Shitstorm (siehe Abbildung 10.10). Oftmals wird auf Unternehmensseite die Bedeutung von negativen Kommentaren oder Beiträgen überschätzt, und es gibt einen Sturm im Wasserglas.

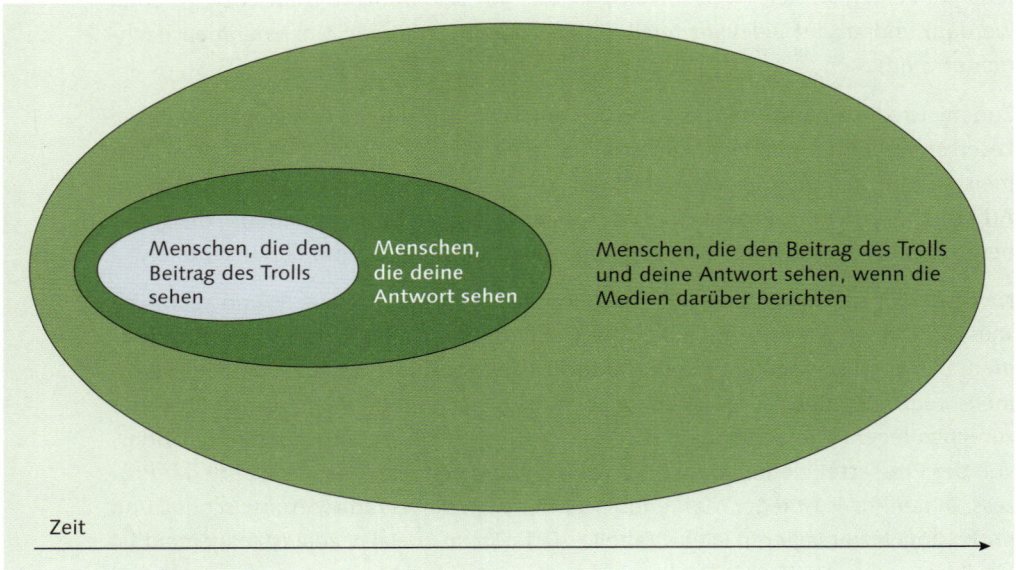

Abbildung 10.10 Wie ein Shitstorm entsteht

Bevor man die Feuerwehr ruft (und den Vorfall intern nach oben eskaliert), sollte man feststellen, ob es nur qualmt, das Essen anbrennt oder tatsächlich die ganze Bude in Brand steht. Es gilt also zu unterscheiden, ob es sich um eine Beschwerde oder (vielleicht sogar berechtigte) Kritik handelt oder um eine wirkliche Krise. Bei Kritik geht es darum:

- die Qualität deiner Produkte, Services oder Partner*innen
- wie du Fragen beantwortest und auf Kritik reagierst

Dein Ziel sollte sein, das Problem des Kunden zu lösen. Bei einer echten Krise geht es darum:

- ein internes Problem (z. B. ein Produktversagen, ein unangebrachter Beitrag einer Mitarbeiterin oder eines Mitarbeiters oder das unethische Verhalten einer oder eines leitenden Angestellten)

- ein externes Problem (z. B. eine Pandemie, eine menschliche Tragödie oder eine Naturkatastrophe)

Dein Ziel sollte es sein, die Krise so schnell und »lautlos« wie möglich zu managen und Reputation und gegebenenfalls Shareholder-Value zu erhalten. Für beide Szenarien solltest du Prozesse definieren, die das Problem möglichst schnell und geräuscharm lösen können. Neben dem Ausmaß der »Krise« (die vielleicht gar keine ist) gilt es auch, die Initiatorin oder den Initiator zu identifizieren: Von wem kommt der negative Beitrag? Handelt es sich um eine Kritikerin oder einen echten Hater bzw. Troll?

10.7.2   Wie man mit Kritikern umgehen sollte

In seinem Klassiker »Wie man Freunde gewinnt«[3] listet Dale Carnegie die drei wichtigsten Regeln für den Umgang mit Kritiker*innen auf. Diese Regeln sind heute noch genauso gültig und wichtig wie vor knapp einhundert Jahren:

1. Der einzige Weg, einen Streit zu gewinnen, ist, ihn zu vermeiden.
2. Zeige Respekt für die Meinung der anderen Person. Sag nie: »Du hast Unrecht.«
3. Wenn du dich irrst, gib es schnell und nachdrücklich zu.

Diese drei Regeln sollte man sich im Umgang mit Kritiker*innen immer vor Augen führen. Kritik übt in der Regel jemand wie eine Kundin, ein ehemaliger Mitarbeiter, eine Journalistin oder ein sonstiger Stakeholder. Auch Branchenexperten wie Bloggerinnen oder Podcaster finden sich in dieser Gruppe. Du erkennst sie daran, dass sie ein »normales« Profil haben, in ihren sonstigen Beiträgen nicht ständig Krawall anzetteln und ihren Klarnamen benutzen. Was sie wollen, ist in der Regel eine Entschuldigung oder Stellungnahme.

Diesen Menschen sollte man schnell und höflich antworten: »Wir sind uns des Problems bewusst. Wir arbeiten daran und werden uns so schnell wie möglich bei Ihnen melden.« Die Anerkennung des Problems sowie eine Entschuldigung für die Unannehmlichkeiten sind oftmals der Schlüssel, die Situation zu deeskalieren. Insbesondere Kund*innen, die ein Problem haben, wollen vor allen Dingen gehört werden. Eine kopierte und eingefügte Antwort aus der Konserve vermittelt selten Empathie.

Wenn du oder deine Kolleg*innen aus dem Kundendienst Standardantworten in ihrem Köcher haben, die sich wie eine roboterhafte, eingefügte Kopie lesen, sollten diese geändert werden. Denn in manchen Fällen können geskriptete Antworten genauso schlecht rüberkommen wie gar keine Antwort.

---

3   Dale Carnegie (2013). How to win friends and influence people. Simon and Schuster.

Wenn der Beitrag der Kritikerin oder des Kritikers öffentlich war, dann antworte auch öffentlich – zumindest zu Beginn. Denk daran: Online-Kundendienst bzw. Community Management ist ein Zuschauersport! Deine Antwort mag sich zwar direkt an die jeweilige Person richten, aber alle anderen lesen auch mit – und werden Tonalität und Geschwindigkeit deiner Antwort beurteilen. Deswegen solltest du (nach der öffentlichen Antwort) so schnell wie möglich den Kanal wechseln und stattdessen eine persönliche Nachricht oder E-Mail schicken. Oft ist das auch im Sinne der Person, da im Rahmen einer nicht-öffentlichen Korrespondenz ihr Problem durch den Austausch der Kundendaten schneller gelöst werden kann.

Und was solltest du antworten? Wenn du einen Fehler bemerkt hast, solltest du ihn so schnell wie möglich korrigieren und der Person die Hintergründe erläutern. Wenn es sich um einen verärgerten (und vernünftigen) Kunden handelt, wird er es höchstwahrscheinlich zu schätzen wissen. Du hast ihm das Gefühl gegeben, gehört zu werden. Und das ist es, was wir alle wollen. Ein gelöstes Problem kann Frustration in Loyalität verwandeln.

10.7.3   Wie man mit Trollen und Hatern umgeht

Hater und Trolle sind Menschen, die Aufmerksamkeit in einem öffentlichen Raum wollen. Sie wollen dich provozieren und dir bzw. deinem Unternehmen schaden, indem sie deinen Ruf ankratzen und dich öffentlich demütigen. Sie sind (oft, aber nicht immer) daran zu erkennen, dass sie nicht ihren richtigen Namen verwenden, auch in anderen Beiträgen radikale Ansichten vertreten und per se nicht aufhören zu streiten – egal wie gut deine Argumente auch sein mögen.

Was unterscheidet Hater und Trolle voneinander – und was unterscheidet beide von Kritiker*innen?

Ein Troll ist ein Schelm, eine Krawallnudel, die es sich zur Aufgabe gemacht hat, andere online zu verärgern, indem absichtlich aufrührerische, irrelevante oder beleidigende Kommentare oder andere störende Inhalte gepostet werden, um Chaos zu verursachen.

Der Hater hingegen ist nicht auf maximale öffentliche Ausfälle aus, sondern der Fokus liegt darauf, dir bzw. deinem Unternehmen größtmöglichen Schaden zuzufügen. Beim Hater ist es meistens persönlich.

Beide Gruppen haben im Gegensatz zu Kritiker*innen kein Problem, das du lösen könntest. Ihnen geht es allein um den »Kampf« im öffentlichen Forum. Deswegen darfst du ihnen genau das nicht geben. Denn wenn du ihr Spiel mitspielst, hast du bereits verloren. Du kannst eine Diskussion gegen einen Hater oder Troll nicht gewinnen. Aber was du tun kannst, ist souverän zu reagieren. Denn es geht hier nicht um die Initiatorin oder den Initiator des Diskurses, sondern darum, wie deine Follower*innen deine Reaktion bewerten.

Du hast folgende sechs Optionen:

1. **Verweise auf die Richtlinien**

   LinkedIn hat, wie die meisten sozialen Netzwerke, Community-Richtlinien für den »respektvollen Umgang« miteinander. Wenn sich dann jemand unangemessen oder hinterhältig verhält, verweise ihn auf diese Richtlinie. Auf diese Weise wird es nicht als persönlich empfunden.

2. **Ignoriere sie**

   Trolle verursachen negative Reaktionen bei anderen, weil sie die maximale Aufmerksamkeit wollen, die sie bekommen können. Sie wollen Chaos verursachen. Es kann also helfen, sie einfach zu ignorieren und nicht zu befeuern. Ein Mantra unter Community-Managern ist: »Füttere die Trolle nicht.« Trolle wollen dich provozieren. Gib ihnen dieses Vergnügen nicht, allein aus Selbstschutz! Aber selbst wenn du sie ignorierst, tun das andere wohlmeinende Mitglieder vielleicht nicht. Jetzt gewinnt der Troll die Aufmerksamkeit und Zugkraft, nach der er sich sehnt. In diesem Fall ist Untätigkeit keine Option mehr, und es ist an der Zeit, die Taktik zu ändern.

3. **Reagiere mit Fakten**

   Verbreiten deine Trolle Gerüchte, falsche Informationen, Ungenauigkeiten oder gar Lügen? Dann widerlege die von Trollen erzählten Geschichten mit Fakten, aber denk daran, dich nicht mehr als einmal öffentlich zu engagieren.

4. **Entschärfe mit Humor**

   Leichter gesagt als getan. Es ist schwierig, Humor richtig einzusetzen. Wenn es jedoch gut gemacht ist, kann Humor deine Marke vermenschlichen und eine Situation entschärfen.

5. **Blockieren oder verbieten**

   Die meisten Trolle sind nur lästig. Und normalerweise harmlos. Manchmal gehen Trolle jedoch zu weit. Sie eskalieren zum Beispiel zu Beleidigungen, Drohungen oder Hassreden. Wenn das beispielsweise als Kommentar unter einem deiner Beiträge geschieht, kannst du diesen Kommentar mit einem Klick auf die drei Punkte in dem Kommentar löschen. Verweise dabei auf deine Social Media Guidelines, um anderen zu zeigen, dass ein solches Verhalten nicht toleriert wird. Wenn der Troll gegen die Richtlinien von LinkedIn verstößt, kannst du die Person und den Beitrag auch melden. Das kann gegebenenfalls zu einer Löschung seines Profils führen.

6. **Baue eine unterstützende, freundliche Community auf**

Die Menschen in deinem Netzwerk sind deine Community. Sie werden darauf achten, wie du mit dem Troll umgehst, und meistens werden sie dir zur Seite springen und dich in deinem Argument unterstützen. Das macht das Leben eines Trolls schwieriger. Sie werden höchstwahrscheinlich weiterziehen, um ihre digitale Negativität anderswo zu verbreiten. Auch Hater neigen dazu, sich zu erschöpfen, wenn sie mit der überwältigenden positiven Unterstützung durch deine Community konfrontiert werden. Deswegen ist es umso wichtiger, von Anfang an ein unterstützendes, lebendiges Netzwerk aufzubauen statt nur eine große Schar von Follower*innen.

Solltest du in den zweifelhaften Genuss eines Shitstorms gekommen sein: Kopf hoch, das passiert auch ohne eigenes Verschulden und geht wieder vorbei. Nutze die Gelegenheit, um aus dem Vorfall zu lernen, um beim nächsten Mal besser reagieren zu können. Hast du bisher noch kein PR-Desaster erlebt, ist jetzt vielleicht genau der richtige Zeitpunkt, um deine Mitarbeiter*innen über die Wichtigkeit der öffentlichen Wahrnehmung aufzuklären.[4]

10.8   Hatespeech auf Social Media

Johannes Ceh ist eines der bekanntesten Gesichter in der deutschen Onlinebranche.[5] Er verdient sein Geld als Speaker und Workshopleiter mit einem Fokus auf digitaler Transformation unter besonderer Berücksichtigung der gesellschaftlichen und ethischen Aspekte. Kurz: Johannes bringt das *Social* in Social Media.

Während der Corona-Krise hat Johannes Ceh viel Aufmerksamkeit für sein Projekt »Our Job to be Done« (*www.wuv.de/thema/our_job_to_be_done*) bekommen: Er hat eine Gruppe von engagierten Menschen in einer Facebook-Gruppe zusammengebracht, um sich gegenseitig zu unterstützen, moralischen Halt zu geben und Fragen jedweder Art zu beantworten. Denn natürlich war die Corona-Krise vor allem für die Psyche eine enorme Herausforderung. Und mitten in dieser Krise wurde Johannes Ceh Opfer von Beleidigungen und Bedrohungen eines mutmaßlich Geisteskranken. Nicht nur, aber auch auf LinkedIn.

Insbesondere Facebook und Twitter sind mittlerweile leider berühmt-berüchtigt für die kritischen, unfreundlichen und viel zu oft beleidigenden Kommentare – sowohl von Einzelpersonen als auch von gut geölten Netzwerken, meist aus dem

---

4   Vgl. Corina Pahrmann & Katja Kupka (2019). Social Media Marketing – Praxishandbuch für Twitter, Facebook, Instagram & Co. (5., komplett aktualisierte Aufl.). O'Reilly.

5   LinkedIn-Profil unter *www.linkedin.com/in/ourjobtobedone/*

rechtspopulistischen Raum. Insbesondere während der Corona-Krise haben die Angriffe durch Beleidigungen und Bedrohungen im digitalen Raum nochmal zugenommen. Das führt dazu, dass sich viele Menschen gar nicht mehr trauen, ihre Meinung auf Social Media kundzutun, oder dass sie ihren Beitrag vor Veröffentlichung kritisch betrachten und gegebenenfalls »abschwächen«, um nicht auf das Radar der Hater zu kommen. De facto wird damit ein Klima der Angst erzeugt, das die Meinungsfreiheit einschränkt. Und umso wichtiger sind Personen wie Johannes Ceh, die sich für ein gemeinschaftliches Miteinander einsetzen.

Seine wichtigste Botschaft: Nicht wegsehen, sondern helfen! Auch im Fall eines verbalen Angriffs (sei es auf LinkedIn oder einer anderen Plattform) gilt das gleiche Mantra wie beim Netzwerken: Auf der anderen Seite des Bildschirms sitzt ein echter Mensch mit echten Gefühlen. Empathie und Rücksichtnahme sind absolut wichtig! Was heißt das konkret?

- Geh auf den Menschen zu, der angegriffen worden ist, und erkundige dich nach seinem Wohlergehen. Eine kurze Nachricht, in der du dein Bedauern über den Vorfall aussprichst, verbunden mit einem Hilfsangebot und einem kurzen »Wie geht es dir?« können schon viel bewirken.

- Melde den betreffenden Beitrag bzw. den Kommentar. Dafür findest du oben rechts das Menü mit den drei Punkten. Dort findest du auch die Funktion MEL-DEN. Und beleidigende Kommentare unter deinen eigenen Beiträgen kannst du dort auch direkt löschen.

- Schicke die URL des Beitrags oder des Kommentars an *https://hassmelden.de*. Entweder auf dem Desktop oder auch per App. Die Plattform prüft jede Meldung auf ihre mögliche strafrechtliche Relevanz hin. Inhalte, die strafrechtlich relevant sind, werden bei den zuständigen Behörden angezeigt. Dabei bleibst du als »Whistleblower« vollkommen anonym.

- Verteidige das Opfer, indem du dich öffentlich mit ihm bzw. ihr solidarisierst.

Auch Unternehmen sind hier gefragt, aktiv zu werden. Denn es gibt zwar für jede Banalität eine Guideline und für jeden Shitstorm (ob real oder nur »gefühlt«) einen Eskalationsprozess, aber die Mitarbeitenden werden in der Regel nicht für das Thema Hatespeech sensibilisiert. Im schlimmsten Fall kann das dazu führen, dass Corporate Influencer bei einem Angriff »im Regen stehen gelassen werden«. Bereits vor dem Aufbau eines Markenbotschafter-Programms sollte man die Teilnehmenden darauf vorbereiten, dass sie möglicherweise Opfer eines solchen Angriffs werden können. Sollte es tatsächlich dazu kommen, muss das Unternehmen seiner Fürsorgepflicht nachkommen und alles dafür tun, dass der Mitarbeiterin oder dem Mitarbeiter schnell und effizient geholfen wird. Denn auch wenn es sich nur um einen Social-Media-Beitrag handelt: Persönliche Beleidigungen, Anfeindungen oder sogar Bedrohungen können einen ebenso großen Schaden wie ein physischer Angriff verursachen.

Gut zu wissen

Seit 2018 gilt in Deutschland das Netzwerkdurchsetzungsgesetz (NetzDG). Das Gesetz soll Hetze und Hass im Internet verhindern, führt jedoch in der Praxis gelegentlich zu Überreaktionen seitens der Plattformen. In vorauseilendem Gehorsam und nicht immer zu Recht sperren oder löschen sie Beiträge und Nutzerkonten. Grund sind hohe Bußgelder, die den Plattformbetreibern drohen, sofern sie ihrer Pflicht nicht nachkommen, »offensichtlich rechtswidrige Inhalte« innerhalb von 24 Stunden zu löschen oder zu sperren. Zu solch offensichtlich rechtswidrigen Inhalten zählt zum Beispiel die Anleitung zu schweren Straftaten, Volksverhetzung und die Verbreitung verbotener Symbole.

10.9   Zusammenfassung

Uns als sozialen Herdentieren ist Networking angeboren. Die Kunst besteht darin, es zielgerichtet und (auch auf LinkedIn) menschlich zu betreiben und das Wohl der anderen in den Vordergrund zu stellen. Entwickle so früh wie möglich die Gewohnheit und das Mindset, aktiv nach Möglichkeiten zu suchen, wie du Menschen helfen bzw. sie miteinander verbinden kannst. Versuche herauszufinden, welche Fragen oder Probleme sie haben – und hilf ihnen dabei, sie zu lösen. LinkedIn ist genau dafür gebaut worden, dass sich die Mitglieder untereinander austauschen. Prinzipiell ist es wichtiger, dass du regelmäßig auf LinkedIn aktiv bist, als dass du jeden Tag soundso viele Minuten oder Stunden aktiv bist.

Was du jetzt tun kannst

Identifiziere deine Zielgruppe: Wer kann dir helfen, deine Ziele zu erreichen? Und welche Menschen beeinflussen wiederum diese Zielgruppe? Schreibe dir systematisch auf – beispielsweise in deiner Ideenmappe –, welche Fragen und Probleme diese Menschen haben. Wie kann man diese Probleme lösen? Welche Infografiken, Vorträge oder Studien kannst du teilen?

Kapitel 11

Influencerinnen und Influencer

Influencerinnen und Influencer sind Teenies mit Schminktipps oder Fitnesstrainer mit Waschbrettbäuchen? Nein, Influencer*innen sind keinesfalls ein Instagram-Phänomen. Auch auf LinkedIn spielen sie eine wichtige Rolle. Schon immer und auf jeder Plattform gab es Menschen, die andere durch ihr Tun und Handeln beeinflussen. Das ist im B2B und auf LinkedIn nicht anders.

In diesem Kapitel erfährst du, wie du die Menschen in deinem Netzwerk positiv beeinflussen kannst, um ihnen zu helfen und deine eigene Marke zu stärken. Und du lernst mehr über die besondere Rolle, die Meinungsführende auf LinkedIn innehaben – und wie du sie identifizieren kannst.

11.1   Wie man andere Menschen beeinflusst

Was sind Influencer? Im Allgemeinen werden damit Menschen bezeichnet, die im Internet mit ihren Inhalten wie Fotos, Videos oder Texten eine große Menge Menschen erreichen können. In Deutschland denken wir dabei schnell an Menschen wie Bianca Claßen alias »Bibis Beauty Palace«, Deutschlands größte YouTuberin mit knapp sechs Millionen Abonnenten, oder Erik Range alias »Gronkh«, der mit seinen Videos über Videospiele mehr Zuschauer hat als viele Fernsehsendungen. Die meisten dieser klassischen Influencer*innen sind im weiteren Sinne Entertainer. Ja, sie teilen auch Tutorials wie Schminktipps, Yoga-Power-Moves oder Kochrezepte. Aber im Prinzip geht es mehr darum, dass wir uns durch diese Influencer*innen berieseln lassen. Ihr Einfluss auf unser Leben geht oftmals nicht über den Kauf eines Produkts im Drogeriemarkt hinaus.

Gute Influencer*innen sind nicht die Jungs mit den Waschbrettbäuchen oder die Mädels in knappen Bikinis, die dir auf Instagram einen kurzen Dopamin-Schub beim Anblick ihrer Fotos verpassen. Gute Influencer*innen inspirieren, motivieren und helfen uns dabei, unser bestmögliches Selbst zu werden. Ja, das ist ambitioniert. Aber ist es nicht auch erstrebenswert?

Im Folgenden sollen Influencer*innen nicht durch die Anzahl ihrer Follower*innen definiert sein, sondern durch die Möglichkeit, die Gedanken und das Verhalten anderer Menschen zu beeinflussen. Klingt manipulativ? Ist es auch. Aber nur weil du Menschen absichtlich beeinflusst, ist es nicht gleich negativ. Denn jede Form der bewussten Kommunikation ist manipulativ! Du willst, dass deine Kinder ihr Gemüse essen? Du willst jemandem etwas verkaufen? Du willst dein Team zu Höchstleistungen motivieren? Alles Manipulation – aber moralisch nicht verwerflich.

Im Gegenteil: Wenn du schlau genug bist, herauszufinden, was Menschen brauchen oder zu brauchen glauben, und es ihnen lieferst, zeugt das sogar von hoher Empathie. Dein Ziel muss es sein, dass Menschen dir vertrauen und es ihnen langfristig besser geht. Ansonsten baust du dir kein stabiles Netzwerk auf, sondern brennst Brücken hinter dir ab. Und ein stabiles, auf Vertrauen basierendes Netzwerk ist der Grund, warum wir auf LinkedIn sind.

Wir Menschen sind Rudeltiere. Unser Gehirn ist darauf geeicht, anderen Menschen zu helfen. Denn für Jahrtausende war das Überleben nur möglich, wenn das Rudel als Ganzes funktioniert hat. Deswegen sind beidseitige Gefälligkeiten ein (im wahrsten Sinne des Wortes) überlebenswichtiges Konzept.

Denn niemand – auch kein Selfmade-Millionär – hat es je wirklich allein zu etwas gebracht. Wir sind immer die Summe der Menschen, die Teil unserer Reise sind. Unsere Eltern, unsere Lehrer, unsere Kolleginnen, Geschäftspartner oder Mentorinnen – all diese Menschen haben enormen Einfluss auf unser Denken und Handeln. Auch wenn wir uns dessen nicht immer bewusst sind.

Deswegen müssen wir immer das Wohl unseres »Rudels« im Blick haben. Wir lernen seit frühester Kindheit, wie wir mit anderen Menschen zurechtkommen. Und wie wir kommunizieren müssen, um das zu bekommen, was wir wollen, aber ohne dass andere Menschen Schaden nehmen. Seltsamerweise sind wir der Ansicht, dass dieser Lernprozess irgendwann aufhört. Das ist nicht der Fall. Und wenn du diese Zeilen liest, dann hast du das verstanden. Du willst lernen, wie du mit anderen Menschen auf LinkedIn so interagierst, dass du bekommst, was du willst – und dass auch dein Rudel davon profitiert.

Wie man andere Menschen beeinflussen und für sich gewinnen kann, hat Dale Carnegie in seinem Bestseller »How to win friends and influence people« anschaulich beschrieben. Sein Werk wurde erstmals 1936 veröffentlicht, ist aber nach wie vor in jeder Buchhandlung zu bekommen. Der Grund: Plattformen und Kanäle mögen sich verändern – aber Menschen nicht. Einige von Carnegies Regeln[1] kannst du 1:1 für den Umgang auf LinkedIn nutzen:

---

1   Dale Carnegie (2013). How to win friends and influence people. Simon and Schuster.

1. **»Andere Menschen nicht kritisieren oder verurteilen«**

   Dir mag die Meinung anderer Mitglieder auf LinkedIn nicht gefallen, sie mag sogar objektiv betrachtet falsch sein. Aber mach nicht den Fehler, deinem Gegenüber ins Gesicht zu springen. Teile ihm mit, dass du anderer Meinung bist oder eine andere Erfahrung gemacht hat. Aber rufe dir ins Bewusstsein, dass jeder »seine« individuelle Wahrheit hat. Und LinkedIn ist Platz zum Inspirieren und zum Gedankenaustausch und kein Ort, um auf Teufel komm raus eine Diskussion zu gewinnen. Dafür gibt es Twitter.

2. **»Ehrliche und aufrichtige Anerkennung geben«**

   Wenn dir ein Beitrag gefallen hat, lass es die Autorin oder den Autor wissen. Nicht bloß mit einem höflichen Like, sondern mit einem Kommentar, in dem du beschreibst, was und warum dir der Beitrag gefällt.

3. **»Sich aufrichtig für die anderen interessieren«**

   Erkundige dich nach deinen Mitmenschen. Nicht weil du ihnen etwas verkaufen willst, sondern weil du an ihrem Wohlbefinden interessiert bist. Frage sie, wie es im neuen Job läuft, wie sie die aktuelle Krise überstehen und ob du ihnen irgendwie helfen kanst. Stelle offene Fragen, biete deine Hilfe an und erwarte keine Gegenleistung.

4. **»Lächle!«**

   Nicht nur ein Lächeln auf deinem Profilbild macht einen guten ersten Eindruck. Eine optimistische, freundliche und aufgeschlossene Grundhaltung wird man deinen Beiträgen anmerken. Das gilt auch für Ton- und Videoaufnahmen: Wenn du lächelst, ist das tatsächlich hörbar.

5. **»Der Name eines Menschen ist für ihn das wichtigste Wort«**

   Erwähne dein Gegenüber beim Namen, wenn es sich anbietet. Mache ihn mit @Name auf deinen Beitrag oder Kommentar aufmerksam.

6. **»Von Dingen sprechen, die den anderen interessieren«**

   Ein wichtiger Bestandteil beim Personal-Branding-Prozess ist die Definition deiner Themen und Botschaften. Diese sollten sich mit den Fragen, Problemen und Interessen deiner Zielgruppe überschneiden. Wenn du über Dinge schreibst, die deine Zielgruppe interessieren, werden sie deine Beiträge auch lesen.

7. **»Mit Wohlwollen auf Vorschläge und Wünsche reagieren«**

   Wenn du die Gelegenheit siehst, jemandem zu helfen, indem du eine Frage beantwortest und dein Wissen teilst: Nimm sie wahr! Es ist deine Bühne, deine Chance dein Wissen zu teilen.

8. **»An die edle Gesinnung des anderen appellieren«**

   Scheue dich nicht davor, andere Menschen um Hilfe zu fragen. Ehrlich und offen.

9. **»Auc den kleinsten Erfolg großzügig loben«**

Nutze LinkedIn, um deine Kolleg*innen und Mitarbeiter*innen zu loben, wenn sie einen gten Job gemacht haben, beispielsweise per Direktnachricht, Kommentar oder sogar – bei größeren Projekten – in einem Beitrag. Gib ihnen die Bühne, die sie verdient haben.

10. **»Erst von den eigenen Fehlern sprechen, dnn kritisieren«**

Gerade wir Deutschen neigen dazu, uns im bestmöglichen Licht darzustellen. Natürlich hatten wir auf unserem Weg Herausforderungen zu überwinden, aber Fehler haben wir keine gemacht. Erst langsam hält auch in etablierten Unternehmen die Überzeugung Einzug, dass Fehler unabdingbar zu jedem Wachstums- und Veränderungsprozess gehören. Und das kann man auch in der Öffentlichkeit, auch auf LinkedIn gelegentlich zugeben.

Wie wird man anderen Menschen sympathischer? Wenn man ihnen eine Gefälligkeit erweist, richtig? Tatsächlich wusste bereits der junge, aufstrebende Politiker Benjamin Franklin (von dem man ohnehin viel über die menschliche Psychologie und Selbstoptimierung lernen kann), dass auch die Bitte um einen Gefallen dafür sorgen kann, dass der Bittsteller in den Augen des Gefragten sympathischer erscheint.[2]

Circa 240 Jahre nach Benjamin Franklin untersuchten die beiden Psychologen Jon Jecker und David Landy 1969 dieses Phänomen wissenschaftlich und führten dazu ein Experiment durch:[3] Sie ließen die Versuchsteilnehmer*innen an einem Wissensquiz teilnehmen, bei dem es eine ansehnliche Summe Geld zu gewinnen gab. Nach Abschluss des Quiz wurde ein Drittel der Teilnehmenden vom Versuchsleiter angesprochen: Er bat sie, das Geld wieder zurückzugeben, und versicherte ihnen, dass sie ihm damit einen großen Gefallen tun würden, da er das Preisgeld aus eigener Tasche bezahlt habe. Weiter erklärte er, dass er finanzielle Schwierigkeiten bekommen würde, wenn sie ihm das Geld nicht wieder zurückgäben, und er die Studie vorzeitig beenden müsse, weil ihm bald das Geld ausginge.

Das zweite Drittel der Teilnehmenden wurde von der Sekretärin der Fakultät gefragt, ob sie das gewonnene Geld nicht dem (unpersönlichen) Forschungsfonds des Fachbereichs Psychologie zur Verfügung stellen könnten, da der Fonds so gut wie aufgebraucht sei. Die restlichen Teilnehmenden wurden gar nicht um die Rückgabe ihres Gewinns gebeten. Anschließend wurden alle Versuchsteilnehmer*innen gebeten, einen Fragebogen auszufüllen, der auch danach fragte, wie sympathisch sie den Versuchsleiter fanden.

---

2   Vgl. Benjamin Franklin, John Woolman & William Penn (1909). The Autobiography of Benjamin Franklin (Vol. 1). PF Collier.

3   Vgl. Jon Jecker & David Landy (1969). Liking a person as a function of doing him a favour. Human Relations.

Die Proband*innen, die vom Versuchsleiter um einen persönlichen Gefallen gebeten wurden, bewerteten diesen deutlich positiver als die anderen beiden Gruppen.[4]

Warum ist das so? Der Grund dafür ist unser faules Gehirn. Es will immer, dass zwischen unserem Denken und Handeln Harmonie herrscht. Dann braucht es nicht nach einer Lösung für lästige Widersprüche zu suchen – sogenannte kognitive Dissonanzen. Da unser Gehirn die Regel gespeichert hat, dass man nur solchen Menschen einen Gefallen tut, die man mag, schließt es: Eine Person, der wir mal etwas Gutes getan haben, muss uns sympathisch sein.

Und damit Denken und Handeln auch in Zukunft schön in Einklang bleiben, wird unser Gehirn bei nächster Gelegenheit wieder geneigt sein, dieser Person – die wir ja scheinbar mögen – einen neuen Gefallen zu tun. Diesen Effekt kann man auch bewusst im Alltag einsetzen: Erst bittet man jemanden um einen kleinen Gefallen, den kein höflicher Mensch ausschlagen kann. Später äußert man dann seinen wahren größeren Wunsch. Weil der andere sich nicht widersprüchlich zu seinen vorangegangenen Taten verhalten will, ist die Wahrscheinlichkeit hoch, dass er auch diesen Wunsch erfüllen wird.

Auf LinkedIn wie auch im richtigen Leben kannst du dir diesen Effekt zunutze machen, indem du Menschen häufiger nach einer Gefälligkeit fragst. Wichtig ist dabei: Dieser Gefallen sollte möglichst konkret, einfach und schnell zu erledigen sein.

Statt also einfach dein ganzes Netzwerk um Hilfe bei der Jobsuche zu bitten, solltest du dir genau überlegen, welche Unternehmen und Positionen infrage kommen. Dann kannst du auf LinkedIn nach Menschen recherchieren, die dich den relevanten Entscheider*innen vorstellen können. Beispielsweise weil sie aktuell dort arbeiten, früher dort gearbeitet haben oder eine Entscheiderin in deinem Zielunternehmen kennen. Um den Gefallen noch einfacher und schneller tun zu können, kannst du diesen Menschen einen ganz konkreten Vorschlag machen, was sie über dich schreiben sollen und warum gerade du für die Rolle geeignet bist.

Du hättest gerne eine Empfehlung von deinem aktuellen Kunden? Warte auf den richtigen Moment, beispielsweise nach Erreichen eines wichtigen Meilensteins im Projekt oder nach Vertragsverlängerung. Wenn beides nicht aktuell ist, dann frage offen und ehrlich nach Feedback. Wenn dieses positiv ausfällt, kannst du deinen Kunden bitten, dir auf LinkedIn (oder auf anderen für dich relevanten Bewertungsplattformen wie Google My Business oder Proven Expert) eine positive Bewertung zu schreiben.

Du willst eine einflussreiche Person und ihr Unternehmen als Kunden gewinnen? Dann solltest du sie auf LinkedIn finden und schon in der Kontaktanfrage deinen

---

4   Quelle: *www.absolutpsychologisch.de/der-benjamin-franklin-effekt-oder-warum-man-andere-oefter-um-einen-gefallen-bitten-sollte/*

Pitch platzieren, richtig? Falsch! Niemals in der Kontaktanfrage pitchen! Stelle dir stattdessen die Frage, ob du dieser Person einen Gefallen tun kannst. Und falls das nicht der Fall ist (weil du sie bzw. ihren Bedarf nicht kennst), überlege dir, welchen Gefallen sie dir tun kann. Beispielsweise könntest du sie vielleicht für deinen Blog oder Podcast interviewen. Oder du gibst ihr die Gelegenheit, etwas zu prahlen. Insbesondere Menschen mit großem Selbstbewusstsein können eine Gelegenheit, anderen von ihren Ruhmestaten zu berichten, selten ausschlagen. Du könntest diese Person daher fragen, wie sie ihren Bestseller geschrieben, so viele Follower*innen gewonnen oder dieses tolle Projekt abgeschlossen hat. Diese Vorgehensweise kannst du dir nicht nur auf LinkedIn, sondern bei jeder sozialen Zusammenkunft zunutze machen: Frage die Menschen nach den Dingen, die sie gerne und erfolgreich tun – und lass sie erzählen. Je mehr sie über sich sprechen, desto positiver werden sie dich als Zuhörer*in wahrnehmen.

Andere Menschen um Gefälligkeiten zu bitten, ist eine Methode, das Netzwerk aufzubauen. Die andere ist: Hilf anderen Menschen. Auch denen, die sich nicht trauen, dich um deine Hilfe zu bitten oder nach deinem Wissen zu fragen. Denn »Geben« ist die andere Seite der Medaille: Nur Menschen, die großzügig mit ihrem Wissen sind, werden auch erfolgreiche Influencer*innen sein. Diese Menschen geben nicht, weil sie sofort eine Gegenleistung erwarten, sondern weil es in ihrer Natur liegt. Weil sie wissen, dass man zuerst etwas auf das Konto einzahlen muss, bevor man abheben kann.

Deswegen solltest auch du dir ein »Giving Mindset« anerziehen. Teile dein Wissen mit deinen Mitmenschen – wenn du dir sicher bist, dass es ihnen hilft. Woher weißt du das? Indem du zuerst zuhörst. Aktives Zuhören ist der ultimative Growth Hack. Je authentischer dein Interesse an den Sorgen, Nöten und Bedürfnissen deiner Mitmenschen (und insbesondere deiner Zielgruppe) ist, desto leichter wird es dir fallen, ihnen zuzuhören. Für zu viele Menschen ist Zuhören nur der Teil eines Gesprächs, der sie in ihren Ausführungen unterbricht. Sie warten nur auf die nächste Gelegenheit, ihr Gegenüber mit dem nächsten beeindruckenden Batzen ihrer Weisheit zu beglücken. Das tun sie, weil sie nicht daran interessiert sind, was die andere Person sagt oder wissen möchte.

Auf LinkedIn kannst du aktiv zuhören, indem du

- Umfragen in deinen Beiträgen nutzt,
- offene Fragen stellst und
- die Kommentare unter populären Beiträgen zu deinem Thema studierst.

Nicht genügend zuhören ist ein Fehler, den auch viele Unternehmen bei der Entwicklung neuer Produkte begehen: Sie hören nicht auf die Wünsche und Vorstellungen ihrer Kund*innen. Stattdessen entwickeln sie Produkte, von denen sie glauben, dass sie ein Problem lösen. Oder weil sie der Meinung sind, dass der »Markt« (also

Wettbewerber*innen) sich in eine Richtung bewegen würde. Oftmals haben diese Unternehmen Scheuklappen auf, wenn es um die Bedürfnisse ihrer Kund*innen geht. Sie wagen es nicht, »vor die Tür zu gehen« und echte Menschen zu befragen, wo der Schuh drückt. Erfolgreiche Start-ups und gute Unternehmer*innen investieren viel Zeit darin, ihre Produkte entsprechend den Wünschen ihrer Kund*innen zu gestalten. Manchen gelingt das durch Intuition, anderen durch Marktforschung. Aber die Kundinnen und Kunden sollten immer im Mittelpunkt deiner Überlegungen stehen – auch auf LinkedIn, wenn es darum geht, den richtigen Content für deine eigenen Beiträge zu produzieren.

Denn deine Beiträge auf LinkedIn sind die bevorzugte Methode, um andere Menschen an deinem Wissen und deinen Erfahrungen teilhaben zu lassen. Hier solltest du dich großzügig zeigen:

- Gib konkrete Tipps, wie man ein Ziel erreichen oder ein Problem lösen kann.
- Erzähle von deinen eigenen beruflichen Herausforderungen und wie du sie überwunden hast.
- Du hast ein neues Argument für eine aktuell relevante Diskussion? Teile es mit einem Beitrag oder Artikel – aber ohne die »Gegenseite« anzugreifen!
- Du hast ein Buch oder einen Artikel gelesen, der dich mental oder beruflich nach vorne gebracht hat? Fasse die wichtigsten Punkte für deine Leser*innen zusammen!
- Du hast bei einem Gespräch mit deinem Mentor eine ganz neue Perspektive bekommen? Teile sie mit deinen Leser*innen!
- Eine Mitarbeiterin oder ein Kollege hat eine neue, innovative Lösung für ein nerviges Problem gefunden (z. B. wer wann im Büro die Spülmaschine ausräumt)? Lobe diese Person öffentlich für ihre Kreativität und lass es uns wissen!

Wichtig für LinkedIn: Teile dein Wissen – aber in kleinen, »snackbaren« Häppchen. Anstatt also ein ganzes Buch zu empfehlen, solltest du die drei bis fünf wichtigsten Learnings daraus zitieren. Anstatt eine komplette Anleitung für ein neues Tool zu posten, solltest du lieber darüberschreiben, für welche Menschen in welchen Situationen das Tool hilfreich sein kann – und die drei wichtigsten Dinge, die man bei der Implementierung beachten sollte. Anstatt das Video eines halbstündigen Beitrags zu posten, solltest du die wichtigsten Argumente auflisten. Verweise dabei immer auf die Quelle oder eine Stelle im Netz, wo interessierte Leser*innen noch weitere Details erfahren können (wie beispielsweise deine Website). Aber deine Beiträge auf LinkedIn sind nicht der richtige Platz für vollumfängliche Erklärungen, sondern nur für die Qualifikation: Was ist es und für wen ist es relevant? Für alles Weitere stehst du gerne persönlich zur Verfügung oder verweist auf die Quelle.

Vielen Expert*innen und angehenden Thought-Leadern fällt es dabei schwer, die richtige »Tiefe« in ihren Beiträgen zu treffen: Sie verwenden Fachbegriffe, die ihre

Zielgruppe nicht versteht, und schreiben in unnötig langen und verschachtelten Sätzen. Wozu führt das? Die Leser*innen sind zwar beeindruckt ob ihres offensichtlichen Wissens, interagieren aber nicht mit dem Beitrag, weil sie fachlich nicht mithalten können. Denn es besteht die (gefühlte) Gefahr, sich durch einen »dummen« Kommentar als Anfänger*in zu outen. Und ohne Kommentare verlierst du Reichweite. Was bringt der klügste Beitrag, wenn ihn niemand zu sehen bekommt?

Deswegen gilt: »Lose the fancy hat!« Je tiefer dein Expertenwissen, desto wichtiger ist die richtige Aufbereitung. Du musst die Sprache deiner Kund*innen und Leser*innen sprechen. Vermeide also Fachbegriffe, wo immer es möglich ist. Noch nie hat sich ein Leser auf LinkedIn darüber beschwert, dass ein kluger Beitrag zu einfach zu verstehen war. Im Gegenteil: Wahre Expert*innen erkennt man daran, dass sie auch komplexe Zusammenhänge einfach verständlich erläutern können.

11.2   Welche Rolle spielen Influencer*innen auf LinkedIn?

Influencer*innen gab es schon, bevor es Social Media gab: Menschen innerhalb einer Gemeinschaft, die gefühlt jeden kennen und die jeder kennt. Denen man sich anvertraut, die Menschen miteinander vernetzen. Im richtigen Leben waren das oftmals Friseure und Gastwirtinnen.

Heute kennen wir Influencerinnen und Influencer vor allen Dingen auf YouTube oder Instagram: Menschen, die regelmäßig und oft Content veröffentlichen, der von hunderttausenden, wenn nicht sogar Millionen Menschen gesehen wird. Die es hin und wieder in die traditionellen Medien schaffen – auch wenn man sich gegenseitig mit einer gehörigen Portion Skepsis begegnet. Die von werbetreibenden Unternehmen dafür bezahlt werden, mehr oder weniger dezent auf ihre Produkte hinzuweisen und so das Kaufverhalten ihrer Follower*innen zu beeinflussen. Und die sehr schnell auf neue Plattformen (wie z. B. TikTok) migrieren und Reichweite aufbauen können, weil sie ihren Content auf dem neuen Kanal nutzen und ihre bestehenden Fans mit »rüberziehen«. Viele dieser Menschen haben ihren Job als Hobby gestartet und dank ihres Talents und ihrer Ambitionen zu einer Vollzeittätigkeit ausbauen können.

Es gibt drei Kategorien[5] von Influencer*innen:

1. *Mikro-Influencer* mit wenigen, aber sehr engagierten und loyalen Follower*innen (in Deutschland bis zu 10.000, international bis zu 100.000)

2. *Makro-Influencer* mit vielen Follower*innen (zwischen 100.000 und 500.000), aber deutlich weniger Engagement

---

5   Vgl. Sven-Oliver Funke (2018). Influencer-Marketing: Strategie, Briefing, Monitoring (1. Aufl.). Rheinwerk Computing.

3. *Mega-Influencer*, die Crème de la Crème, mit Millionen von Follower*innen. Zu ihnen gehören die zuvor genannten Gronkh und Bibis Beauty Palace ebenso wie Fitness-Queen Pamela Reif und (auf Instagram) Profifußballer wie Mario Götze oder Marc-André ter Stegen.

Makro-Influencer gibt es auch auf LinkedIn. Aber weil die Reichweite der Plattform kleiner ist und sie sich nicht an die breite Masse (und schon gar nicht an kaufkräftige Teenager) richtet, sind die Influencer*innen und ihre Themen sehr unterschiedlich.

Während es bei Influencer*innen auf den klassischen Social-Media-Kanälen, wie beispielsweise Instagram, vor allem darum geht, im Bereich Fashion, Beauty oder Lifestyle Produkte von Marken zu empfehlen oder zu bewerben, stellen die Business-Influencer*innen auf LinkedIn ihr berufliches Schaffen in den Mittelpunkt. Ihnen geht es vor allem darum, andere Menschen auf berufliche Art und Weise zu inspirieren und sich als Expert*in innerhalb der eigenen Branche zu positionieren. Hier wird nicht durch schöne Bilder überzeugt, sondern durch interessante Beiträge oder inspirierende Zitate aus der Branche.

Tatsächlich muss man auf LinkedIn aber zwischen klassischen Influencer*innen und den offiziellen »LinkedIn Influencern« unterscheiden. Denn vor ein paar Jahren hat die Plattform selbst ein Programm eingeführt, das es Influencer*innen ermöglicht, vor anderen Nutzern Content und Meinungen zu veröffentlichen und in den Timelines besonders hervorgehoben zu werden. Voraussetzung dafür ist allerdings, dass Nutzer*innen exklusiv von LinkedIn per Einladung als Influencer*in ausgewählt werden. Als tatsächliche »LinkedIn Influencer«[6] können sich weltweit lediglich 500 Menschen bezeichnen, deren Gruppe aus führenden Expert*innen besteht. Diese arbeiten dann mit einem LinkedIn-Redakteur zusammen, um exklusive Artikel und Beiträge zu erstellen. Zu ihnen gehören beispielsweise Unternehmer*innen und Politiker*innen wie:

- **Bill Gates** (Gründer der Bill & Melinda Gates Foundation): 32,8 Millionen Follower*innen
- **Richard Branson** (Gründer der Virgin Group): 18,7 Millionen Follower*innen
- **Arianna Huffington** (Gründerin der Huffington Post und CEO von Thrive Global): 9,8 Millionen Follower*innen
- **Satya Nadella** (CEO Microsoft): 9 Millionen Follower*innen
- **Justin Trudeau** (Premierminister von Kanada): 5,1 Millionen Follower*innen

Du erkennst sie an einem kleinen blauen LinkedIn-Icon in ihrem Profil. Diese Personen können sich mit Fug und Recht als »Mega-Influencer« titulieren, da sie in der Regel Millionen von Follower*innen auf der ganzen Welt haben.

---

6   Quelle: *https://omr.com/de/linkedin-influencer-ranking/*

Die reichweitenstärksten deutschsprachigen Influencer*innen sind im Makro-Bereich angesiedelt und haben bis zu einer halben Million Follower*innen.

Zu ihnen gehören:

- **Frank Thelen** (Gründer von Freigeist Capital, bekannt aus »Die Höhle der Löwen«): 380.000 Follower*innen

- **Dieter Zetsche** (ehemaliger Vorsitzender des Vorstands Daimler AG): 250.000 Follower*innen

- **Miriam Meckel** (ehemalige Herausgeberin des Handelsblatts, Gründerin von ada): 141.000 Follower*innen

- **Dr. Wladimir Klitschko** (ehemaliger Box-Weltmeister, Inhaber von Klitschko Ventures): 128.000 Follower*innen

Nicht alle, aber viele der deutschsprachigen »Reichweiten-Champions« gehören zu den *LinkedIn Top Voices*: einer Gruppe von 25 Menschen, die jährlich durch die LinkedIn-Redaktion ausgezeichnet werden. Damit will LinkedIn die Mitglieder würdigen, die mit ihren Artikeln, Beiträgen, Videos und Kommentaren relevante Diskussionen auf LinkedIn anstoßen.

Wie kommt man auf diese Liste? LinkedIn lässt sich dabei nicht in die Karten schauen: »Die Liste der Top Voices wird durch quantitative und qualitative Kriterien ermittelt. Für die Auswertung wird zuerst ein von unserem Data-Science-Team entwickelter Algorithmus herangezogen, gefolgt von einer Auswahl durch das Team der LinkedIn Redaktion«[7].

Für dich kann es sich lohnen, diesen Menschen zu folgen. Denn ihre Beiträge erzielen meistens eine sehr große Reichweite und werden von vielen Menschen – darunter möglicherweise auch Menschen aus deiner Zielgruppe – gelesen und kommentiert. So kannst du diese Beiträge nutzen, um deine potenziellen Kund*innen durch einen Austausch in den Kommentaren kennenzulernen oder sie bei deiner Kontaktanfrage darauf anzusprechen.

Aber in der Praxis noch relevanter als die von LinkedIn offiziell ernannten Influencer*innen und Top Voices sind die Expert*innen in deiner Branche, denen deine Zielgruppe folgt. Dabei handelt es sich um »Mikro-Influencer«, die nicht in der breiten Bevölkerung, aber in deiner Branche bekannt und zumeist aufgrund ihrer Expertise auch anerkannt sind. Diese Influencer*innen gehören eher zur Sorte »Gastwirtinnen und Friseure« in der Gemeinschaft deiner Branche. Zu ihnen gehören oft:

---

7   Quelle: *www.linkedin.com/pulse/linkedin-top-voices-2020-deutschland-%25C3%25B6sterreich-schweiz-sara-weber*

- Unternehmerinnen und CEOs
- Journalisten
- Bloggerinnen
- Podcaster
- Messeveranstalterinnen
- Eventveranstalter
- Menschen, die auf LinkedIn ein großes Netzwerk haben

Aber nehmen wir an, du bist neu in deiner eigenen bzw. der Branche deiner Kund*innen und weist noch nicht, wer die richtigen Influencer*innen sind – wie kannst du sie finden? Indem du ein bis zwei Stunden Recherche betreibst, sowohl auf LinkedIn als auch auf anderen Plattformen:

1. Suche bei Google nach den beliebtesten Blogs in deiner Branche, und finde die Autor*innen auf LinkedIn.
2. Suche bei Amazon nach Autor*innen von Fachbüchern.
3. Suche bei Konferenzen nach Keynote-Speakern und Teilnehmenden bei Diskussionsrunden.

Auf unserem Blog auf *schaffensgeist.com/blog* findest du bereits eine Reihe von Influencer*innen, sortiert nach Branche. Das sollte dir den Anfang erleichtern.

Du hast die wichtigsten Branchen-Influencer*innen identifiziert? Prima, dann geh den nächsten Schritt: Analysiere ihre vergangenen Beiträge, um die wichtigsten Themen und Trends der Branche kennenzulernen. Schau dir die Kommentare unter den Beiträgen an, und halte Ausschau nach Menschen aus deiner Zielgruppe. Vielleicht kannst du schon direkt in die Diskussion einsteigen. Die Langlebigkeit der Beiträge ist gerade im Vergleich zu Netzwerken wie Twitter oder Facebook ein großer Vorteil von LinkedIn: Du kannst auch Wochen nach der Veröffentlichung eines Beitrags noch kommentieren. Sowohl der Autor des Beitrags als auch die Kommentatorin, der du antwortest, werden über deinen Kommentar benachrichtigt werden (ob sie diese Benachrichtigung sehen und darauf reagieren, ist eine andere Frage).

Aber solltest du direkt die Chance nutzen, dich mit diesen Influencer*innen und deinen Kund*innen zu vernetzen? Das wäre so, als würdest du bei einer Party einen Satz zu einer Diskussion beisteuern und sofort deine Visitenkarten verteilen, um am nächsten Morgen anzurufen: weder elegant noch souverän. Denk dran: Es gibt nur eine Chance für einen guten ersten Eindruck! Stattdessen sollte das Ziel in der »Zusammenarbeit« mit Influencer*innen sein, auf den Radar deiner Zielgruppe oder vielleicht sogar der Influencer*innen zu kommen. Du willst zunächst dafür sorgen, dass man dich kennt und positiv wahrnimmt. Wie kannst du das erreichen? Nicht, indem du deine Produkte pitchst. Gerade Vertriebler*innen fällt es schwer, sich zurückzuhalten. Aber dein Ziel ist es nicht, zu verkaufen – noch nicht. Dein Ziel ist es zunächst, durch die Teilnahme an diesen Diskussionen bekannter in der Branche zu werden, dein Netzwerk aufzubauen und Vertrauen zu gewinnen. Wie kann dir das gelingen? Indem du möglichst kluge und hilfreiche Beiträge bzw. Kommentare einstreust.

Stell dir vor: Du bist auf einer Business-Party, und an einem Tisch gibt eine Prominente eine Anekdote aus ihrem Leben zum Besten und würzt sie mit ihrer Meinung, warum diese Geschichte für alle Menschen in der Branche relevant ist. Wie solltest du reagieren, damit du eine positive Reaktion des Promis und vor allen Dingen der anderen Menschen an diesem Tisch erwarten kannst?

- Mach ihr für ihre Geschichte und Ansicht ein Kompliment.

- Hat sie eine Frage gestellt, beantworte sie.

- Stelle offene Rückfragen. Nicht nur, um die Diskussion am Laufen zu halten, sondern weil du intrinsisch an den Meinungen der anderen interessiert bist. Die Menschen merken den Unterschied.

- Reagiere ebenso auf zwei oder drei der anderen Kommentare, wenn es dir sinnvoll erscheint und du durch deinen Kommentar wirklich Mehrwert stiftest.

- Wenn sich in den Kommentaren ein Gespräch mit jemandem aus deiner Zielgruppe entwickelt, dann kannst du gerne eine Kontaktanfrage stellen und in deiner Nachricht auf euren Austausch verweisen. Denk daran: Erst Aufmerksamkeit gewinnen, dann Vertrauen verdienen, dann (bei passender Gelegenheit) pitchen!

Growth Hack: So kommst du auf das Radar von Influencer*innen

Social-Media-Plattformen wie LinkedIn sind hervorragend geeignet, um auch mit Branchen-Promis in Kontakt zu treten – selbst dann, wenn du selbst noch keine »große Nummer« mit vielen Follower*innen auf LinkedIn bist:

- Kommentiere regelmäßig die Beiträge von Influencer*innen möglichst klug, inspirierend und wertstiftend. Wenn passend, stelle Rückfragen und versuche ins Gespräch zu kommen.

- Mache das über einen längeren Zeitraum (je nachdem, wie oft die Influencerin oder der Influencer einen Beitrag veröffentlicht, solltest du drei bis vier Beiträge abwarten).

- Veröffentliche einen eigenen Beitrag, in dem du die Influencerin und ihre Beiträge lobend erwähnst. Mache – ohne zu »schleimen« – deutlich, warum du die Beiträge schätzt und warum die Menschen aus deinem Netzwerk ihr folgen sollten. Stelle dabei sicher, die Person zu markieren. Idealerweise wird er oder sie auf deinen Beitrag reagieren, und ihr könnt euch direkt miteinander vernetzen.

- Alternative: Du veröffentlichst einen Beitrag zum Lieblingsthema der jeweiligen Person. Dort greifst du einen Aspekt auf, den sie noch nicht erwähnt hatte, markierst sie und fragst sie nach ihrer Meinung. Somit lädst du sie zu einem Gespräch auf Augenhöhe ein – aber diesmal an »deinem« Tisch.

- Alternative: Sobald du davon ausgehen kannst, dass der Influencer eine realistische Chance hatte, deine Kommentare unter den eigenen Beiträgen zu lesen, stelle ihm eine Kontaktanfrage. Verweise dabei darauf, was dir an seinen Beiträgen gefallen hat – und welcher Aspekt dir gegebenenfalls gefehlt hat. Mit diesem Einstieg stehen die Chancen gut, direkt ins Gespräch zu kommen.

In Abbildung 11.1 findest du ein Beispiel, wie ein Mitarbeiter von Hays (Personal-dienstleister der Deutschen Bahn) als einer von nur 13 Menschen einen Beitrag von Dr. Richard Lutz, dem Vorstandsvorsitzenden der Deutschen Bahn, kommentiert.

Abbildung 11.1 Wie man auf das Radar von Influencern kommen kann[8]

---

8 Quelle: *www.linkedin.com/posts/richardlutzdb_deutschebahn-vorfreude-starkeschiene-activity-6800799977263247360-fPfy/*

11.3   Zusammenfassung

Influencer*innen auf LinkedIn sind nicht (nur) an der eigenen Reichweite zu erkennen, sondern an der Kraft ihrer Empfehlungen und Verknüpfungen. Es sind »umtriebige« Menschen mit einem ausgezeichneten Ruf in der Branche. Die wichtigen Influencer*innen sind Netzwerker, die abseits des Newsfeeds ihr Netzwerk auf- und ausbauen. Es gibt Mikro-, Makro- und Mega-Influencer*innen, wobei auf LinkedIn die Qualität des Netzwerks eindeutig wichtiger ist als die Quantität der Follower*innen. In Deutschland erhalten ausgewählte Mitglieder, die neue und relevante Themen in das Netzwerk einbringen, den Titel »Top Voice«.

Was du jetzt tun kannst

Recherchiere in deinen relevanten Fachmedien, Podcasts, Blogs oder Konferenzen die wichtigsten Multiplikatorinnen und Meinungsführer in deiner Branche. Wenn du neu in deinem Feld bist, frage auch einfach mal nach, wen man kennen bzw. wem man auf LinkedIn folgen sollte. Mache dich mit diesen Influencer*innen und ihren Themen vertraut, und bemühe dich, langsam, aber stetig auf ihr Radar zu kommen – beispielsweise indem du ihre Beiträge regelmäßig kommentierst.

Kapitel 12

Corporate Influencer: Die Botschafter*innen deiner Marke

Die eigenen Mitarbeitenden sind die Geheimwaffe jedes Unternehmens. Was sie auf Social Media posten, trägt maßgeblich zum Marken-Image bei – aber auch zur Unternehmenskultur. Wenn du die richtigen Personen förderst, kannst du autentische Fürsprecher*innen gewinnen.

Hast du auch Kolleg*innen vor Augen, die nur widerwillig einem Porträtfoto für die Teamseite der Website zustimmen? Dann weißt du, warum es zwar naheliegend, aber sehr herausfordernd sein kann, die eigenen Mitarbeiter*innen bei der Social-Media-Marketing-Strategie mitzunehmen. In den meisten Fällen interessieren sie sich nicht besonders für das, was »die Marketingleute da auf Facebook oder Instagram machen«, manche hinterlassen immerhin hin und wieder ein Like aus Höflichkeit. Bestimmt gibt es aber auch in deinem Unternehmen die Kolleginnen und Kollegen, die Social-Media-affin oder offen für Marketing sind und sich auch offline bereits als gute Netzwerker*innen gezeigt haben. Diese gilt es zu fördern und zu unterstützen – denn die authentischsten Fürsprecher*innen findest du in den eigenen Reihen.

12.1   Was sind Corporate Influencer?

Corporate Influencer oder Markenbotschafter*innen sind solche Menschen, die dein Unternehmen nach außen repräsentieren und damit auch das Image maßgeblich beeinflussen können. Dabei spielt es keine Rolle, welche Position diese Personen innehaben. Der Job eines Corporate Influencers ist also keinesfalls nur Kommunikationsprofis oder Bereichsleiter*innen vorbehalten.

Traditionell legt die Abteilung für Presse und Öffentlichkeitsarbeit großen Wert darauf, dass das Unternehmen »mit einer Stimme spricht«. Deshalb werden Mitarbeiter*innen intensiv auf Interviews vorbereitet und gleichzeitig davor gewarnt, eigenmächtig über das Unternehmen Auskunft zu geben. In Social Media sollte möglichst authentisch kommuniziert werden, was sich mit einer Stimme schwer machen lässt.[1] Anja Kroll baute als Pressesprecherin und Kommunikationsmanagerin Strategie & Innovation bei AXA Deutschland das Corporate-Influencer-Programm auf: Sie sagt: »Es gilt nicht mehr ›One Voice. One Message‹, sondern ›Many Voices. One Message‹. Die Zeiten, in denen nahezu nur Vorstände und Pressesprecher als Gesichter einer Organisation nach außen sichtbar waren, sind vorbei.«

Ich habe mit den beiden führenden Expertinnen für Corporate Influencer, Marina Zayats und Dr. Kerstin Hoffmann, gesprochen. Sie unterstützen mehrere Unternehmen beim Auf- und Ausbau ihrer Corporate-Influencer-Programme.

Wie Hoffmann in ihrem Buch »Markenbotschafter: Erfolg mit Corporate Influencern« schreibt: »Jedes Unternehmen hat heute Markenbotschafter – gewollt oder ungewollt.« Geschäftsführerinnen sind Markenbotschafter. Pressesprecher sind Markenbotschafter. Sales-Mitarbeiterinnen am Messestand sind Markenbotschafter: Menschen, die in Foren, Facebook-Gruppen oder auf WhatsApp aktiv sind und mit ihren Bekannten über ihr Unternehmen sprechen. Deswegen hat jedes Unternehmen Markenbotschafter*innen, weil man es gar nicht verhindern kann. Sollte man auch nicht. Man sollte sie fördern und soweit möglich koordinieren. In dem Wissen, dass gerade die individuelle Kreativität und Expertise der Botschafter*innen ihren Erfolg ausmacht, sollte die Koordination nicht beschränkend sein.

12.2   Was sind die Vorteile von Corporate Influencern?

Corporate Influencer sind Branding-Booster. Ben Harmanus ist Head of Brand Marketing EMEA bei HubSpot, Podcast-Host von #TheDigitalHelpdesk und Autor des Buches »Content Design«. Zu sagen, er wäre »umtriebig« auf Social Media, ist eine krasse Untertreibung. Mittlerweile hat auch er seinen Fokus auf LinkedIn gelegt, um mehr Sichtbarkeit für sich und HubSpot innerhalb der relevanten Zielgruppen zu erreichen. Er ist also selbst ein Markenbotschafter. In unserem Podcast-Gespräch sagte Harmanus, dass Corporate Influencer dabei helfen, der Marke ein Gesicht (»Brand Face«) zu geben: »Es hilft dem Unternehmen, wenn man Personen hat, die schnell zu identifizieren sind und sich von anderen abheben.« Der Faktor »sich von anderen abheben«, also sich von Wettbewerbern zu unterscheiden, ist die allerwichtigste Funktion einer Marke. Markenbotschafter*innen zahlen genau darauf ein!

---

1   Vgl. Kerstin Hoffmann (2020). Markenbotschafter – Erfolg mit Corporate Influencern (1. Aufl.) Haufe Lexware GmbH.

Im besten Fall nehmen sie die Themen und Botschaften des Unternehmens, garnieren sie mit ihrer individuellen Perspektive und verbreiten sie in ihrem sozialen Netzwerk. Offline wie online. Unternehmensintern wie extern.

Social Media spielt dabei eine wichtige Rolle als Begegnungsraum für diese Resonanzerlebnisse. Entweder über unternehmensinterne Social-Media-Netzwerke oder öffentliche Netzwerke wie XING oder LinkedIn. Für das Unternehmen bieten Markenbotschafter*innen eine Vielzahl von möglichen Vorteilen:

- Durch ihre Reichweite auf Social Media erhöhen sie die Awareness für das Unternehmen und ihre Produkte und Services.

- Durch ihre Fürsprache beeinflussen sie das Employer Branding positiv. Für viele, insbesondere junge Menschen sind die Aktivitäten des Unternehmens sowie seiner Mitarbeitenden auf Social Media ausschlaggebend für das Brand Image und damit die Attraktivität als Arbeitgeber. Das gilt nicht nur für Berufseinsteiger*innen, sondern vor allem für Menschen, die sehr Social-Media-affin sind und dies auch gerne weiterhin sein wollen.

- Durch ihren engen Draht zu anderen Expert*innen dienen sie als »Frühwarnsystem« und können wichtige Trends und Themen aufzeigen und dem Unternehmen einen Reaktionsvorsprung geben.

- Präventive Krisenkommunikation ist ebenfalls ein Ziel, das Unternehmen durch den Einsatz von Corporate Influencern verfolgen können. Sie können auf Kritik eingehen, falsche Informationen klarstellen und positive Nachrichten verstärken.

- Mit Digital Personal Branding mache ich mich und meine Expertise sichtbar. Das erzeugt eine Resonanz bei anderen Menschen. Wenn ich beobachte, wie jemand etwas macht, dann schafft das oft die Bereitschaft hin zur Veränderung nach dem Motto »Wenn er das kann, kann ich das sicherlich auch ...« oder »Wenn sie das für sinnvoll hält, dann schaue ich mir das nochmal genauer an«. Das gilt insbesondere für Menschen, die man kennt und schätzt. Corporate Influencer können also für Inspiration sorgen.

Ein ganz pragmatischer Vorteil von Corporate-Influencer-Programmen: Die Reichweite der persönlichen Profile ist schnell größer als die des Unternehmensprofils und die Engagement-Raten höher. Und zwar nicht aufgrund der vermeintlich minderen Qualität der Beiträge der Company, sondern aufgrund des LinkedIn-Algorithmus, der persönliche Posts bevorzugt und sie mehr Menschen anzeigt.

Das sollte zu einem Umdenken in der Kommunikationsstrategie führen: Der Job der Mitarbeitenden ist es nicht, die Beiträge des Unternehmens zu teilen. Es ist der Job der Unternehmensseite, die Beiträge der Mitarbeiterinnen und Mitarbeiter zu teilen. Erst die Mitarbeitenden, dann das Unternehmen. Das sollten die Prioritäten im Redaktionsplan sein. Außerdem ist ein Teilen der eigenen Beiträge durch das Unternehmen eine Auszeichnung für die Mitarbeiter*innen, die sie in ihrem Tun bestätigt und motiviert.

12.3   Voraussetzungen für erfolgreiches Corporate Influencing?

Was sind die Voraussetzungen dafür, dass eine Markenbotschafter-Strategie erfolgreich umgesetzt werden kann?

- **Zuallererst: zufriedene Mitarbeiter*innen**

  Denn diese sind motiviert, machen einen guten Job und werden sich in der Regel positiv über das eigene Unternehmer äußern.

- **Vertrauen und damit einhergehend eine gesunde Fehlertoleranz**

  Die meisten Beiträge der Mitarbeiter*innen entsprechen in Form und Inhalt nicht dem Niveau, das man seitens der Unternehmenskommunikation kennt. Und das ist auch gut so. Denn erst persönliche Beiträge machen die Markenbotschafter*innen einzigartig und glaubwürdig. Viele vermeintliche Fehler sind keine »richtigen« Fehler, sondern nur persönlicher Stil. Und richtige Fehler wie beispielsweise die zu früh vorgenommene Ankündigung eines neuen Features lassen sich meistens rückgängig machen, haben oft nicht das befürchtete Ausmaß und zeigen dir das Verbesserungspotenzial im Prozess auf. Davon abgesehen: Jeder Mensch macht Fehler, wenn er etwas Neues zum ersten Mal macht. Social Media inbegriffen. Das gehört zum Lernprozess dazu. Ohne Fehler kein Wachstum.

- **Leitbild und Werte**

  Und zwar welche, die nicht nur als Poster in der Kaffeeküche hängen, sondern auch gelebt werden. Dieses gemeinsame Werteverständnis ist die gemeinsame Basis aller Markenbotschafter*innen, unabhängig von ihren Arbeitsbereichen und Expertisen. Gemeinsame Werte sind die wichtigsten Leitlinien für die persönlichen Posts auf Social Media. Nur dann kann die Marke profitieren.

- **Support von »oben«**

  Also eindeutiges Bekenntnis und eigenes Engagement auf Social Media der Geschäftsleitung. Wenn die eigene Geschäftsleitung nicht auf Social Media aktiv ist, es aber von den Mitarbeiter*innen verlangt, ist das unglaubwürdig. Und es gibt auch ein schlechtes Bild nach außen.

- **Support von »unten« sowie transparente Kommunikation nach innen**

  Auch die Mitarbeiter*innen, die nicht zum Kreis der Botschafter gehören, sollten über die Aktivitäten Bescheid wissen und die Kolleg*innen idealerweise durch Likes und Kommentare unterstützen.

- **Support von »innen«**

  Im besten Fall wird aus einer Maßnahme der Unternehmenskommunikation eine Bewegung, die sich gegenseitig motiviert. Denn je mehr Corporate Influencer ein Unternehmen hat, desto wirksamer. Das bedeutet keinesfalls, dass gleich eine Vielzahl von Mitarbeiter*innen geschult werden muss. Mit einer kleineren Gruppe aus 10 bis 20 Mitarbeitenden (je nach Unternehmensgröße) zu starten und das Programm dann weiter auszurollen, ist viel effektiver. Der Testballon zeigt zum einen, wie das Programm intern angenommen wird und welche Erfolge möglich sind. Zum anderen kann so möglichen Ängsten unter den kritischeren Mitarbeiter*innen entgegengewirkt werden. 20 % der befragten Mitarbeitenden geben nämlich an, Bedenken zu haben, was Kolleg*innen und Kund*innen zu dem Engagement auf LinkedIn sagen. Ein weiterer Vorteil ist, dass sich die Trainingsteilnehmer*innen untereinander unterstützen, motivieren und inspirieren können. Setzt eine Mitarbeiterin ein Posting ab, können die Kollegen anfeuern, liken und kommentieren. Das macht den Start wesentlich leichter und ebnet den Weg für mehr Mut und Engagement.

- **Ein Regelwerk**

  Social Media Guidelines, die zwar Grenzen aufzeigen, aber Spielraum lassen und fördern statt beschränken.

- **Fachliche und moralische Unterstützung**

  Microsoft unterstützt seine Mitarbeitenden in der Form von Workshops, Trainings und sogar Einzelcoaching. Aber mit dem Know-how ist es nicht getan. Leider ist der Umgangston auf Social Media (insbesondere auf Twitter und Facebook) in den letzten Jahren deutlich rauer geworden. In Abschnitt 10.7, »Idioten gibt es überall: Wie du mit Trollen umgehst«, kannst du mehr darüber erfahren. Wichtig ist, dass es jederzeit eine Person als Ansprechpartner*in im Unternehmen gibt, die alle Fragen rund um Social Media beantworten kann, den Draht zu Expert*innen im Unternehmen herstellt und auch im Notfall moralisch unterstützt.

- **Ein Lagerfeuer**

  Einen festen Kommunikationskanal, über den sich die Markenbotschafter*innen untereinander schnell und pragmatisch austauschen können und beispielsweise ihre aktuellen Posts dort teilen können. HubSpot nutzt z. B. Slack für die interne Kommunikation.

- **Eine Schatzkiste**

  Einen Content-Hub, in dem man Logos, Header-Bilder und Vorlagen für alle relevanten Plattformen finden kann. Auch »Lazy Content«, also Textbausteine und Antworten auf die wichtigsten und häufigsten Fragen, sollte Teil des Content-Hubs sein.

12.4   Umsetzung

Man kann niemandem verbieten, in sozialen Netzwerken zu agieren, ebenso wenig wie man es – bis auf wenige Ausnahmen – vorschreiben kann. Deswegen kann man Markenbotschafter*innen nicht verhindern. Auf der anderen Seite jedoch sprechen wir in dem Moment, in dem ein Programm mit aktiven Corporate Influencern aufgesetzt wird, von ganz anderen Dimensionen.

Denn der digitale Fußabdruck kann auch ohne strategisches Corporate-Influencer-Programm einen positiven Eindruck vom Unternehmen vermitteln. Motiviere deine Kolleg*innen, über ihre Geschäftsreisen oder Messeauftritte zu twittern, erstelle gemeinsam mit ihnen Blogartikel über erfolgreiche Projekte, oder berichte von ihrem ehrenamtlichen Engagement über die Social-Media-Profile des Unternehmens. Das können die ersten Schritte zu einem Markenbotschafter-Programm sein.

Mitarbeitende zu Botschaftern einer Organisation zu machen, ist weniger eine Frage des Prozesses als vielmehr der Einstellung. Denn Mitarbeitende dabei zu unterstützen, zu Corporate Influencern zu werden, ist ein Change-Prozess an sich.

Und Change beginnt immer im Kopf. Deswegen beginnt die Umsetzung eines Corporate-Influencer-Programms immer mit der Aufklärung, worum es geht.

Menschen sind offener für Veränderungen, wenn ein Raum für Fragen und ehrliche Antworten geschaffen wird. Die interne Kommunikation adressiert oft nur die Vorteile und die Möglichkeiten, die aus der Nutzung resultieren könnten. Ebenso wichtig ist es jedoch, auch die Kritiker*innen zu Wort kommen zu lassen und potenzielle unerwünschte Nebenwirkungen offen anzusprechen. Es muss also jederzeit einen solchen Raum für Fragen und Antworten geben.[2]

Gleich nach der Strategie und der Darstellung der Vorteile für das gesamte Unternehmen solltest du potenziellen Teilnehmer*innen mitteilen, was »für sie drin ist«, also wie sie persönlich von ihrer Rolle als Markenbotschafter*in profitieren können. Ganz oben auf der Liste: bessere Karrierechancen. Warum? Social Media, insbesondere LinkedIn, ist hervorragend geeignet, um sich mit Kolleg*innen zu vernetzen und sich untereinander auszutauschen. Insbesondere in internationalen Unternehmen mit Büros auf der ganzen Welt! Das sorgt schon mal für ein besseres Betriebsklima und für einen besseren Informationsfluss. Harmanus ergänzt noch einen weiteren sehr wichtigen Aspekt[3]: Je öfter jemand gesehen und wahrgenommen wird, desto mehr Vertrauen wird dieser Person geschenkt (das ist wieder der in Kapitel 4, »Social

---

2   Vgl. Corina Pahrmann & Katja Kupka (2019). Social Media Marketing – Praxishandbuch für Twitter, Facebook, Instagram & Co. (5., komplett aktualisierte Aufl.). O'Reilly.

3   Ben Harmanus im Interview im Podcast »LinkedIn Lounge«. #5 Ben Harmanus: Corporate Influencer – Wie HubSpot die eigenen Markenbotschafter unterstützt.

Media im Unternehmen«, beschriebene Mere-Exposure-Effekt). Und je mehr Vertrauen, desto höher die Chancen auf ein spannendes Projekt oder sogar eine Beförderung. Das gilt insbesondere in der Welt von Remote-Work, in der man sich nur noch begrenzt auf einen persönlichen Kaffeeplausch treffen kann.

Wer sollte Markenbotschafter*in für dein Unternehmen werden? Du brauchst *Freiwillige*, die ohnehin auf Social Media präsent sind und die sich im Austausch mit anderen Menschen wohlfühlen. Die Social Media nicht als Gefahr, sondern als Teil ihres Alltags begreifen. Diese Menschen kann man zur Teilnahme an einem Markenbotschafter-Programm einladen, aber keinesfalls dazu nötigen.

»Meiner Erfahrung nach steht und fällt der Erfolg einer Markenbotschafter-Strategie mit der Kombination aus systematischer Herangehensweise, professionellem Handwerkszeug und Motivation der Beteiligten«, sagt Dr. Kerstin Hoffmann. »Key-Performance-Indikatoren zu Beginn zu formulieren, ist ganz entscheidend. Denn nur so kann ich die Ergebnisse auch messen und nachweisen. Neben etlichen anderen Faktoren aber hängt der Erfolg auch davon ab, wie gut es gelingt, alle Beteiligten von Anfang an mitzunehmen und bei der Stange zu halten. Dazu muss man ihre Bedürfnisse kennen, man muss die zeitlichen Ressourcen realistisch kalkulieren – und vor allem muss man den Einsatz jeder und jedes Einzelnen wertschätzen. Das ist ganz zutiefst eine Frage der Unternehmenskultur und der nie nachlassenden Aufmerksamkeit der Projektverantwortlichen und Begleiter der Corporate Influencer.«

In Kapitel 3, »Markenbildung«, hast du gesehen, dass der Wert einer Marke schwer zu messen ist. Der Beitrag der Markenbotschafter*innen zum Branding lässt sich sogar noch schwieriger messen. Was ist ausschlaggebend? Die Anzahl der Beiträge? Die Likes, Kommentare und Shares? Die Interaktionsrate? Der Social Selling Index? All diese KPIs kann man messen und in einem sogenannten *Dashboard* zusammenfassen. Das Dashboard kann gegenüber dem Vorstand für mehr Transparenz, aber auch für mehr Motivation der Mitarbeiter*innen sorgen. Positive Veränderungen können auch der Anlass für eine Auszeichnung sein, beispielsweise der Markenbotschafter*innen des Monats. KPIs sind wichtig, sollten aber nicht das einzige Bewertungskriterium sein. Wenn es nur um die Anzahl der Beiträge, Likes und Kommentare geht, führt das zu einer »Instagrammisierung« von Unternehmen. Auch qualitative Aspekte sollten bewertet werden. Manchmal ist es nicht die Menge an Kommentaren unter einem Beitrag, sondern die Qualität und die Urheber*innen. Eine virtuelle Unterhaltung mit der Leiterin der Einkaufsabteilung eines potenziellen Kunden ist sicherlich mehr wert als 20 Likes. Ebenso die Absichtserklärung eines High-Potentials, sich die ausgeschriebene Stelle in Ruhe anzusehen. Oder einfach die Tatsache, dass eine Leserin sagt: »Ach, ich wusste gar nicht, dass euer Unternehmen so etwas macht!«

12.5   Einwände

Wie in jedem Change-Prozess wird man auch beim Aufbau eines Corporate-Influencer-Programms mit Einwänden konfrontiert. Wie oben beschrieben sollte es immer ausreichend Raum und Zeit geben, um diese Fragen ehrlich zu beantworten. Hier eine Auswahl:

Die Frage **»Wer soll sich um die Social-Media-Kanäle kümmern?«** wird beantwortet mit »der Jüngste im Marketing-Team«. Dabei ist es ein Mythos, dass junge Menschen die höchste Affinität für Social Media haben. Wie wir gesehen haben, ist das Thema Branding von strategischer Bedeutung und Social Media einer der Hebel – wenn nicht sogar der wichtigste – für die Marke. Deswegen gehört das Thema Social Media in die Hände von Profis.

»Der Aufwand steht in keinem Verhältnis zum Ertrag.« Wie oben beschrieben, ist der Erfolg von Markenbotschafter*innen nicht eindeutig zu berechnen. Aber hier ist ein charmanter Vergleich: Nehmen wir an, zehn Markenbotschafter*innen erreichen mit ihren Beiträgen 25.000 Impressions. Würde man Anzeigen in einem B2B-Magazin oder auf LinkedIn schalten, wäre für diese Zielgruppe ein Tausender-Kontakt-Preis in Höhe von ca. 100 € fällig. Für die 25.000 Impressions wären also 2.500 € fällig – ohne die Möglichkeit zur Interaktion, wie man sie auf LinkedIn durch die Kommentare hat. So kann sich ein Markenbotschafter-Programm schnell finanzieren.

»Wenn wir unsere besten Mitarbeiter*innen ins Rampenlicht stellen, wird die Konkurrenz auf sie aufmerksam.« Mit dem Rampenlicht auf Social Media ist es ähnlich wie mit der Weiterbildung, deswegen zitiert Hoffmann hier eine bekannte Logik: »Was ist, wenn wir unsere Mitarbeiter ausbilden und sie verlassen uns?« Worauf man entgegnen kann: »Und was ist, wenn wir sie nicht ausbilden – und sie bleiben?« Genauso verhält es sich auch mit Social Media. Gute Headhunter und Recruiterinnen werden auch ohne ein Markenbotschafter-Programm auf die besten Mitarbeiter*innen aufmerksam und werden versuchen, sie zu rekrutieren. War schon immer so.

Was allerdings passieren kann: Erfolgreiche Markenbotschafter*innen werden als das Gesicht des Unternehmens wahrgenommen. Mitunter wird ihnen deswegen eine höhere Position zugeschrieben, als sie tatsächlich innehaben. So kann es vorkommen, dass spannende Interview- oder Speaker-Anfragen nicht beim CEO, sondern bei der Produktexpertin landen. Man sollte vorab intern klären, wie man damit umgeht, damit niemand in seinem Stolz verletzt wird und deswegen schlechte Entscheidungen für das Unternehmen trifft.

»Das kostet alles zu viel Zeit.« In Abbildung 12.1 siehst du die Ergebnisse einer Umfrage von Schaffensgeist, an der 350 Menschen teilgenommen haben. Dort gaben 22 % an, dass der Zeitaufwand die größte Hürde ist, häufiger auf LinkedIn zu posten.

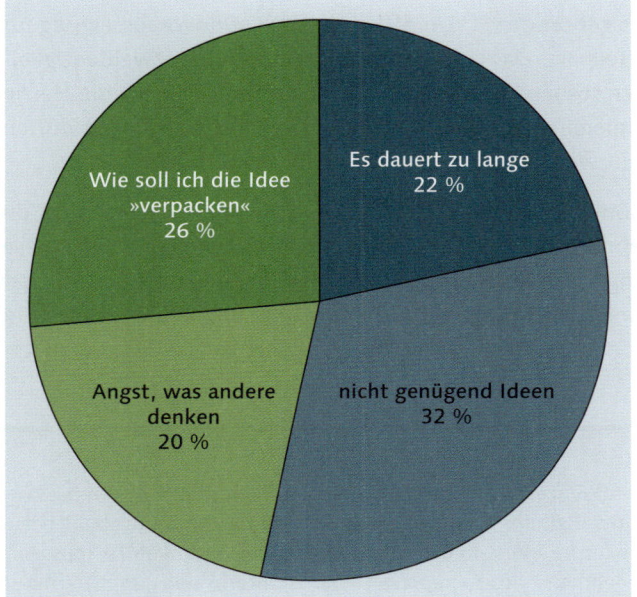

Abbildung 12.1 Die größten Hürden, auf LinkedIn zu posten: Umfrage auf LinkedIn im Juli 2021 unter 349 Teilnehmenden (Quelle: Schaffensgeist)

Und das ist nachvollziehbar. Social Media kostet Zeit. Nicht nur das Netzwerken (neue Kontakte finden, auf Nachrichten antworten etc.) oder die Konzeption von Beiträgen, sondern auch die Reaktion auf die Kommentare unter den eigenen Beiträgen kostet Zeit. Je erfolgreicher du bist und je mehr Reichweite deine Beiträge haben, desto mehr Zeit wirst du benötigen. Ein Markenbotschafter-Programm aufzusetzen, kostet sogar noch mehr Zeit. Aber wie sagt man so schön: »Everything worth doing is difficult.« Wenn du dir die Vorteile von Social Media in diesem Buch hinsichtlich Branding, Employer Branding, Sales, Mitarbeiterbindung etc. anschaust, erkennst du das Potenzial. Und dieses Potenzial sollte die Zeit wert sein. Wenn dein Unternehmen ein »richtiges« Corporate-Influencer-Programm aufsetzen möchte, dann gehört dazu auch die Einräumung von ausreichend Zeit, um Beiträge zu konzipieren, sich zielgerichtet zu vernetzen und an Diskussionen teilzunehmen.

»Ich habe Angst, dass ein Shitstorm über mich hereinbrechen wird«, könnte ein Argument sein, um nichts zu veröffentlichen. Zunächst einmal gibt es einen großen Unterschied zwischen einem »echten« und einem »wahrgenommenen« Shitstorm. Letztere entpuppen sich meistens als laues Lüftchen. In über 99 % aller Fälle wirst du keinen Shitstorm erleben, sofern du es nicht darauf anlegst, zu provozieren.

Zumal der Umgangston auf LinkedIn in aller Regel von Höflichkeit und gegenseitigem Zuspruch geprägt ist. Aber natürlich kann es sein, dass du die eine oder andere Korrektur oder Stichelei eines neidischen Wettbewerbers in den Kommentaren aushalten musst. Aber das gehört dazu. »Ein dickes Fell ist Grundvoraussetzung für Social Media«, sagt Felix Beilharz. Das heißt nicht, dass du Angriffe, Zweideutigkeiten oder gar Beleidigungen stehen lassen musst. »Du bist der Herr bzw. die Herrin über dein Profil und definierst, was erlaubt ist und was nicht. Deswegen dürfen Kommentare auch gelöscht werden.«

»Ich möchte nichts Persönliches posten.« Das ist vollkommen in Ordnung, du musst keine privaten Erlebnisse oder persönliche Anekdoten teilen, nur weil diese Art Beitrag oftmals viel Engagement bringt. Gerade am Anfang kannst und solltest du dich auf fachliche Themen beschränken, um mit LinkedIn und deinem Netzwerk »warm« zu werden und deine Stimme zu finden. Persönlichkeit kannst du später noch einstreuen.

Tipp

Der wichtigste Aspekt im Influencer-Marketing? Für Ben Harmanus, der das Ambassador-Programm von HubSpots digitaler Konferenz »Growth Europe« mit aufgebaut hat, sind es die Werte: »Auch externe Markenbotschafter oder ›Brand Evangelists‹ müssen mit den Werten des Unternehmens, das sie repräsentieren, konform sein«, sagt Harmanus. »Einfach nur das Produkt zu mögen, reicht nicht.«

12.6   Checkliste: Corporate Influencer

Diese Punkte sollte du beachten:

- Existierende Markenbotschafter*innen im eigenen Unternehmen identifizieren und sich mit ihnen austauschen
- Niemanden dazu zwingen, ein Corporate Influencer zu werden; das Programm sollte immer freiwillig sein
- Interne Chatgruppen für offene Fragen und Challenges als Ansporn einrichten
- Mögliche Leitfäden und Guidelines sichten, gegebenenfalls anpassen
- Guidelines aufstellen, um den Mitarbeiter*innen die Unsicherheit beim Posten zu nehmen
- Externe Corporate Influencer anderer Unternehmen identifizieren
- Den Mitarbeiter*innen das Gefühl geben, dass Corporate Influencer ausdrücklich erwünscht sind

- Für Transparenz innerhalb des Unternehmens sorgen und die Verbindung zwischen den Botschafter*innen und wichtigen Ansprechpartner*innen (z. B. Presse, Produkt, Legal, Datenschutz etc.) im Unternehmen herstellen, damit sie sich gegebenenfalls unbürokratisch austauschen können

- Mit einer kleinen Testgruppe starten, um Learnings zu generieren

- Entsprechende Zeit-Slots für die Mitarbeiter*innen einräumen

- Die Corporate Influencer mit Workshops oder Trainings unterstützen

- Bild- und Textmaterial zur Verfügung stellen

- Prüfen, ob sie in Sachen Urheberrechte geschult sind

- Prüfen, ob Corporate Influencer als solche erkennbar sind, und im Fall geschäftlicher Profilnutzung die Impressumspflicht beachten

- Ist geregelt, wem der Account »gehört« und was im Falle des Ausscheidens aus dem Unternehmen damit geschieht? Wenn ein Mitarbeiter z. B. mit einer eigenen E-Mail-Adresse einen Account anlegt und diesen privat ebenfalls nutzt, wird er den Account in der Regel auch nach dem Ausscheiden aus dem Unternehmen behalten dürfen.

Diese Liste kannst du dir unter *https://schaffensgeist.com/bonus* herunterladen.

12.7   Zusammenfassung

Markenbotschafter, also Menschen, die für dich und dein Unternehmen auf Social Media sprechen, sind ein sehr mächtiges Werkzeug in deinem Arsenal. Das trifft insbesondere bei LinkedIn zu. Denn hier ist die Reichweite des persönlichen Profils schnell größer als die der Unternehmensseite. Voraussetzung für den Erfolg sind die interne Unterstützung durch Vorgesetzte, Kolleg*innen und wichtigen Stabsstellen sowie eine Übereinstimmung mit der Mission und den Werten des Unternehmens.

Kapitel 13

Unternehmensprofile

Die Erstellung eines Unternehmensprofils ist oftmals die erste Maßnahme, die auf LinkedIn umgesetzt wird. Und das zu Recht. Denn auch wenn die Reichweite der Beiträge dort nicht mit denen auf deinem persönlichen Profil vergleichbar ist, ist ein professioneller Unternehmensauftritt für eine Vielzahl von Maßnahmen notwendig.

In diesem Kapitel lernst du, aus welchen Bestandteilen das Unternehmensprofil (oft auch »Company Page«) besteht und wie du es für maximalen Effekt für HR, Marketing und Vertrieb optimieren kannst.

13.1 Für wen lohnt sich ein Unternehmensprofil?

In erster Linie ist LinkedIn ein Personennetzwerk. Der Fokus der Plattform liegt also klar auf der Kommunikation von Mensch zu Mensch und dem Austausch von beruflich interessanten Informationen. Aber natürlich spielen auch Unternehmen eine wichtige Rolle in dieser Welt, sei es als Werbetreibender, als Content-Provider oder als Arbeitgebermarke.

»Es ist ja keine Frage, dass Unternehmen ein Unternehmensprofil spätestens dann brauchen, wenn sich sichtbare Mitarbeitende auf der Plattform zeigen und engagieren«, sagt Dr. Kerstin Hoffmann. »Im Grunde halte ich zumindest momentan für fast kein Unternehmen ein Profil für verzichtbar.« Felix Beilharz schließt sich ihr an: »Mittlerweile ist LinkedIn nicht mehr nur für internationale Konzerne, sondern für jedes Unternehmen ein spannender Kanal – sogar kleine und lokale.«

Dein Unternehmensprofil hat folgende Aufgaben und Funktionen:

- **Branding**

  Die Firmenseite ist das wichtigste Branding-Instrument für Marken auf LinkedIn und das Mittel dafür, in der Berufserfahrung bei aktuellen und ehemaligen Mitarbeiter*innen in Erscheinung zu treten. Die Company Page ist essenziell, um über die Mitarbeiterprofile starke Prominenz zu erhalten. Dieser Hebel ermöglicht, dass du von Kontakten der Mitarbeiter*innen über ihr Profil gefunden wirst.

- **Corporate- und Brand-Kommunikation**

  Über die Company Page sollten das aktuelle Geschehen und sämtliche Aktivitäten des Unternehmens und der Branche abgebildet werden, die einen Mehrwert für die Stakeholder liefern.

- **Networking-Hub**

  Alle aktuell beschäftigten Mitarbeiter*innen sollten mit der Company Page verbunden sein. Das erleichtert ihnen den Austausch untereinander, steigert die Transparenz, das Vertrauen untereinander und damit die gesamte Unternehmenskultur. Es ist nur ein Baustein, aber ein sehr wichtiger, insbesondere in Zeiten von Remote-Work.

- **Content-Hub für Mitarbeitende/Corporate Influencer**

  Für die Mitarbeiter*innen ist die Unternehmensseite auch eine Art Content-Hub. Sie können zum einen in die Diskussion einsteigen und zum anderen Beiträge aufgreifen und in ihrem Netzwerk für eine stärkere Reichweite nochmal veröffentlichen.

- **Employer Branding**

  Auch für neue und potenzielle Mitarbeiter*innen ist die Unternehmensseite die zentrale Anlaufstelle. Hier sollten alle offenen Jobs sichtbar sein, und die Unternehmenskultur sollte zum Vorschein kommen, um neuen Talenten einen Einblick zu geben und ihr Interesse an einer Arbeitgebermarke zu wecken.

- **Advertising**

  Über die Company Page werden Advertising-Kampagnen auf LinkedIn geschaltet. Heißt: Jede Unternehmensseite hat automatisch Zugriff auf den Kampagnen-Manager und kann damit Branding und Leadkampagnen schalten.

Ein Unternehmensprofil ist das Aushängeschild deines Unternehmens: Hier sind alle relevanten Informationen über dein Unternehmen zu finden. Das Profil muss das Corporate Design, die Vision und Mission des Unternehmens, aktuelle Informationen und neue Jobs auf der Seite präsentieren. Damit ist es durchaus vergleichbar mit der Website deines Unternehmens. Wichtig zu wissen: Wenn ein LinkedIn-Mitglied das Unternehmen innerhalb seines Profils (im Bereich »Berufserfahrung«) als Arbeitgeber angibt, werden automatisch der Name sowie das Logo des Unternehmens eingefügt, so wie sie auf dem Unternehmensprofil gepflegt sind. Wenn beispielsweise das Logo fehlt, erscheint auch auf den persönlichen Profilen lediglich ein grauer, wenig attraktiver Platzhalter.

Außerdem wird von LinkedIn automatisch eine Unternehmensseite erstellt, wenn ein Mitglied einen Arbeitgeber angibt, für den es bislang noch keine Unternehmensseite gibt. Das führt oft zum Phänomen einer »Phantom-Seite«, die nur die korrekte Firmierung, aber keine weiteren Informationen zum Unternehmen enthält. Wenn es zu Missverständnissen kommt, welche Unternehmensseite die Angestellten als ihren Arbeitgeber angeben sollen, kann es zu großen Differenzen zwischen der tatsächlichen und der auf LinkedIn ausgewiesenen Anzahl der Mitarbeiter*innen kommen

Aber neben diesen »statischen« Informationen gibt es auch einen sehr dynamischen Teil: Wie Einzelpersonen kann auch das Unternehmen eigene Beiträge erstellen und mit den Follower*innen teilen. Technisch hat das Unternehmen die gleichen Möglichkeiten wie die Einzelperson und kann Beiträge mit folgenden Formaten veröffentlichen:

- Text
- Bilder
- Videos
- Umfragen
- Artikel
- PDF-Slider
- Job-Anzeigen

Ein Unternehmensprofil ist sinnvoll bzw. notwendig für alle Unternehmen,

- deren Kund*innen auf LinkedIn sind (Ziel: Vertrieb),
- deren Partner*innen und sonstige relevante Stakeholder auf LinkedIn sind (Ziel: Branding),
- die Werbung auf LinkedIn schalten wollen (Ziel: Awareness bzw. Lead-Generation),
- die Personal auf LinkedIn suchen (Ziel: Employer Branding) oder
- die für mehr Networking und Transparenz zwischen ihren Niederlassungen oder Tochtergesellschaften sorgen wollen (Ziel: Unternehmenskultur).

Dabei gibt es keine Mindestgröße, die ein Unternehmen erfüllen muss, weder in der Anzahl der Mitarbeiter*innen noch im Umsatz. Sogar für Einzelunternehmen kann sich ein gut gepflegtes Profil auszahlen. Es spielt auch keine Rolle, ob das Unternehmen im B2B oder B2C tätig ist, sofern eine der zuvor genannten Bedingungen erfüllt ist.

Ein Unternehmensprofil ist Voraussetzung für das Schalten von bezahlter Werbung auf LinkedIn. Denn der »Absender« ist (bis auf Messaging Ads) ein Unternehmen und keine Einzelperson.

Für die Pflege des Unternehmensprofils sowie zur Veröffentlichung von Content bietet LinkedIn ein einfaches Rollen-Management an. So gibt es:

1. *Super-Admins*, die sowohl das Unternehmensprofil ändern, Beiträge veröffentlichen als auch Analysedaten einsehen können. Nur Super-Admins dürfen die Seite bearbeiten und alle Admins verwalten.

2. *Content-Admins*, die für die Veröffentlichung und Verwaltung von Inhalten und Kommentaren auf der Seite zuständig sind und Analysen exportieren können

3. *Analysten*, die nur Analysen auf LinkedIn ansehen und exportieren können

Die Admins eines Unternehmensprofils können die wichtigsten Daten über die Aktivitäten in den letzten 30 Tagen sehen. Darunter die Anzahl der individuellen Besucher*innen, die Anzahl neuer Follower*innen und die Impressions der eigenen Beiträge. Außerdem bietet LinkedIn ein Feature, das sich *Employee Advocacy* nennt: Das ist die Gesamtzahl der Empfehlungen für Beschäftigte des Unternehmens, der in Beiträgen geteilten Empfehlungen, der Reaktionen auf Beiträge, der Kommentare auf Beiträge und der Re-Shares von Beiträgen innerhalb eines bestimmten Zeitraums.

Für die Verwaltung der bezahlten Kampagnen gibt es ein separates Rollensystem, damit beispielsweise externe Dienstleister*innen nur die Kampagnen, aber nicht das Unternehmensprofil verwalten können.

13.2   Aus welchen Bestandteilen besteht ein Unternehmensprofil?

Eine LinkedIn-Seite ist ein dynamisches Marketinginstrument. Um mit der Kommunikation erfolgreich zu sein, muss sie vollständig gefüllt und regelmäßig aktualisiert werden.

Durch konsistentes Posting und Interaktion mit den Follower*innen kannst du die Unternehmenskultur positiv aufbauen, indem du die LinkedIn-Seite als wichtigen Teils des Kommunikations-Werkzeugkastens nutzt (ähnlich wie das Intranet).

Eine LinkedIn-Seite hat (neben einem Link zur Website, auf der ein Impressum sein muss) immer die folgenden Reiter (»Tabs«):

- HOME

  Dort werden alle Beiträge des Unternehmens veröffentlicht.

- START

  Ein Überblick über die Inhalte der anderen Tabs.

- INFO

  Die wichtigsten Informationen über das Unternehmen, wie eine Beschreibung, ein Link zur Website, die Anzahl der Beschäftigten (und wie viele davon auf LinkedIn sind), Unternehmenstyp, Gründungsjahr, bis zu 20 Spezialgebiete, in denen das Unternehmen aktiv ist, sowie eine Übersicht über die weltweiten Niederlassungen.

- BEITRÄGE

  Hier sind alle Beiträge sichtbar, die das Unternehmen auf LinkedIn veröffentlicht hat. Übrigens auch die bezahlten Anzeigen, sofern es sich dabei um Sponsored Content handelt. Eine gute Chance, sich von den Beiträgen deiner Wettbewerber inspirieren zu lassen.

- PERSONEN

  Ein Überblick über alle Mitarbeiter*innen, sofern sie dieses Unternehmensprofil als ihren Arbeitgeber angegeben haben. Profilbesucher*innen können hier sehen, in welchen Tätigkeitsbereichen deine Mitarbeitenden tätig sind, was sie studiert haben, den Wohnort, die besuchte Hochschule und das Hauptfach. Diese Informationen werden automatisch aus den Angaben der Arbeitnehmer*innen gezogen.

- JOBS

  Hier können die aktuellen Stellenanzeigen veröffentlicht werden. Solange diese nicht beworben werden, ist diese Funktion kostenfrei.

- VIDEOS

  Solltest du in deinen Beiträgen Videos veröffentlicht haben, werden diese hier angezeigt.

- EVENTS

  Eine Übersicht über vergangene und anstehende Events, die das Unternehmen auf LinkedIn angelegt hat.

- ANALYSEN

  Sobald es mindestens 30 vollständige Mitgliederprofile von diesem Unternehmen gibt, werden Premium-Nutzer*innen von LinkedIn hier wie in Abbildung 13.1 einige Daten über die Mitarbeitenden angezeigt, darunter:

  – Gesamtanzahl der Beschäftigten

  – Mitarbeiterverteilung und Personalzuwachs nach Tätigkeit
    (= in welchen Bereichen ist das Unternehmen gewachsen)

  – Anzahl der Neueinstellungen

  – Anzahl der Jobangebote

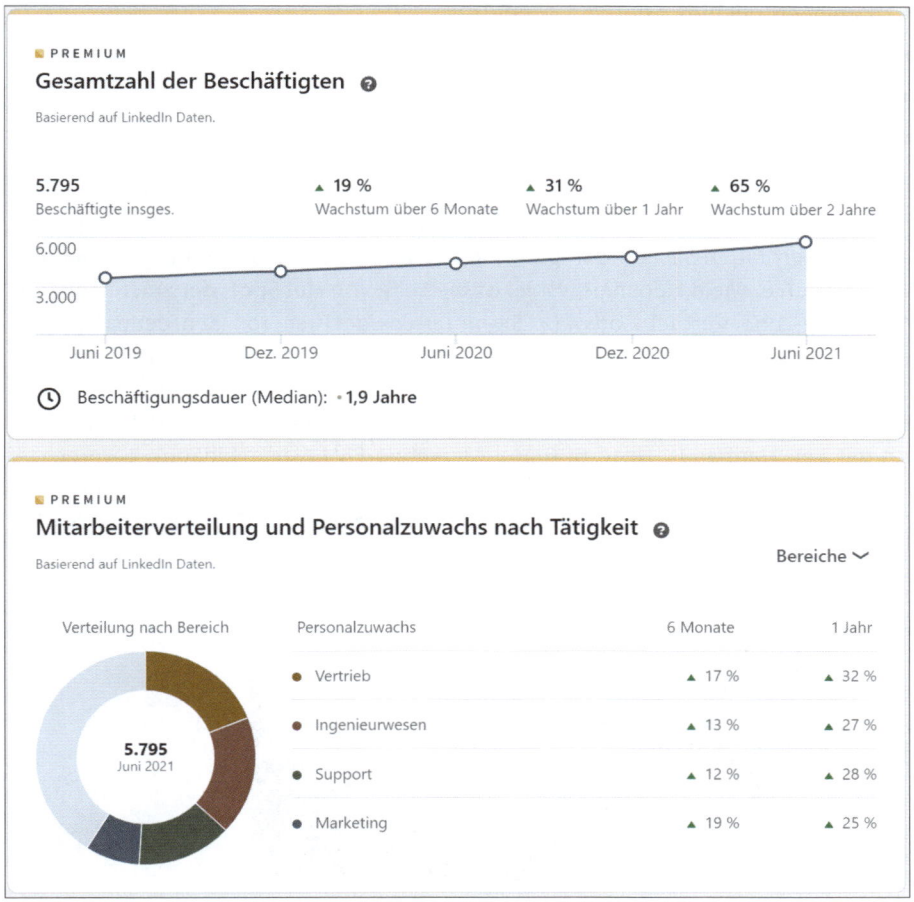

Abbildung 13.1 Unternehmens-Insights

Wenn Employer Branding ein Ziel deiner LinkedIn-Aktivitäten ist, dann solltest du erwägen, das kostenpflichtige Feature »Karriereseiten« zu aktivieren. Dabei handelt es sich um eine Funktion von »LinkedIn Talent Solutions«, die das Ziel haben, dich bei der Suche nach den richtigen Bewerber*innen zu unterstützen. Sobald diese Funktion aktiviert ist, kannst du dein Unternehmensprofil um den Reiter UNTERNEHMENSKULTUR oder WAS WIR TUN (bei Unternehmen aus der Personalbranche) ergänzen. Hier kannst du einen Einblick in die Arbeitswelt deiner Mitarbeitenden gewähren, indem du ihre Beiträge teilst, Unternehmensfotos und -videos hochlädst, auf andere Social-Media-Plattformen verweist oder weitergehende Informationen anbietest. Die Abschnitte umfassen:

- Hauptbild oder Video
- Unternehmensleitung

- Benutzerdefinierte Spotlight-Module
- Unternehmensfotos
- Mitarbeiter-Perspektiven
- Testimonials

Du suchst nach inspirierenden Beispielen? Die meisten deutschen DAX-Unternehmen und die Stars des deutschen Mittelstands (wie z. B. Bosch) machen einen sehr ordentlichen Job in Sachen Company Page, ebenso digital souveräne Unternehmen wie Salesforce. Mein Lieblingsbeispiel ist die Seite von HubSpot, der amerikanischen Marketing- und Vertriebssoftware. Sie unterscheidet sich von den deutschen Beispielen weniger im Aufbau der Seite – die ist bei vielen Unternehmen sehr gut. Aber die Vielfalt, Frequenz und Qualität der Beiträge der HubSpot-Seite ist besonders gut, ebenso das Zusammenspiel mit den Corporate Influencern. Zu diesem Thema habe ich mit Ben Harmanus, Head of Brand Marketing EMEA bei HubSpot, gesprochen. Die Kernaussagen findest du in Kapitel 12, »Corporate Influencer: Die Botschafter*innen deiner Marke«, das gesamte Interview im Podcast »LinkedIn Lounge«.

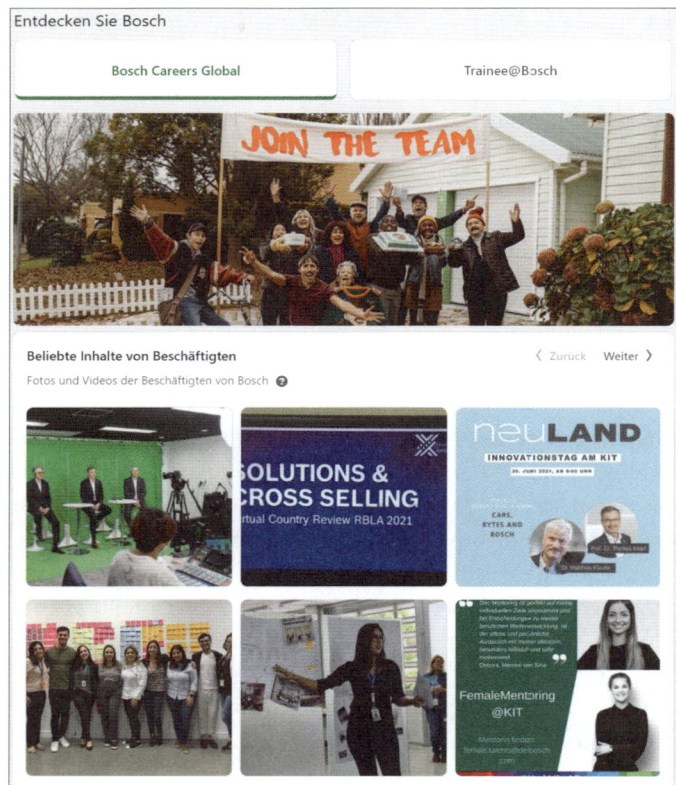

Abbildung 13.2 Darstellung der Unternehmenskultur bei Bosch

Kommen wir zu den verbundenen (»affiliated«) und den Showcase-Seiten: Eine verbundene Seite ist eine Unternehmensseite auf LinkedIn, die mit deiner eigenen Unternehmensseite verknüpft ist. Du kannst diese Verknüpfung einrichten, wenn du willst, dass die Zugehörigkeit für deine Follower*innen besser sichtbar ist oder ein Unternehmen übernommen worden ist, das aber weiterhin eigenständig am Markt aktiv bleibt.

Es gibt zwei verschiedene Arten von verbundenen Seiten: Tochtergesellschaften (Affiliated Pages) und Fokus-Seiten (Showcase Pages).

Tochtergesellschaften sind ganz normale LinkedIn-Seiten mit allen Funktionen und Möglichkeiten. Diese Funktion wird genutzt, um die Zusammengehörigkeit zwischen Tochter- und Muttergesellschaften darzustellen. Zu den verbundenen Seiten der Volkswagen AG gehören beispielsweise die Seiten von LinkedIn, Skoda oder Seat, die dann wiederum Showcase-Seiten haben können. Die einzige Einschränkung: Der Administrator der »Mutter«-Seite kann die KPIs der Affiliated Pages nicht sehen.

Showcase- oder Fokus-Seiten sind eigens erstellte Seiten, die dazu dienen, bestimmte Geschäftsbereiche, Produkte, Marken oder Initiativen innerhalb deines Unternehmens zu bewerben. Wie viele Unternehmen betrachtest du wahrscheinlich viele Bereiche deines Unternehmens als wichtig und möchtest ihnen eine eigene Präsenz bzw. eine eigene »Stimme« am Markt geben. Indem du mit Showcase-Seiten dedizierte Seiten für deine prominenteren Marken, Unternehmen und Initiativen erstellst, rückst du sie noch mehr ins Rampenlicht. Du erstellst eine eigene Plattform mit einer eigenen Botschaft und einer eigenen Zielgruppe. Beispiele dafür sind:

- Microsoft 365 (*www.linkedin.com/showcase/microsoft-365/*)
- Bosch Mobility Solutions (*www.linkedin.com/showcase/bosch-mobility-solutions/*)
- Siemens Mobility (*www.linkedin.com/showcase/siemens-mobility/*)
- Mini (Showcase-Seite von BMW, *www.linkedin.com/showcase/mini/*)

Diese Seiten lassen sich in hohem Maße individualisieren und sind im Prinzip nichts anderes als maßgeschneiderte News zu spezifischen Aspekten deines Unternehmens. Interessenbezogen könnten Besucher*innen hier nach individuellem Marken-Content und Produktpaletten, laufenden karitativen Aktionen und Sponsoring-Möglichkeiten oder regelmäßigen Events wie Treffen, Konferenzen oder Messen suchen. Wie bei Unternehmensprofilen können deine Administrator*innen die Leistung durch spezielle Analysetools innerhalb der Showcase-Seite überwachen.

Showcase-Seiten haben die folgenden Vorteile und Einschränkungen:

- Sie können der Absender von Werbung sein.

- Die meisten Social-Media-Management-Tools können auch auf Showcase-Seiten posten.

- Sie erscheinen in den Suchergebnissen auf LinkedIn.

- Mitglieder können den Showcase-Seiten folgen.

- Mitarbeiter*innen können eine Showcase-Seite *nicht* als Station im Rahmen ihrer Berufserfahrung auf LinkedIn angeben.

- Im Gegensatz zu vollwertigen Unternehmensseiten können *keine* neuen Mitglieder eingeladen werden.

13.3   Verwaltung des Unternehmensprofils

Die interne Organisation deiner Teams ist wichtig, um das Beste aus deiner LinkedIn-Seite herauszuholen. Hier sind die sechs besten Tipps, wie dein Team die Seite (über mehrere Standorte und Funktionen hinweg) verwalten kann:

1. Entscheide zu Beginn, wer Admin-Rechte für die Hauptseite erhalten und entsprechend geschult werden soll. Dafür kommen Mitarbeiter*innen aus dem (Digital) Marketing, Corporate Communications oder HR in Betracht. Theoretisch könnte die Seite auch von einer externen Agentur angelegt und verwaltet werden. Aber ich empfehle aus eigener Erfahrung dringend, dass mindestens eine Person innerhalb des Unternehmens als Admin tätig ist.

2. Richte einen zentralen Kommunikationskanal ein, um schnell und effizient zu kommunizieren. Slack, Teams, WhatsApp und Sharepoint sind gute Tools – E-Mail ist es nicht.

3. Du solltest dir überlegen, wem du sinnvollerweise noch Talent- oder Analytics-Zugang gewährst. Mitarbeiter*innen aus der HR-Abteilung oder – wenn vorhanden – dem internen Analyseteam bieten sich hierfür an.

4. Externe Agenturen können dich gegebenenfalls bei der Content-Planung und dem Community-Management unterstützen.

5. Schule die Admins von LinkedIn-Seiten. Bevor du Zugriff auf die Seiten regionaler Niederlassungen gewährst, solltet ihr die Erwartungen festlegen und Admins ausreichend schulen.

6. Lokalisiere deinen Content, d. h., lasse die Inhalte für die Seiten regionaler Niederlassungen übersetzen, idealerweise von Muttersprachler*innen.

13.4   Wie man mehr Follower*innen generiert

Blickt man in die jüngere Vergangenheit des Digital Marketing, war das erste Ziel auf Facebook, Twitter oder Instagram immer das gleiche: möglichst viele Follower. Warum? Weil diese Kanäle zumeist von den Verantwortlichen im Marketing verwaltet werden. Und traditionelles Marketing hat klassischerweise das Problem, einen nachweisbaren Beitrag zum Unternehmenserfolg vorzulegen. Jede Metrik, die direkt beeinflusst werden kann, wird daher dankbar angenommen – und die Anzahl der Follower*innen ist ganz oben auf der Liste.

Bis zu einem gewissen Grad ist das auch nachvollziehbar, denn je mehr Follower*innen eine Unternehmensseite hat, desto höher die Reichweite der eigenen Beiträge – der Social Proof steigt. Und ja: mehr Follower*innen geben der Marke einen Social Proof und machen Eindruck, zumal ihre Anzahl auch bei Werbeanzeigen zu sehen ist.

Aber die Follower-Anzahl ist auch eine beliebte sogenannte *Vanity-Metrik*: eine Kennzahl, die leicht zu messen und positiv zu beeinflussen ist, aber nicht direkt zum Unternehmenserfolg beiträgt. Denn Follower*innen sind nicht gleichbedeutend mit Kund*innen oder Fans einer Marke.

Auf LinkedIn kommt zudem ein weiterer wichtiger Aspekt hinzu: Da der Fokus auf dem Austausch zwischen Personen liegt, sind die möglichen Reichweiten der Unternehmensbeiträge deutlich geringer als die von Personen. Laut einer Studie[1] von Richard van der Bloom liegt die durchschnittliche Reichweite von Unternehmensseiten nur bei 2 bis 6 % aller Follower*innen, wohingegen persönliche Profile im Schnitt 15 % aller Follower*innen erreichen. Das bedeutet, dass auch Beiträge von Unternehmen mit tausenden von Follower*innen mitunter von weniger Menschen gesehen werden als Beiträge von Personen mit hunderten Follower*innen. Auch die Interaktionsraten sind in der Regel höher.

Ohnehin werden Unternehmensbeiträge nur im Newsfeed existierender Follower*innen ausgespielt; LinkedIn empfiehlt sie also nur einem kleinen Kreis von Menschen. Viralität ist damit nicht möglich. Unternehmensbeiträge haben eher den Charakter eines Newsletters, der auch nur an einen definierten Empfängerkreis versendet wird. Deswegen empfiehlt es sich auch, dass die Unternehmensseite die Beiträge der Mitarbeiter*innen teilt – und nicht andersherum, wie man es von Facebook & Co. kennt. So entkommt man auch dem Druck, regelmäßig und oft Ideen für neue Beiträge zu generieren: Man »bedient« sich der Beiträge der Mitarbeiter*innen.

---

1   Quelle: *www.linkedin.com/pulse/newsletter-4-linkedin-algorithm-research-2020-you-van-der-blom/*

Nichtsdestotrotz ist das regelmäßige und häufige Veröffentlichen von neuen Beiträgen eine gute und kostenlose Methode, um neue Follower*innen zu generieren.

Seiten-Administrator*innen macht es LinkedIn leicht, Ideen für neue Beiträge zu
finden. Unter dem Reiter INHALTE verstecken sich aktuell auf LinkedIn diskutierte
Themen bzw. Artikel, die du nach Branche, Standort etc. filtern kannst (siehe Abbildung 13.3). Außerdem siehst du hier auf einen Blick die Erfolge (z. B. Jubiläen oder
Beförderungen) deiner Belegschaft und Artikel, die dein Unternehmen erwähnen.

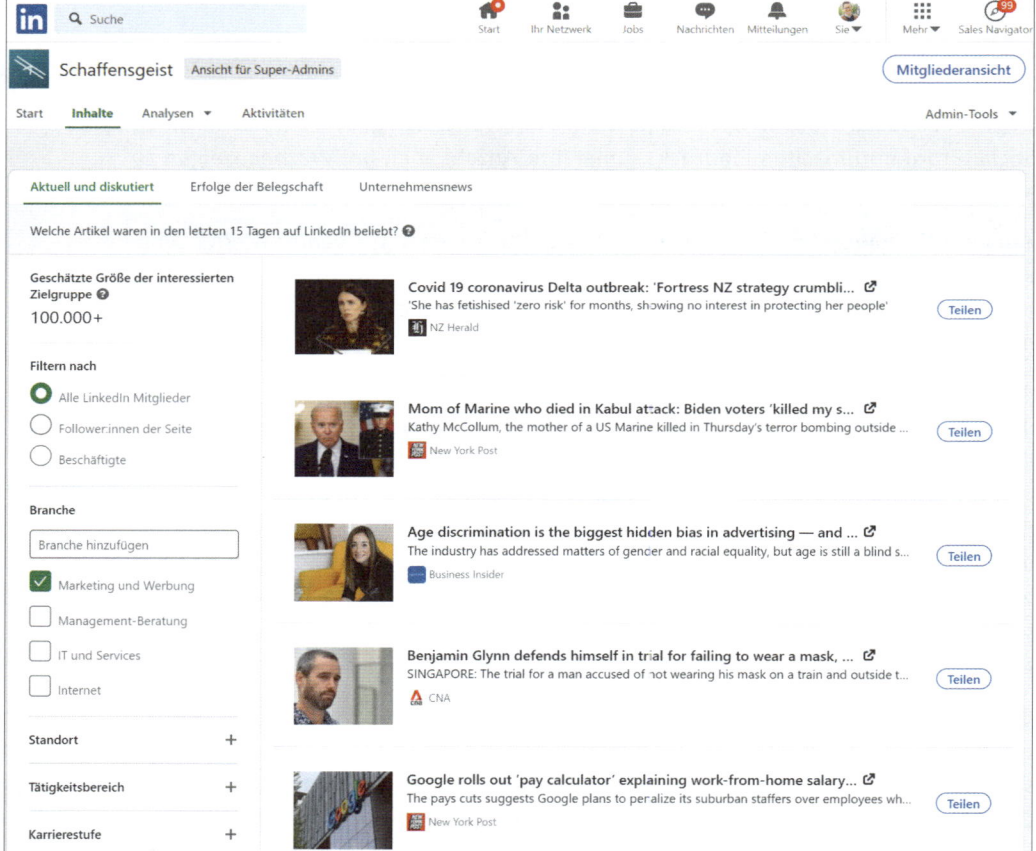

Abbildung 13.3 Inspiration für Redakteur*innen

Es ist ratsam, dass die Unternehmensseite mindestens einmal pro Woche einen
neuen Beitrag veröffentlicht, damit neue Follower*innen nicht lange auf ein Update
warten müssen und das Profil aktuell aussieht.

Dabei ist folgende Funktion sehr hilfreich: Du kannst eingrenzen, welche deiner Follower*innen den Unternehmensbeitrag sehen können, und so z. B. Beiträge in unter-

schiedlichen Sprachen oder für unterschiedliche Zielgruppen veröffentlichen. Diese Funktion findest du mit einem Klick auf den Button ALLE (siehe Abbildung 13.4).

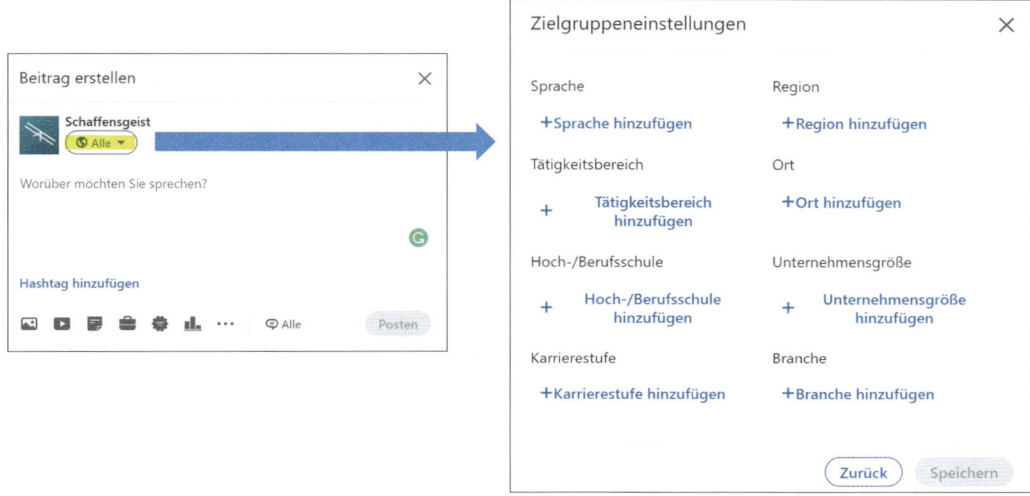

Abbildung 13.4 Zielgruppeneinstellungen für deine Unternehmensbeiträge

Der Ausbau der Follower*innen eines Unternehmensprofils sollte also eine geringere Priorität genießen als die Produktion und Distribution von hilfreichem Content und der Aufbau eines Corporate-Influencer-Programms.

Nichtsdestotrotz sollte er auch nicht vernachlässigt und mittelfristig verfolgt werden – eben mit der angemessenen Priorität. Denn es macht nun einmal einen deutlich besseren Eindruck, wenn 5.000 Menschen deinem Unternehmen folgen als nur 50. Mehr Follower*innen sind ein Zeichen von Social Proof und können zum Aufbau von Vertrauen in dein Unternehmen beitragen.

Der erste Weg, schnell neue Follower*innen aufzubauen, ist die EINLADEN-Funktion. Mitarbeiter*innen, die Admin- oder Manager-Rechte für die Company Page besitzen, können ihr Netzwerk als Follower*innen einladen (siehe Abbildung 13.5). Hier ist es wichtig, dass du nicht willkürlich Nutzer*innen in dein Netzwerk einlädst, sondern gezielt relevante Kontakte, die einen Bezug zu dir und deinem Unternehmen haben. Außerdem ist die Einladung auf eine bestimmte Zahl (100 bis 250 Personen) pro Monat beschränkt.

Mitarbeiter*innen, die keine Verantwortung oder Aufgaben in Verbindung mit der Administration der Unternehmensseite haben, sollten temporär als Seiten-Manager*innen eingeladen werden, um nur qualifizierte Kontakte für die Unternehmensseite zu gewinnen. Alternativ kannst du Kontakte im 1:1-Dialog zur Seite einladen, wenn es thematisch passt.

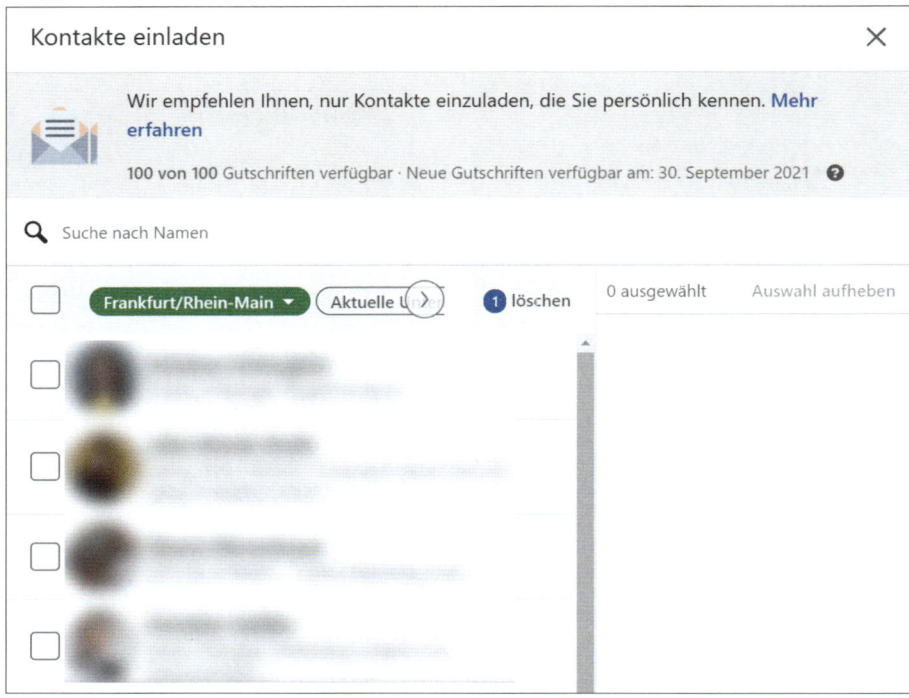

Abbildung 13.5 Admins können ihre Kontakte zu Unternehmensseiten einladen.

Auch *Advertising-Kampagnen* können dazu beitragen, Follower*innen zu gewinnen. Mit bezahlten Brand-Awareness-Kampagnen kannst du relevanten Content an neue Nutzer*innen ausspielen. Der Follower-Button wird bei einigen Anzeigenformaten automatisch mit angezeigt. Reine Follower-Kampagnen sind ebenso möglich.

Motiviere Mitarbeiter*innen darüber hinaus, eigene Beiträge zu veröffentlichen. Achtung: Im Gegensatz zu anderen sozialen Netzwerken hat das Teilen von Unternehmensbeiträgen (jeder Art von Beiträgen, um genau zu sein) keinen großen Effekt, d. h., die Reichweite von geteilten Beiträgen wird sehr gering sein. Stattdessen sollte das Unternehmen in den persönlichen Beiträgen markiert werden (z. B. @Schaffensgeist). Wenn sie Unternehmensbeiträge aufgreifen, solltet ihr nicht vergessen, die Company Page im Beitrag zu taggen. Interessierte können mit einem Klick über den Beitrag zur Unternehmensseite gelangen und ihr folgen. Als Redakteur*in eurer LinkedIn-Seite solltest du die Beiträge deiner Kolleg*innen regelmäßig und oft teilen. Damit belohnst du ihre Aktivität und motivierst sie, am Ball zu bleiben.

Zur Stärkung der Positionierung der Unternehmensseite solltest du deine Kolleg*innen zusätzlich animieren, Seitenbeiträge zu kommentieren, die in ihr Fachgebiet fallen. Dadurch können die Beiträge in den Feeds der Kontakte der Kolleg*innen erscheinen (MAX MUSTERMANN HAT DAS KOMMENTIERT).

LinkedIn Events sind eine weitere gute Möglichkeit, mit neuen Interessent*innen in Kontakt zu kommen. Wird das Event über die Unternehmensseite promotet, ist die Marke als Gastgeber sichtbar. Auch diese Events sollten von den passenden Mitarbeiter*innen durch einen persönlichen Beitrag geteilt werden.

Optimiere deine Seite für die Suche. Das beginnt bei der Beschreibung deines Unternehmens. Sie sollte nicht nur deine Zielgruppen (potenzielle Kund*innen, Jobsuchende oder Thought Leader) direkt ansprechen, sondern auch die wichtigsten Begriffe enthalten, nach denen diese Menschen suchen könnten. Frage dich: Nach welchen Begriffen suchen unsere Kund*innen? Welche Keywords sind für deine Branche und die spezielle Nische deines Unternehmens relevant?

Beispiel für Unternehmensbeschreibung: Patagonia

»Founded by Yvon Chouinard in 1973, Patagonia is an outdoor apparel company based in Ventura, California. A certified B-Corporation, Patagonia's mission is to save our home planet. The company is recognized internationally for its commitment to authentic product quality and environmental activism, donating 1% of sales annually, contributing over $100 million in grants and in-kind donations since 1985.« (Quelle: *www.linkedin.com/company/patagonia_2/about/*)

13.5 Die Rolle des Unternehmensprofils für Marketing, Vertrieb und HR

Ein Unternehmensprofil hat inhaltlich gewisse Ähnlichkeiten mit einem persönlichen Profil: Es gibt visuelle Elemente wie ein Hintergrundbild, es gibt diverse »Stammdaten«, die vollständig und korrekt ausgefüllt werden müssen, und es gibt die Möglichkeit, Beiträge mit dem Netzwerk zu teilen.

Aber es gibt auch wichtige Unterschiede: Das Profil des Unternehmens ist – wie die Website – ein Kanal für das strategische Branding. Mitarbeiter*innen kommen und gehen, aber das Unternehmensprofil ist ein konstantes Werkzeug in der Toolbox des Unternehmens. Und dieses Werkzeug kann von mehreren Abteilungen genutzt werden: sowohl Corporate Communications als auch Marketing, Vertrieb und HR. Sogar die Führungsriege des Unternehmens sollte ein Interesse an einem gut gepflegten Profil haben. Schauen wir uns die Rollen der Unternehmensseite für diese Abteilungen in den folgenden Abschnitten einmal an.

13.5.1   Marketing

Für die Marketing-Abteilung ist ein gut gepflegtes Unternehmensprofil ein wichtiges Hygiene-Element. Denn welchen Eindruck hinterlässt man am Markt, wenn man kein oder ein schlechtes Profil hat? Kein international tätiges, ambitioniertes Unternehmen kann sich diesen Luxus erlauben – ebenso wenig wie die Nicht-Existenz einer Website. Das Profil sollte dem hohen Anspruch an die eigenen Produkte und Services entsprechen und keine frappierende Differenz aufweisen, wenn man keine negativen Auswirkungen auf das Image riskieren möchte. Und ja, auch der Vergleich mit dem direkten Wettbewerb ist in dem Fall angebracht. Denn wenn man am Markt als ebenbürtig oder sogar überlegen wahrgenommen werden möchte, sollte auch das LinkedIn-Profil diese Überlegenheit ausstrahlen. Für das Marketing ist das Unternehmensprofil daher ein wichtiger Bestandteil der digitalen Souveränität.

Viele internationale Unternehmen wählen den Weg, für jede relevante Niederlassung bzw. jedes Gebiet (z. B. DACH oder EMEA) ein eigenes Unternehmensprofil anzulegen. Das kann man machen, wenn man den Kolleg*innen im Ausland autonomes Handeln und einen eigenen Kanal ermöglichen möchte. Es erfordert aber einen sehr hohen Anspruch hinsichtlich des Trainings der Mitarbeiter*innen, der Koordination der Tätigkeiten (Stichwort Redaktionskalender) sowie der Kommunikation. Einfacher ist es deswegen, ein zentrales Unternehmensprofil zu führen, bis ausreichend motivierte und kompetente Mitarbeiter*innen in den Niederlassungen an Bord sind. Ansonsten hat man schnell das Problem, eine Vielzahl von LinkedIn-Seiten in die Welt gesetzt zu haben, die schlecht gepflegt sind und die keine relevanten Neuigkeiten veröffentlichen.

Ein aussagekräftiges Profil stärkt auch den Informationsaustausch und das Zusammengehörigkeitsgefühl, denn alle Mitarbeiter*innen haben die gleiche Informationsquelle. Gute Brand Marketer wissen, dass die Leser*innen der eigenen Beiträge zu einem großen Teil aus dem eigenen Unternehmen stammen, und adressieren diese auch. So kannst du die eigenen Beiträge gezielt dazu nutzen, in Interaktion mit den Kolleg*innen auf der ganzen Welt zu treten – und ihnen auch das Kennenlernen und die Vernetzung untereinander ermöglichen. Das Unternehmensprofil auf LinkedIn ist dann in der Rolle eines »externen Intranets«: ein Kanal des Unternehmens, um die eigenen Mitarbeiter*innen zu informieren und ihnen eine Bühne zu geben. Denn kluge Marketer*innen werden die Unternehmensseite nutzen, um gute Beiträge der Kolleg*innen zu teilen und diese öffentlich zu loben. Damit steigt die Motivation, und man gibt der Marke ein Gesicht: nämlich das der Mitarbeiter*innen.

Tool-Tipp

Mit dem kostenlosen Chrome-Plugin »Link Company Page Interactor« können Unternehmen LinkedIn-Beiträge liken und kommentieren und damit die eigene Sichtbarkeit enorm steigern. Das Plugin fügt einfach einen neuen Button in die LinkedIn-Oberfläche ein und lässt dich eine Seite auswählen, mit der du interagieren möchtest. Das Dropdown erlaubt es dir, eine Standardseite auszuwählen. Mit einem einfachen Klick auf das Logo öffnet sich ein neuer Tab, und du kannst auf dieser Seite liken und kommentieren. Alle Informationen zum Tool findest du unter *https://jens.marketing/linkedin-als-firma-kommentieren-liken/*.

13.5.2 Human Resources

Auch das Personalwesen ist daran interessiert, der Marke ein *echtes* Gesicht zu geben. Denn mit dem Versprechen von Obstkörben und einem Tischkicker lässt sich der »War of Talents« nicht gewinnen. Die LinkedIn-Seite des Unternehmens ist kein kritischer, aber ein enorm wichtiger Teil, um die Attraktivität des Arbeitgebers zu erhöhen. Insbesondere das Modul »Unternehmenskultur« lässt einen lebendigen und realen Blick auf die Mitarbeiter*innen zu. Nicht selten sind diese Seiten einer der ersten Touchpoints neuer Kandidat*innen mit dem Unternehmen. Und wie auch bei dem persönlichen Profil soll der erste Eindruck möglichst gut sein, oder?

Außerdem kann man auf der LinkedIn-Seite die aktuellen Stellenanzeigen veröffentlichen. Somit können Bewerber*innen direkt mit den Recruiter*innen (intern oder extern) in Kontakt treten. Oft ist der Umweg via E-Mail gar nicht mehr nötig. Zumal diese Stellenanzeigen auch mithilfe von bezahlten Kampagnen den passenden Bewerber*innen angezeigt werden können. Der Absender dieser Anzeigen ist dann natürlich das Unternehmen und nicht etwas die Recruiterin oder der Recruiter.

13.5.3 Vertrieb

Auch der Vertrieb ist genau aus diesem Grund an dem Aufbau eines attraktiven Unternehmensprofils interessiert: um Werbung schalten und damit neue Leads gewinnen zu können. Denn das ist durch die persönlichen Profile nicht möglich.

Vertriebler*innen sind oft die ersten Mitarbeitenden in einem Unternehmen, die das Potenzial von LinkedIn erkennen, und etablieren deswegen schnell ein attraktives Profil für sich. Warum? Weil sie wissen, dass ihre potenziellen Kund*innen sich einen ersten oder zweiten oder dritten Eindruck vom neuen Geschäftspartner auf LinkedIn machen werden. Auch hier gilt: Es gibt keine zweite Chance für einen guten ersten Eindruck. Und das Profil des Unternehmens sollte mindestens das gleiche Niveau wie das eigene Profil haben. Wie will man die Kundin von der Qualität der eigenen Services überzeugen, wenn das Logo veraltet oder der letzte Beitrag schon acht Monate alt ist?

Wenn neue Leads sich über das Unternehmen informieren, nutzen sie dafür immer öfter das LinkedIn-Profil statt der Website. Es ist einfach und unkompliziert. Insbesondere die LinkedIn-App ermöglicht einen schnellen Zugang zu den wichtigsten Unternehmensinformationen. Im Gegensatz zu viel zu vielen Websites ist das Unternehmensprofil immer online und sowohl mit dem Smartphone als auch mit dem Tablet perfekt darstellbar.

Ende 2021 wird LinkedIn voraussichtlich den Tab »Produkte« für Unternehmensseiten anbieten. Hier kannst du dann deine Produkte und Services anbieten und gegebenenfalls auch gleich Leads generieren.

Da alle drei Abteilungen ein berechtigtes Interesse am Aufbau und an der Pflege eines guten Unternehmensprofils haben, empfiehlt es sich, sie alle zu involvieren. Gerade zum Aufbau sollte man eine kleine, heterogene Task-Force aufbauen, die schnell und pragmatisch das Profil auf die Beine stellt, die notwendigen Schulungen organisiert und das Profil in die bestehenden Redaktions- und Kommunikationsprozesse integriert.

13.6   Checkliste: Unternehmensprofil

Diese Punkte sollte dein Unternehmensprofil erfüllen:

- Ist das Logo der Seite im quadratischen Format eingefügt?
- Hast du eine passende Headergrafik hinterlegt? Werden keine kritischen Elemente durch das Logo überlagert (sowohl in der App als auch auf dem Desktop)? Sind etwaige Texte gut und deutlich sicht- und lesbar?
- Ist der Unternehmensname korrekt? Auf die juristische Form wie »GmbH« kannst du verzichten, sofern es juristisch nicht notwendig ist. Wichtiger für die Nutzer*innen ist die eindeutige Unterscheidung von regionalen Niederlassungen. Dazu solltest du das jeweilige Land bzw. die Region im Namen erwähnen.
- Ist die Tagline oder der Claim eingefügt?
- Hast du die URL angepasst?
- Ist die Beschreibung eingefügt? Nutzt du die vollständige Zeichenanzahl aus? Sprichst du deine Zielgruppen an und verwendest relevante Keywords?
- Hast du die korrekte Website verlinkt, auf der auch dein Impressum verfügbar ist?
- Ist die Branche korrekt?

- Ist die Unternehmensgröße korrekt?

- Ist das Gründungsjahr korrekt?

- Ist die Telefonnummer korrekt und sinnvoll (also auch erreichbar)?

- Sind die Niederlassungen bzw. Locations korrekt und vollständig angegeben?

- Hast du bis zu 20 Spezialgebiete angegeben?

- Sind die Unternehmens-Hashtags definiert?

- Hast du Admin-Rechte sinnvoll vergeben?

- Ist ein Kommunikationsprozess für schnelle Reaktionen etabliert?

- Sind alle Mitarbeiter*innen über die LinkedIn-Seite informiert und dazu aufgefordert, dass sie gegebenenfalls ihren Arbeitgeber in der Berufsbezeichnung korrekt angeben?

13.7   Zusammenfassung

Auch wenn die persönlichen Profile der größte Hebel auf LinkedIn sind, hat das Unternehmensprofil eine wichtige Aufgabe zu erfüllen – insbesondere in der internen Kommunikation und im Employer Branding. Ein Unternehmensprofil besteht aus einem Icon, einem Headerbild, einer Unternehmensbeschreibung und diversen Angaben zum Unternehmen, wie beispielsweise die Branche und das Gründungsdatum. Unternehmen können wie Personen Beiträge auf LinkedIn veröffentlichen. Darüber hinaus gibt es eine Reihe von weiteren Funktionen, die optional genutzt werden können, um einen höheren Employer-Branding-Effekt zu erreichen.

Was du jetzt tun kannst

Kontrolliere das Profil deines Unternehmens anhand der Checkliste, die du in diesem Kapitel findest. Und sorge dafür, dass möglichst alle Mitarbeiter*innen das richtige Unternehmensprofil als Arbeitgeber ausgewählt haben. Denn nur dann wird beispielsweise das Unternehmenslogo und die Firmierung auf den persönlichen Profilen (bei der Berufserfahrung) korrekt angezeigt. Außerdem erleichterst du somit die Verknüpfung der Mitarbeiter*innen untereinander.

Kapitel 14

Social Selling

Social Selling ist aktuell sehr in Mode – böse Zungen würden behaupten, es wäre ein Buzzword, ein kurzfristiger Trend. Dabei ist Social Selling nichts anderes als ein neues Werkzeug im Werkzeugkasten vieler Vertriebler*innen – ein sehr mächtiges Werkzeug.

In diesem Kapitel lernst du, worum es dabei geht, wie Social Selling funktioniert und wie du und dein Vertriebsteam diese Methode einsetzen könnt, um zum Unternehmenswachstum beizutragen.

14.1   Warum ist Social Selling wichtig?

Vertriebsteams in Europa bewegen sich derzeit in einem schwierigen Umfeld: Kaufentscheidungsprozesse sind fragmentiert und komplex, die Geschäftsplanung gestaltet sich zunehmend schwieriger, und neue Technologien stellen eine Chance oder Herausforderung dar – je nachdem, wie gut es Unternehmen gelingt, sie in ihre Vertriebsprozesse zu integrieren.

Verschärft wird die Lage zusätzlich durch die Tatsache, dass persönliche Kundentermine aufgrund der Corona-Krise nicht im gleichen Umfang wahrgenommen werden können wie früher. Auch Veranstaltungen wie Messen oder Konferenzen finden noch eingeschränkt statt. Im Zuge der Corona-Krise hat der Vertrieb einen rasanten Wandel vollzogen: Remote Selling, also die unpersönliche Kontaktanbahnung und Abschluss, wird zum neuen Standard.

> »Infolge der Krise beobachten wir einige Trends in der Art und Weise, wie sich Vertriebsteams an die neue Situation anpassen. Die Aktivitäten haben sich ganz klar in den virtuellen Raum verlagert. Die Zahl der Videokonferenzen, E-Mails, Webinare und Infoveranstaltungen nimmt zu. Zu den Gewinnern werden die Vertriebler gehören, die anpassungsfähig sind und denen es gelingt, verschiedene digitale Kanäle für den Kundenkontakt zu nutzen.«
>
> – Joseph DiMisa, Leiter Sales Effectiveness and Rewards, Korn Ferry

Wie alle Menschen leiden sowohl Entscheiderinnen wie auch Vertriebler unter der durch Corona notwendig gewordenen Distanz und Isolation. Dabei wurde deutlich, wie wichtig uns die menschliche Nähe ist. In der Studie »State of Sales 2020« hat LinkedIn die aktuellen Herausforderungen für Vertriebsmitarbeiter*innen untersucht.

Vertrauen war in Europa noch nie so wichtig wie derzeit, nicht zuletzt, weil die Wirksamkeit staatlicher Krisenmaßnahmen davon abhängt. Insofern ist es mit Sorge zu betrachten, dass das Edelman Trust Barometer 2020 in den wichtigsten Märkten Europas auf ein wachsendes Misstrauen gegenüber Regierungen, Medien und Unternehmen hinweist.

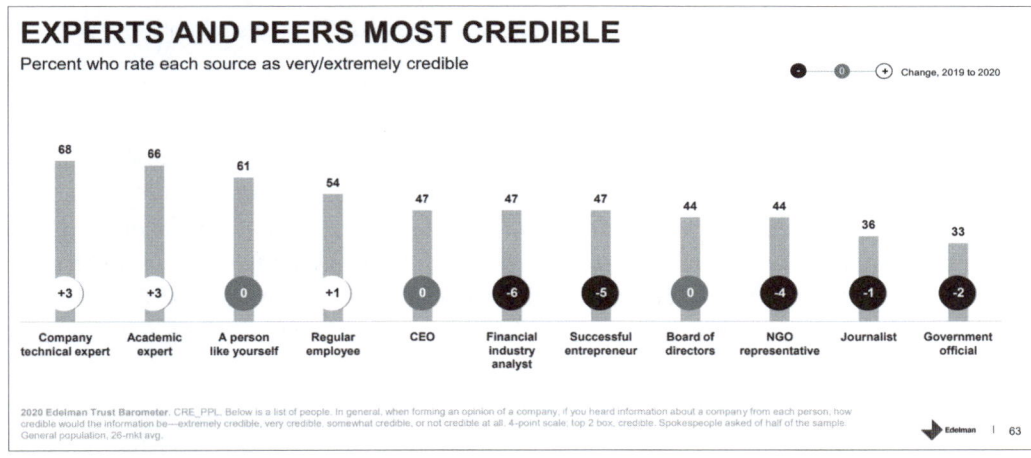

Abbildung 14.1 Wem Menschen vertrauen (Quelle: 2020 Edelman Trust Barometer)

In den Beziehungen zwischen Kund*innen und Vertriebler*innen in Westeuropa ist Vertrauen dennoch der wichtigste Faktor. Je besser die Beziehung zu ihren Kund*innen jedoch ist, desto mehr Vertrauen und Einfluss genießen Vertrieblerinnen und Vertriebler. 59 % der Vertriebler*innen in Westeuropa nennen Kundenvertrauen als einen der zwei wichtigsten Erfolgsfaktoren für den Geschäftsabschluss. In Deutschland spielt kein anderer Aspekt eine wichtigere Rolle. Aber Vertrauen allein macht noch keinen Geschäftsabschluss.

Vor allem in Deutschland betrachten Vertriebler*innen die strategische Beratung als einen zentralen Bestandteil des Beziehungsaufbaus und des Kaufprozesses. Ein wichtiges Element der strategischen Beratung ist aktives Zuhören. Als aktives Zuhören wird die emotionale und sachliche Reaktion der Zuhörerin oder des Zuhörers auf die verschiedenen Aspekte des Sprechenden und des Gesagten bezeichnet. Im Kern geht es darum, nicht nur passiv zuzuhören und den anderen sprechen zu lassen, sondern weiterhin aktiv zu bleiben, auch wenn du gerade nicht selbst redest. Im Rahmen eines digitalen Gesprächs – beispielsweise per Messenger – ist das natürlich schwieriger als bei einer persönlichen Unterhaltung. Aber nicht unmöglich: Vertriebler*innen müssen sich auf ihr Gegenüber einlassen und genau hinhören, um konstruktive Vorschläge und attraktive Angebote unterbreiten zu können.

In Frankreich, Deutschland und Großbritannien betrachten Kundinnen und Kunden aktives Zuhören als eine der drei wichtigsten Kompetenzen eines Vertriebsprofis. Und auch bei der Bewerberauswahl achten Unternehmen zunehmend auf diese Kompetenz. Und zwar in ganz Westeuropa: So gilt in Frankreich aktives Zuhören seit fünf Jahren als wichtigste Kompetenz im Vertrieb. In Deutschland ist die Zahl der Unternehmen, die gezielt nach Mitarbeiterinnen und Mitarbeitern mit dieser Fähigkeit suchen, im selben Zeitraum von 19 % auf 23 % gestiegen.

Vertrauensaufbau durch aktives Zuhören ist ein wichtiger Aspekt des Social Selling. Ein zweiter ist die Nutzung moderner, digitaler Vertriebstools.

Nicht überall in Europa vollzieht sich die Verbreitung dieser Vertriebstools gleichermaßen. Manche Länder sind weiter als andere. Eines aber haben alle gemeinsam: Die erfolgreichsten Vertriebler*innen sind gleichzeitig diejenigen, die die Tools am besten beherrschen – und zwar mit Abstand. Vertrieblerinnen und Vertriebler, die ihre Quote um 25 % oder mehr übertreffen, scheinen die modernen Technologien am häufigsten einzusetzen. Und nicht nur das: Sie scheinen auch besser zu wissen, welche Tools ihnen am meisten nutzen.

Je weiter sich Remote Selling als neue Vertriebsform etabliert, desto stärker werden Top-Vertriebler*innen von diesem Vorsprung profitieren. In allen betrachteten Ländern nutzen Top-Vertriebler*innen deutlich häufiger Vertriebstechnologien, insbesondere Tools für Vertriebseinblicke. Darüber hinaus nutzen sie LinkedIn häufiger als Netzwerkplattform als ihre Kolleginnen und Kollegen und betrachten CRM und Vertriebseinblicke als entscheidende Erfolgsfaktoren. In Deutschland arbeiten 44 % der Vertriebsprofis mit LinkedIn. Aber auch eine klassische, geradezu altmodische Vertriebsmethode erlebt durch die Corona-Krise eine Renaissance: die persönliche Vorstellung durch gemeinsame Bekannte.

Über alle untersuchten Länder hinweg stimmt mindestens ein Viertel der B2B-Kundinnen und -Kunden folgender Aussage zu: »Durch die Nutzung von Vertriebstools und -daten ist die Kaltakquise ›wärmer‹ geworden und Vertriebler sprechen ihre Kunden gezielter an.« Wie die LinkedIn-Studie ergab, sind Vertriebsprofis noch erfolgreicher in der Kundenansprache, wenn sie sich persönlich vorstellen lassen. 24 % der Kaufentscheider*innen in Deutschland sagen, dass sie sich eher für eine Anbieterin oder einen Anbieter entscheiden, wenn ihnen diese Person von einem ihrer Kontakte empfohlen wurde.

Fassen wir zusammen: Durch die Corona-Krise sind die Anforderungen an Vertriebsmitarbeiter*innen noch komplexer geworden. Vertrauen spielt in Zeiten von ortsunabhängigem Vertrieb (Remote Selling) eine noch größere Rolle. Dieses Vertrauen kann durch eine persönliche Vorstellung durch einen gemeinsamen Bekannten und aktives Zuhören seitens der Verkäufer*innen erreicht werden. Beides ist durch Social Media einfacher geworden.

14.2   Was ist Social Selling?

»Social Selling is the art not to sell, but to make them want to buy.« Die Wirksamkeit von Anrufen und E-Mails hat erheblich abgenommen. Durchschnittlich 200 E-Mails überschwemmen täglich den Posteingang deiner potenziellen Kunden – die meisten davon sind unerwünscht. 90 % der Entscheidungsträger geben an, dass sie auf keinen Fall auf einen unaufgeforderten Anruf oder eine unaufgeforderte E-Mail hin kaufen würden. Das sind ziemlich düstere Aussichten für jeden Einzelnen und jedes Unternehmen, das sich nicht auf Social Selling einlässt.[1]

Auf LinkedIn gibt es zwei zentrale Ansätze zur Generierung neuer Leads:

1. **Advertising**

   Hier geht es um Paid-Maßnahmen eines Unternehmens, also bezahlte Anzeigen. Advertising ist sinnvoll, um sehr schnell und skalierbar Zielgruppen zu erreichen, die Bekanntheit zu erhöhen und eine große Masse an Leads zu gewinnen. Allerdings sind damit auch ein gewisser Mindestaufwand, ein Mindestbudget und Komplexität verbunden. Mehr dazu in Kapitel 16, »Werben auf LinkedIn«. Absender ist in diesem Fall immer das Unternehmen.

2. **Social Selling**

   Wenn man das persönliche Profil für den Vertrieb nutzt, spricht man vom Social Selling. Dafür müssen zunächst ein Netzwerk und Reputation aufgebaut und Kontakte gepflegt werden. Social Selling ist deshalb nicht geeignet, um sehr schnell viele Leads zu erzeugen, sondern eher sinnvoll für einen gezielten Kontaktaufbau zu priorisierten Kund*innen (A-Kund*innen).

Durch die persönliche Note ist Social Selling auf LinkedIn und XING das digitale Pendant zum klassischen Vertrieb mit Telefon, Messen und persönlichen Meetings. Sowohl offline als auch online ist der Erfolg der Vertriebsmaßnahmen von deiner Fähigkeit abhängig, neue Menschen kennenzulernen und Vertrauen aufzubauen.

---

1   Vgl. Melonie Dodaro (2018). LinkedIn Unlocked: Unlock the Mystery of LinkedIn to Drive More Sales Through Social Selling. CreateSpace Independent Publishing Platform.

Die Kanäle ändern sich – aber nicht das Ziel oder die Wirkung auf die zukünftigen Kund*innen.

Deswegen ist Social Selling auch keine Revolution des Vertriebs, sondern »nur« ein weiteres Werkzeug im Werkzeugkasten erfolgreicher Verkäufer*innen. Aber wie aktuelle Studien beweisen, wird dieses Werkzeug durch Remote Work immer wichtiger und ist mittlerweile auch erfolgversprechender als beispielsweise Cold Calling.

Definition Social Selling

Social Selling ist die Nutzung von Social Media mit dem Ziel, die Aufmerksamkeit potenzieller neuer Kund*innen zu erlangen, Beziehungen zu ihnen aufzubauen und zu pflegen.

Damit ist Social Selling am vorderen Teil des Vertriebsfunnels: Es geht zunächst darum, Aufmerksamkeit neuer Kund*innen zu erlangen, ihr Interesse an unseren Produkten und Services zu wecken und dann zu »Leads«, also zu Interessent*innen zu wandeln. Darüber hinaus kann Social Selling aber auch für eine höhere Retention sorgen: Durch den langfristigen Aufbau von Vertrauen dank hilfreicher Beiträge bleiben die Kund*innen deinem Unternehmen länger erhalten und empfehlen dich idealerweise weiter.

14.3   Wie funktioniert Social Selling?

Social Selling ist ein Prozess, den man in fünf Schritte unterteilen kann. Wir nennen das die *Social Selling Roadmap*. Vorab solltest du dir natürlich über deine Ziele, Zielgruppen, Themen und Botschaften sowie deinen Personal Branding Pitch (wie du wahrgenommen werden möchtest) klar werden und diese schriftlich formulieren. Anschließend kannst du dich auf den Weg machen und mit Social Selling starten:

14.3.1   Ein richtig gutes Profil

Baue dir ein vollständiges, attraktives und repräsentatives Profil auf. Vollständig bedeutet, dass du schnell einen »Superstar«-Level in deinem Dashboard erreichst, mit dem Fokus auf den Elementen Profilbild, Header, Slogan, Info-Text, »Im Fokus« und aktuelle Berufserfahrung. Attraktiv und repräsentativ bedeutet, dass Besucher*innen deines Profils schnell verstehen, was du anbietest und ob es für sie interessant ist – was definitiv der Fall sein sollte, wenn ein Mitglied deiner Zielgruppe auf dein Profil kommt.

14.3.2   Social Listening: Was interessiert deine Leads?

Du nutzt die LinkedIn-Suche inklusive Filter, um Mitglieder deiner Zielgruppe zu finden. Anschließend schaust du dir ihre Profile an und analysierst die »Aktivitäten«: Was haben sie gepostet? Was haben sie gelikt und kommentiert? Das sollte dir Gewissheit geben, dass du wirklich ein Mitglied deiner Zielgruppe vor dir hast. Außerdem erfährst du, was sie interessiert und wie sie auf LinkedIn mit anderen interagieren. Duzen oder siezen sie? Wie formal »sprechen« sie miteinander? Welche Wörter nutzen sie, wenn sie über ihre Branche schreiben?

Growth Hack

Recherchiere auch auf Twitter, ob deine Leads dort aktiv sind. Wenn ja, speichere sie auf einer Liste, und schaue dir regelmäßig ihre Tweets an. Sie können gegebenenfalls eine hilfreiche Quelle für gute Content-Themen sein.

14.3.3   Netzwerk ausbauen

Im Kern deiner Tätigkeiten auf LinkedIn steht der Austausch mit anderen Menschen, also der Ausbau und die Pflege deines Netzwerks. Je größer dein Netzwerk, desto höher die Wahrscheinlichkeit, dass darunter auch passende Leads sind, zu denen du durch die Veröffentlichung relevanter Beiträge Vertrauen aufbauen und somit die Basis für eine fruchtbare Partnerschaft legen kannst. Du solltest 501 Kontakte anstreben, denn dann wird auf deinem Profil nicht mehr die Anzahl deiner Follower*innen stehen, sondern nur »500+ Kontakte«. Dadurch bist du deutlich erkennbar nicht mehr Anfänger*in auf LinkedIn, und dein Netzwerk wird von Profilbesucher*innen als »Social Proof« gewertet: Wenn dir so viele Menschen mit ihrem Kontakt vertrauen, bist du – im wahrsten Sinne – vertrauenswürdig.

Um dein Netzwerk aufzubauen, hast du folgende Möglichkeiten:

- **Du baust dein Netzwerk manuell und ohne Nachricht auf.**

  Dafür eignet sich insbesondere die LinkedIn-App, in der du einfach auf IHR NETZWERK gehen und den Vorschlägen von LinkedIn folgen kannst. Diese Methode geht zwar am schnellsten, aber LinkedIn schlägt dir nicht immer passende Mitglieder deiner Zielgruppe vor, deswegen solltest du die Menschen besser individuell identifizieren. Auf jeden Fall ist ein sehr gutes Profil Voraussetzung für den Erfolg dieser Methode. Vorteil: Wenn du keine Nachricht mitschickst, ist die Wahrscheinlichkeit deutlich geringer, »etwas Falsches« zu schreiben. Laut Social-Selling-Experte Nils Grammerstorf ist diese Methode die effizienteste hinsichtlich Annahmequote und Zeitaufwand.

- **Du baust dein Netzwerk manuell aus und nutzt Nachrichtenvorlagen.**

  Basierend auf der Branche und/oder Position deiner Leads erstellst du eine Text-vorlage oder einen Lückentext, in dem du nur noch wenige Elemente ergänzt (wie beispielsweise den Namen des Leads und des Unternehmens). Um mit die-ser Methode Erfolg zu haben, solltest du die Annahmequote im Auge behalten und deine Texte oft und regelmäßig ändern bzw. optimieren. Außerdem solltest du vorsichtig sein, wie du Menschen aus dem gleichen Unternehmen bzw. Be-reich anschreibst – es kommt nicht selten vor, dass die sich über neue Kontakt-anfragen austauschen und somit feststellen, dass du die gleiche Textvorlage ver-wendet hast.

- **Du baust dein Netzwerk automatisiert auf.**

  Dafür stehen dir Tools wie Dux Soup oder Phantombuster zur Verfügung. Diese Tools sparen dir sehr viel Zeit, können deswegen sehr effizient sein und versto-ßen eindeutig gegen die AGB von LinkedIn. Damit riskierst du, dass dein Profil von LinkedIn (zumindest temporär) gesperrt wird. Mehr dazu in Kapitel 18, »Tools«.

14.3.4   Netzwerk stärken und Kontakte pflegen

Ab hier beginnt das Personal Branding: Durch regelmäßige Aktivitäten sehen potenzielle Kund*innen deinen Namen und verbinden ihn mit deinen Themen. Das sorgt für mehr Aufmerksamkeit und mehr Branding für dich als Marke. Dein Ziel: Wenn jemand an dein Thema denkt bzw. das Problem hat, das du löst, denkt die Person sofort an dich als »Problemlöser«. Im ersten Schritt solltest du relevante Bei-träge von deinen potenziellen Kund*innen oder von Branchen-Influencer*innen kommentieren. Diese Kommentare sind bereits »Mini-Beiträge« – mit dem Vorteil, dass du dich direkt in laufende Gespräche einklinken kannst und das Thema nicht vorgeben musst.

Solltest du auf Beiträge stoßen, die für jemanden aus deinem Netzwerk garantiert interessant oder hilfreich sind, kannst du sie im Kommentar vertaggen und damit auf den Beitrag aufmerksam machen. Aber sei dir sicher, dass sie dieses Vorgehen gutheißen, und gehe sparsam damit um.

Zusätzlich zu den Kommentaren kannst du auch Direktnachrichten nutzen, um deine bestehenden Kontakte über *ausgewählte* relevante Themen zu informieren. Beispiel: »Hey, du hattest gestern meinen Beitrag zum Thema XY kommentiert. Ich hätte dazu nochmal zwei bis drei Tipps, wie du XY einfacher lösen könntest. Wollen wir uns dazu mal austauschen?«[2] Das kostet wenig Zeit und Aufwand, bringt in der

---

2   OMR Report (2021). Professional Guide to LinkedIn.

Regel aber eine sehr hohe Antwortquote. Wie auch bei den Markierungen solltest du sparsam mit dieser Methode sein, weil du sonst schnell als »Spammer« gebrandmarkt wirst. Achte also auf hohe Relevanz!

14.3.5   Expertise zeigen durch eigene Beiträge

Mit deinem Wissen, deinem Erfahrungsschatz und deinen Meinungen bietest du Mehrwert für deine Leser*innen und sorgst dafür, dass du als Expert*in wahrgenommen wirst. Eigene Beiträge und Artikel sind der Königsweg, um dein Netzwerk aufzubauen und potenzielle Kund*innen zu gewinnen. Mit keiner anderen Maßnahme kannst du so schnell und zielgerichtet neue Kontakte »anlocken«, die mehr von dir erfahren, lernen und gegebenenfalls auch kaufen wollen. Laut der Studie »The ways to create value – building tomorrow's sales organization« sind Vertriebler*innen, die während des Sales-Prozesses Insights und lehrreiche Inhalte teilen, um 23 % erfolgreicher als ihre Kolleg*innen.

In diesen fünf Schritten versammelst du eine Vielzahl von Interessierten in deinem Netzwerk. Diese Menschen kennen dich bereits, wissen, wofür du stehst und was du anbietest. Über eine Direktnachricht kannst du ihnen jederzeit Inhalte anbieten, die für ihren jeweiligen Bereich relevant sind, wie beispielsweise Video-Tutorials, Event-Einladungen oder Studien. Somit lassen sich auch sogenannte *Lead-Magnets* einbinden: Content, den du deinem Netzwerk im Tausch gegen eine E-Mail-Adresse zur Verfügung stellst.

Dann beginnt der »traditionelle« Sales-Prozess: Du qualifizierst die Leads in deinem CRM und priorisierst sie durch Lead-Scoring, bevor du sie bei passender Gelegenheit direkt ansprichst. Uwe von Grafenstein, Gründer von »Geschichten, die verkaufen« und Managing Director der Kalhammer & von Grafenstein GmbH, empfiehlt in unserem Interview, »so schnell wie möglich den Kanal zu wechseln! Wenn ich eine Sache gelernt habe, dann dass es wirklich nur um Vertrauen geht. Früher hieß das *einen guten Ruf haben*. Und das bekommst du auf persönlicher Ebene oder über einen Zoom-Call schneller hin als über LinkedIn.« E-Mail, Telefon oder ein persönliches Treffen sind verbindlicher als eine Nachricht auf LinkedIn. Nach dem Abschluss geht die Kundin oder der Kunde gegebenenfalls über ins Key-Accounting, und du pflegst den Kontakt durch deine Aktivitäten auf LinkedIn.

Tipp

Du kannst deine Kontakte herunterladen. Geh dafür in den Einstellungen unter DATENSCHUTZ • KOPIE IHRER DATEN ANFORDERN • ARCHIV ANFORDERN. Nach ein paar Minuten (manchmal auch bis zu einigen Stunden) bekommst du eine ZIP-Datei zugeschickt. Denke aber daran, dass deine LinkedIn-Kontakte dir kein Einverständnis zum Empfang von Newslettern bzw. Werbung per E-Mail gegeben haben.

14.3.6   Social Selling Use Case von Hays

Marina Zayats, Co-Founderin von Schaffensgeist, unterstützte den Personaldienst-leister Hays beim Aufbau und bei der Implementierung von Social Selling. Wie war die Ausgangslage? 2018 war Social Selling noch kein Thema bei Hays. Der Großteil der rund 2.000 Mitarbeiter*innen im Vertrieb hatte die Business-Social-Media-Netzwerke LinkedIn und XING nicht als relevante Kanäle für den Vertriebsalltag wahrgenommen, geschweige denn genutzt. Telefon, E-Mails und persönliche Termine waren die wichtigsten Kanäle für den Kundenkontakt. Ob Social Media wirklich dabei helfen konnte, Beziehungen zu neuen Kund*innen aufzubauen und Leads zu generieren, wurde angezweifelt, und viele Mitarbeiter*innen waren auf Social Media »unsichtbar« aufgrund fehlender oder sehr unvollständiger LinkedIn- und XING-Profile. Deswegen musste im ersten Schritt Akzeptanz für das Thema Social Selling geschaffen werden. Erst dann hatte ein Training Aussicht auf Erfolg.

So wurde Social Selling implementiert:

- **Audit**

  Marina Zayats analysierte die Nutzung von Social Media im Vertrieb, um den Status quo sichtbar zu machen.

- **Sense of Urgency kommunizieren**

  Es wurde ein Kommunikationsplan entworfen, um die Dringlichkeit und Relevanz eines Social-Selling-Programms bei Hays deutlich zu machen. Dieser Plan wurde vom Vorstand unterstützt.

- **Vorbilder schaffen**

  Es wurde eine Koalition von Vorreiter*innen auf Management- und Mitarbeiterebene gegründet, um das Social-Selling-Training zu erproben.

- **Erfolge feiern**

  Die ersten erfolgreichen Beispiele wurden in die Organisation kommuniziert, um weitere Interessierte für das Social-Selling-Programm zu gewinnen.

- **Skalierung**

  Deutschlandweit wurden Bootcamps durchgeführt, um Mitarbeiter*innen und Führungskräfte in allen Niederlassungen zu trainieren. Dadurch entstand ein »Digital Movement«, und die Begeisterung für das Thema war Hays-weit spürbar.

- **Integration in Systeme**

  Social Selling wurde ins CRM-System integriert, sodass die Wirkung gemessen und optimiert werden konnte.

Das sind die Ergebnisse:

- Alle Vorstände und Business-Unit-Leiter*innen sind auf LinkedIn aktiv und veröffentlichen regelmäßig Beiträge, die das Unternehmensimage sowie ihre eigene Personal Brand stärken.

- Die führenden 35 Social Seller erzielen gemeinsam ca. 100.000 Ansichten pro Woche auf ihre Beiträge und ca. 40.000 Kommentare und Likes im Monat. Und das zusätzlich zu den offiziellen Marketing-Kanälen von Hays.

- Hays erzielt mit Social Selling messbare Umsätze (Zahl nur intern).

- Hays ist eines der ersten Unternehmen in Deutschland, die Social Selling so professionell und selbstverständlich nutzen. Im Vergleich zu seinen Wettbewerbern ist Hays mit Abstand vorne.

- Nicht nur die Hays-Mitarbeiter*innen, sondern auch das Unternehmen als Ganzes, wird von seinen Kund*innen (und potenziellen Mitarbeiter*innen) als *digitally savvy* wahrgenommen. Sogar Kund*innen fragen mittlerweile nach Social-Media-Know-how.

14.4   Was sind die Voraussetzungen für Social Selling?

Je mehr man sich mit dem Thema Social Selling beschäftigt, desto mehr Erfolgsgeschichten wird man unweigerlich mitbekommen. Denn zum einen kann ein gezielter Auftritt auf Social Media vielen Unternehmen wirklich dabei helfen, nachhaltiges Unternehmenswachstum zu generieren. Und zum anderen werden die Menschen und Unternehmen, denen es nicht gelingt, seltener darüber berichten.

Denn natürlich ist Social Selling kein Allheilmittel, das sofort zu mehr Leads führt. Es ist ebenso wenig für jeden Menschen und für jedes Unternehmen geeignet. Deswegen gilt es gerade in der Anfangszeit, darauf zu achten, ob du selbst bzw. deine Organisation die notwendigen Voraussetzungen erfüllst, um mit Social Selling Erfolg zu haben.

14.4.1   Die richtige Erwartungshaltung

Wir leben in einer Welt der »Instant Gratification«. Die schnelle Belohnung unseres Tuns gibt uns einen ordentlichen Dopamin-Stoß, der süchtig machen kann. Deswegen sind beispielsweise Lieferdienste wie Lieferando und Mobility-Apps wie Uber so erfolgreich: weil sie sofortige Befriedigung des Wunsches versprechen. Ich bestelle per Fingerdruck mein Taxi, und schon setzt es sich in Bewegung und macht sich auf den Weg zu mir. Praktisch, oder?

Einen vergleichbaren Knopf gibt es auf LinkedIn leider nicht. Hier ist das Ergebnis deines Handelns nicht unmittelbar, sondern deutlich zeitverzögert. Denn Social Selling ist – du wirst es dir gedacht haben – kein Sprint, sondern ein Marathon. Durch deine Aktivitäten auf LinkedIn erhöhst du die Chancen auf neue Leads und neue Partnerschaften, aber der Erfolg ist nicht gesichert. Denn gutes Social Selling sorgt vor allem für mehr Bekanntheit deiner Leistungen und Produkte sowie für eine Kontaktanbahnung. Über LinkedIn kannst du den direkten Draht zu den Entscheider*innen deiner Zielgruppe aufbauen und traditionelle Türsteher*innen wie das Vorzimmer mitunter überspringen, aber es liegt an dir und deiner Empathie, den Lead auch zu »closen« und den Verkauf abzuschließen. LinkedIn ist primär dafür geeignet, Vertrauen zu anderen Menschen aufzubauen. Und das geht glücklicherweise nicht auf Knopfdruck. Der Aufbau von Vertrauen erfordert Zeit und eine gewisse Gelassenheit. Und genau diese Gelassenheit fehlt den Menschen, die dir bereits in der Kontaktanfrage oder sofort anschließend einen Sales Pitch schicken. Oder die ihre Produkte in den Kommentaren unter deinem Beitrag anpreisen. Das sind Merkmale von Menschen, die den unmittelbaren Erfolg erwarten, aber oftmals nicht bekommen und die Methode schnell wieder verwerfen.

Hier vier praktische Tipps:

1. Schau dir die Profile und die Aktivitäten (insbesondere Kommentare und eigene Beiträge) deiner potenziellen Kund*innen genau an, bevor du überhaupt etwas unternimmst. Nimm dir die Zeit, ihn oder sie kennenzulernen. Halte nach Anknüpfungspunkten Ausschau, die dir einen Gesprächsanlass bieten.

2. Stelle sicher, dass deine Nachrichten individuell und relevant sind, und biete einen Mehrwert an. Dabei solltest du dir die Frage stellen: »Vor welcher Herausforderung steht diese Person? Und wie kann ich ihr bei der Lösung helfen?«

3. Wechsle so schnell wie möglich den Kanal, und vereinbare ein Telefonat, eine Videokonferenz oder – am allerbesten – ein persönliches Treffen.

4. Fokussiere dich bei den eigenen Beiträgen auf Qualität statt Quantität. Denn nur hochwertige und hilfreiche Beiträge werden Aufmerksamkeit und Interaktion hervorrufen. Damit steigerst du nicht nur deinen SSI, sondern auch dein Image auf LinkedIn.

14.4.2   Ein gutes Profil

Denke daran, dass dein Profil mehr ist als deine Visitenkarte. Es ist der erste Eindruck, den viele potenzielle Kund*innen von dir haben – und dafür gibt es keine zweite Chance! Deswegen solltest du sichergehen, dass es aktuell, attraktiv und repräsentativ ist.

Dein Profil ist oftmals die »Landingpage«, also die Seite, auf der Kund*innen zuerst landen. Im digitalen Marketing gibt es eine Reihe von Regeln für die Gestaltung von Landingpages, die auch für dein Profil gelten:

- Beantworte den inneren Dialog deiner Kundin oder deines Kunden: »Worum geht es hier?«, und: »Ist es relevant für mich?« Das sollte in den ersten fünf Sekunden klar werden. Das heißt, du solltest eindeutig kommunizieren, was du für wen tun kannst. Verklausulierte oder hochtrabende Slogans helfen in diesem Fall nicht, sondern sorgen nur für Verwirrung. Klare Aussagen sind gefragt!

- Wo immer möglich, gib deinen Kund*innen die Sicherheit, dass du zuverlässig und vertrauenswürdig bist. Wie machst du das? Durch Social Proof, also die Darstellung von zufriedenen Kund*innen. Dafür sind insbesondere die Module »Empfehlungen« sowie »Kenntnisse und Fähigkeiten« auf deinem Profil geeignet. Beide sollten nicht jungfräulich scheinen, sondern (idealerweise) deine Expertise bestätigen und dein Angebot validieren. Aber auch die Anzahl deiner Kontakte und die Interaktionsrate mit deinen Beiträgen wirken vertrauensfördernd.

- Demonstriere deine Expertise durch Use Cases, Videos oder Beiträge, die du in die Sektion »Im Fokus« und deine Berufserfahrung integrierst.

14.4.3   Ehrliches Interesse an Menschen

Ein chinesisches Sprichwort sagt: »A man without a smiling face must not open a shop.« Diese Weisheit gilt auch auf LinkedIn, und zwar aus zweierlei Gründen: Zum einen solltest du auf deinem Profilbild lächeln, um einen sympathischen Eindruck zu machen. Und zum anderen solltest du eine positive, neugierige Ausstrahlung haben, wenn du auf LinkedIn verkäuferischen Erfolg haben möchtest.

Oft verwende ich das Bild einer Business-Party, um LinkedIn zu beschreiben. Eine Party ist eine sehr gute Möglichkeit, mit »neuen« Menschen ins Gespräch zu kommen, sie kennenzulernen und das Netzwerk zu erweitern – und damit auch die Chance auf neue Kund*innen zu erhöhen. Aber natürlich fällt es vielen Menschen (mehr als es zugeben wollen) schwer, auf fremde Menschen zuzugehen. Das gilt für analoge Partys ebenso wie für virtuelle. Insbesondere wenn du dir vollauf bewusst bist, dass deine Gesprächspartnerin die perfekte Kundin für dich wäre und deinem Unternehmen einen mehr als ordentlichen Sprung nach vorne verschaffen würde, besteht die Gefahr, zu versteifen und in Gedanken nach dem perfekten Gesprächseinstieg zu suchen. Und ehe du dichs versiehst, ist die Gelegenheit vorbei und deine Traumkundin spricht mit deinem Wettbewerber.

Was kann helfen?

- Wechsle dein Mindset! Anstatt dich zu fragen: »Wem kann ich meine Produkte verkaufen«, stelle dir lieber die Frage: »Wem kann ich helfen?« Und »helfen«

muss in diesem Zusammenhang unabhängig von deinem Angebot stehen. Wer kann von deinem Wissen und deiner Erfahrung profitieren? Wem kannst du durch eine Verknüpfung zu einem neuen Job verhelfen? Wem könnte das inspirierende Buch, das du gerade beendet hast, ebenso hilfreich sein?

- Höre aktiv zu! Sowohl auf einer realen als auch einer virtuellen Party gilt: Lasse deine Gesprächspartnerin oder deinen Gesprächspartner immer mehr sprechen, als du selbst sprichst. Das gelingt dir, wenn du ein aufrichtiges Interesse an Menschen hast. Wenn du herausfinden möchtest, was sie antreibt, motiviert, inspiriert und welchen Herausforderungen sie gegenüberstehen. Dieses Wissen hilft dir ungemein, Muster zu erkennen und deine »Buyer-Persona« besser zu definieren.

- Stelle Fragen! Und damit meine ich nicht »Haben Sie Interesse an meinem Produkt?«, sondern offene, ehrliche Fragen zum beruflichen oder privaten Leben der Person. Gerne verbunden mit einem Kompliment. »Ich habe in Ihrem Beitrag gesehen, dass Sie mit XY zusammengearbeitet haben ... Wow, wie war das so?«

- Zeige Empathie! Versetze dich in die Rolle deiner Kundin, und stelle dir vor, mit welchen Herausforderungen sie zu tun haben muss. »Sie arbeiten im Verlagswesen? Ich kann mir vorstellen, dass das zurzeit sehr herausfordernd ist. Was reizt Sie daran?«

- Sorge dafür, dass dein Gegenüber sich wichtig fühlt – und tue es aufrichtig! Erhebe die Person auf eine kleine Bühne, und schmeichle ihr, ohne »zu schleimen«. Insbesondere Menschen, die selten dieses Gefühl genießen dürfen, werden ein Kompliment genießen. »Ich habe gesehen, dass Sie innerhalb von nur drei Jahren zum Senior befördert worden sind – herzlichen Glückwunsch! Was würden Sie mir raten?«

14.4.4   Fokus

Es ist sehr leicht, sich auf LinkedIn zu »verlieren«, insbesondere wenn du Spaß an der Content-Erstellung und dem Austausch mit anderen Menschen hast. Das kann dazu führen, dass du zu viel Zeit in die Erstellung eigener Beiträge investierst oder dass du zu oft in die Diskussionen in den Beiträgen anderer Menschen eintauchst und dich in Details verlierst. Zugegeben, für viele Anfänger*innen auf LinkedIn ist das ein »Luxusproblem«. Aber sobald man sich auf LinkedIn wohlfühlt und guten Content postet, greifen auch die Mechanismen, die jedes soziale Netzwerk mit sich bringt: Sie machen süchtig. Die Anerkennung in der Form von Likes und Kommentaren sorgt für einen Ausstoß der Glückshormone Oxytocin und Dopamin. Die eigentliche Aufgabe dieser Hormone ist die Belohnung von Verhaltensweisen, die für uns als Menschen überlebenswichtig sind: Essen, Sex und Harmonie in der Gruppe. Soziale Netzwerke wie Facebook, Instagram und auch LinkedIn haben

Mechanismen, die genau diese Hormonausschüttung hervorrufen – und stehen deswegen auch zu Recht in der Kritik. Jede Nutzerin und jeder Nutzer sollte sich dieser Mechanismen bewusst sein, um verantwortlich mit seinem wichtigsten Gut umzugehen: der eigenen Lebenszeit.

Wie kannst du auf LinkedIn effizienter arbeiten?

- Wie in Abschnitt 5.5, »Dein Personal Branding Pitch«, beschrieben, solltest du dir klare Ziele setzen, warum du auf LinkedIn aktiv bist und was du erreichen möchtest. Beachte dabei auch deine Unternehmensziele!

- Brich diese Ziele auf Quartals- und Monatsziele herunter, und überlege dir genau, was du auf LinkedIn tun musst, um diese Ziele zu erreichen.

- Widerstehe der Versuchung, einfach durch LinkedIn »zu stöbern«, sondern arbeite nur mit klarer Intention: Wann immer du dich hinsetzt, um LinkedIn zu nutzen, überlege genau, was du in dieser Session tun und erreichen willst. Auch klar definierte Zeitslots können dir zu mehr Effizienz verhelfen.

14.4.5   Organisation

Du verstehst die Vorteile von LinkedIn ebenso wie die Möglichkeiten zum Vertrieb und hast erste Erfolgserlebnisse, findest aber nicht die Zeit, um regelmäßig aktiv zu sein? Du bist nicht allein – insbesondere Menschen, die tendenziell weniger online-affin sind und auch privat selten auf Social Media aktiv sind, tun sich mitunter schwer damit, die nötige Zeit einzuräumen:

- Gerade zu Beginn kann es sehr hilfreich sein, sich klare Zeitslots für LinkedIn zu reservieren: jeden Tag zwei 15-Minuten-Zeiträume (morgens und nachmittags) für den Ausbau des Netzwerks und einmal in der Woche eine Stunde für die Vorbereitung eines eigenen Beitrags. Wenn man dieses Pensum für zwei Monate durchhält und die Qualität stimmt, sollte man schon erste Erfolge sehen können.

- LinkedIn kann ein effizientes Werkzeug in deinem Vertriebskoffer sein, das andere Werkzeuge ergänzt, aber nicht ersetzt. Wenn du bereits Vertriebserfolge erzielt hast, dann kannst du vielleicht auch berechnen, wie viel Zeit du dafür investieren musstest. Idealerweise war der »Return on Time Invest« positiv, d. h., du hast mehr Umsatz erzielt, als es dich Zeit gekostet hat. In diesem Fall stellt sich nicht die Frage: »Wie viel Zeit sollte ich für LinkedIn investieren?«, sondern: »Wie viel Zeit sollte ich mich mit anderen Dingen außer LinkedIn beschäftigen?«

- Sammle Ideen für mögliche Beiträge in einer Ideenmappe. Bereite Bilder und Texte für deine Beiträge vor, sowohl wenn dich »die Muse küsst« als auch während des Slots, den du dir dafür reserviert hast. Somit kannst du Inhalte für mehrere Wochen im Vorfeld vorbereiten und musst sie nur noch zum richtigen Zeitpunkt veröffentlichen.

14.5   Der Social Selling Index: Was ist das und wie kann es mir helfen?

Wäre es nicht praktisch, wenn es eine Metrik dafür geben würde, wie erfolgreich einzelne Mitarbeiter*innen – besonders im Vertrieb – LinkedIn nutzen? Ein Index mit Aussagekraft über die Vollständigkeit des Profils, die Qualität der eigenen Beiträge und die persönliche Kontaktaufnahme?

Genau aus diesem Grund hat LinkedIn den *Social Selling Index* oder kurz SSI erschaffen: eine Zahl zwischen 0 und 100, die Auskunft darüber gibt, wie aktiv und einflussreich du auf LinkedIn bist. Unter *https://business.linkedin.com/sales-solutions/social-selling/the-social-selling-index-ssi* kannst du deinen individuellen SSI abrufen.

LinkedIn hat mit dem SSI klug einen psychologischen Trigger eingebaut, wie wir ihn beispielsweise aus Panini-Bildern oder Videospielen kennen: *Completion*. Die Neigung, einmal angefangene Aufgaben fertigzustellen, entsteht durch das Bedürfnis, mental damit abschließen zu wollen. Unterbrochene oder unvollständige Aktionen erzeugen eine unangenehme innere Spannung, die dazu führt, Tätigkeiten abschließen zu wollen. Ein simples Beispiel für den Completion-Trigger ist eine Bonuskarte, bei der man für jeden Besuch/Kauf einen Stempel erhält.

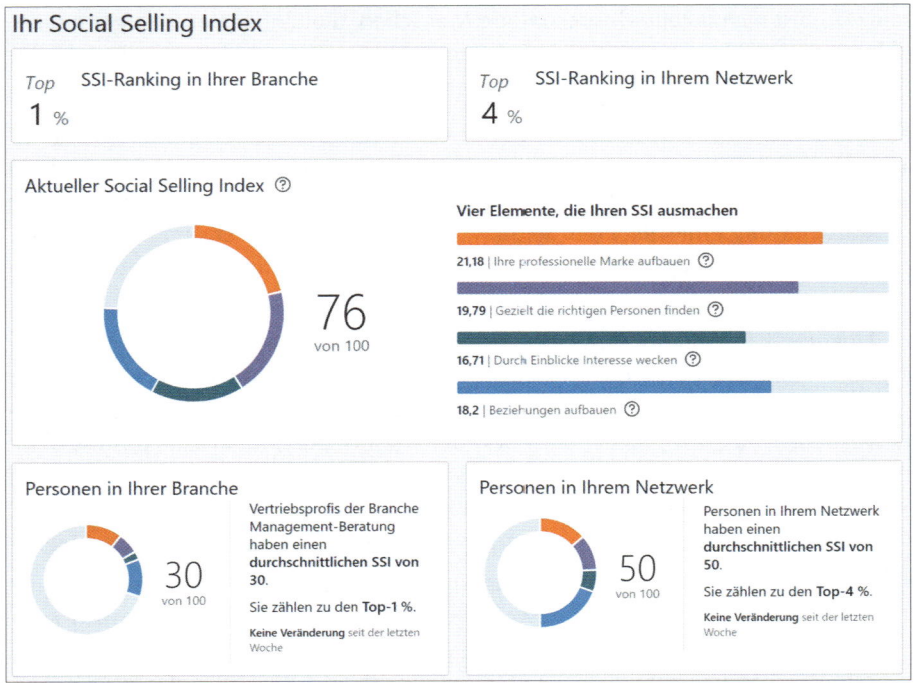

Abbildung 14.2 Der Social Selling Index

Der SSI basiert auf vier Säulen, die jeweils bis zu 25 Punkte ausmachen: deine professionelle Marke aufbauen, gezielt die richtigen Personen finden, durch Einblicke Interesse wecken und Beziehungen aufbauen.

Was steckt hinter diesen vier Säulen? Wie kann man den SSI nach oben bringen? Schauen wir uns die Säulen im Detail an:

1. **Professionelle Marke aufbauen**

   Hier geht es um deine Personal Brand oder ganz konkret um die Vollständigkeit und Detailtiefe deines Profils:

   – Ist dein Profil vollständig, sodass in deinem Dashboard (findest du auf deinem Profil) das Rating »Superstar« erscheint?

   – Hast du die Sektionen IM FOKUS bzw. FEATURED aktiviert und mit multimedialen Elementen (Bilder, Videos, Links) gefüllt?

   – Hast du im Bereich KENNTNISSE UND FÄHIGKEITEN zehn bis zwanzig Skills angegeben, die auch bestätigt worden sind?

   – Hast du mindestens drei Empfehlungen erhalten?

   – Hast du selbst Empfehlungen ausgesprochen?

   – Hast du bei deinen beruflichen Stationen in der Sektion »Berufserfahrung« Bilder oder Videos integriert?

   – Hast du Artikel veröffentlicht?

2. **Die richtigen Personen finden**

   – Nutze regelmäßig die Suche – und verwende dabei auch die Filter.

   – Nimmst du Kontaktanfragen an? Du musst nicht jede Anfrage annehmen, solltest aber innerhalb von maximal 48 Stunden entscheiden.

   – Besuche auch Profile von Menschen im 2. und 3. Kontaktgrad.

   – Nutze die zusätzlichen Filter in der Suche des (kostenpflichtigen) Sales Navigator. Speichere dort auch Leads (Einzelpersonen) und Accounts (Unternehmen) in Listen.

3. **Durch Einblicke Interesse wecken**

   – Interagieren die Menschen mit deinen persönlichen Beiträgen? Verbringen sie Zeit mit dem Lesen deiner Texte, liken und kommentieren sie deine Beiträge?

   – Veröffentlichst du regelmäßig Artikel?

   – Kommentierst du die Beiträge anderer Mitglieder?

   – Bist du in Gruppen aktiv und veröffentlichst dort Beiträge?

4. **Beziehungen aufbauen**

 – Wie lange und wie oft bist du auf LinkedIn aktiv? Wenig überraschend wird der SSI steigen, wenn du mehr Zeit auf LinkedIn investierst.

 – Wie schnell und ausführlich nutzt du private Nachrichten und InMails?

 – Nutzt du die LinkedIn-App?

 – Wirst du gelegentlich in den Beiträgen anderer Mitglieder markiert?

Wie du sehen kannst, lässt sich LinkedIn nicht zu 100 % in die Karten schauen und liefert keine eindeutige Checkliste, welche Meilensteine bzw. Aktivitäten man erledigen muss, um eine gewisse Punktzahl zu erreichen. Das ist natürlich Absicht, damit du dich noch mehr anstrengst und mehr Zeit auf LinkedIn verbringst. Außerdem reagiert der SSI nicht in Echtzeit auf deine Aktivitäten, sondern zeitversetzt und wird nur einmal pro Woche aktualisiert. Das heißt, selbst wenn einer deiner Beiträge viral gehen sollte und eine sehr hohe Reichweite erzielt hat, wird dein SSI nicht sofort durch die Decke gehen. Auch diesbezüglich schlägt Regelmäßigkeit eine hohe Frequenz. Erfahrungsgemäß kannst du maximal eine Punktzahl von 80 erreichen, ohne den Sales Navigator zu benutzen.

14.5.1   Wie kannst du den SSI nutzen?

Zum einen kannst du ihn als Tool nutzen, um den Erfolg deiner eigenen Aktivitäten auf LinkedIn zu messen. Zum anderen kannst du ihn für dein Team aus Vertrieblern, Marketerinnen oder Corporate Influencern nutzen, um ihre Aktivitäten miteinander zu vergleichen und die Entwicklung im SSI im Zeitverlauf zu analysieren – idealerweise sollte der SSI sich nach oben entwickeln. In beiden Fällen kann der SSI zur Steigerung der Motivation dienen.

14.5.2   Was gibt es zu beachten?

Wie du sehen kannst, sind die Säulen des SSI nicht nur von dir selbst, sondern auch von den Menschen in deinem Netzwerk abhängig. Wenn deine Kontakte beispielsweise deine Skills nicht bewerten, dir keine Empfehlungen schreiben oder deine Beiträge nicht kommentieren, ist die Möglichkeit deines Wachstums begrenzt. Deswegen ist der SSI von zwei Personen auch nur bedingt miteinander vergleichbar – insbesondere, wenn die beiden Personen sehr unterschiedliche Netzwerke haben und beispielsweise in der Finanz- und in der Baubranche aktiv sind. Auch die Angaben »SSI-Ranking in Ihrer Branche« und »SSI-Ranking in Ihrem Netzwerk« sind natürlich von den Menschen abhängig, die in deinem persönlichen Netzwerk sind. Und wenn diese sehr aktiv auf LinkedIn sind, dann wird es dir schwerfallen, hier in die Top 10 % oder Top 5 % zu kommen.

Aber das ist vielleicht auch gar nicht wichtig, wenn du deine persönlichen Ziele erreichst. Deswegen sollte ein SSI-Wert auch niemals Teil des Ziels sein, das du dir im Rahmen des Personal Branding Pitches definierst. Wichtiger ist beispielsweise die Anzahl neuer Kundenanfragen.

Neben dem SSI gibt es noch eine Reihe weiterer Metriken, die du zur Messung deiner Aktivitäten heranziehen kannst, sowohl allein als auch im Team. Diese Metriken lassen sich in direkte (die sofort einsehbar und miteinander vergleichbar sind) und indirekte (die errechnet werden müssen) aufteilen.

Zu den direkten und leicht messbaren Werten zählen:

- Anzahl der Follower*innen und Kontakte
- Anzahl der veröffentlichten Beiträge im Monat
- Anzahl der erreichten Impressions der Beiträge
- Anzahl der Likes und Kommentare (nicht empfehlenswert, da abhängig von Charakter und Inhalt des Beitrags und deswegen schlecht miteinander vergleichbar)
- Engagement-Rate: das Verhältnis zwischen der Anzahl der Menschen im eigenen Netzwerk und den Menschen, die mit den eigenen Beiträgen interagieren

Zu den indirekten Daten zählen:

- Anzahl der neuen Kundenanfragen, die durch die Veröffentlichung von eigenen Posts entstehen
- Anzahl neuer Leads
- Anzahl der beantworteten Kundenfragen

Nicht zu messen, aber »gefühlte« Metriken sind:

- Steigerung der Qualität der Vorbereitung zu einem Kundengespräch dank Social Listening
- Steigerung des Images der eigenen Person bzw. der Unternehmensmarke
- Beeinflussung der Marktgespräche

Diese Daten lassen sich nur durch regelmäßige Umfragen bei den aktiven Mitarbeiter*innen feststellen.

14.6   Social Selling implementieren

Ein gut strukturiertes Social-Selling-Konzept baut einen nachhaltigen organischen Sales-Funnel auf und bietet ein enormes Umsatzpotenzial. Aber dieses Potenzial haben viele Unternehmen noch nicht erkannt. XING und LinkedIn werden nicht als relevante Kanäle für den Vertriebsalltag wahrgenommen, geschweige denn genutzt. Telefon, E-Mails und persönliche Termine sind seit Jahrzehnten die wichtigsten Kanäle im Kundenkontakt. Social Media? Spielt maximal im Marketing und im HR eine Rolle, keineswegs aber für den Vertrieb.

In der Praxis sollte man mit einem Maturity Audit starten, um objektiv zu untersuchen, ob und wie Social Media im Vertrieb genutzt werden kann. Wichtigste Frage: Sind relevante Kunden und Stakeholder aktiv auf LinkedIn? Gibt es Vertriebsmitarbeiter*innen, die eine »Leuchtturm«-Funktion übernehmen und als Erste starten können? Wie ist die Zusammenarbeit zwischen Marketing und Vertrieb? Gibt es *hilfreiche* Social Media Guidelines? Haben die Vertriebsmitarbeiter*innen ausreichend fachliche, schnelle und pragmatische Unterstützung?

Die eigentliche Umsetzung sollte erst beginnen, wenn der Vorstand grünes Licht gibt und das Projekt mit der notwendigen Dringlichkeit und Ressourcen (z. B. für externe Beratung, Mitarbeiter-Training, LinkedIn-Tools und Premium-Lizenzen) unterstützt. Außerdem müssen die Mitarbeiter*innen genügend Zeit investieren können, um sich mit der Plattform und den Gepflogenheiten vertraut zu machen. Darüber hinaus sollte es eine pragmatische Lösung geben, um den Austausch zwischen den Mitarbeiter*innen zu ermöglichen, damit sie ihre Erfahrungen miteinander teilen können. Dafür eignen sich bestehende Kanäle wie das Intranet oder Messenger wie Slack. Auch eine Chat-Gruppe auf LinkedIn selbst ist möglich.

Neben dem Erfahrungsaustausch bietet sich hier eine weitere Option: Die engagierten »Social Seller« können sich zu einer internen Engagement-Gruppe zusammenschließen. Ein neuer Beitrag sollte sofort nach Veröffentlichung in der Gruppe kommuniziert werden, damit die anderen Teammitglieder ihn durch Likes und Kommentare »anschieben« können: Für den LinkedIn-Algorithmus sind die Interaktionen in den ersten beiden Stunden nach Veröffentlichung sehr wichtig. Auch wenn die »Lebenszeit« von LinkedIn-Beiträgen deutlich länger ist als auf den meisten anderen Social-Media-Plattformen, entscheidet das initiale Engagement (neben anderen Faktoren) oft über die maximale Reichweite eines Beitrags.

Dann geht es darum, die ersten Experimente zu fahren und schnellstmöglich Erfahrungen zu sammeln. Dafür eignet sich eine kleine Task-Force aus freiwilligen Führungskräften und Vertriebsmitarbeiter*innen, die mit Social Selling starten. Die ersten Erfahrungen (und hoffentlich Erfolge) sollten in das Unternehmen kommuniziert werden. Transparenz spielt eine wichtige Rolle! Nur so können weitere Freiwillige gewonnen werden.

Wenn sie dich Erfolgsfälle wiederholen und die Erfahrungen in Prozesse abbilden lassen, spricht nichts gegen einen unternehmensweiten Rollout des Social-Selling-Programms.

> »Salespeople must learn about strategy and sales tasks at your firm, not only a generic sales methodology. They must learn how other functions affect, and are affected by, selling activities: for example, product management, marketing, pre-sale application support, and post-sale service. They don't need to know how to do those jobs. But increasingly, they do need to know what those jobs are and how they affect customers.« – Frank V. Cespedes and Yuchun Lee, Your Sales Training Is Probably Lackluster. Here's How to Fix it, Harvard Business Review

Spätestens jetzt sollten auch die Kolleg*innen aus dem Marketing ins Boot geholt werden, damit sie die Kolleg*innen mit geeignetem Content und Design-Vorlagen unterstützen können. Wie bei den Social Media Guidelines gilt hier auch: Pragmatismus steht im Vordergrund! Die Vertriebler*innen sollen unterstützt und nicht in ihren Möglichkeiten eingeengt werden. Sowohl die Guidelines als auch die Vorlagen sollen dazu befähigen, ins Handeln zu kommen. Interne Kompetenzrangeleien oder Diskussionen um die pixelgenaue Position des Logos sind nicht zielführend und sollten vermieden werden. Das gilt nicht nur für Social Selling, sondern für alle Maßnahmen, die Wachstum zum Ziel haben.

Übrigens kann die Notwendigkeit der Zusammenarbeit zwischen Marketing und Vertrieb auch dazu führen, dass Silos (mentale oder organisatorische) aufgeweicht oder sogar abgebaut werden und sich die Unternehmenskultur nachhaltig ändert. Dazu können auch Belohnungen wie ein interner Social Selling Award oder ein Sales-Leaderboard beitragen. Hier kann beispielsweise der SSI als Indikator genutzt werden.

Welche quantitativen Metriken kannst du messen?

- Anzahl der Leads
- Anzahl der Gespräche mit potenziellen Kund*innen
- Wert der Sales-Pipeline, die aus Social Selling entstanden ist
- Umsatz, der durch Social Selling generiert worden ist
- Anzahl der Impressions der Beiträge
- Engagement-Rate der Beiträge (Likes, Kommentare, Shares)
- Größe des Netzwerks

Aber neben den Vertriebserfolgen sollten auch die erzielten Reichweiten (die Ansichten der Beiträge), welche die Vertriebsmitarbeiter*innen erzielen, im Blick behalten werden. Denn schnell werden diese die Bedeutung der offiziellen Unternehmensseite übersteigen. Somit können Vertriebsmitarbeiter*innen zu wichtigen Corporate Influencern werden.

In der Regel lassen sich mit den beschriebenen Maßnahmen schon nach zehn bis zwölf Wochen erste Ergebnisse erzielen, die dann auch Skeptiker*innen überzeugen können.

Du siehst: LinkedIn kann sich als Vertriebsplattform lohnen und die Arbeit im Vertrieb auf eine neue Ebene bringen. Vor allem aber ist LinkedIn als Push-Kanal skalierbar und bringt dir im Endeffekt mehr wertvolle Leads ein, als das über Messen überhaupt möglich wäre. Und als B2B-Marketer*in ist ja genau das dein Ziel.

14.7   Social Selling Hacks

Der wichtigste, weil nachhaltigste Hack ist ein gutes Personal Branding und regelmäßige Aktivität auf LinkedIn. Dein Ziel sollte immer der Aufbau von vertrauensvollen Beziehungen sein. That having said ... es gibt einige Methoden, wie das noch schneller geht.

- **Der Umfrage-Hack**

  Poste eine Umfrage über ein Problem, das deine Zielgruppe definitiv hat, und gib ihnen die Wahl aus verschiedenen Lösungsmöglichkeiten. Nachdem die Umfrage beendet ist, kannst du auswerten, welche Nutzer*innen welche Antwort gegeben haben. Jetzt kannst du in einer Direktnachricht auf ihre Antwort Bezug nehmen und ihnen einen passenden Lead-Magnet (z. B. ein E-Book) oder gleich ein passendes Produkt anbieten.

- **Der Huckepack-Hack**

  Schau dir regelmäßig die Unternehmensbeiträge deiner Zielkund*innen an. Diese werden fast nur von den eigenen Mitarbeiter*innen gelesen und kommentiert. Wenn du mit einem guten Kommentar zur Diskussion beitragen kannst, kann das zu deinem Brand-Image positiv beitragen und vielleicht schon den einen oder anderen direkten Kontakt herstellen. Gleiches gilt auch für die Beiträge der Vorstände deiner Zielkunden und natürlich von Branchen-Influencer*innen.

- **Der Wasserloch-Hack**

  Es gibt vermutlich auch einige Menschen in deiner Branche, die gefühlt jeder kennt und deren Beiträge auch von deinen Zielkund*innen gelesen und kommentiert werden. Wie ein Wasserloch in der afrikanischen Savanne, an dem alle Tiere zusammenkommen. Schaue dir an, ob bei den Kommentaren nicht auch der eine oder die andere Zielkund*in dabei ist und was er oder sie geschrieben hat. Du kannst auf ihren Kommentar in deiner Kontaktnachricht verweisen und so schnell ins Gespräch kommen: »Ich habe Ihren Kommentar unter dem Beitrag von XY gesehen und fand ihn sehr inspirierend. Können Sie mir erklären, wie Sie das geschafft haben?« Außer für Influencer*innen kannst du die gleiche Mechanik auch für die populärsten Hashtags verwenden.

- **Der Jobwechsel-Hack**

  Wenn du den LinkedIn Sales Navigator benutzt, kannst du dich benachrichtigen lassen, wenn einer deiner Leads den Job wechselt. Das kann ein guter Zeitpunkt für eine Unterhaltung sein. Das gilt auch für Bestandskund*innen, die dein Produkt oder deinen Service bereits kennen: Wechseln sie das Unternehmen, eröffnet dir das vielleicht die Tür zu einem neuen Kunden.

14.8   Zusammenfassung

Social Selling ist die Nutzung von Business Social Media mit dem Ziel, die Aufmerksamkeit potenzieller neuer Kund*innen zu erlangen, Beziehungen zu ihnen aufzubauen und zu pflegen. Es ist die Kunst, nicht selbst zu verkaufen, sondern gefunden zu werden. Somit kann es einen nachhaltigen, positiven Effekt auf das Unternehmenswachstum haben. Zu den Voraussetzungen gehören eine Affinität für Social Media und eine authentische Neugier auf Menschen, um sie auf LinkedIn kennenzulernen und um Beziehungen zu ihnen aufzubauen. Der Aufbau eines professionellen, attraktiven Profils sollte am Anfang der Aktivitäten stehen. Dieses Profil sorgt für einen positiven ersten Eindruck, den die neue Kundin oder der neue Kunde von dir als Vertriebler*in erhält. Mithilfe des Social Selling Index hast du einen Indikator für den Effekt deiner Maßnahmen, der auch dein ganzes Team motivieren kann.

Was du jetzt tun kannst

Auf keinen Fall solltest du wie wild jeden zu deinem Netzwerk einladen, der bei drei nicht auf den Bäumen ist, um ihm sofort einen Pitch um die Ohren zu hauen! Diese »Strategie« ist nicht nur Zeitverschwendung, sondern sogar sehr unhöflich und kann deinen Ruf ruinieren. Stell dir stattdessen wieder vor, wir wären auf einer Business-Party: Zieh dir ein passendes Outfit an (bringe also dein Profil auf Vordermann), und suche dir dann in der Menge durch aktives Zuhören und Netzwerken den Weg zu passenden Kund*innen. Lerne sie kennen, beispielweise durch eigene Beiträge oder Kommentare, und stelle somit einen ersten Kontakt her. Erst wenn du festgestellt hast, dass dein Gegenüber dein Produkt oder deinen Service auch wirklich gebrauchen kann, solltest du pitchen!

Kapitel 15

Social Recruiting

Bevor du das Wachstum deines Unternehmens mit Hacks beschleunigen kannst, braucht es ein paar Vorkehrungen. Ohne klare Positionierung, umfangreiche Kenntnisse über deine Zielgruppe und solides Geschäftsmodell wirst du nicht erfolgreich sein. In diesem Kapitel zeige ich dir, wie du das Fundament für die kommenden Maßnahmen legst.

Wie du bereits in Kapitel 2 gesehen hast, ist LinkedIn sehr mannigfaltig und vielseitig einsetzbar: Marketer*innen nutzen LinkedIn, um die Marke bekannter zu machen. Führungskräfte wollen ihr Netzwerk aufbauen, Vertriebler*innen wollen Kundinnen und Kunden gewinnen.

Und Personaler*innen? Sie nutzen LinkedIn natürlich auch, um die Arbeitgebermarke zu stärken und das Image als attraktiver Arbeitgeber zu untermauern. Damit sorgen sie zum einen dafür, dass die aktuellen Arbeitnehmer*innen stolz auf »ihr« Unternehmen sind, sich untereinander vernetzen und einen wichtigen Teil zu einer guten Unternehmenskultur beitragen. Zum anderen erhöhen sie damit auch die Attraktivität für Bewerber*innen und machen es somit dem Unternehmen leichter, offene Stellen zu besetzen. In Zeiten des Fachkräftemangels und des »War for Talents« ein nicht zu unterschätzender Vorteil.

Aber was hilft der beste Ruf, wenn niemand außerhalb der Branche das Unternehmen oder seine Mitarbeiter*innen kennt und gar nicht auf die Idee kommen würde, sich auf die Website oder das LinkedIn-Profil des Unternehmens zu verirren? Was dann?

Die Bewerber*innen bleiben aus. Sowohl die Quantität als auch die Qualität der Kandidat*innen ist oftmals nicht ausreichend, um das Unternehmen langfristig erfolgreich und innovativ weiterzuführen. Deswegen müssen Unternehmen immer öfter in die Offensive gehen, den Arbeitnehmermarkt nach passenden Kandidat*innen durchsuchen und diese individuell und zielgerichtet ansprechen – wenn das Ziel eine gewisse Anzahl von Kandidat*innen ist, die den fachlichen Anforderungen genügen müssen. Dann spricht man von *Recruiting*. Diese Aufgabe kann entweder von internen Kolleg*innen erfüllt oder an spezialisierte Headhunter*innen delegiert werden.

Liegt der Fokus weniger auf Quantität, sondern auf der Qualität der Bewerber*innen (»Klasse statt Masse«), spricht man von *Sourcing*. Ein Begriff, der eigentlich aus einer anderen Abteilung, nämlich dem Einkauf, stammt. Sowohl im Einkauf wie auch in der Personalabteilung spricht man von Sourcing, wenn es um die aktive Suche, Identifikation und Ansprache geeigneter Zuliefer*innen bzw. in diesem Fall Kandidat*innen geht.

In der Praxis werden die Tätigkeiten – Recruiting und Sourcing – nur selten streng voneinander getrennt. Insbesondere in kleineren mittelständischen Unternehmen kommt es weniger auf das Wie an, sondern auf das Ergebnis des Prozesses: die möglichst perfekte Besetzung der offenen Stellen.

Deswegen fassen wir alle Maßnahmen, mit denen ein Unternehmen neue Mitarbeiter*innen in sozialen Netzwerken gewinnt, unter den Begriff *Social Recruiting* (die Sourcing-Spezialist*innen mögen mir diese Vereinfachung verzeihen).

15.1   Vorgehensweise

Die Vorgehensweise beim Social Recruiting ist der beim Social Selling sehr, sehr ähnlich. Beide Prozesse umfassen drei Schritte:

1. Identifikation der richtigen Menschen auf Social Media
2. Kontaktaufnahme
3. Qualifizierung

Und auch die Tools sind sehr ähnlich: An erster Stelle steht die LinkedIn-Suche mitsamt ihren Filtern und den booleschen Suchoperatoren, die wir bereits in Abschnitt 10.2.3, »Erstellen von booleschen Suchzeichenfolgen«, kennengelernt haben.

Die boolesche Suche ist eine Schlagwort- bzw. Keyword-Suche. Die Besonderheit besteht darin, dass du innerhalb der Suchzeile bestimmte Befehle, sogenannte Operatoren, in Kombination mit passenden Keywords nutzt, um die Liste geeigneter Kandidat*innen möglichst einzuengen. Die LinkedIn-Suche arbeitet mit den Operatoren AND, OR und NOT (alternativ : –) und den Modifikatoren ( ) (Klammern) und » « (Phrasen).

Wenn du Zugriff auf den LinkedIn *Talent Hub* hast, kann dich das Tool unterstützen, indem es dir basierend auf deinen Angaben passende Kandidat*innen vorschlägt.

Hast du mit diesen Tools Menschen mit dem passenden Profil gefunden (denk daran: besser weniger, aber dafür die »richtigen«), ist der nächste Schritt die Kontaktaufnahme. Auf LinkedIn kannst du dafür die sogenannten *InMails* verwenden: persönliche Nachrichten an Menschen außerhalb deines eigenen Netzwerks. Je nachdem, welches Premium-Profil bzw. Talent-Solution-Paket du nutzt, stehen dir zwischen 10 und 150 Nachrichten pro Monat zur Verfügung.

Keinesfalls möchtest du als »spammy« wahrgenommen werden, das würde sich sehr negativ auf deine Brand auswirken. Deswegen solltest du deine Nachrichten so weit wie möglich individualisieren. Ja, das kostet mehr Zeit und Gehirnschmalz als ein Standardtext. Aber es ist zugleich die höchste Form der Wertschätzung, die du einer Kandidatin oder einem Kandidaten entgegenbringen kannst.

Die Kandidat*innen würdigen es mit einer deutlich höheren *Response-Rate* (Rückantwortquote) und der Chance auf einen langfristigen Kontakt, den Aufbau eines Netzwerks oder Mundpropaganda über diese eine Nachricht hinaus. Entscheidend sind dabei bestimmte Faktoren:

1. Wie attraktiv ist deine eigene Unternehmensmarke oder auch deine Personal Brand? Deswegen ist auch für dich als Recruiter*in bzw. Active Sourcer ein gepflegtes, aussagekräftiges Profil Pflicht.

2. Wie weit gehst du auf die Informationen ein, die du aus dem Profil der Kandidatin lesen kannst? Ihre vergangenen Projekte, ihre veröffentlichten Beiträge und Kommentare, ihre Hobbys und Ehrenämter?

3. Wie gut triffst du den richtigen Ton? Auch hier lohnt sich ein Blick auf die Posts und Kommentare der Kandidatin. Vielleicht kannst du daraus sogar Rückschlüsse auf ihren DISG-Typ ziehen und deine Nachricht entsprechend gestalten. Teste dafür das Tool Crystal (*www.crystalknows.com*).

4. Findest du durch eine erweiterte Recherche einen geeigneten »Hook« als Gesprächseinstieg? Vielleicht findest du noch etwas zu ihren Hobbys und Interessen auf Instagram heraus oder findest ein Podcast-Interview, in dem sie sich zu einem aktuellen Problem der Branche äußert.

Ein professionelles und vollständig gepflegtes Profil ist für dich als Active Sourcer nicht weniger als Pflicht. Gib gerne auch etwas über dich selbst und deine Person preis, so schaffst du die notwendige Augenhöhe in der Kommunikation und erreichst die Kandidatin oder den Kandidaten auf einer persönlicheren Ebene.

Jan Hawliczek, CEO des Social-Recruiting-Unternehmens »Die Grüne 3«, spricht von einer Antwortquote zwischen 55 und 65 % bei personalisierten Nachrichten; normal sind eher 15 bis 20 %.[1]

Bist du einmal ins Gespräch mit der potenziellen Kandidatin gekommen, musst du sie qualifizieren und herausfinden, ob sie zum einen tatsächlich geeignet für den Job ist und zum anderen derzeit auf der Suche nach einem neuen Arbeitgeber ist

---

1   OMR Report (2021). Professional Guide to LinkedIn.

oder sich einen Wechsel zumindest vorstellen könnte. Wie im Vertrieb oder im Customer Support gilt auch hier: Wenn das Gespräch wichtig wird, wechsle möglichst schnell den Kanal, und versuche, ein (Video-)Telefonat zu vereinbaren. Das gibt euch beiden die Möglichkeit, euch besser kennenzulernen, und erhöht zugleich das Commitment der Kandidatin, weil man zu jemandem, mit dem man gesprochen hat, eine emotionale Verbindung aufbaut und ihm weniger leicht absagt.

Wie es im Vertrieb auch der Fall ist, kommt nach einer erfolgreichen ersten Korrespondenz der Moment, an dem der Lead bzw. die Kandidatin »weitergereicht« und ein Interview mit der Fachabteilung vereinbart wird. Ab diesem Moment greifen die gewohnten Unternehmensprozesse, die hoffentlich zu einem unterschriebenen Arbeitsvertrag führen. Eine attraktive Unternehmensmarke und eine lebendige Unternehmenskultur können definitiv dabei helfen, diesen Prozess zu beschleunigen.

15.2   Zusammenfassung

Beim Social Recruting nutzt man die persönlichen Netzwerke der eigenen Mitarbeiter auf Social Media, um geeignete Kandidaten für offene Stellen zu finden. Außerdem lassen sich anhand der Informationen, die potenzielle Kandidaten auf LinkedIn & Co. veröffentlicht haben (z. B. zu ihrer Berufserfahrung oder in ihren Beiträgen) Rückschlüsse darauf ziehen, ob sie für die offene Position geeignet wären und ggf. proaktiv ansprechen.

Was du jetzt tun kannst

Zuerst solltest du dir die Bewertungen von aktuellen und vergangenen Arbeitnehmer*innen auf Plattformen wie *XING* und *kununu* anschauen: Wie wird dein Unternehmen bewertet? Erkennst du Muster in den Beiträgen und kannst z. B. häufig erwähnte positive Aspekte in den Stellenbeschreibungen hervorheben? Reagiert bzw. kommentiert jemand auf offene Fragen und Kritik? Überlege dir genau, welches Image dein Unternehmen bei potenziellen Bewerber*innen haben möchte und ob der aktuelle Auftritt dabei helfen kann – oder ob es Dinge gibt, die man optimieren sollte. Anschließend kannst du HR-Kolleg*innen fragen, ob sie bereits Social Recruiting nutzen, um z. B. potenzielle Bewerber*innen auf LinkedIn direkt zu kontaktieren. Oder ob sie Kolleg*innen bitten, offene Stellenausschreibungen in ihrem eigenen Netzwerk bzw. mit ihren eigenen Profilen auf LinkedIn zu teilen.

Kapitel 16

Werben auf LinkedIn

Auf LinkedIn Werbung zu schalten, ist ähnlich einfach wie auf Facebook oder Google – aber ungleich teurer. Daher solltest du dich vor dem Start deiner Kampagnen unbedingt mit den wichtigsten Regeln auseinandersetzen.

Du willst die Reichweite von Business-Entscheider*innen auf LinkedIn nutzen, um dein Unternehmen bekannter zu machen, hast aber (noch) kein großes Netzwerk? Du willst neue Leads bekommen, aber Social Selling ist dir zu langsam? Oder du suchst neue Bewerber*innen für deine offenen Stellenangebote? Für diese Zwecke bietet LinkedIn ein Self-Service-Werbesystem an, das vergleichbar mit Facebook oder Google ist. In diesem Kapitel lernst du die wichtigen Grundlagen über Aufbau und Optimierung deiner Werbekampagne und erhältst wichtige Tipps, wie du teure Fehler vermeiden kannst. Dafür habe ich mir Rat von Philipp Reittinger, Co-Founder und Geschäftsführer der auf Social Ads spezialisierten Agentur *ZweiDigital*, eingeholt.

16.1   Die Grundlagen

Wie auch Facebook (inklusive Instagram und Facebook Messenger) und Google bietet LinkedIn ein sogenanntes auktionsbasiertes »Selbstbedienungs-Werbesystem« an: den LinkedIn-Kampagnenmanager. Es gibt keinen Festpreis für x Tage oder Impressions wie bei einer klassischen Anzeigenschaltung. Stattdessen gilt wie bei den anderen Plattformen auch bei LinkedIn das Auktionsprinzip. Wenn du deine Anzeige schaltest, konkurriert sie mit Anzeigen anderer Werbetreibenden, die eine ähnliche Zielgruppe erreichen wollen.

Nur wenn deine Kampagne die Auktion gewinnt und den Zuschlag erhält, werden deine Anzeigen den entsprechenden LinkedIn-Mitgliedern angezeigt. Der Preis für deine Anzeigen hängt also von drei Faktoren ab:[1]

---

1   Vgl. OMR Report (2021). Professional Guide to LinkedIn. Advertising.

- Welche Zielgruppe hast du? Wie groß bzw. spezifisch ist sie? Welche anderen Werbetreibenden wollen noch genau diese Zielgruppe erreichen?
- Welche Ziel- und Gebotsstrategie hast du gewählt?
- Wie hoch ist die Relevanz deiner Anzeige für die Nutzer*innen (Klickrate, Likes, Kommentare, Shares, Verweildauer)?

Anders als man es von einer Auktion erwartet, ist das höchste Gebot also nicht allein ausschlaggebend dafür, ob die Anzeige ausgespielt wird. Ist deine Werbung an sich relevant, wirst du deutlich geringere Kosten kalkulieren können, und deine Anzeige setzt sich trotzdem gegen die Wettbewerber*innen durch.

Die dadurch bessere Effizienz deiner Kampagnen ist ein starker Vorteil, den gutes Branding mit sich bringt. Denn je bekannter die Marke, desto mehr Engagement auf die Anzeigen und desto niedriger die Kosten.

Der LinkedIn-Kampagnenmanager bietet folgende Vorteile:

- Unabhängigkeit von Vertriebsmitarbeiter*innen, du brauchst z. B. kein klassisches Angebot für eine Mediaschaltung einzuholen
- Vollständige Flexibilität hinsichtlich Budget, Zielgruppe, Ausrichtung, Anzeigenformate und Dauer
- Kein Warten auf Reports: Du hast ständig Einblick in die aktuelle Leistung der Kampagne
- Im »Resource Center« findest du eine Vielzahl von Strategien und Tipps, die dir dabei helfen, deine Kampagne aufzusetzen

Nachteile gibt es natürlich auch:

- Keine Kontrolle: Machst du einen Fehler im Kampagnen-Setup und richtest die Anzeigen beispielsweise aus Versehen an die falsche Zielgruppe oder die falsche Region, gibt es niemanden, der dich davon abhält und deine Eingaben kontrolliert. Deswegen ist es empfehlenswert, beim Kampagnen-Setup nach dem Vier-Augen-Prinzip vorzugehen und noch jemanden drüberschauen zu lassen.
- Teuer: Werbung auf LinkedIn ist (wie auch auf XING) teuer. Den Zugang zu B2B-Entscheider*innen lassen sich die Plattformen gut bezahlen. Für dich heißt das: hohe TKPs, Klick- und Leadpreise. Deswegen solltest du sicherstellen, dass nicht nur die Kombination aus Anzeigen und Zielgruppe gut funktioniert, sondern dass die Nutzer*innen nach dem Klick auf die Anzeige auf die richtigen Seiten kommen und nicht etwa nur die Startseite deines Unternehmens zu Gesicht bekommen.

Bei XING hast du übrigens sowohl einen selbst bedienbaren Kampagnenmanager als auch Mitarbeiter*innen im Vertrieb, die dich beim Setup deiner Kampagne unterstützen bzw. sie sogar für dich übernehmen können. Außerdem lassen sich manche Werbeformate wie beispielsweise Newsletter-Werbung nicht über den Kampagnenmanager einbuchen.

Auch bei LinkedIn gibt es nicht nur den Kampagnenmanager, sondern auch menschliche Unterstützung. »Tatsächlich sind unsere LinkedIn-Account-Manager*innen fachlich bisher am kompetentesten und konrten uns wirklich mit praktischen Tipps (Gebotsstrategien, fertigen Zielgruppen, Budgetempfehlungen, Best Practice) sehr viel helfen«, berichtet Philipp Reittinger, dessen Team Kampagnen auf allen gängigen Social-Media-Plattformen verwaltet. »Leider geht diese sehr intensive Betreuung erst ab einem monatlichen Mediabudget von ca. 6.000 € pro Account los.«

16.2   Voraussetzungen

Der LinkedIn-Kampagnenmanager soll es den Anwender*innen so einfach wie möglich machen; Werbung zu schalten ist deswegen einigermaßen intuitiv und übersichtlich gestaltet. Du brauchst zwei Dinge:

1. die Rechte, um für ein Unternehmen bzw. eine Unternehmensseite Werbung schalten zu dürfen
2. eine Kreditkarte mit ausreichend hohem Limit

Es gibt auch die Möglichkeit, eine sogenannte *Kreditlinie* einrichten zu lassen. Mit dieser Kreditlinie kann man sich, ähnlich wie bei Facebook oder Google, monatliche Rechnungen von LinkedIn stellen lassen. Hierfür ist ein monatliches Werbebudget von mindestens 4.500 € nötig.

16.3   Rollen im Kampagnenmanager

Bezüglich der Rechte hat LinkedIn ein umfangreiches Rollensystem aufgebaut, um sowohl internen Mitarbeiter*innen als auch externen Dienstleistern (z. B. Agenturen) die Verwaltung der Kampagnen zu ermöglichen. Es gibt folgende Rollen:

- Der *Account-Manager* kann
  - Werbekampagnen-Daten und -Berichte für das Werbekonto sehen
  - neue Kampagnen erstellen
  - vorhandene Kampagnen bearbeiten
  - den Nutzerzugriff auf das Konto verwalten

- – das Konto bearbeiten
- – den Kontoabrechnungsverlauf anzeigen und Zahlungsbelege drucken
- Der *Kampagnen-Manager* kann
  - – Werbekampagnen-Daten und -Berichte für das Werbekonto sehen
  - – neue Kampagnen erstellen
  - – vorhandene Kampagnen bearbeiten
  - – den Kontoabrechnungsverlauf anzeigen
- Der *Anzeigen-Manager* kann
  - – Werbekampagnen-Daten und -Berichte für das Werbekonto sehen
  - – neue und vorhandene Creatives bearbeiten (Bild, Text, Landingpage)
  - – den Kontoabrechnungsverlauf anzeigen
- Der *Betrachter* kann
  - – Werbekampagnen-Daten und -Berichte für das Werbekonto sehen
  - – den Kontoabrechnungsverlauf anzeigen
  - – keine Werbekampagnen oder Anzeigen bearbeiten
- Für den *Rechnungsadministrator* gilt:
  - – Für jedes Konto müssen Sie einen Rechnungsadministrator ernennen.
  - – Er kann die Abrechnungsdetails für das Konto ändern.
  - – Er kann den Kontoabrechnungsverlauf anzeigen und Zahlungsbelege drucken.
  - – Die Nutzerin, die das Werbekonto erstellt, wird automatisch als Rechnungsadministratorin bestimmt.
  - – Wurde ein anderer Nutzer zum Rechnungsadministrator ernannt, wird das Konto so lange ausgesetzt, bis der neue Rechnungsadministrator die aktualisierten Rechnungsinformationen eingegeben hat.
  - – Eine Person muss zuerst zum Account-Manager ernannt werden, bevor sie als Rechnungsadministrator für ein Kampagnenmanager-Konto bestimmt werden kann.

16.4   Kampagnen auf LinkedIn schalten: Funktionen und Aufbau

Die Kampagnen auf LinkedIn sind ähnlich wie auf Google und Facebook aufgebaut, haben aber einige wichtige Unterschiede. Willst du eine neue Kampagne auf LinkedIn schalten, musst du vier Schritte absolvieren:

1. **Account**

   Das Unternehmen, für das du Werbung schalten willst.

2. **Kampagnengruppe**

   Es empfiehlt sich, mehrere Kampagnen mit ähnlichen Zielen zwecks besserer Übersicht zu einer Kampagnengruppe zusammenzufassen (siehe Abbildung 16.1). Beispielsweise könntest du alle Lead-Kampagnen oder alle Job-Kampagnen in jeweils einer Kampagnengruppe zusammenfassen. Du kannst maximal 1.000 Kampagnen in einer Kampagnengruppe erstellen und hast unbegrenzt viele Kampagnengruppen. Mithilfe von Kampagnengruppen kannst du das Budget, die Ausführungstermine, den Status und die Berichterstellung über mehrere Kampagnen hinweg steuern. Mit Kampagnengruppen kannst du auch ein Gesamtbudget festlegen und mehrere Kampagnen gleichzeitig anhalten oder aktivieren.

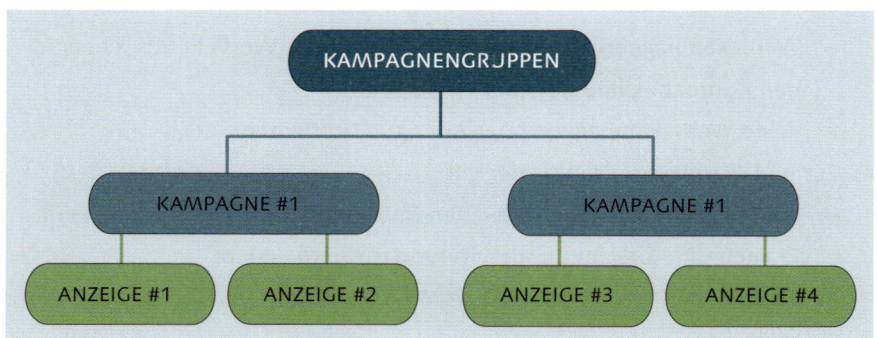

Abbildung 16.1 Aufbau des Werbekontos

3. **Kampagne**

   Ein Unternehmen kann natürlich mehrere Kampagnen schalten, sowohl gleichzeitig als auch nacheinander. Hier bestimmst du Ziel, Zielgruppe, Anzeigenformat(e), Platzierung sowie Budget und Zeitplan. Damit implizieren die Kampagnen auf LinkedIn auch die Einstellungen, die bei Google und Facebook in den »Anzeigengruppen« vorgenommen werden.

4. **Anzeigen**

   Hier bestimmst du das Format deiner Anzeigen, z. B. Bild, Karussell oder Video.

Es ist sehr wichtig, von Anfang an auf eine sinnvolle Nomenklatur zu achten! Kampagnengruppen, Kampagnen und Anzeigen sollten immer einen aussagekräftigen, nach einem vereinbarten Muster aufgebauten Titel haben. Dieser Punkt wird häufig unterschätzt. In den meisten Fällen kümmert sich nicht nur eine Person um das Schalten von Anzeigen, sondern mehrere gleichzeitig. Daher ist es wichtig, die Kampagnen und Zielgruppen einheitlich nach einem festgelegten System zu benennen.[2]

Der Titel von *Kampagnengruppen* sollte Folgendes beinhalten:

- den Zeitrahmen (z. B. »Q4_2021« oder »21-12«)
- die Region (z. B. »AUT«)
- den Auftraggeber (z. B. »HR«) oder den Agenturnamen

Daraus ergibt sich der Kampagnengruppen-Name »21-12_AUT_HR_Q1«.

Der Titel von *Kampagnen* sollte Folgendes beinhalten:

- das Ziel (z. B. »Bewerbungen«)
- die Zielgruppe (z. B. »Automotive Experts«)
- gegebenenfalls eine genauere Bezeichnung zum Zeitplan, insbesondere wenn Verwechslungsgefahr besteht, weil mehrere Kampagnen gleichzeitig oder kurz nacheinander laufen (z. B. »KW4«)
- das Anzeigenformat (z. B. »Single Image«); du kannst pro Kampagne nur ein Format nutzen

Somit ergibt sich der Kampagnenname »Bewerbungen_AutomotiveExperts_KW4_SingleImage«). Laufen im Rahmen eines Tests mehrere Kampagnen parallel, um die beste Kombination aus Zielgruppe und Werbemittel herauszufinden, sollte man einen entsprechenden Hinweis im Kampagnennamen hinterlegen (z. B. »Test_B«).

Anzeigen könnten wie folgt bezeichnet werden:

- Nummerierung zur Unterscheidung mehrerer Motive im gleichen Format
- Inhalt (z. B. »Teambuilding«)

16.5   Achtung, teuer! Nutze die richtige Kampagnenstrategie

Zu Beginn des Setups deiner Kampagne legst du das Kampagnenziel fest: Der LinkedIn-Algorithmus wird dich dann bei der Erreichung deines Ziels unterstützen und die Anzeigen in der möglichst optimalen Frequenz den vermeintlich richtigen Menschen zeigen.

In Abschnitt 8.1 haben wir das AIDA-Modell kennen gelernt. Nach diesem Gedankenmodell durchlaufen Kund*innen bis zum Kauf mehrere Phasen:

---

2   Vgl. OMR Report (2021). Professional Guide to LinkedIn. Advertising.

1. **Attention**

   Aufmerksamkeit für das Produkt wird beim Kunden generiert, der Branding-Prozess startet.

2. **Interest**

   Der Kunde hat Interesse und wird mit detai lierteren Informationen versorgt.

3. **Desire**

   Das Kaufinteresse des Kunden wird geweckt.

4. **Action**

   Der Kunde kauft das Produkt.

Nach einem beinahe identischen Muster teilt LinkedIn die möglichen Kampagnenstrategien ein (siehe Abbildung 16.2):

1. Kampagnen mit dem Ziel *Awareness* sorgen für Aufmerksamkeit bei den Kund*innen.

2. Kampagnen mit dem Ziel *Consideration* sorgen für bzw. bedienen das Interesse der Kund*innen für das Produkt. Hierunter fallen die Strategien Website-Besuche, Engagement und Videoaufrufe.

3. *Conversions*: Du willst eine Aktion auslösen. Hierunter fallen die Strategien Lead-Generierung, Conversions und Bewerbungen.

Abbildung 16.2 Kampagnenziele auf LinkedIn

16.5.1   Ziele auswählen

Du hast folgende Ziele zur Auswahl:

- *Brand Awareness*, wenn du möchtest, dass mehr Personen dein Unternehmen oder die Produkte kennenlernen. Der Fokus liegt darauf, dass die Werbemittel gesehen (und nicht zwingend geklickt) werden. Die relevante Metrik ist der Tausender-Kontakt-Preis (TKP), also der Preis dafür, dass 1.000 Menschen in deiner Zielgruppe die Anzeige sehen können. Im LinkedIn-Werbeanzeigenmanager nennt sich diese Metrik *Cost per Mille* (CPM). Das gleiche Preismodell findest du in der klassischen Anzeigenschaltung wie beispielsweise in Fachmagazinen.

- *Website-Besuche,* wenn du möchtest, dass mehr Personen deine Landingpage besuchen. Kampagnen mit diesem Ziel werden anhand der Anzahl der Klicks und der *Cost per Click* (CPC) bewertet.

- *Engagement,* wenn du möchtest, dass mehr Menschen mit deinen Beiträgen interagieren. Deine Kampagne wird den Personen angezeigt, die am ehesten durch »Gefällt mir«, Teilen, Kommentieren oder Klicken auf deine Anzeigen reagieren oder deinem Unternehmen folgen werden. Deswegen enthalten Anzeigen mit diesem Ziel einen Folgen-Button. Dieses Ziel solltest du nur dann auswählen, wenn du mehr Follower*innen für deine Seite gewinnen willst. Aber da die Reichweite von Beiträgen des Unternehmensprofils ohnehin überschaubar ist (d. h., dass nur wenige Follower*innen die Beiträge sehen werden), sollte dieses Ziel nur ausgewählt werden, wenn man auch einen langfristigen Plan hat, was man mit den neuen Follower*innen eigentlich macht. Hier ist die relevante Metrik die »Engagement-Rate« und die *Cost per Follower*.

- *Videoaufrufe,* wenn du möchtest, dass mehr Personen deine Videos ansehen. Logischerweise kannst du bei Kampagnen mit diesem Ziel nur ein Format auswählen: Video Ads. Diese sollten besonders bei Awareness-Kampagnen dein bevorzugtes Format sein, weil die Wirkung deutlich höher ist als bei einfachen Bildanzeigen. Allerdings ist der TKP meistens auch höher.

  Ich empfehle dir, einen Blick in den Kampagnenmanager von Google zu werfen. Denn wenn es dir gelingt, deine Zielgruppe durch das Google-System gut zu definieren, dann lohnt sich vielleicht eine Videokampagne auf YouTube oder Facebook. Dort wirst du deine Zielgruppe sehr wahrscheinlich nicht so exakt erreichen können wie auf LinkedIn, dafür sind die *Cost per View* auch deutlich geringer. Wenn du eine breite Zielgruppe hast, kann sich der Vergleich mitunter lohnen. Wenn es dir nur um Geschäftsführer*innen von mittelständischen Unternehmen mit 500 bis 1.000 Mitarbeitenden geht, dann vermutlich nicht.

- *Lead-Generierung,* wenn du mehr qualifizierte Leads, also Menschen mit einem Interesse an deinem Unternehmen oder Produkten, gewinnen möchtest. Für dieses Ziel empfiehlt sich insbesondere das »Lead Gen Form«: Ein Formular wird in die Anzeigen eingebaut und mit den Nutzerdaten (z. B. Name, Vorname, E-Mail, Jobposition) vorausgefüllt. Die Interessierten müssen nur noch auf SENDEN klicken, und du kannst die Konversation (via E-Mail oder direkt im Messenger auf LinkedIn) starten. Kampagnen mit dieser Strategie solltest du anhand der *Cost per Lead* (CPL) bewerten.

- *Conversions*, wenn du willst, dass die Menschen auf deine Website kommen und dort etwas tun. Beispielsweise ein E-Book herunterladen, ein Formular ausfüllen oder etwas kaufen. Damit diese Kampagnen erfolgreich sind, musst du das LinkedIn-Conversion-Tracking aktivieren: Hierfür wird auf deiner Website ein Cookie, das *LinkedIn Insight Tag*, implementiert, das den Erfolg misst. Somit kannst du sehen, wie viele Besucher*innen dank der Kampagne auf deine Website gekommen sind und (noch wichtiger) wie viele davon die gewünschte Aktion ausgeführt haben. In diesem Fall ist die für dich relevante Metrik *Cost per X* (CPX). »X« steht für die gewünschte Aktion: Order bzw. Bestellungen, Leads, Registrierungen oder Downloads. Stelle unbedingt sicher, dass das Tracking korrekt implementiert wurde und funktionstüchtig ist, bevor du die Kampagne startest. Hierbei hilft dir die Chrome-Erweiterung *LinkedIn Pixel Helper by Pearmill*. Mit dieser Erweiterung siehst du, ob das Insight Tag korrekt eingebunden wurde und deine gewünschten Aktionen erfasst und an LinkedIn übergibt. Und denke auch daran, deine Datenschutzhinweise entsprechend anzupassen, um die Daten DSGVO-konform zu messen.

- *Bewerbungen*, wenn du mehr Bewerber*innen für deine Stellenanzeigen bekommen möchtest. Diese Kampagnen solltest du ebenfalls mit dem *Cost per Click* bzw. den Kosten pro (guter!) Bewerbung bewerten.

Je nachdem, welches Ziel du hast bzw. welche Strategie du verfolgst, stehen dir verschiedene Anzeigenformate zur Verfügung.

16.5.2   Best Practices

Einige Taktiken haben sich in der Praxis bewährt:

- »Vor der Anzeigenschaltung solltest du dir genau überlegen, welche *Ziele* du verfolgen möchtest, und den entsprechenden Kampagnentyp wählen«, bekräftigt Philipp Reittinger. »Wir empfehlen in aller Regel *Website-Conversion* oder *Lead-Generation* als Ziel. Grundsätzlich gilt: Wähle das Ziel aus, das mit der Kampagne wirklich bezweckt werden soll.« Eine Fokussierung auf ein einziges Ziel ist dabei kritisch für die Bewertung der Kampagne. Ja, eine Conversion-Kampagne wird auch zu mehr Branding führen (und vielleicht sogar umgekehrt). Aber sie wird niemals so effizient sein wie eine Kampagne, die sich auf ein einziges Ziel fokussiert. Also mein dringender Appell: pro Kampagne nur ein einziges Ziel.

- Werbung auf LinkedIn mag effizient sein, aber nicht günstig. »Deswegen sollte das *Budget* nicht zu niedrig sein«, rät Philipp Reittinger: »Es geht vorrangig darum, genügend Personen zu erreichen und somit auch die nötigen Daten, um die Performance eurer Anzeigen bewerten zu können. Wir empfehlen ein Budget pro Kampagne von mindestens 50 € am Tag.«

- Bei den *Gebotsverfahren* sollte zuerst mit dem automatischen Bidding gearbeitet werden, um herauszufinden, wo die ungefähren CPC liegen. Anschließend kann mit manuellem oder einem Zielkosten-Bidding eine Reduzierung der effektiven CPC forciert werden.

- »Die *Anzeigenrotation* ist eine (relativ versteckte) Möglichkeit, dem Algorithmus eine Richtung vorzugeben«, empfiehlt Reittinger. Dabei gibt es die beiden Szenarien »Optimize for performance« und »Rotate ads evenly«. Zweiteres ist zum Start jeder Testkampagne sinnvoll, da so die zu schnelle Optimierung durch den Algorithmus unterbunden wird. Nach der Testphase ist der Switch zur automatischen Optimierung sinnvoll.

- Die *Kampagnenlaufzeit* sollte nicht zu kurz sein. Es dauert einige Tage, bis die Kampagne »ins Laufen kommt« und die Ergebnisse valide sind. Je nach Budget solltest du vor drei Tagen Laufzeit keine großen Optimierungen vornehmen. »Ab 5.000 Impressions lassen sich Ergebnisse als valide und statistisch signifikant deuten«, spezifiziert Reittinger. »Du kannst mit entsprechend Budget in zwei Stunden 5.000 Impressionen generieren und hast dann schon eine statistisch korrekte Aussage, oder eben erst nach zwei Wochen, wenn du (zu) wenig Budget am Tag ausgibst.«

- *AB-Tests*: Füge nach einer Woche neue Anzeigen zu deiner Kampagne hinzu, und deaktiviere die mit den schlechtesten Ergebnissen, um die Kampagne fortwährend zu verbessern.

- Schaue dir regelmäßig die *demografischen Daten* deiner Kampagne an: Wer hat auf die Anzeigen geklickt, und welche Personen sind zu Leads geworden? Welche Positionen in welchen Unternehmen haben diese Menschen? Passe gegebenenfalls dein Targeting an.

- Du bekommst viele Website-Besucher*innen, aber wenig Leads? Wirf einen kritischen Blick auf die *Landingpage*, auf die du deine Besucher*innen verweist. Ist die Kommunikation klar und eindeutig? Wissen die Besucher*innen, was sie tun sollen – und warum? Ist das Formular prominent sichtbar und leicht nutzbar? Es gibt viele Stellschrauben, an denen du drehen kannst, um die Conversion zu verbessern – auch außerhalb der Anzeigen. Und wenn Leads dein Ziel sind, solltest du auch Lead Gen Forms innerhalb der LinkedIn-Anzeigen testen. Auch Reittinger sagt: »Denk immer daran, dass es die Aufgabe jeder Paid-Kampagne ist, relevante Personen anzusprechen und neugierig zu machen, um zu klicken. Für die gewünschte Aktion ist jedoch deine Landingpage verantwortlich, sie muss überzeugend sein und zur gewollten Conversion leiten.«

- Wähle dein *Gebot* nicht zu niedrig! Wenn du deutlich weniger als den empfohlenen Betrag bietest, werden deine Anzeigen nicht oft genug ausgespielt. Der größere Hebel ist die Optimierung der Anzeigen und des Targeting. »Für den Start deiner Kampagne empfiehlt es sich, mit der Option ›automatisches Gebot‹

zur arbeiten«, ergänzt Reittinger. »Dieses kannst du mithilfe der ersten Ergebnisse manuell nachjustieren.«

- In der Optimierung solltest du nicht nur auf die *quantitativen Cost per Lead* abzielen. Das relevante Kriterium für dich als Vertriebler*in sind am Ende die Kosten pro relevantem Lead. Prüfe also, ob die Leads, die du erzielst, auch qualifiziert und wertvoll sind. Danach sollte das Budget auf die Zielgruppenansätze verteilt werden.[3]

- Du kannst deine Anzeigen nicht nur auf LinkedIn direkt, sondern auch im sogenannten *LinkedIn Audience Network* ausspielen lassen. Das Display Network besteht aus Partner-Webseiten im Microsoft-Netzwerk (z. B. Outlook, Bing). Philipp Reittinger rät: »Die Platzierung des LinkedIn Audience Networks sollte bei Conversion- bzw. Remarketing-Kampagnen deaktiviert werden. Grund dafür ist eine schlechtere Conversion-Rate und die Ausspielung an weniger relevante User über das Display-Netzwerk. Verschiedene Tests bei unseren Kunden haben ergeben, dass das Display Network keinen nennbaren Mehrwert liefert. Auch ist nicht wirklich messbar, an welche User die Anzeigen ergänzend ausgespielt wurden. Daher empfehlen wir dir, diese in jeder Kampagne zu deaktivieren. Das Audience Network ist nur dann sinnvoll, wenn eine ›Click & Reach‹-Strategie forciert wird. Conversion- und Lead-Kampagnen sollten weiterhin exklusiv auf der LinkedIn-Plattform selbst stattfinden und nicht im Microsoft-Netzwerk ausgespielt werden.«

16.6   Targeting: So findest du die richtigen Menschen

Die Grundlage von Marketing ist die Fähigkeit, die Lösung für ein Problem denjenigen Menschen zu präsentieren, die dieses Problem haben. Und die Grundlage von gutem Marketing ist die Fähigkeit, niemanden sonst zu erwischen. Denn Menschen ohne dieses Problem sind für Marketer*innen nur Streuverlust und somit verbranntes Budget. Deswegen sollten Menschen mit Glatzen keine Werbung für Shampoo sehen oder Jugendliche keine Werbung für Seniorenresidenzen.

Im Online-Marketing wird die Auswahl der (hoffentlich) richtigen Zielgruppe *Targeting* genannt. Auf LinkedIn bezeichnet Targeting die Auswahl deiner Zielgruppe anhand ihrer Profilinformationen. Im Kampagnenmanager stehen dir dafür eine Vielzahl von Auswahlkriterien[4] zur Verfügung.

---

3 Vgl. OMR Report (2021). Professional Guide to LinkedIn. Advertising.

4 Quelle: *https://business.linkedin.com/content/dam/me/business/en-us/marketing-solutions/cx/2020/namer-pdfs/linkedin-marketing-solutions-updated-targeting-playbook-2020.pdf*

Und so gehst du vor:

1. In welcher Region ist deine Zielgruppe? Der Ort ist das einzige Pflichtfeld bei der Auswahl deiner Zielgruppe. Du kannst Städte, Regionen, Bundesländer oder Länder auswählen. Der Filter nutzt die Ortsangaben in den Mitgliederprofilen oder auch die IP-Adresse der Mitglieder.

2. Wähle die richtige Sprache aus. Dies sollte die gleiche Sprache sein, die du für den Text deiner Anzeigen verwendest. Kleiner Tipp von Reittinger: »Bei *Deutsch* werden deine Anzeigen Nutzer*innen angezeigt, die ihr Profil auf Deutsch eingestellt haben. Wählst du *Englisch* aus, erreichst du alle User in Deutschland (oder DACH), die ihr Profil auf Englisch oder Deutsch eingestellt haben.«

3. Wenn du mit Digital-Marketing startest, kannst du vielleicht eine Zielgruppen-vorlage verwenden. Mit einer dieser Vorlagen kannst du wichtige Zielgruppen (zum Beispiel Event-Planer, Ärztinnen, Berufseinsteigerinnen oder Millennials) ansprechen, ohne die Targeting-Kriterien manuell auswählen zu müssen.

4. Wenn es keine passende Zielgruppenvorlage gibt, kannst du die Targeting-Filter (»Zielgruppen-Attribute«) manuell benutzen:

   – *Unternehmen:* Unternehmenskontakte, Unternehmens-Follower, Branchen, Firmennamen, Unternehmensgröße

   – *Demografie:* Alter und Geschlecht

   – *Ausbildung:* Abschlüsse, Hochschulen/Berufsschulen und Studienfächer

   – *Berufserfahrung:* Tätigkeitsbereiche, Karrierestufen, Jobbezeichnungen, Kenntnisse und Jahre an Berufserfahrung

   – *Interessen:* Gruppen und Interessen der Mitglieder

Kombiniere drei bis fünf Filter miteinander, um deine Zielgruppe bestmöglich zu beschreiben. Du kannst beispielsweise die Karrierestufen-Filter Manager, Direktor, Vice President, Geschäftsführung und Unternehmensinhaber mit dem Filter »Tätig-keitsbereich: Informationstechnologie« kombinieren, um Entscheider*innen in der IT-Funktion zu erreichen.

Wie groß ist die ideale Zielgruppe? Das ist fast schon eine philosophische Frage, über die Expert*innen trefflich diskutieren können. LinkedIn empfiehlt möglichst große Zielgruppen: mehr als 300.000 Personen für Sponsored Content und Text Ads, zwischen 60.000 und 400.000 Personen für Textanzeigen und mehr als 100.000 Personen für Message Ads. Das Team von Philipp Reittinger empfiehlt eine Größe zwischen 10.000 und 100.000 Usern. Je kleiner die Zielgruppe, desto höher die CPC und desto länger das Warten auf valide Ergebnisse, weil nicht jedes Mitglied regelmäßig auf LinkedIn aktiv ist. Je größer die Zielgruppe, desto höher die Streuverluste und desto höher der effiziente TKP. Wenn du Awareness in einer großen Zielgruppe aufbauen möchtest, musst du mit sehr hohen Budgets rechnen.

Tipp

Du kannst herausfinden, warum du eine Anzeige siehst. Das funktioniert auf LinkedIn ebenso wie auf den allermeisten Webseiten: Klicke auf die drei Punkte (bei Bannern auf anderen Sites ein blaues Icon) oben rechts neben dem Wort »Anzeige« und anschließend auf WARUM SEHE ICH DIESE ANZEIGE?. Dort werden dir wie in Abbildung 16.3 die Targeting-Kriterien des Werbetreibenden gezeigt.

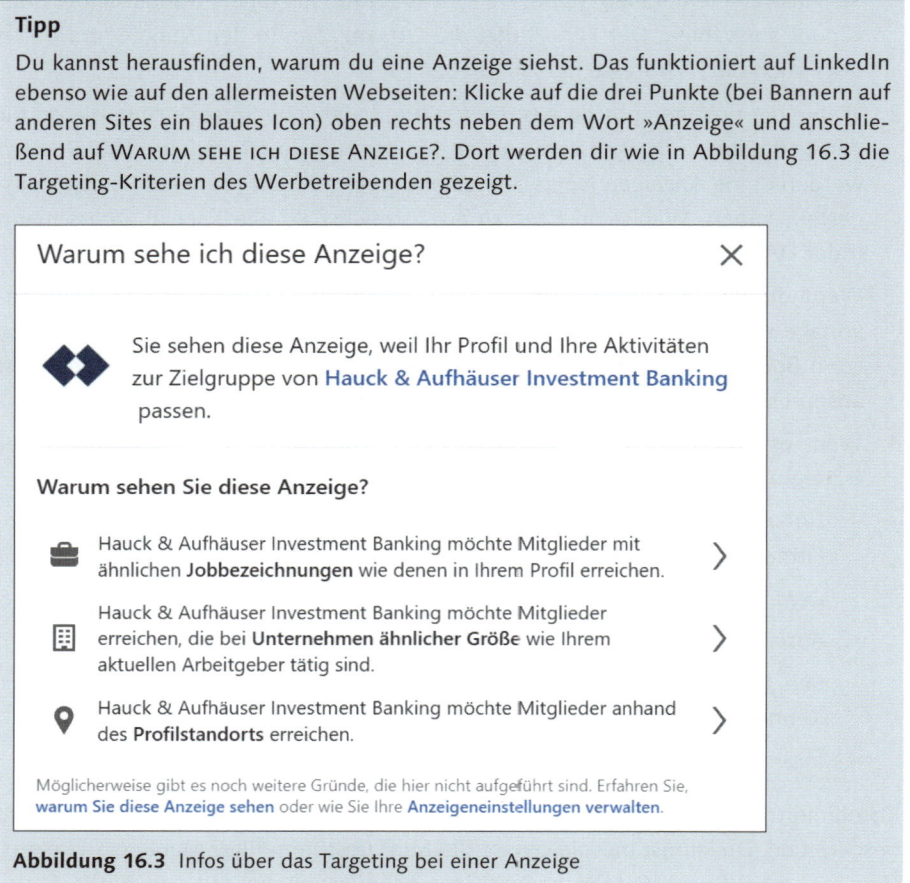

Abbildung 16.3 Infos über das Targeting bei einer Anzeige

16.6.1 Wie du deine Kampagnen optimieren kannst

Du kannst zwei ähnliche Kampagnen mit unterschiedlichen Targeting-Kriterien parallel schalten, um herauszufinden, welche Kombination effektiver ist. Dafür duplizierst du eine bereits erstellte Kampagne und änderst in der Kopie die Targeting-Kriterien. Aber Vorsicht: Änderst du zu viele Filter, kannst du die Ursache für den Ausgang deines Tests nicht exakt bestimmen.

Außerdem solltest du in jeder Kampagne mehrere verschiedene Werbemittel verwenden und beobachten, ob eines oder mehrere bessere Ergebnisse erzielen, z. B. eine höhere Klickrate. Zur Orientierung: Eine Klickrate zwischen 0,35 % und 0,8 %

ist als durchschnittlich auf LinkedIn zu bewerten. Um aussagekräftige Ergebnisse zu erzielen, sollten die Unterschiede immer offensichtlich sein, wie beispielsweise ein anderes Bild oder eine deutlich unterschiedliche Überschrift. Wenn du nur Kleinigkeiten änderst, wirst du keine aussagekräftigen Ergebnisse bekommen. Neben Motiven (also z. B. Mann vs. Frau) kannst du auch verschiedene Formate (Bild, Karussell, Video) gegeneinander testen. Beachte, dass du pro Kampagne, im Gegensatz zum Facebook-Werbeanzeigenmanager, immer nur ein Anzeigenformat testen kannst. Daher musst du für jedes Anzeigenformat eine eigene Kampagne aufsetzen.

Apropos Auswertung und Optimierung: Wenn deine Kampagne läuft, kannst du im Tab DEMOGRAFIE im Kampagnenmanager mehr über die Mitglieder erfahren, die auf deine Anzeige geklickt haben, wie beispielsweise ihre Jobbezeichnung, Karrierestufe und Branche. Bewaffnet mit diesem Wissen kannst du deine Kampagnen noch besser aussteuern.

16.6.2   Matched Audiences

Neben den Zielgruppenvorlagen und der manuellen Auswahl der Zielgruppenkriterien gibt es noch weitere Möglichkeiten, wie du die Empfänger*innen deiner Werbung auswählen kannst. Diese Möglichkeiten fasst LinkedIn unter dem Begriff *Matched Audiences* zusammen.

Unter Matched Audiences fällt auch das klassische *Retargeting*, das du vielleicht schon von Facebook oder Google kennst: Deine Werbung wird den Menschen angezeigt, die bereits mit dir in Kontakt waren. Die bekannteste Form ist Website-Retargeting: Du erstellst eine Zielgruppe aus den Besucher*innen deiner Website und erinnerst sie mit einer Anzeige an dein Produkt oder deinen Service. Um mit Website-Retargeting loszulegen, musst du das LinkedIn Insight Tag auf deiner Website implementiert haben. Nur so kann LinkedIn feststellen, welche Mitglieder auf deiner Website waren.

Tool-Tipp

Mit der kostenlosen Chrome-Erweiterung *LinkedIn Pixel Helper* kannst du überprüfen, ob dein LinkedIn-Pixel korrekt auf deiner Website eingebunden ist.

Neben Website-Besucher*innen kannst du auch noch andere Menschen wieder auffinden:

Deine *Kund*innen oder Leads*, wenn du auf deiner Website ein Conversion-Event eingerichtet hast und damit die Kund*innen eindeutig identifizieren kannst. Auf Basis dieses Conversion-Events hat man die Möglichkeit, eine Lookalike Audience zu erstellen, um so Personen auf LinkedIn zu erreichen, die den bestehenden Kunden sehr stark ähneln (Stichwort: statistische Zwillinge). Diese Personen können nicht nachträglich erfasst werden, daher sollte das LinkedIn Insight Tag so früh wie möglich anfangen, eine Audience zu sammeln. Eine Lookalike Audience lässt sich ab 300 Handlungen (also z. B. Registrierungen oder Käufen) erstellen.

Mit *Video-Retargeting* kannst du eine Zielgruppe basierend auf Mitgliedern erstellen, die fast alle oder einen Teil deiner Videoanzeigen angesehen haben. Du kannst die Zielgruppe basierend auf Personen erstellen, die 25 %, 50 %, 75 % oder 97 % deiner Videoanzeigen angesehen haben.

Mit *Lead Gen Forms Retargeting* kannst du die Menschen erreichen, die ein Lead Gen Form geöffnet oder sogar abgeschickt habe.

Mit dem Retargeting von *Unternehmensseiten* kannst du eine Zielgruppe basierend auf Mitgliedern erstellen, die entweder auf deine Unternehmensseite oder auf einen Call-to-Action-Button in der Kopfzeile deiner Seite geklickt haben.

Veranstaltungspublikum: Du kannst auch LinkedIn-Mitglieder erreichen, die an einem deiner Events teilgenommen haben. Beispielsweise könntest du das nächste Event bewerben oder ihnen weiterführende Informationen zukommen lassen.

Du kannst eine *Liste* mit Unternehmen oder Kontakten hochladen, die du ansprechen willst. Das klingt nett, ist in der Praxis aber mit sehr viel Arbeit verbunden, weil du eine Excel-Vorlage von LinkedIn ausfüllen musst. Und wenn du bereits eine Liste der relevanten Unternehmen oder Ansprechpartner*innen hast, dann ist eine individuelle Ansprache mithilfe des Sales Navigators oft effizienter als das Schalten von Werbebannern. Die einzige Ausnahme wäre eine Liste mit potenziellen Leads, deren E-Mail-Adressen du herausgefunden hast, aber von denen du noch kein Einverständnis für eine Zusendung von Werbung via E-Mail erhalten hast. Diesen Menschen könntest du einen Lead-Magnet anbieten und sie somit zu deinem Verteiler hinzufügen.

Ist deine definierte Zielgruppe zu klein, kannst du die Funktion *Zielgruppenerweiterung* bzw. *Lookalike Audiences* nutzen. Zielgruppenerweiterung und Lookalike-Zielgruppen liefern deine Werbung an Mitglieder aus, die deiner Zielgruppe in ihren beruflichen Eigenschaften und Interessen ähneln. Lookalike Audiences eignen sich besonders gut, wenn du bereits eine erwiesenermaßen gute Zielgruppe hast, wie beispielsweise deine Website-Besucher*innen, deine E-Mail-Empfänger*innen oder deine Leads. LinkedIn wird dann statistische Zwillinge finden und somit solche Menschen, die auch an deinem Angebot interessiert sein könnten.

16.7 Welche Anzeigenformate lohnen sich – und welche nicht?

Selbst für geübte Marketer*innen scheint die Auswahl an Anzeigenformaten[5] auf LinkedIn unübersichtlich. Das liegt an der uneinheitlichen Bezeichnung. Am einfachsten ist es, die Formate anhand ihrer Platzierung auf LinkedIn zu sortieren:

- Im LinkedIn-Newsfeed kannst du Bild- und Videoanzeigen platzieren. Du kannst entweder ein einzelnes Bild (Single Image Ad) oder mehrere Bilder nebeneinander (Carousel Ad) verwenden. Weil diese Anzeigen über und unter den normalen Beiträgen erscheinen, werden sie auch als *Sponsored Content* oder *Sponsored Posts* bezeichnet.
- Im Messenger stehen dir Conversation Ads und Message Ads zur Verfügung.
- In der Desktop-Ansicht gibt es rechts neben dem Newsfeed noch eine weitere Spalte. Dort sind Text Ads, Spotlight Ads, Stellenanzeigen und Follower Ads platziert.

Das sind die Grundlagen. Einige dieser Formate kannst du »upgraden« und mit weiteren Funktionen ausstatten:

Anzeigen im Newsfeed und im Messenger kann man für den Gewinn neuer Leads nutzen. Dann wird ein Registrierungsformular in das Werbemittel eingefügt und das Werbemittel zu einem *Lead Gen Form*.

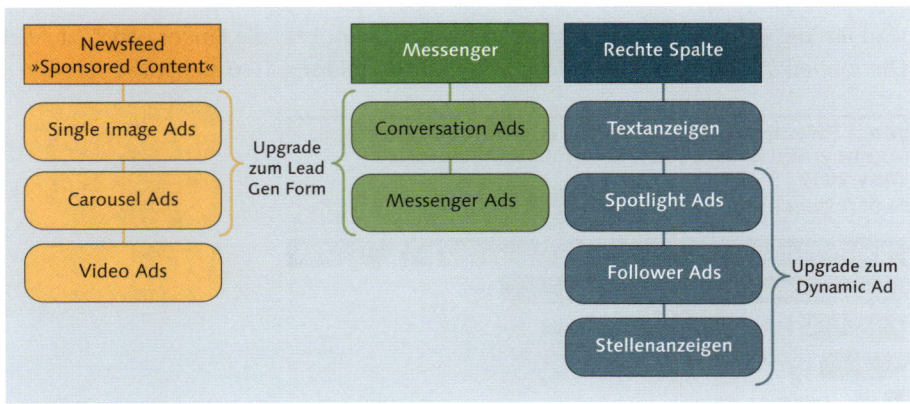

Abbildung 16.4 Anzeigenformate auf LinkedIn

Die anderen Formate, also die Anzeigen in der rechten Spalte, kannst du in *Dynamic Ads* umwandeln. Dynamische Anzeigen sind personalisierte Anzeigen, die auf die eigenen Daten zugeschnitten sind, z. B. LinkedIn-Profil, Profilfoto, Firmenname

---

5 Siehe dazu: *https://business.linkedin.com/de-de/marketing-solutions/success/ads-guide*

oder Jobbezeichnung. Somit werden diese Anzeigen personalisiert. Du kannst Follower Ads, Spotlight Ads und Stellenanzeigen »dynamisieren«. Welches Anzeigenformat solltest du verwenden? Das hängt natürlich ganz von deinen Zielen ab. Und weil keine Kampagne wie die andere ist, solltest du immer mehrere Anzeigenformate parallel laufen lassen, um die bestmögliche Leistung zu erreichen.

Hier ein kleiner Leitfaden, auf welche Formate du dich fokussieren solltest:

- Du willst Aufmerksamkeit generieren? Dann nutze – wenn möglich – Video Ads oder Single Image Ads.

- Du willst den Menschen in deiner Zielgruppe einen komplexen Sachverhalt erläutern? Dann nutze Video Ads oder Carousel Ads. Noch besser: Du »teaserst« in deinem Werbemittel lediglich den Sachverhalt und erläuterst ihn dann auf deiner Landingpage.

- Du willst mit anderen Menschen direkt in Kontakt treten? Dann nutze Conversation Ads.

- Du willst neue Follower*innen für deine Unternehmensseite? Dann verwende dynamische Follower Ads. Aber Vorsicht: Die Follower*innen sind eine Vanity-Metrik – sieht schön aus, trägt aber nicht zwingend zum Unternehmenserfolg bei. Es gibt bessere Methoden, um mehr Follower*innen zu gewinnen – und ohne Geld zu investieren (schau dir dazu Kapitel 13, »Unternehmensprofile«, an).

- Du willst eine Position neu besetzen? Dann verwende Conversation bzw. Messenger Ads und dynamische Stellenanzeigen.

Und um die Frage in der Überschrift zu beantworten: Lass die Finger von Text Ads! Die lohnen sich in aller Regel nicht, wie du in Abbildung 16.5 siehst.

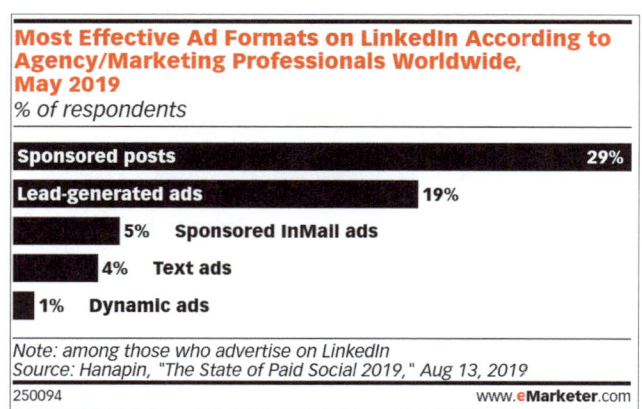

Abbildung 16.5 Effizienz der Anzeigenformate[6]

---

6 Quelle: *www.emarketer.com/chart/231168/most-effective-ad-formats-on-linkedin-according-agencymarketing-professionals-worldwide-may-2019-of-respondents*

Growth Hack

Du kannst die Sponsored-Content-Anzeigen deiner Wettbewerber*innen sehen und dich von ihnen inspirieren lassen. Gehe dazu einfach auf die jeweilige LinkedIn Company Page, klicke auf BEITRÄGE und anschließend auf ANZEIGEN (siehe Abbildung 16.6).

Abbildung 16.6 Anzeigen auf der Unternehmensseite

Checkliste: Das sollte deine Anzeige beinhalten

- Du machst das Problem und die Lösung deutlich und zeigst, was Nutzer*innen deiner Produkte erreichen können.
- Du erklärst in Kürze die USPs deiner Produkte.
- Du machst den Mehrwert für die Zielgruppe deutlich und testest verschiedene Möglichkeiten gegeneinander.
- Du sorgst für ein besseres Verständnis deiner Produkte. Du hast einen klaren CTA (z. B. »Jetzt Angebot einholen«, »Kostenlose Demo vereinbaren«).
- Du hast ein Mindestmaß an Hintergrundinformationen. Die Regel »je kürzer, desto besser« ist zweitrangig.

In den LinkedIn Marketing Labs unter *https://training.marketing.linkedin.com/page/resource-center* findest du eine Reihe hilfreicher Tutorials und Guides.

16.7.1   Bildanzeigen

Es gibt zwei Arten von Bildanzeigen: Single Image Ads mit einem und Carousel Ads mit mehreren Bildern.

Single Image Ads sind ein Sponsored-Content-Anzeigenformat, tauchen also direkt im Newsfeed auf – auch wenn die Personen keine Follower*innen deines Unternehmens sind. Deswegen ist die Wahrscheinlichkeit, dass das Werbemittel gesehen wird (ein auffälliges Bild vorausgesetzt), recht hoch.

Tipps für bessere Bildanzeigen

Wie in Abschnitt 8.6 über Beiträge mit Bildern beschrieben, dient das Bild als Eyecatcher und Scroll-Stopper. Es muss sich möglichst von den anderen Beiträgen abheben und dafür sorgen, dass die Anzeige wahrgenommen wird. Die meisten klassischen Stockbilder sorgen beispielsweise *nicht* für besondere Aufmerksamkeit. Willst du die Wirksamkeit mehrerer Bilder miteinander vergleichen, solltest du dich nicht im Klein-Klein verlieren und beispielsweise nur die Farbe eines Buttons ändern. Verwende für deine A/B-Tests deutlich unterschiedliche Motive, um eine valide Aussage über die Wirksamkeit treffen zu können.

Erst dann kann der Blick der Nutzer*innen auf den Text fallen. Dieser sollte nicht mehr als 60 Zeichen lang sein, damit er vollständig angezeigt wird. Du kannst mit einer Frage beginnen oder die Zielgruppe direkt ansprechen, wie im Beispiel in Abbildung 16.7.

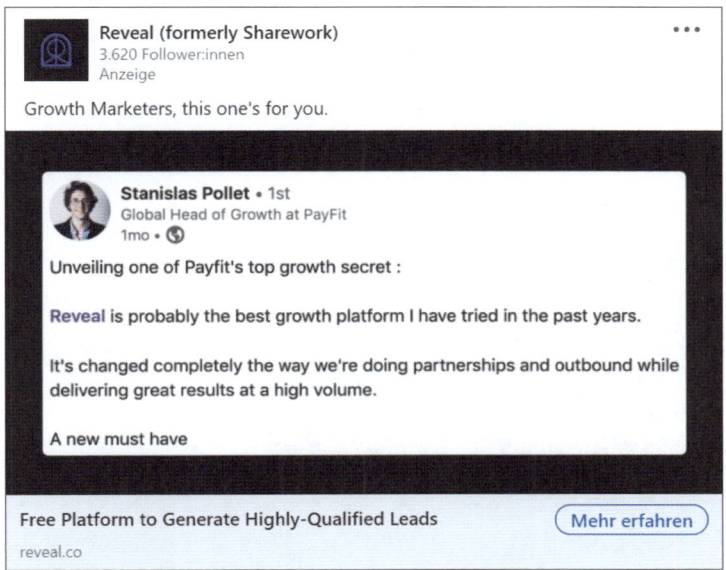

Abbildung 16.7 Auffällige Bildanzeige

Laut LinkedIn bieten die erfolgreichsten Anzeigen interessantes Know-how für die Zielgruppe, wie beispielsweise interessante Fakten und hilfreiche Tipps.

Growth Hack

Teste die Wirksamkeit deiner Bilder – noch vor dem Start deiner Kampagne. Wie das geht? Sofern es deine Zielgruppe bzw. die Targeting-Kriterien von Facebook zulassen, solltest du eine kleine Kampagne auf Facebook und/oder Instagram fahren. Ja, dort wirst du die Zielgruppe nicht so exakt erreichen wie auf LinkedIn. Dafür sind die TKPs und CPCs deutlich günstiger, und du bekommst einen ersten Eindruck davon, welche Bilder für mehr Aufmerksamkeit und Klicks sorgen können. Auch mit einem Umfrage-Tool wie *usabilityhub.com* kannst du vorab deine Anzeigen testen.

Carousel Ads kombinieren bis zu zehn Bilder nebeneinander in einer Anzeige (siehe Abbildung 16.8). Das gleiche Format kennst du vielleicht von Facebook oder Instagram. Auch der organische Beitrag in Form eines PDF-Sliders ist diesem Format sehr ähnlich.

Du kannst eine Carousel Ad nutzen, um beispielsweise

- mehrere Produkte vorzustellen,
- Funktionen deines Produkts im Detail zu zeigen,
- Testimonials zufriedener Kund*innen zu zeigen,

- einen komplexen Prozess Schritt für Schritt zu erklären,

- eine Geschichte in Form eines Comic-Strips zu erzählen oder

- verschiedene Perspektiven oder mehrere Locations zu zeigen.

Abbildung 16.8 Beispiel für eine Carousel Ad (Quelle: Apple)

Zu den Vorteilen der Carousel Ad gehört, dass du jedes Bild mit einem individuellen Link hinterlegen und somit tracken kannst.

Tipps zur Anzeigenerstellung

Das solltest du beim Erstellen von Anzeigen beachten:

- Erstelle hochwertige und für deine Zielgruppe relevante Inhalte, die für die mobile Nutzung optimiert sind. Für den Branding-Effekt funktionieren emotionale Ads besser. Wer Nachfrage generieren will, sollte rationale Faktoren in den Vordergrund stellen.

- Keep it short and sweet: 150 Zeichen oder weniger Text reichen völlig aus. Mehr als 600 Zeichen solltest du in deinen Ads nicht verwenden.

- Bilder sollten 1.200 x 627 Pixel oder 1.080 x 1.080 Pixel groß sein. Verwende keine generischen Fotos und wenig Text auf den Bildern. Text-Bild-Anzeigen performen hinsichtlich Link-Klicks oder Interaktionen erfahrungsgemäß besser als Video Ads.

16.7.2   Video Ads

Wie eingangs beschrieben, sollten Video Ads dein präferiertes Format sein, wenn du mehr Aufmerksamkeit gewinnen oder einen komplexen Sachverhalt erklären möchtest, z. B. warum du die beste Anbieterin oder der beste Anbieter für deinen Service bist oder warum dein Produkt oder Service benötigt wird. Denn mit Video lassen sich Informationen jeglicher Art so schnell wie mit keinem anderen Medium transportieren.

Best Practice für Videos Ads

Der Anfang entscheidet: Bei Video Ads, egal ob du diese auf LinkedIn, YouTube oder Instagram ausspielst, sind die ersten fünf Sekunden kritisch für den Erfolg! Denn wenn wir im Newsfeed unterwegs sind und einen Beitrag nach dem anderen herunterscrollen, dann scannt unser Gehirn nach spannenden, interessanten oder unterhaltsamen Inhalten. Deswegen sind auffällige Bilder so wichtig, damit unser toller Textbeitrag überhaupt wahrgenommen wird. Aus dem gleichen Grund sind die ersten Sekunden in deinem Video wichtig, denn deine Zuschauer*innen entscheiden (unterbewusst) wahnsinnig schnell, ob sie die Energie investieren und das Video weiter anschauen wollen – vielleicht sogar mit Ton und vielleicht sogar im Vollbildmodus. Deswegen ist es unmöglich, die Bedeutung der ersten drei bis fünf Sekunden zu unterschätzen! Du solltest Videos mit verschiedenen »Intro-Szenen« gegeneinander testen, um zu sehen, welche Variante die längste View-Through-Rate erzielt. Kleiner Tipp: Dieses Experiment kannst du mit einer Videokampagne auf YouTube mit TrueView Ads (die Nutzer nach wenigen Sekunden überspringen können) deutlich günstiger ausführen als auf LinkedIn selbst.

Was heißt das konkret?

- Vergiss das klassische Storytelling-Format, bei dem das Highlight erst am Ende kommt! Gib von Anfang an Gas, und zeige auch schon deine Marke und dein Produkt sehr früh, damit die wichtigste Nachricht auf jeden Fall ankommt!

- Mit überraschenden, unerwarteten oder besonders beeindruckenden Bildern und Grafiken bekommst du die Aufmerksamkeit der Zuschauer*innen von Beginn an!

- Zeige Nahaufnahmen von Darsteller*innen oder Produkten gleich zu Beginn.

- Baue in den ersten drei Sekunden mindestens einen Schnitt ein, um Spannung zu erzeugen.

- Lass deine Darsteller*innen direkt das Publikum ansprechen, und zeige sie in Nahaufnahmen, denn Gesichter sind immer die besten Eyecatcher.

Meistens sind deine Zuschauer*innen nicht in der Situation, um sich dein Video mit Ton anzuschauen. Deswegen solltest du Untertitel einbauen.

Um einen guten Branding-Effekt zu erzielen, solltest du auf kurze, maximal 30-sekündige Videos setzen. Eine interne Studie von LinkedIn aus dem Jahr 2018 zeigt für Videos dieser Länge um 200 % höhere Completion Rates. Apropos Branding, mit diesen Maßnahmen kannst du die Wirkung deines Spots noch erhöhen:

- Logos durchgehend als überlagerte Grafik, Text-Overlay oder Wasserzeichen einbinden. Das ist eine gute Möglichkeit, die mit der Marke assoziierten Farben zu präsentieren.

- Anstatt ein Voice-over einzusetzen, ist es oft wirkungsvoller, die Marke von einem Darsteller nennen zu lassen.

- Manchmal ist einfacher auch besser: Eine konkrete und zielgerichtete Markenbotschaft – ohne emotionale Elemente – kommt auf den Punkt und kann gut funktionieren.

- Formuliere einen aussagekräftigen Beschreibungstext, der in Headline und Text bereits sagt, was im Video vorkommt. So versteht deine Zielgruppe die Botschaft besser.

Passende Metriken für Kampagnen mit Video Ads sind TKP, Video Views und View-Through-Rate.

16.7.3   Conversation Ads

Conversation Ads sind LinkedIns Antwort auf die wachsende Bedeutung von Chats und Chatbots. Wo Messenger Ads eher den Charakter eines kurzen Briefs haben und mit einem eindeutigen Call-to-Action enden, sind Conversation Ads nur ein paar wenige Textzeilen, die ein Gespräch eröffnen sollen. Die Empfänger*innen haben die Auswahl, ob und wie sie weiter mit dir interagieren möchten: Du gibst ihnen mehrere Antwortmöglichkeiten zur Auswahl. Beispielsweise führt die Antwort »Ich möchte mehr erfahren« zu einer weiteren Nachricht, die mehr ins Detail geht, und »Zum Webinar anmelden« auf deine Landingpage.

Conversation Ads kannst du nutzen, um Leser*innen auf einen Blogartikel zu lotsen, auf eine Studie aufmerksam zu machen, Zuschauer*innen für ein Webinar zu gewinnen oder Produktdemos und Use Cases mit repräsentativen Kund*innen zu teilen. Durch ein Lead Gen Form kannst du Conversation Ads auch zur Lead-Generierung einsetzen.

Best Practice & Tipps

Plane die Customer Journey vorab! Skizziere auf einem Whiteboard oder einem Tool wie Miro oder Mural die verschiedenen Verläufe, die das Gespräch nehmen kann. Denke auch daran, welche Fragen sich deine Empfänger*innen stellen könnten (z. B. »Ist das Webinar kostenlos?«), und gib ihnen passende Antworten.

Wie auch bei Message Ads (siehe Abbildung 16.9) kannst und solltest du eine Person statt dein Unternehmen als Absender wählen. Laut LinkedIn wirken sich menschliche Absender*innen positiv auf die Öffnungs-, Klick- und Conversion-Rate aus. Aber wähle die Person sorgsam aus! Sie sollte ein hervorragendes Profilbild haben, denn das wird zuallererst wahrgenommen. Überprüfe vorab, ob das Profilbild auch für alle LinkedIn-Mitglieder sichtbar ist! Du kannst auch verschiedene Absender*innen gegeneinander testen, um bessere Ergebnisse zu erhalten.

Abbildung 16.9 Message Ad

Wen solltest du als Absender*in wählen? Das hängt von deinem Ziel ab! Willst du Produktdemos vereinbaren, sollte die Nachricht von deiner Produktmanagerin oder deinem Produktmanager kommen. Willst du Registrierungen für ein Event oder ein Webinar erzielen, könnte die Nachricht von einer Speakerin oder dem CEO kommen.

Hier kommen noch ein paar weitere Tipps für dich:

- Starte deine erste Nachricht mit einer persönlichen Vorstellung (Name, Position und Unternehmen) und deinem Anliegen.

- In Conversation Ads gibt es keine Betreffzeile. Stattdessen wird der erste Satz angezeigt. Achte daher ganz besonders auf eine gute Formulierung, die neugierig auf den Rest der Nachricht macht!

- Formuliere kurze, leicht verständliche Sätze. Schachtelsätze oder Fremdworte sind tabu! Insbesondere der Call-to-Action muss leicht verständlich sein!

- Traue dich, Fragen zu stellen und Emotionen zu zeigen.

- Bemühe dich um eine umgangssprachliche Tonalität, wie sie in einem Chat üblich ist.

- Du kannst deine Nachricht auch mit Fotos und Videos ergänzen, um mehr Engagement zu erreichen.

16.7.4 Message Ads

Es gibt auf LinkedIn mehrere Methoden, Nachrichten in das Postfach deiner potenziellen Kund*innen zu verschicken:

- eine ganz normale Direktnachricht zwischen zwei Einzelpersonen, sofern sie direkt miteinander verknüpft sind

- eine InMail für Nachrichten an Personen im zweiten oder dritten Kontaktgrad; diese können von Mitgliedern mit einer Premium- und Sales-Navigator-Mitgliedschaft verschickt werden

- gesponserte Nachrichten, sogenannte Message Ads, die du über den Werbemanager einbuchen kannst

Letztere wollen wir uns einmal genauer anschauen. Message Ads sind wie Direct Mail: Du wählst aus, wer deine Nachricht bekommen soll. Message Ads bestehen aus einer benutzerdefinierten Begrüßung, einem CTA-Button, einem Fließtext und der Möglichkeit, einen Link zum Nachrichtentext hinzuzufügen. Du kannst auch eine benutzerdefinierte Fußzeile hinzufügen, um auf rechtliche Bedingungen, Aktionsregelungen, Kontaktdaten und weitere Informationen hinzuweisen. Wenn du Lead-Generierung als Kampagnenziel ausgewählt hast, kannst du auch ein Lead Gen Form anfügen.

Absender einer Message Ad ist allerdings nicht dein Unternehmen, sondern eine Einzelperson aus deinem Unternehmen. Damit wirkt die Message Ad wie eine persönliche Nachricht (ist aber natürlich als Anzeige gekennzeichnet).

Wichtig zu wissen:

- Alle genehmigten Absender*innen haben Viewer-Zugriff auf das Werbekonto.

- Wenn du Absender*innen aus dem Werbekonto entfernst, werden alle aktiven Anzeigen mit ihnen abgebrochen. Stornierte Anzeigen können nicht mehr an deine Zielgruppe ausgeliefert werden. Werbung, die abgebrochen wurde, kann nicht angezeigt oder dupliziert werden.

Best Practice für Message Ads

Einige Tipps möchte ich dir mit auf den Weg geben, damit du noch bessere Resultate erzielst:

- **Der beste Zeitpunkt**

  Dienstag und Mittwoch sind optimale Tage zur Veröffentlichung von Message Ads.

- **Betreffzeile**

  Die Betreffzeile sollte persönlich, präzise, interessant und freundlich sein.

- **Absender**

  Das Senden von Message Ads durch eine in der Branche anerkannte und vertrauenswürdige Person kann helfen.

- **Angepasste Begrüßung**

  Um eine angepasste Begrüßung einzufügen, gib eine Grußformel wie »Hallo« oder »Hi« ein, und füge `%FIRSTNAME% %LASTNAME%` hinzu, um den Vornamen und Nachnamen des Mitglieds dynamisch einzufügen. (Beispiel: `Hallo %FIRSTNAME%`, wird für das Mitglied, das die Message Ad erhält, als »Hallo Jane,« angezeigt.)

- **Bannerbild**

  Du kannst ein Bannerbild verwenden, um deine Markenwirkung zu erhöhen.

- **Fließtext**

  - Beginne deine Nachricht mit einer persönlichen Vorstellung und dem Grund deiner Nachricht.

  - Der Text sollte kurz und prägnant und in der Regel weniger als 500 Zeichen lang sein.

  - Formatierungsoptionen wie Nummerierung, Kursiv, Fett und Unterstrichen sind verfügbar, aber es empfiehlt sich, die Formatierung so einfach wie möglich zu halten.

  - Verwende keine Zeichen wie < > # % { } \ ^ ˜ ` für URLs im Fließtext deiner Nachricht. Diese Zeichen können zu einem fehlerhaften Hyperlink führen.

16.7.5   Lead Gen Forms

Du hast die Nutzerin oder den Nutzer erfolgreich überzeugt, auf die Ad zu klicken? Das heißt leider noch nicht, dass der- oder diejenige sich auch registriert. Die Conversion-Rate von Social-Media-Kampagnen auf Websites liegt oft unter 1 %. Das liegt aber nicht an der vermeintlich schlechten Qualität des Traffics, sondern daran, dass jemand, der gerade im Bus auf LinkedIn surft, keine Lust oder keinen ausreichenden Fokus hat, sich lange Websites durchzulesen oder komplizierte Formulare auszufüllen.

Wie bereits beschrieben, sind Lead Gen Forms eine Art Upgrade, das du zu Bild- und Messenger-Anzeigen hinzufügen kannst: Die Nutzer*innen klicken auf die Anzeige und gelangen zu einem Formular wie in Abbildung 16.10.

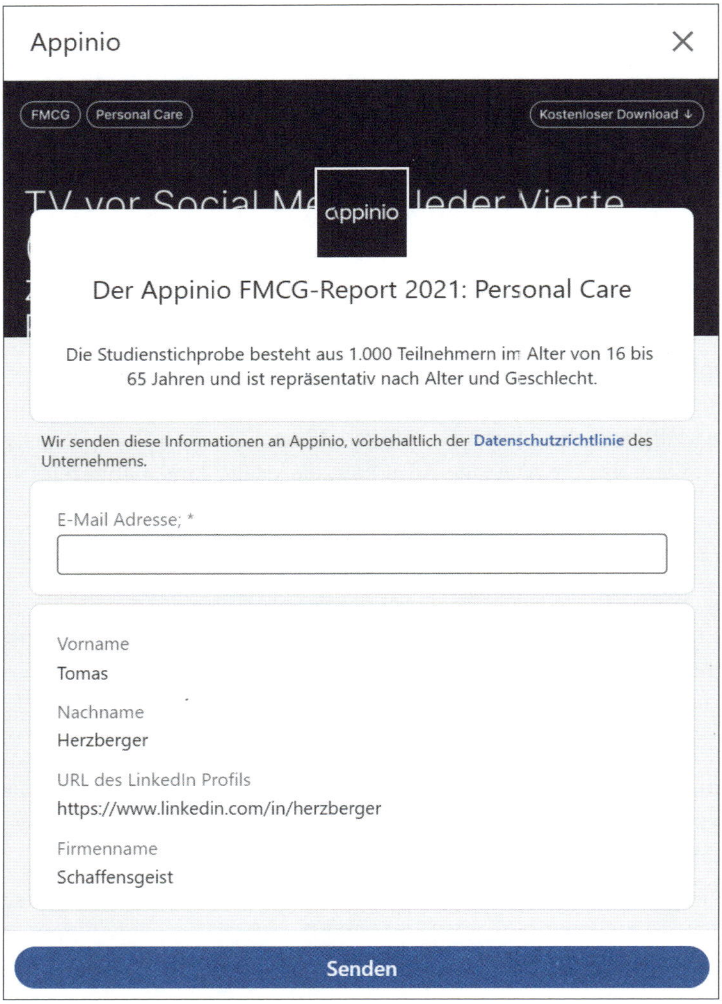

Abbildung 16.10 Lead Gen Ad

Dieses Formular ist bereits mit den Daten aus dem jeweiligen LinkedIn-Profil ausgefüllt (darunter Name, Kontaktinformationen, Arbeitgeber, Position, Jobbezeichnung und Standort), sodass dieser »aufwendige« Schritt so gut wie wegfällt. Mit nur
einem Klick auf das Formular kann das Mitglied dann an den gewünschten Inhalt
kommen – ohne etwas eintragen zu müssen. Und du generierst Leads mit automatisch akkuraten und vollständigen Daten. Du kannst Lead Gen Forms nutzen, um
E-Books, Whitepaper oder Studien zu bewerben oder um Registrierungen für deine
Webinare oder Events zu generieren. Beachte: Je mehr Felder und Informationen
du erfragst, desto höher ist die Absprungrate.

Profi-Tipp

Damit nicht die private E-Mail-Adresse deiner Zielgruppe automatisch ausgefüllt wird, kannst du stattdessen ein benutzerdefiniertes Freifeld einfügen und es »berufl. E-Mail« nennen. So muss die Adresse zwar händisch eingegeben werden, verrät dir aber meistens das Unternehmen und sorgt dafür, dass die Nachricht bei Erstkontakt auch im richtigen Postfach deiner Zielgruppe landet. Somit erhöht sich die Antwortrate enorm.

Die Conversion-Rates liegen hier im Schnitt zwischen 5 und 20 %. Das heißt, dass du bis zu 20-mal mehr Conversions generieren kannst als über Lead-Formulare auf deiner Website. Teste die Lead Gen Forms also auf jeden Fall. Du kannst sie im Verlauf deiner Kampagnenerstellung zu deiner Anzeige hinzufügen.

Sofort nach der Bestätigung des Formulars wird automatisch eine »Vielen Dank«-Seite angezeigt, die unmittelbar auf dein E-Book, deine Website oder zu einer anderen Seite weiterleiten kann.

Du kannst die gewonnenen Leads direkt aus dem Kampagnenmanager herunterladen oder sie direkt zu deinem CRM übertragen.

»Lead-Gen-Formular«-Zielgruppen sind eine Option innerhalb von Matched Audiences. Dadurch kannst du speziell den LinkedIn-Nutzern Werbung anzeigen lassen, die zuvor ein Lead-Formular geöffnet oder abgeschickt haben.

Neben den Klassikern wie E-Books und Webinaren gibt es viele andere Content-Formate, die sich zur Lead-Generierung eignen:

- Minikurs (via E-Mail, Video oder Messenger)
- ausführliche How-to-Videos
- kostenloser Newsletter
- exklusiver VIP-Club (z. B. eine Gruppe auf LinkedIn oder ein Slack-Kanal)
- Infografiken
- hilfreiche Excel-Tabellen, um ein bestimmtes Problem zu lösen (z. B. ein Rechner)
- Checklisten
- Mindmaps

Dein Content ist hervorragend, aber bereits frei zugänglich im Netz? Kein Problem, gerade erwiesenermaßen populärer Content eignet sich sehr gut als Lead-Magnet. Es spricht nichts dagegen, diesen Content in deinem Blog zu haben und ihn via LinkedIn zu bewerben, um neue Leads zu gewinnen.

16.7.6   Text Ads

Text Ads sind kleine, einfache Anzeigen, die auf Desktops auf der rechten Seite des LinkedIn-Feeds (siehe Abbildung 16.11) oder direkt darüber erscheinen wie in Abbildung 16.12.

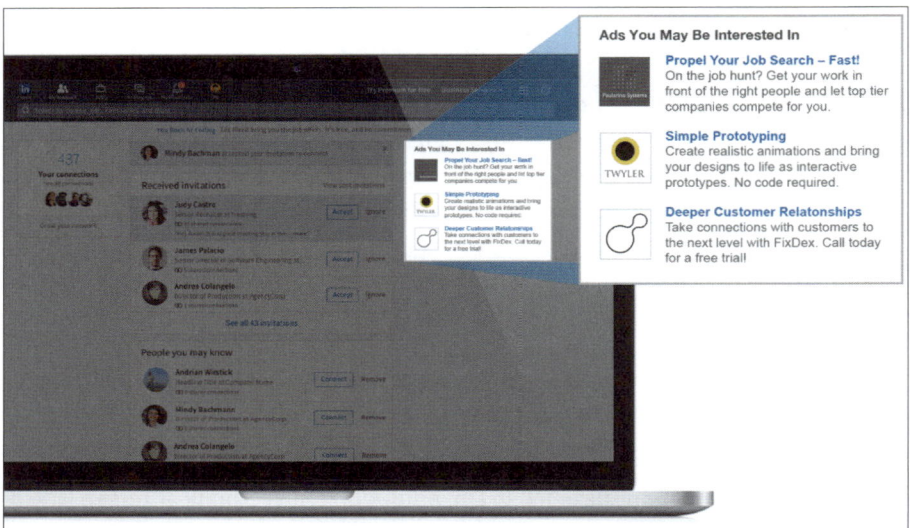

Abbildung 16.11 Text Ads rechts vom Newsfeed

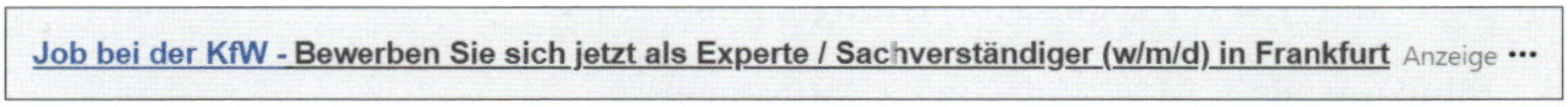

Job bei der KfW - Bewerben Sie sich jetzt als Experte / Sachverständiger (w/m/d) in Frankfurt Anzeige •••

Abbildung 16.12 Text Ad mittig über dem Newsfeed

In der App werden sie gar nicht angezeigt. Sie werden in verschiedenen Varianten eingeblendet, manchmal auch zusammen mit Anzeigen anderer Werbetreibender. Textanzeigen sind das älteste Werbeformat auf LinkedIn – und leider auch oftmals das am wenigsten effiziente. Die Gründe sind:

- Die Anzeigen sind sehr klein – du hast nur 25 Zeichen für die Überschrift und 75 für den Fließtext.

- Sie stehen auf Positionen, auf denen die Nutzer*innen Werbung erwarten und ihnen deswegen nur geringe Aufmerksamkeit schenken.

- Du kannst zwar Bilder in die Anzeigen integrieren, aber diese werden nur sehr klein dargestellt.

16.7.7   Dynamic Ads

Unter die Überschrift »Dynamic Ads« packen wir der Einfachheit halber drei Formate, die für die Nutzer*innen kaum zu unterscheiden sind: Job Ads, Spotlight Ads und Follower Ads. Alle drei Formate werden nur in der rechten Spalte auf der Desktop-Seite von LinkedIn angezeigt, also nicht in der App. Alle drei verwenden die Informationen der Nutzer*innen, die die Anzeige sehen, insbesondere das Profilbild, um Aufmerksamkeit zu erreichen. Das macht die Anzeigen »dynamisch«: Sie sehen für jede Person, die sie betrachtet, unterschiedlich aus.

Alle drei Formate bestehen aus einem kurzen Text, zwei Bildern sowie einem Call-to-Action. Eines der Bilder ist immer das Profilbild der Nutzerin oder des Nutzers. Das zweite ist oft das Logo des werbetreibenden Unternehmens, kann aber auch das Foto eines anderen Nutzers sein (z. B. die Rednerin eines Webinars) oder ein aussagekräftiges Icon. Wie unterscheiden sich die drei Formate nun voneinander?

- *Job Ads* sind Stellenanzeigen, die direkt zu den auf LinkedIn veröffentlichten Stellenanzeigen führen (siehe Abbildung 16.13).

Abbildung 16.13 Dynamic Job Ad

- *Follower Ads* haben zum Ziel, mehr Follower*innen für die Unternehmensseite auf LinkedIn zu generieren. Sie haben deswegen immer einen Folgen-Button als Call-to-Action (siehe Abbildung 16.14).

Abbildung 16.14 Follower Ad

- *Spotlight Ads* werfen das Licht auf ein bestimmtes Produkt oder einen Service und führen zu einer Landingpage (siehe Abbildung 16.15).

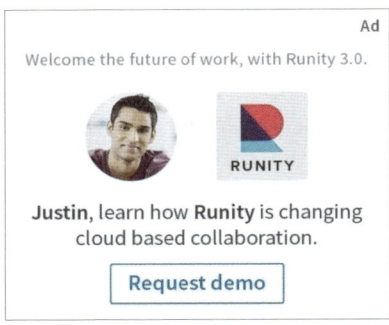

Abbildung 16.15 Spotlight Ad

Wie du siehst, sind diese drei Anzeigenformate sehr ähnlich. Sie alle haben den Vorteil, dass sie sehr schnell zu produzieren sind, weil du nur Text und keine Videos oder sonstigen Bilder benötigst. Somit kannst du schnell und einfach mehrere Anzeigen erstellen und deren Performance miteinander vergleichen. Welche Metriken dabei relevant für dich sind, hängt natürlich von deinem Kampagnenziel ab:

- Für Stellenanzeigen: Cost per Click und Kosten pro Bewerber*in
- Für Follower Ads: Cost per Click und Kosten pro Follower*in
- Für Spotlight Ads: Cost per Click und Kosten pro Lead oder Website-Besucher*in

16.8   Nach dem Klick ist vor dem Lead: Baue deinen Funnel auf!

Ist dein Ziel Awareness, also Aufmerksamkeit für deine Produkte und Services? Dann solltest du Videoanzeigen schalten, denn dieses Medium transportiert in kurzer Zeit sehr viele Informationen und kann gleichzeitig – mit gutem Storytelling – Emotionen bei den Zuschauer*innen wecken. Der Nachteil? Nur wenige Nutzer*innen werden auf die Videos klicken und sich auf deiner Website weiter informieren. Ist das Video gut genug, ist das aber auch oftmals nicht nötig.

Du hast kein Video? Die Produktion einer guten Videoanzeige kann günstiger und einfacher sein, als du denkst. Du brauchst keinesfalls eine Kreativagentur und eine Produktionsfirma, die dir für mehrere zehntausend Euro ein Video produziert. Mittlerweile kommt jedes Mittelklasse-Smartphone mit einer hervorragenden Kamera, es gibt hervorragende Stock-Videos von Adobe oder Shutterstock, und es gibt günstige und einfache Tools wie *promo.com*, die dich beim Schnitt mit einer Vielzahl von Vorlagen unterstützen. Fehlendes Budget ist also keine Ausrede mehr dafür, keine Videoanzeigen zu produzieren.

Bildanzeigen können auch zu mehr Awareness beitragen, sind aber in ihrer Wirkung Video Ads deutlich unterlegen und funktionieren nur im Zusammenspiel mit der dahinterliegenden Website, der sogenannten Landingpage. Und darum geht es in diesem Abschnitt: Es ist keinesfalls mit der Gestaltung deiner Anzeigen und dem Aufbau deiner Kampagne getan! Du musst immer noch bedenken: »Was passiert nach dem Klick?«

Dein erster Schritt sollte daher die Skizzierung eines sogenannten *Funnels* sein. Damit wird der Weg eines Menschen bezeichnet, der (hoffentlich) dein Kunde oder deine Kundin wird. Und dieser Weg ist oftmals länger als von der Anzeige auf LinkedIn zu deiner Website. Was sollen deine Besucher*innen auf der Website tun, was passiert danach? Für diese Planung kannst du ein Whiteboard und Post-its nutzen: entweder klassisch im Büro oder virtuell mit Tools wie Mural oder Miro. Es gibt sogar dedizierte Tools (wie ClickFunnels), die du kostenlos testen kannst.

Du startest mit dem Ziel: Was sollen deine Besucher*innen ultimativ tun?

- Sich für ein Webinar anmelden?
- Einen Termin für ein Beratungsgespräch oder eine Produktdemonstration vereinbaren?
- Mitglied in einer Community werden?
- Ein Produkt kaufen?
- Sich auf eine offene Stelle bewerben?

Sofern noch nicht geschehen, definiere deine Persona. Das ist ein Abbild deiner idealen Kundschaft, eine Stellvertreterin oder ein Stellvertreter deiner Zielgruppe. Das Ziel ist, einen Steckbrief deiner Persona zu haben, der dich und deine Teammitglieder über Folgendes informiert:

- Name, Position und Alter
- Welche Herausforderungen, Probleme und Ängste hat diese Persona (im Zusammenhang mit deinem Produkt oder Service)? Über welche davon würde sie mit jedem sprechen (beispielsweise aktuelle Herausforderungen der gesamten Branche) und über welche davon würde sie nur mit vertrauten Menschen sprechen (beispielsweise die Angst, gegenüber den Kolleg*innen den Anschluss zu verlieren und altmodisch zu wirken)?

- Welche Ziele und Träume hat die Persona (im Zusammenhang mit deinem Produkt oder Service)? Über welche davon würde sie mit jedem sprechen (beispielsweise mehr Zeit mit der Familie verbringen) und über welche davon würde sie nur mit vertrauten Menschen sprechen (beispielsweise eine bestimmte Position bei einem direkten Mitbewerber zu bekommen)?

- Wo kannst du diese Persona finden? Welche Websites besucht sie regelmäßig, welchen Influencer*innen folgt sie, welche Blogs und Podcasts konsumiert sie? In welchen Foren ist sie aktiv, wo ist sie in ihrer Freizeit zu finden? Einer dieser Kanäle sollte LinkedIn sein, andernfalls brauchst du dir um eine Kampagne keine Gedanken zu machen.

- Kennt diese Persona dich oder deine Wettbewerber bereits? Wie »warm« ist der Kontakt? Sucht sie aktiv nach einer Lösung für das Problem oder hat sie sich noch nicht damit beschäftigt? Je nach Wissensstand musst du die Persona woanders abholen: Wenn sie dich und deine Lösung noch nicht kennt, musst du auf jeden Fall mit Awareness-Kampagnen starten. Wenn ihr das Problem bewusst ist und sie den Markt nach Alternativen durchsucht, ist sie bereits in der Consideration- bzw. Interest-Phase. Und wenn es um die Details geht, befindet sich die Persona bereits in der Conversion-Phase.

In Ordnung, wir haben Ziel und Persona definiert. Jetzt geht es an den eigentlichen Aufbau des Funnels, also der Klickstrecke, die deine Persona idealerweise durchläuft. In Abbildung 16.16 findest du eine Auswahl der wichtigsten Module, die dir zur Verfügung stehen.

Warmup	**Lead Qualifizierung**	**Käufer Qualifizierung**
Quiz	Landingpage	Kostenloser Trial
Anzeige	Pop-ups	Tripwire
Video	Webinar-Registrierung	Kauf
Blog-Artikel	Kostenloser Account	Upsales
Newsletter	Dokument-Upload	Downselling
E-Mail	Dokument-Download	
Personal Message	Terminvereinbarung	

Abbildung 16.16 Mögliche Lead-Magnets

Wie sieht das in der Praxis aus? Ein sehr einfacher Funnel könnte also bei deiner Anzeige auf LinkedIn starten, auf eine Landingpage führen, wo ein E-Book heruntergeladen werden kann, und dann bei einer »Danke«-Seite enden wie in Abbildung 16.17 dargestellt.

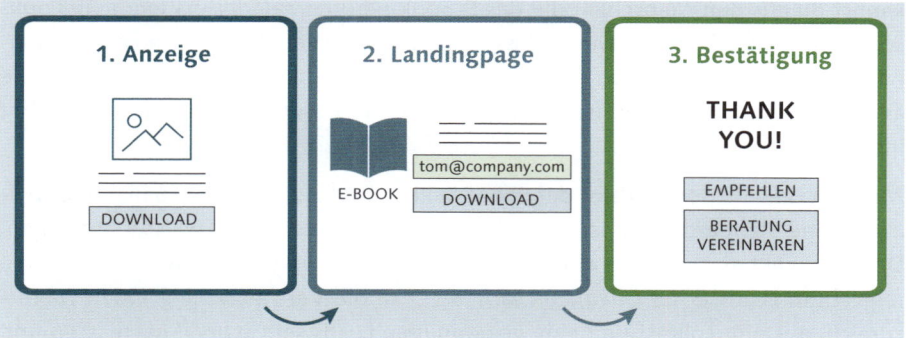

Abbildung 16.17 Beispiel für einen kleinen Funnel

Wenn du einen solchen Funnel vor dem Start deiner Kampagne skizzierst, hat das mehrere Vorteile:

- **Transparenz**

  Jeder Beteiligte weiß, was das Ziel der Kampagne ist und welche Schritte dafür notwendig sind.

- **Prognose**

  Du kannst den Erfolg jedes einzelnen Schritts prognostizieren, z. B. wie oft die Anzeige gesehen wird (Impressions), wie oft sie angeklickt wird (Klickrate), wie viele Menschen auf die Landingpage kommen (Unique User) und wie viele davon das E-Book herunterladen (Conversion-Rate).

- **Planung**

  Wenn dein Ziel der Download von 50 E-Books ist, kannst du rückwärts rechnen und die Anzahl der notwendigen Impressions – und damit dein Kampagnen-budget – anpassen.

- **Messung**

  Du kannst jeden einzelnen Schritt deines Funnels messen und weißt daher, wo deine Optimierungsmaßnahmen ansetzen müssen.

Du kannst diesen einfachen Funnel ausbauen, um deine Marketing- und Sales-Maßnahmen weitgehend zu optimieren und zu automatisieren. Du könntest bei-spielsweise den E-Book-Download als Start des nächsten Funnels setzen und den Interessierten die Vorzüge deines Produkts in drei aufeinanderfolgenden, automa-tisch versendeten E-Mails präsentieren. Der Call-to-Action? Die Vereinbarung eines persönlichen Beratungsgesprächs.

Und du kannst natürlich auf deiner Website ein Pixel implementieren, um mit Retargeting die Besucher*innen mit anderen Anzeigen anzusprechen. Außerdem kannst du aus den Menschen, die das E-Book heruntergeladen haben, eine Look-alike Audience bilden. Du weißt, dass diese Menschen ein Interesse an dir und deinen Produkten haben. Also lass LinkedIn noch mehr Menschen finden, die eine ähnliche Position und Berufserfahrung haben und deswegen an deinem Angebot interessiert sein könnten.

Mit dem Gewinn des Leads ist der Social-Selling-Prozess beendet. Ab hier übernehmen deine Standardprozesse, denn du willst ja keine Leads, du willst Kund*innen. Deswegen gilt es, die Leads zu qualifizieren und zu bewerten, um möglichst nur die relevanten Leads (*Sales Qualified Leads*, *SQL*) an die Vertriebskolleg*innen weiterzureichen. Dafür solltest du deine gewonnenen Leads sehr schnell nachfassen und über Direktnachricht, E-Mail oder Telefon erreichen.

16.9   Zusammenfassung

B2B-Medien (primär XING und LinkedIn, aber auch Printkanäle wie Fachmagazine oder Newsletter) lassen sich ihren Zugang zu Entscheider*innen teuer bezahlen, denn sie kennen den Wert eines jeden Leads. Das sorgt für hohe TKPs, Klick- und Leadpreise. Deswegen gilt es, die beste Kombination aus Kanal, Targeting, Anzeige und Landingpage durch schnelles Testen zu identifizieren, um das Werbebudget möglichst effizient zu investieren.

Was du jetzt tun kannst

Überprüfe unbedingt fortwährend die Resultate deiner Kampagne! Schau dir genau an, welche Anzeigen bzw. welche Zielgruppen ihre Ziele erreichen – und welche nicht. Lasse niemals eine Kampagne »einfach laufen«, ohne fortwährend Optimierungsmaßnahmen umzusetzen. Teste neue Anzeigen, neue Texte und neue Zielgruppen – und achte darauf, dass auch die Landingpages deiner Kampagnen gut funktionieren!

Kapitel 17

Gruppen richtig nutzen

Wie auf Facebook und XING gibt es auf LinkedIn Gruppen. Sie ermöglichen dir den Austausch mit Gleichgesinnten in einem geschlossenen bzw. semi-öffentlichen Umfeld – perfekt für engen fachlichen Austausch.

Deswegen sind Gruppen ein guter Raum, um dich mit Menschen in einer vergleichbaren beruflichen Situation auszutauschen, von ihnen zu lernen und dein Netzwerk zu erweitern. In diesem Kapitel lernst du mehr darüber, wie du die richtigen Gruppen finden kannst, wie du dich mit den anderen Mitgliedern austauschen und somit dein Netzwerk vergrößern kannst und wann es sich für dich lohnen könnte, eine eigene Gruppe ins Leben zu rufen.

17.1   Wie finde ich die richtigen Gruppen?

Die gute Nachricht: Es gibt tausende Gruppen auf LinkedIn, sehr wahrscheinlich auch eine in deiner Branche. Die nächste gute Nachricht: Durch die Filterfunktion in der Suche ist es sehr einfach, die passenden Gruppen zu finden:

1. Keyword (z. B. Branche oder Thema) in die Suche eingeben

2. die booleschen Suchoperatoren nutzen, um die Ergebnisse zu verbessern

3. auf ALLE ERGEBNISSE ANZEIGEN klicken

Du findest alle passenden Gruppen mit dem Keyword im Namen (siehe Abbildung 17.1), sortiert nach der Anzahl der Mitglieder.

So weit, so einfach. Jetzt kommen wir zur schlechten Nachricht: Ob die Mitgliedschaft in einer dieser Gruppen relevant ist und dich deinem Ziel näherbringen wird (z. B. weil du dich mit den Mitgliedern vernetzen kannst), lässt sich weder anhand des Gruppennamens noch der Größe ableiten. Denn für die meisten Branchen gibt es zwar Gruppen, aber dort findet mitunter nur wenig Interaktion statt. Das heißt, dass einige wenige Mitglieder irrelevanten Content posten und nur selten ein Austausch stattfindet.

Die Gruppengröße ist kein Indikator für Qualität, im Gegenteil: Je kleiner die Gruppe, desto intimer und desto besser (oft) der Austausch. Deswegen funktionieren Gruppen zu einem spezialisierten Nischenthema (z. B. Videoproduktion für Live-Events) und/oder innerhalb einer bestimmten Region (z. B. im DACH-Raum oder in einem Bundesland) oftmals besser als generische Gruppen mit tausenden von Mitgliedern.

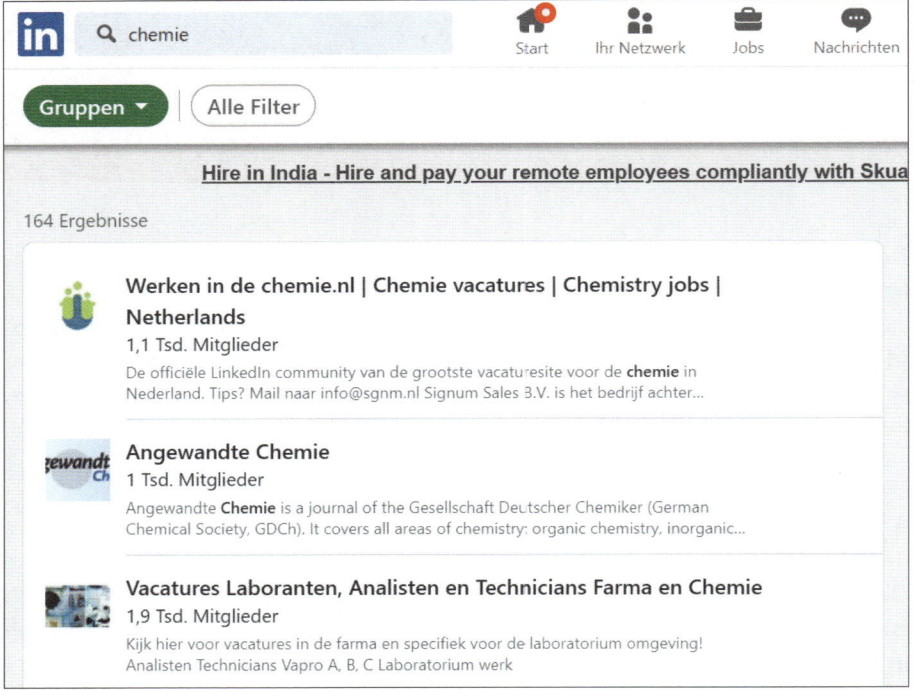

Abbildung 17.1 Gruppen für die Chemie-Branche

Das liegt zum einen an den Mitgliedern, die Gruppen nur als einen weiteren Werbekanal ansehen, um dort einfach nur ihre Produkte oder Services zu pitchen. Natürlich findet unter diesen Beiträgen keine Interaktion statt. Zum anderen liegt es aber auch an LinkedIn selbst. Denn im Vergleich zu Facebook, wo die Gruppenfunktion hervorragend funktioniert und viel Austausch befördert, werden die Mitglieder einer Gruppe nur selten über neue Beiträge informiert. Sofern man es sich nicht zur Routine macht, regelmäßig in seinen Gruppen »vorbeizuschauen«, entgehen einem deswegen die meisten Beiträge. Nur wichtige Nachrichten der Gruppen-Admins schaffen es in die *Mitteilungen* (das Glockensymbol) der Mitglieder.

Wie kannst du also die relevanten Gruppen finden? Indem du dir die Erfahrung anderer zunutze machst! Schau dir die Profile deiner Lieblingskund*innen und deiner direkten Wettbewerber*innen an: In welchen Gruppen sind sie Mitglied? Mitunter haben sie den gleichen »Fehler« gemacht und sich von der vermeintlich attraktiven Gruppengröße verleiten lassen und sind wie tausende andere auch Mitglied in einer Gruppe, ohne dort jemals einen Beitrag gesehen, geschweige denn damit interagiert zu haben.

Deswegen ist die beste Methode, um die wertvollen Gruppen zu finden: einfach fragen. Wende dich in einer persönlichen Nachricht an die Meinungsführerinnen und Experten in deiner Branche, und frage sie danach, ob sie einen Tipp für dich haben. Informiere sie dabei auch über dein Ziel bzw. deine Absichten in der Gruppe, damit sie dir bestmöglich helfen können.

Die zweite Möglichkeit: Stelle eine offene Frage in einem Beitrag, und bitte dein Netzwerk darum, ihre Empfehlung in einem Kommentar zu hinterlassen. Das hat den Vorteil, dass auch die anderen Mitglieder deines Netzwerks am Austausch teilhaben können, funktioniert aber natürlich nur, wenn sich die richtigen Expert*innen in deinem Netzwerk tummeln und ihr Wissen auch teilen.[1]

17.2   Wie kann ich mein Netzwerk mit Gruppenmitgliedern ausbauen?

Beim Netzwerken geht es darum, Gemeinsamkeiten zu finden und daran anzuknüpfen, sowohl offline als auch online. Diese Gemeinsamkeiten können vielfältig sein:

- gemeinsame Bekannte
- der gleiche Arbeitgeber
- ein vergleichbarer Job
- das gleiche Studium absolviert
- die gleichen Hobbys
- gemeinsame Themen oder Meinungen

Am Ende geht es darum, Ansatzpunkte für gemeinsame Gespräche zu finden und über diese Gespräche Vertrauen aufzubauen, das irgendwann in einem gemeinsamen Geschäft oder einer Empfehlung enden kann. Wohlgemerkt: kann, nicht muss. Gute Netzwerker*innen haben ein ehrliches Interesse an Menschen und haben eine Dienstleistungsmentalität. Die Fragen und Probleme der anderen stehen im Vordergrund. Gute Netzwerker*innen vertrauen darauf, dass die Kraft ihres Netzwerks ihnen mittel- und langfristig auch bei der Erreichung ihrer eigenen Ziele hilft. Die Identifikation von Gemeinsamkeiten ist eine wichtige Voraussetzung dafür.

LinkedIn macht es dir sehr einfach, diese Gemeinsamkeiten zu finden. Im Vordergrund stehen dabei die gemeinsamen Bekannten, die dir prominent auf den Profi-

---

1   Vgl. Sandro Jenny & Tomas Herzberger (2019). Growth Hacking: Mehr Wachstum, mehr Kunden, mehr Erfolg. Rheinwerk Computing.

len anderer Mitglieder angezeigt werden. Aber auch die Gruppen können dir dabei helfen, dein Netzwerk auszubauen.

Schau dir die Profile der Menschen an, mit denen du Kontakt knüpfen möchtest. Ganz unten findest du die INTERESSEN. In der Regel siehst du dort die Profile von Influencer*innen wie Bill Gates sowie die Seiten, denen dein Gegenüber folgt. Wenn du auf ALLE ANZEIGEN klickst, findest du dort aber auch die Gruppen, in denen sie Mitglied sind. Wiederholst du diese Übung bei ca. fünf Menschen in der gleichen Branche und Position, solltest du Überschneidungen finden und somit relevante Gruppen identifizieren können.

Wenn du auf der Gruppenseite bist (unabhängig davon, ob du bereits Mitglied bist oder nicht), werden dir deine Kontakte angezeigt, die bereits in der Gruppe sind. Diese Menschen kannst du fragen, ob sich eine Mitgliedschaft lohnt, also ob dort echter Austausch stattfindet.

Bist du Mitglied in der gleichen Gruppe wie potenzielle Kunden und Multiplikatorinnen? Prima! Was du jetzt tun kannst: Schicke diesen Menschen eine Kontaktanfrage, und verweise in deiner Nachricht auf die gemeinsame Gruppe! Ist das eine gute Idee? Nein. Genauso wenig solltest du euren gemeinsamen Wohnort oder die gleiche Branche als »Gemeinsamkeit« verkaufen wollen. Stell dir vor, jemand würde bei einer Pharma-Konferenz auf dich zukommen und dir stolz verkünden, dass ihr beide in der Pharma-Branche tätig seid und dass dir deswegen nichts Besseres passieren könnte, als einen Termin für ein Verkaufsgespräch zu vereinbaren.

Was du stattdessen tun kannst, um dein Netzwerk mithilfe von Gruppen auszubauen und es zu pflegen: mit den Beiträgen der anderen Mitglieder interagieren. Like und kommentiere ihre Beiträge, bringe ein Gespräch in Gang. Idealerweise solltest du gar keine Nachricht in der Kontaktaufnahme benötigen, weil ihr euch bereits kennengelernt habt. Das heißt, dein Gegenüber hat sich durch eure Unterhaltung deinen Namen gemerkt und hätte ebenso Interesse daran, sich mit dir zu vernetzen, wie es umgekehrt der Fall ist. Du bist ihm oder ihr nur zuvorgekommen.

Growth Hack

Suche den Austausch mit den Admins. LinkedIn-Gruppen werden häufig von Menschen in übergreifender Funktion erstellt und verwaltet. Oftmals stehen Fachverlage, Meinungsführerinnen, Journalisten oder Verbände hinter den Gruppen und moderieren die Beiträge. Suche den Austausch mit diesen Administrator*innen, und frage sie nach ihren Beweggründen und Zielen und erkundige dich, ob und wie du ihnen helfen kannst. Oftmals wollen sie ganz bestimmte Themenschwerpunkte setzen und suchen nach Autor*innen, die diese Themen in die Gruppen einbringen. Ich habe noch keinen Admin erlebt, der ein »Danke für deine Mühe hier in der Gruppe!« nicht sehr dankbar aufgenommen und ein Hilfeangebot abgelehnt hätte.

17.3   Wenn man es nicht selber macht: Gruppen selbst aufbauen und pflegen

Wie im vorangegangenen Abschnitt beschrieben, sind Gruppen auf LinkedIn leider kein so potentes Werkzeug wie auf Facebook. Nichtsdestotrotz kannst du auch auf LinkedIn Gruppen nutzen, um Gleichgesinnten den Austausch untereinander zu ermöglichen. Die Grundregeln sind die gleichen wie auf anderen Social-Media-Plattformen.

Sechs Vorteile für eine eigene LinkedIn-Gruppe:

1. Du positionierst dich als Thought Leader für dein Thema.
2. Du hast Kontrolle über die Beiträge.
3. Du gewinnst wertvolle Insights über die Themen und Probleme, die deine Zielgruppe interessieren.
4. Du lernst unheimlich viel.
5. Du kannst dich noch leichter mit anderen Menschen in deiner Branche vernetzen.
6. Du kannst den Mitgliedern deiner Gruppe Direktnachrichten schicken – auch wenn sie nicht in deinem Netzwerk sind.

Voraussetzung für den Aufbau einer Gruppe ist Nachhaltigkeit. Das heißt, du musst genügend zeitliche Kapazitäten haben, um eine Gruppe zu pflegen und täglich mit den Mitgliedern zu interagieren. Wie auch beim Aufbau des eigenen Netzwerks steht nicht der kurzfristige Erfolg im Vordergrund. Außerdem solltest du bzw. sollten alle Admins in der Lage sein, sofort und adäquat auf Beiträge zu reagieren. Langfristige Freigabeprozesse sind fehl am Platz, wenn es um die Moderation von strittigen Beiträgen oder die Beantwortung von schwierigen Fragen geht.

Solltest du selbst bzw. dein Team genügend Zeit haben, um eine Gruppe langfristig begleiten zu können, geht es um die Auswahl der passenden Zielgruppe und damit gleichzeitig des Themas. Wenn du den Austausch unter den Gruppenmitgliedern ermöglichen und eine hohe Interaktion erreichen möchtest, solltest du die Gruppe möglichst spitz positionieren, wie beispielsweise »Kommunikation für Hochschulen«. Somit ist die Chance hoch, dass die Beiträge für alle Mitglieder eine hohe Relevanz haben werden. Du kannst die Relevanz außerdem durch eingeschränkte Regionalität erhöhen, indem du die Gruppe »Kommunikation für Hochschulen in Hessen« nennst. Auch die Tatsache, dass du Deutsch als Sprache für Titel und Beschreibung der Gruppe auswählst, positioniert sie noch eindeutiger, denn somit ist sie für Menschen im Ausland kaum relevant. Denk daran: Qualität ist wichtiger als Quantität! Besser eine aktive, lebendige Gruppe mit 100 Teilnehmer*innen als eine »tote« Gruppe mit 1.000.

Folgende Kriterien sind maßgebend für das Wachstum einer Gruppe relevant:

- Wahl des richtigen Themas – die Gruppenmitglieder sollten alle Interesse an der Lösung eines wichtigen Problems haben
- Förderung der Aktivität durch ein gutes Community Management
- Vertrauen in die Moderator*innen
- ein freundlicher Umgangston

Als Admin bist du für das Engagement in der Gruppe und zufriedene Mitglieder verantwortlich. Du musst den ersten Schritt in der Konversation tun, damit die anderen Mitglieder sich willkommen und sicher fühlen. Nur dann werden sie sich öffnen und mit den anderen interagieren. Wie kannst du von Anfang für Engagement sorgen? Begrüße (und markiere) regelmäßig neue Mitglieder mit einem »Herzlich willkommen in unserer Gruppe«-Post, um eine emotionale Bindung aufzubauen. Gleichzeitig kannst du sie auffordern, sich kurz vorzustellen, relevante Fragen zu stellen oder anderen Mitgliedern zu helfen. Frage sie, was ihre Erfahrungen und Meinungen zu einem bestimmten Thema sind, und antworte mit offenen Fragen, um eine Konversation in Gang zu bringen.

Besonderes Augenmerk solltest du auf deine Moderation legen. Je besser du eine Gruppe moderierst, desto aktiver wird sie; je aktiver eine Gruppe ist, desto stärker wächst sie. Außerdem solltest du als Admin selbst mit gutem Beispiel vorangehen und jeden Gruppenbeitrag liken und gegebenenfalls auch beantworten oder die Autorin bzw. den Autor mit einem Kommentar belohnen.

> »If you don't lead the conversation in your group, then no one will.« – Josh Fechter

Du solltest deine Gruppenkommunikation in ceine Content-Marketing-Strategie einbetten, denn gute Inhalte befeuern auch das Wachstum einer Gruppe. Poste nicht langweilige Informationen, sondern Formate, die eine Diskussionen anregen und mitunter sogar polarisieren. Du kannst beispielsweise Influencer*innen in deiner Branche in deiner Gruppe interviewen. Eine gute Social-Media-Kommunikation erzeugt Engagement, sprich, je stärker deine Fans und Mitglieder auf deine Inhalte reagieren, desto relevanter wirst du in den Streams der sozialen Netzwerke. Regelmäßig solltest du auch deine Mitglieder fragen, welche Themen sie sich von dir wünschen würden.

Genauso wichtig ist es aber, Nutzer*innen, die übertreiben, Regeln brechen und andere Mitglieder stören, beleidigen oder bedrohen, schnell und konsequent der Gruppe zu verweisen oder besser erst gar nicht hereinzulassen. Mitglieder ohne Profilbild sind immer zu überprüfen. Mit der Zeit wirst du ein Gespür dafür entwickeln, worauf du schauen musst, um Trolle schon bei der Beitragsanfrage zu erkennen.

In einer LinkedIn-Gruppe sollte es um die Qualität des Austauschs und nicht um die Quantität der Mitglieder gehen. Sprich: Eine große Gruppe ist nicht immer besser. Aber mit mehr Mitgliedern erhöht sich die Wahrscheinlichkeit, dass jede Frage beantwortet werden kann.

Wie du mehr Mitglieder für deine Gruppe gewinnen kannst:

- Informiere über dein persönliches Profil sowie deine Unternehmensseite über die Gruppe.
- Informiere auf den anderen Social-Media-Profilen deines Unternehmens über die neue Gruppe.
- Lade Menschen aus deinem Netzwerk zur Gruppe ein – aber nur, wenn das Thema für sie auch relevant ist. Bitte deine Kolleginnen und Partner, das Gleiche zu tun.
- Bitte regelmäßig die bestehenden Mitglieder darum, Menschen aus ihrem Netzwerk einzuladen.
- Veranstalte ein Gewinnspiel, und belohne die Mitglieder, die neue Mitglieder anwerben.
- Rufe in deinem Newsletter dazu auf, deiner LinkedIn-Gruppe beizutreten. Menschen tragen sich oft aus Newslettern aus, aber nur selten verlassen sie Social-Media-Gruppen.
- Rufe in deiner E-Mail-Signatur und deinem LinkedIn-Profil dazu auf, deiner Gruppe beizutreten.
- Informiere deine Kolleg*innen über die Gruppe, und bitte sie darum, passende Menschen in ihrem Netzwerk dazu einzuladen.
- Integriere deinen Call-to-Action auch in die Beiträge in deinem eigenen Blog und in deine Gastartikel.
- Frage befreundete Administrator*innen anderer Gruppen sowie Influencer*innen deiner Branche, ob sie netterweise ihre Mitglieder und Follower*innen über deine Gruppe informieren würden.

17.4 Zusammenfassung

Gruppen auf LinkedIn sind von Haus aus nicht so interaktiv wie beispielsweise auf Facebook, weil die Beiträge zu selten in den Benachrichtigungen der Mitglieder auftauchen. Trotzdem kannst du – nach etwas Recherchearbeit – die für dich richtigen Gruppen finden. Nutze diese, um dich mit anderen Mitgliedern auszutauschen, von ihnen zu lernen, dein Wissen weiterzugeben und dein Netzwerk zu erweitern. Dabei hilft dir der »Gruppen«-Filter in der LinkedIn-Suche, die Gruppenmitgliedschaft deiner Kundinnen und Meinungsführer und der persönliche Austausch. Die Anzahl der Mitglieder ist nicht gleichbedeutend mit der Qualität der Gruppe. Auch die Gründung einer eigenen Gruppe kann sich lohnen – aber nur, wenn du das richtige Thema und genügend Geduld und Ausdauer mitbringst, um die Gruppe langfristig zu moderieren.

Was du jetzt tun kannst

Verfasse einen Beitrag auf LinkedIn, und frage dein Netzwerk darin, welche Gruppen sie dir empfehlen können. Sei transparent, und gib auch an, welches Ziel du mit der Gruppenmitgliedschaft verfolgst.

Kapitel 18

Tools

Um LinkedIn als eine der weltweit größten Social-Media-Plattformen hat sich eine kleine Industrie von Softwareentwickler*innen versammelt, die (größtenteils) hilfreiche Tools anbieten. Welche davon du kennen solltest, zeige ich dir im Folgenden.

In diesem Kapitel lernst du die wichtigsten Tools für Vertrieb, Recruiting, Netzwerkausbau, Analyse deiner Tools und Content-Produktion kennen.

18.1   LinkedIn Learning: Die Lernplattform für Mitarbeiter*innen

LinkedIn Learning (*www.linkedin.com/learning/*, vormals *Lynda.com*) ist eine mannigfaltige E-Learning-Plattform von LinkedIn (siehe Abbildung 18.1). Ich habe Cornelia Wedler, Director of Content International bei LinkedIn, gebeten, einen Blick unter die Motorhaube werfen zu dürfen. Cornelia ist seit 2008 bei video2brain/ Lynda.com/LinkedIn Learning tätig. Sie hat mit ihrem Team die deutschsprachige Bibliothek aufgebaut und trägt heute die inhaltliche Verantwortung für alle Sprachen außer Englisch.

LinkedIn Learning bietet Kurse im Bereich Business und IT zur beruflichen Weiterbildung an. Das angebotene Wissen unterstützt auch beim beruflichen Wiedereinstieg oder zur Qualifizierung für eine neue oder erweiterte Verantwortung oder schlicht und ergreifend, um ein Tool, eine Software zu lernen oder auch nur eine Funktion oder Lösung nachzuschlagen. Es gibt Kurse zu Skills wie Kommunikation, Führung und Management oder auch zu Tools wie Excel, JavaScript oder Windows Server. Insgesamt gibt es knapp 17.000 Kurse in 7 Sprachen, davon 2.700 Kurse in deutscher Sprache, 8.600 in englischer Sprache. LinkedIn Learning arbeitet mit über 2.500 Expertinnen und Experten weltweit zusammen, um die Kurse zu entwickeln.

»Im deutschsprachigen Raum sehen wir ein großes Interesse unserer Lernenden an Themen rund um die digitale Transformation, Cloud Computing, aber auch an Tools für die Online-Zusammenarbeit, allen voran Microsoft Office 365«, berichtet Cornelia Wedler. »Während der Work-from-Home-Situation sind Themen wie

Microsoft Teams, wie man sich gut in Videokonferenzen präsentiert und verschiedene Kommunikations- und Rhetorikthemen an die Spitze gesprungen. Führung und Management ist ein wichtiger Bereich innerhalb des Programms, der sich dauerhaft großen Interesses erfreut. Gerade in den letzten Monaten sehen wir verstärkt Interesse an Kursen zu Diversität, Inklusion und Zugehörigkeit.«

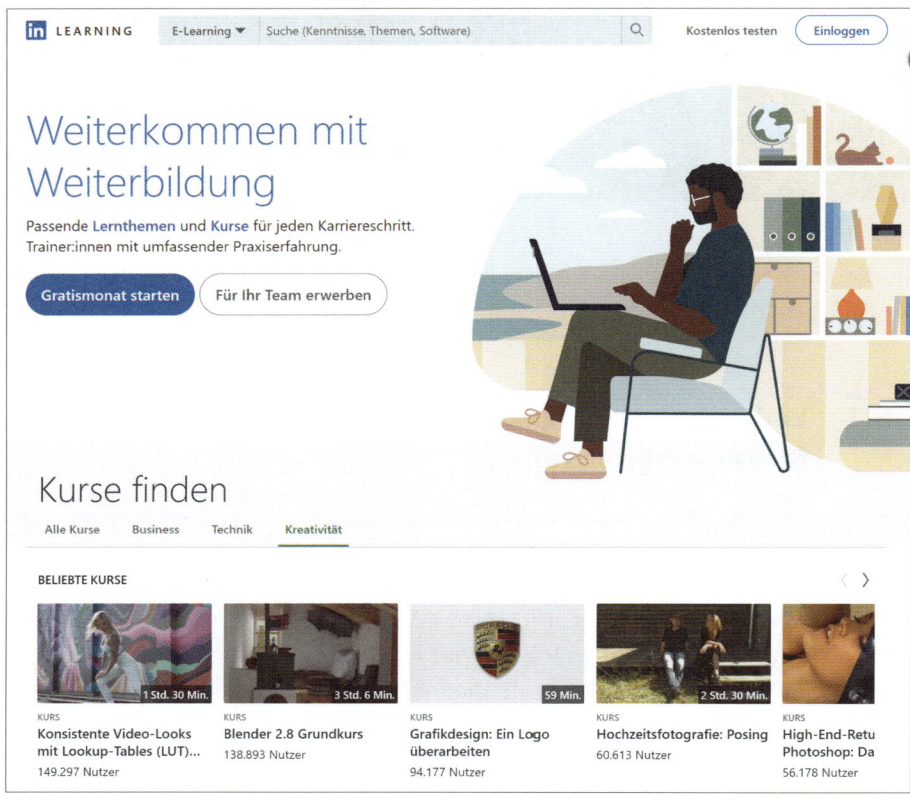

Abbildung 18.1 LinkedIn Learning

Die Wertigkeit der Kurse hat Cornelia am eigenen Leib gespürt: »Es war eines Freitagabends, als ich vor einer ca. 450 Zeilen umfassenden Excel-Liste saß mit einer Aufgabe, auf deren Erledigung mein Boss in den USA dringlich wartete. Mir dämmerte, dass diese Aufgabe mit einer Excel-Funktion zu erledigen wäre, wahrscheinlich If, When oder so was, nur leider hatte ich keine Ahnung, wie genau die funktioniert. Es war Freitagabend, so gegen halb sieben. Kein Mensch im Haus. Kein flinker Mitarbeiter zum Fragen und schon gleich gar kein Excel-Trainer weit und breit. Im Geiste wählte ich zwischen »Ich mach's mit dem Taschenrechner und bin gegen 4 Uhr morgens fertig« und »Ich mach den Laptop zu, stell mein Telefon ab und stell mich tot«. Beides unbefriedigende Lösungsansätze. Bis mir einfiel, dass wir ja selber LinkedIn Learning machen, natürlich Kurse zu Excels Formeln und Funktionen anbieten, und dort auch schnell fand, was ich suchte. Die ersten Minuten des Videos angeschaut, die Formeln in mein Sheet getippt und – es hatte tatsächlich geklappt.«

Was kostet LinkedIn Learning? Ein Probemonat ist kostenlos. Wer LinkedIn Premium besitzt, hat Learning darin automatisch enthalten. Für Einzelpersonen sind darüber hinaus Abonnements verfügbar, die monatlichen Kosten liegen je nach Region bei einem Monatsabo bei ca. 30 €, bei einem Jahresabo bei ca. 20 € im Monat. Darüber hinaus sind die meisten Kurse auch einzeln erwerbbar (Preise liegen bei ca. 25 bis 50 €). Für Firmenkunden mit Interesse an Mehrplatzlizenzen gibt es individuelle Angebote nach Anfrage.

> **Tipp**
>
> Als Thought Leader bzw. Expertin in einem dedizierten Gebiet solltest du in Erwägung ziehen, ob du vielleicht selbst einen Kurs anbieten und damit deine Personal Brand stärken möchtest. Ich beispielsweise habe einen Kurs über die Grundlagen von Growth Hacking erstellen dürfen.Du findes ihn unter *www.linkedin.com/learning/growth-hacking-grundlagen*.

18.2   Für Personaler*innen: Talent Solutions

Unter »Talent Solutions« verbirgt LinkedIn nicht nur ein einzelnes, sondern gleich eine Vielzahl von Tools und Informationsquellen, die sich explizit an Mitarbeiter*innen im Personalbereich richten. Darunter sind:

- **LinkedIn Jobs**

  Dieses Tool gibt dir Hilfestellung bei der Formulierung deiner Stellenanzeige, die du kostenlos auf deiner Company Page veröffentlichen kannst. Diese Anzeige kann dann von deinen Kolleg*innen geteilt werden oder, als Teil einer bezahlten Werbekampagne, den vermeintlich passenden Menschen auf LinkedIn angezeigt werden.

- **LinkedIn Recruiter**

  Der Recruiter ist quasi der Sales Navigator für Personaler und ermöglicht dir das Auffinden der perfekten Kandidat*innen für deine offenen Stellen durch eine Vielzahl von Suchfiltern. Hast du die richtigen Menschen gefunden, kannst du sie mit deinen Kolleg*innen teilen, in Listen zusammenfassen und priorisieren und via InMail direkt anschreiben. Auch die Verwaltung der Kandidat*innen wird durch Notizen, Tags und Übersichten über den jeweiligen Status vereinfacht. Denn LinkedIn Recruiter gibt es in der Voll- und in einer etwas »abge-

speckten« Light-Version für Unternehmen, die nur wenige neue Angestellte suchen. Außerdem gibt es noch ein Corporate-Paket, das vollen Zugriff auf die
Datenbank und alle Suchfilterfunktionen ermöglicht.

■ **Talent Hub**

   Mit diesem machst du den nächsten Schritt im Active Sourcing: Nachdem du eine
   Stellenanzeige verfasst hast, schlägt LinkedIn dir sofort passende Kandidat*innen
   vor. LinkedIn nimmt dir sogar das manuelle Filtern der Suchergebnisse ab. Anschließend kannst du die Bewerber*innen direkt mit deinem Team teilen, dir Feedback einholen und die passenden Kandidat*innen direkt kontaktieren.

Darüber hinaus findest du unter den Talent Solutions eine Reihe von Blogs, Use
Cases und Studien, die dir beim Auf- und Ausbau deiner Recruiting-Aktivitäten helfen können: *https://business.linkedin.com/talent-solutions/resources*

18.3   Verkaufen wie ein Profi mit dem Sales Navigator

Die normale LinkedIn-Suche ist dir nicht genau genug, um deine Leads zu identifizieren? Du würdest gerne wissen, was deine Leads posten, bevor du dich mit ihnen vernetzt? Dann ist der LinkedIn Sales Navigator ein Tool, das du dir anschauen solltest.

Dabei handelt es sich nicht etwa um ein Start-up, sondern um ein Tool mit zahlreichen Funktionen von LinkedIn selbst. Dieses Tool kann sehr hilfreich sein, ist aber
auch nicht günstig. In Deutschland fängt der Spaß bei 66 € an – pro Monat für einen
einzelnen Nutzer, versteht sich. Es gibt noch umfassendere Pakete für Teams unterschiedlicher Größe. Im Enterprise-Account kannst du z. B. deinen Sales Navigator
auch direkt an dein CRM anbinden.

Optisch unterscheidet sich die Oberfläche des Sales Navigators nur wenig vom
»normalen« LinkedIn. Im Mittelpunkt steht ein Newsfeed und die Suchfunktion. Es
gibt aber auch ein separates Nachrichten-Postfach, was ich persönlich etwas
umständlich finde, denn somit muss man noch einen weiteren Nachrichtenkanal im
Auge behalten. Aber zumindest haben Nutzer*innen des Sales Navigators auch
jeden Monat 20 Credits für InMails, um Direktnachrichten an Menschen außerhalb
ihres Netzwerks zu schicken.

Wie der Name verrät, richtet sich der Sales Navigator vorrangig an Mitarbeiter*innen
im Vertrieb. Denn der größte Nutzen des Tools ist die exakte Suche nach passenden
Leads. LinkedIn unterscheidet dabei zwischen Leads (Einzelpersonen, siehe Tabelle
18.1) und Accounts (Unternehmen, siehe Tabelle 18.2). Für beide stellt der Sales
Navigator sogenannte Premium-Suchfilter zur Verfügung, die über die Funktionen
der klassischen Suche weit hinausgehen:

Filter	Funktion
Top-Filter	Stichwortsuche, Region, Hochschule, Vorname, Nachname, Profilsprache, Branche, Beziehung, Frühere Lead- und Account-Aktivitäten, eigene Listen
Filter für Position und Beschäftigungsdauer	Karrierestufe, Tätigkeitsbereich, Jahre in aktueller Position, Jahre im aktuellen Unternehmen, Position, Jahre an Berufserfahrung
Unternehmensfilter	Name des aktuellen Unternehmens, Personalbestand, Unternehmenstyp, früheres Unternehmen
Weitere Filter	Mitglied (bei LinkedIn) seit, Mitglied in bestimmten Gruppen, Stichwörter geposteter Inhalte, Kontakte von

Tabelle 18.1 Lead-Filter im Sales Navigator

Filter	Funktion
Top-Filter	Stichwortsuche, Region, Branche
Zahlenfilter	Personalbestand (Abteilung), Personalzuwachs (Abteilung), Jahresumsatz, Personalbestand (Unternehmen), Personalzuwachs (Unternehmen), gelistet auf einer »Top X«-Liste von Fortune (Top 500 bis Top 50), Anzahl der Follower*innen
Weitere Filter	verwendete Technologien (basierend auf einer kurzen Auswahl an CRM- oder CMS-Systemen wie z. B. TYPO3, WordPress oder HubSpot), Karrierechancen (wenn das Unternehmen aktuell nach Personal sucht), Beziehung (mit Mitgliedern aus deinem Netzwerk)

Tabelle 18.2 Account-Filter im Sales Navigator

Insbesondere die Stichwortsuche kann sehr hilfreich sein, denn darin wird auch der Text im Info-Feld der LinkedIn-Mitglieder durchsucht. Viele berufliche Positionen passen nicht exakt in die Branchen- und Positionseinteilung von LinkedIn und fliegen damit etwas unter dem Radar. Aber durch die Angaben im Info-Feld sind auch diese Menschen auffindbar. Ein Kontakt in meinem Netzwerk findet damit beispielsweise Ontologen und Lokalisierungsverantwortliche, ideale Kunden für seine Software.

Die somit gefundenen Leads und Accounts können in Listen gespeichert werden, was die Verwaltung sehr vereinfacht. Denn so kannst du auf einen Blick sehen, ob bzw. wann du Kontakt aufgenommen hast und welche Mitglieder auf der Liste im letzten Monat einen Beitrag auf LinkedIn veröffentlicht haben. Solltest du mit Automatisierungstools arbeiten, kannst du diese Liste als Ausgangspunkt für deine Kontaktanfragen nutzen.

Neben der erweiterten Suche und den Listen gibt es noch eine weitere Funktion, die für dich sehr hilfreich sein kann: Der Sales Navigator hat einen eigenen Newsfeed. Darin bekommst du die Beiträge deiner gespeicherten Leads und Accounts angezeigt. Wie kannst du das für dich nutzen?

Zum einen kannst du so die perfekte Gelegenheit abpassen, um mit deiner perfekten Kundin ins Gespräch zu kommen: nämlich dann, wenn sie einen Beitrag über dein Thema bzw. deine Produkte veröffentlicht. Das gilt nicht nur für Einzelpersonen, sondern auch für Unternehmen: So wird dir hier im Sales Newsfeed auch der neue Beitrag der Unternehmen angezeigt, die du als Account gespeichert hast. Wenn es thematisch passt, kannst du somit als einer der Ersten auf den Beitrag mit einem Kommentar reagieren. Warum solltest du das tun? Weil die meisten Leser*innen dieser Beiträge aus dem eigenen Unternehmen stammen. Wenn du früh einen guten Kommentar unter diesen Beiträgen veröffentlichst, stehen die Chancen gut, dass dieser von deinen Lieblingskund*innen gesehen wird. Idealerweise nehmen sie daraufhin bereits Kontakt mit dir auf, oder es ergibt sich ein interessantes Gespräch. Aber auch wenn das nicht sofort passiert – was meistens der Fall sein wird –, trägt es dennoch zu deinem Branding bei, denn du kommst unter die Augen deiner Zielgruppe. Außerdem kannst du diese Beiträge auch speichern, um den Inhalt vor einem wichtigen Gespräch präsent zu haben.

Darüber hinaus wird die Nutzung des Sales Navigators deinen Social Selling Index um einige Punkte nach oben befördern. Sollte dieser Score für dich relevant sein, zum Beispiel bei einem Vorstellungsgespräch oder im internen Teamvergleich, kannst du deinen SSI somit etwas erhöhen.

18.4   Was soll ich nur schreiben? Mit diesen Tools findest du immer spannenden Content

In Abschnitt 7.1, »Wie du Themen findest, die für deine Leser*innen interessant sind«, hast du bereits einige Tools kennengelernt, mit deren Hilfe du neue Ideen für deine Beiträge finden kannst:

- LinkedIn News
- Keyword-Tools wie Google Suggest, Answer the Public oder Ubersuggest
- Foren sowie Frage-und-Antwort-Portale wie Quora
- Rezensionen auf Amazon

Darüber hinaus können dir auch diese Tools helfen:

- *Pocket (https://getpocket.com)* hilft dir dabei, interessante Inhalte (z. B. Artikel, Videos oder Social-Media-Beiträge) zu speichern und zu kategorisieren. Sehr praktisch auch als App.

- *Mindpalace (https://mind-palace.io)* ist ein Münchner Start-up, das einen ähnlichen Service anbietet, aber darüber hinaus noch die Verknüpfung der gesammelten Beiträge und Ideen untereinander erlaubt, um Zusammenhänge zu erkennen.

- Mit *Feedly (https://feedly.com)* kannst du dir einen Stream aus relevanten Themen und Quellen erstellen und ihn anschließend von Leo, einem AI-gestützten digitalen Assistenten, filtern lassen. Somit hast du »deine« Themen im Auge, vermeidest aber trotzdem Information Overload.

- *Statista (https://statista.com)* ist eine Plattform für Studien, Statistiken und Infografiken (siehe Abbildung 18.2). Viele – insbesondere Studien zu aktuellen Themen – sind kostenlos einsehbar. Du kannst dir aktuelle Veröffentlichungen auch kostenlos per Newsletter zuschicken lassen.

Abbildung 18.2 Die Suchfunktion von Statista

- *BuzzSumo (https://buzzsumo.com)* hilft dir dabei, die populärsten Beiträge über ein bestimmtes Thema zu finden. Du kannst einfach ein Thema eingeben, und BuzzSumo spuckt dir die Artikel dazu aus, die am häufigsten geteilt worden sind.

- Von *TED (www.ted.com)* hast du bestimmt schon mal gehört: Auf Bühnen weltweit teilen Menschen ihre Geschichten und ihr Wissen zu einem bestimmten Thema in einem 20-minütigen Vortrag. Suche nach deinem Thema, finde einen passenden Vortrag, teile den Link auf LinkedIn, fasse die drei wichtigsten Aussagen zusammen, und teile deine eigene Meinung mit deinem Netzwerk!

- »Live as if you were to die tomorrow. Learn as if you were to live forever.« Ein starkes, inspirierendes Zitat geht eigentlich immer auf Social Media – und besonders auf LinkedIn. Auf *Good Reads* (*www.goodreads.com/quotes/*) findest du klassische Zitate über die wirklich wichtigen Aspekte des Lebens.

- Du willst dich einfach inspirieren lassen, unabhängig von deinen Kernthemen und davon, was gerade in den Nachrichten ist? Dann empfehle ich dir die Newsletter *Brain Pickings* (*www.brainpickings.org*) und *Dense Discovery* (*www.densediscovery.com*).

Diese Liste ließe sich noch endlos fortführen. Aber eine Vielzahl an Tools und Nachrichtenquellen ist nicht erfolgsentscheidend. Erfolgsentscheidend ist, was du daraus machst – und dass die Themen zu dir und deiner Zielgruppe passen. Deswegen rate ich dir, drei dieser Quellen auszuwählen und für ein bis zwei Monate zu testen. In diesem Zeitraum wirst du lernen, wie du deinen Workflow am besten gestaltest. Weniger ist mehr.

18.5   Networking auf Autopilot: Mit diesen Tools vergrößerst du dein Netzwerk im Schlaf

Der Hauptnutzen dieser Tools ist Zeitersparnis bei der Vergrößerung deines Netzwerks. Die nachfolgenden Helferlein können nichts, was du nicht auch ohne sie tun könntest – nur können sie es eben schneller und automatisch. Ausgangspunkt ist immer die Erstellung einer Liste mit Personen aus deiner Zielgruppe.

Warnung

LinkedIn will nicht, dass du Automatisierungstools zum Auf- und Ausbau deines Netzwerks nutzt. Die Nutzung dieser Tools verstößt gegen die AGB von LinkedIn und kann dazu führen, dass dein Account gesperrt wird. Ich rate dir daher von der Verwendung dieser Tools ab.

Zu den klassischen Aufgaben gehören:

- Besuch der Profile deiner Zielgruppe (verbunden mit der Hoffnung, dass sie deinen Besuch wahrnehmen, neugierig werden und sich mit dir vernetzen wollen)

- Bestätigung von Fähigkeiten bei bestehenden Kontakten

- Versand von Kontaktanfragen, entweder ohne oder mit einem »personalisierten« Text, der Platzhalter enthält (z. B. für den Namen oder das Unternehmen der Person)

- Sammeln und Exportieren von Daten (sogenanntes »Scrapen«); diese Tools können beispielsweise die öffentlich sichtbaren Profildetails deiner Leads scrapen und als CSV oder PDF exportieren

Neben diesen Funktionen bieten die Tools in der Regel auch ein Dashboard, mit dem du deine Aktivitäten einsehen kannst, sowie ein eingebautes Mini-CRM für deine neugewonnenen Leads.

Die populärsten Tools für LinkedIn-Automation sind:

- LinkedIn Helper 2 (*https://lh2.linkedhelper.com*)
- Dux Soup (*www.dux-soup.com*)
- Phantombuster (*https://phantombuster.com*)

Phantombuster ist das mächtigste Tool und bietet – ähnlich wie das Schweizer Taschenmesser und das Automatisierungstool Zapier – eine Reihe von vordefinierten Funktionen, wie beispielsweise das Scrapen von allen Gruppenmitgliedern, Unternehmensinfos, Stellenanzeigen oder Kontaktdaten ausgewählter Mitglieder.

Neben diesen Automatisierungs-Tools gibt es noch eine Vielzahl weiterer Helferlein, mit denen du Zeit sparen kannst (und die nicht gegen die AGB von LinkedIn verstoßen). Mit *Dripify* (*https://dripify.io*) kanst du eine sogenannte »Drip-Kampagne« erstellen: eine Reihe von persönlichen, vorab definierten Nachrichten an neue Kontakte.

In einigen Kreisen (hallo, Instagram-Influencerinnen und Influencer!) waren und sind sogenannte *Engagement-Pods* sehr populär. Dabei treffen sich gleichgesinnte Nutzer*innen in einer Gruppe und verpflichten sich, ihre Posts zu liken und zu kommentieren. Warum? Weil Engagement für Social-Media-Plattformen ein wichtiger Qualitätsindikator ist: Je mehr Interaktion, desto mehr Reichweite. Diese Methode kannst und solltest du im kleinen Kreis (z. B. mit ausgewählten Kolleg*innen) auch nutzen. Du könntest dich aber auch einer externen Engagement-Gruppe anschließen. Das ist die Hauptfunktion von *Lempod* (*https://lempod.com*). Durch die Fokussierung auf die Dwell-Time, also die Zeit, die eine Nutzerin oder ein Nutzer mit dem Lesen deines Posts verbringt, hat LinkedIn die Wirkung solcher Pods wieder etwas eingeschränkt.

In diesem Zusammenhang kannst du auch den *LinkedIn Endorser* nutzen: ein einfach gestaltetes Chrome-Plugin, das alle Fähigkeiten (Skills) eines ausgewählten Profils (z. B. deiner Kollegin) automatisch bestätigt. Dabei kann schon im Plugin die Stufe der Bestätigung sowie die Beziehung zum anderen Profil angegeben werden.

18.6   Und was hat es gebracht? Tools für die Analyse

Sicherlich spielt das Image eine wichtige Rolle bei der Entscheidung, ob du und dein Unternehmen auf LinkedIn aktiv sein sollt. Immerhin macht es keinen guten Eindruck, wenn du im Tarnkappenmodus unterwegs bist und nicht mal ein aussagekräftiges Profil hast. Aber trotzdem muss der Anspruch sein, dass Digital Marketing und Social Media einen messbaren Beitrag zum Unternehmenserfolg leisten. Deswegen solltest du beispielsweise immer die Quelle eines neues Leads notieren (»Wie sind Sie auf uns gestoßen?«). Aber es ist auch wichtig, die Leistungen der eigenen Beiträge zu messen. Dafür bieten sich zwei Tools an:

Shield (*www.shieldapp.ai*) und *Inlytics* (*https://app.inlytics.io*). Beide Plattformen bieten dir:

- eine umfassende Analyse deiner veröffentlichten Beiträge auf einem Dashboad
- die Messung von erreichten Impressions, Reaktionen, Kommentaren und der daraus entstandenen Engagement-Rate
- eine Auswertung, anhand derer du die besten Beiträge identifizieren kannst
- eine Anzeige der Unternehmen, Positionen und Regionen der Menschen, die mit deinen Beiträgen interagiert haben
- eine Auswertung, wie oft dein Profil besucht worden ist

Mit Inlytics kannst du außerdem noch deinen Content vorab schreiben und die Veröffentlichung zu einem gewünschten Zeitpunkt automatisieren, ähnlich wie du es mit einem Publishing-Tool wie z. B. *Buffer* (*https://buffer.com*) tun kannst.

18.7   Zeit und Nerven sparen mit diesen kleinen Helferlein

Task Manager & Register for LinkedIn ist ein kleines, aber feines Google-Chrome-Plugin und quasi ein privates LinkedIn-CRM. Du kannst Kontakte bzw. besuchte Profile mit Aufgaben oder auch Tags versehen und stellst dieses ganz bequem über eine unauffällige Seitenleiste ein.

Du ertappst dich dabei, dass du immer wieder die gleichen Satzbausteine schreibst? Beispielsweise bei der Ansprache neuer Kontakte auf LinkedIn oder auch in E-Mails? Dann kannst du mit *Text Blaze* (*https://blaze.today*) viel Zeit sparen. Durch die einfache Ordneraufteilung und das ansprechende Dashboard kannst du schnell entsprechende Textvorlagen anlegen und diese über einen selbst definierten Kurzbefehl aufrufen (z. B. /kontaktneu).

Ein absolutes Muss für alle Content Creator sind die Chrome-Erweiterungen *Language Tool* (*https://languagetool.org/de*) und *Grammarly* (*https://app.grammarly.com*). Mit ihnen kannst du sowohl deutsche als auch englischsprachige Texte während der Eingabe kontrollieren und korrigieren. Funktioniert nicht nur, aber auch für LinkedIn-Beiträge.

DeepL (*www.deepl.com/translator*) ist der beste Übersetzer im Internet. Punkt. Ist deine Zielgruppe in Portugal und du willst deine Beiträge, Artikel oder E-Mails ins

Portugiesische oder in eine andere von 26 Sprachen übersetzen lassen, ist DeepL das richtige Tool.

18.8   Mit LinkedIn Events die Marke nahbar machen

LinkedIn Events sind ein guter Hebel, um Reichweite für Veranstaltungen zu generieren und Teilnehmer*innen zu akquirieren. Mit dieser Funktion kannst du unkompliziert sowohl virtuelle wie auch Offline-Events anlegen und organisieren. Events können über die Company Page angelegt werden. Die Marke tritt dabei als Veranstalter auf und ist der Absender des Events. Typische Beispiele sind Webinare, Konferenzen oder Hausmessen.

Alle Mitarbeiter*innen und Externe haben die Möglichkeit, das Event öffentlich zu teilen und ihre Netzwerke öffentlich oder persönlich einzuladen. Auf diese Weise lassen sich auch neue Follower*innen für die Unternehmensseite gewinnen. Möchte man eine Veranstaltung exklusiv für Kund*innen veranstalten, aber die Einladung über LinkedIn unterstützen, ist es möglich, Events auf privat zu stellen. Die »Teilen«-Funktion wird dann deaktiviert.

18.9   Zusammenfassung

Mit dem Sales Navigator und dem Recruiter hat LinkedIn selbst zwei sehr mächtige Tools entwickelt, die insbesondere für Unternehmen mit hohem Bedarf an Vertrieb bzw. Recruiting entwickelt worden sind. Die Kernfunktion beider Tools ist die Identifikation und die leichte Kontaktaufnahme von LinkedIn-Mitgliedern mit dem passenden Profil. Dafür gibt es eine Vielzahl mächtiger Suchfilter. Darüber hinaus gibt es sogenannte »Third Party Tools« von externen Softwareentwicklern, welche die API von LinkedIn nutzen, um beispielsweise deine Beiträge zu analysieren oder um automatisch dein Netzwerk zu erweitern. Aber Vorsicht: Automatisierungstools wie Phantombuster oder Dux Soup können dein Netzwerk sehr schnell sehr stark vergrößern, verstoßen aber gegen die AGB von LinkedIn und können zu einer Sperrung deines Kontos führen.

Was du jetzt tun kannst

Bevor du dich ins Getümmel stürzt und ein Tool nach dem anderen ausprobierst: Deine Zeit ist besser investiert, wenn du dir zunächst über dein Problem Gedanken machst und es möglichst genau beschreibst. Erst dann solltest du dich auf die Suche nach dem passenden Tool machen. Viele der in diesem Kapitel beschriebenen Tools kannst du im ersten Monat kostenlos testen und somit feststellen, ob sie dir wirklich bei der Lösung deines Problems helfen.

Index

So entwickelst du deine Social-Media-Strategie